"十二五"职业教育国家规划教材

经全国职业教育教材审定委员会审定　高职高专教材

WUJI
HUAGONG
SHENGCHAN
JISHU
YU CAOZUO

无机化工生产技术与操作

第二版

○ 颜　鑫　主编　○ 田伟军　王宇飞　副主编　○ 于兰平　主审

化学工业出版社

· 北京 ·

《无机化工生产技术与操作》（第二版）主要内容包括合成氨、化学肥料、硫酸与硝酸、纯碱与烧碱、主要无机盐五个模块，涉及10种典型无机化工产品的生产技术。本书重点放在生产原理的剖析、工艺流程的组织、工艺条件的优化；难点放在主要设备的选型与操控、常见故障与质量问题的排除与处置等。同时，本书紧跟了无机化工技术的前沿，突出了富氧连续气化技术、精脱硫与精脱氯技术、低温甲醇洗涤技术、液氮洗涤技术和醇烃化（醇醚化）技术、冶炼烟气制硫酸技术、双加压法制硝酸技术、离子膜法制烧碱技术和纳米碳酸钙生产技术等。此外，极富特色的"拓展知识"使本书具有更宽广、更前瞻的专业视野。

全书力求集应用性、综合性、先进性于一体，着力体现工学结合的内涵要求，力争点面结合、重点突出、难点突破、具有可操作性。本书吸收了近年来教育教学改革的大量先进成果，既便于采用传统教学方式，也适用于新型项目化和任务驱动教学法的实施。既可用作高职高专应用化工生产技术专业的必修教材、其他化工类专业的选修教材，也可供从事无机化工的工程技术人员参考，以及作为相关的培训教材。

图书在版编目（CIP）数据

无机化工生产技术与操作/颜鑫主编. —2 版. —北京：化学工业出版社，2015.7（2019.1 重印）

"十二五"职业教育国家规划教材

ISBN 978-7-122-20596-4

Ⅰ. ①无… Ⅱ. ①颜… Ⅲ. ①无机化工-生产工艺-高等职业教育-教材 Ⅳ. ①TQ110.6

中国版本图书馆 CIP 数据核字（2014）第 091678 号

责任编辑：窦　臻　提　岩 　　　　　　　文字编辑：颜克俭
责任校对：宋　玮 　　　　　　　　　　　装帧设计：刘剑宁

出版发行：化学工业出版社（北京市东城区青年湖南街 13 号　邮政编码 100011）
印　　装：高教社（天津）印务有限公司
787mm×1092mm　1/16　印张 18¼　字数 477 千字　2019 年 1 月北京第 2 版第 3 次印刷

购书咨询：010-64518888 　　　　　　　　售后服务：010-64518899
网　　址：http：//www.cip.com.cn
凡购买本书，如有缺损质量问题，本社销售中心负责调换。

定　　价：38.00 元

前　言

　　《无机化工生产技术与操作》自 2011 年 1 月出版以来得到了广大老师和读者的好评，被教育部评定为"十二五"职业教育国家规划教材；荣获 2012 年度中国石油和化学工业优秀出版物奖（教材奖）；其网络版课程 2012 年被评为湖南化工职业技术学院十大网络精品课程之一。随着我国产业结构的不断调整，化学工业节能减排要求不断提高，许多落后的化工生产工艺技术和设备被淘汰，而新技术、新工艺、新设备不断涌现；近年来高职教育教学改革开展得如火如荼，原来的教材已经不能很好地适应和满足当今高职高专化工技术类专业教育形势发展的需要。有必要对内容进行取舍，对体例结构进行调整。

　　本次再版是根据教育部 16 号文件精神和教育部国家级"十二五"规划教材建设的相关文件要求，在全国石油和化工职业教育教学指导委员会化工技术类专业委员会的具体指导下，依据高职化工技术类专业的课程标准，以专业能力培养为主线，进一步突出了化工职业教育特色，完善了教材体系，争取锤炼化工职教教材精品。

　　本次再版吸收了近年高职高专教学改革的大量先进成果，体现了工学结合、项目化教学等改革方向，体现了产教结合的职业教育发展规律和高技能型人才成长规律。既便于采用传统教学方式，也适用于新型项目化和任务驱动教学法的实施。在绪论中详细介绍了项目化教学的特点和考核评价方法，为广大青年教师进行项目化教学提供了可供参考的路线图。特别是教材形式方面配套建设了数字化资源，如课程网站、素材库、课程标准、电子教案、表格教案、PPT 课件、教学视频、习题库和试题库等（详情请登录世界大学城 http：//www. worlduc. com /UManage /default. aspx），为信息化教学改革搭建了理想的平台。

　　本次再版在体例结构方面设置了总的专业能力目标、总的社会能力目标、总的知识目标和总的方法能力目标，避免在每个项目中都有雷同的内容，防止内容简单重复和形式上过于花哨。每个模块设置有模块导言以介绍该模块的内容概貌，每个项目设置有项目导言以介绍该项目的内容梗概，每个项目都设置有具体的专业能力目标，让读者对每个模块、每个项目和每个任务的学习内容和要求一目了然。

　　本次再版在内容取舍方面，几乎每一个项目都有反映新工艺、新技术、新知识、新动态的极富特色的拓展知识，使本书具有更宽广、更前瞻的专业视野；每个项目都有相应的化工生产操作控制要点、节能降耗措施、常见故障排除方案等实操内容，进一步突出了职业教育特色，希望能为广大职教师生所喜闻乐见。同时，本书紧跟了无机化工技术的前沿，突出了富氧连续气化技术、精脱硫与精脱氯技术、低温甲醇洗涤技术、液氮洗涤技术和醇烃化（醇醚化）技术、冶炼烟气制硫酸技术、双加压法制硝酸技术、离子膜法制烧碱技术和纳米碳酸钙生产技术等。简化了间歇式制取半水煤气工艺方法，删除了铜洗工艺，增加了低温甲醇洗涤工艺和液氮洗涤工艺等内容。

本教材由湖南化工职业技术学院颜鑫教授主编，湖南化工职业技术学院田伟军高级工程师和中州大学王宇飞副教授任副主编，天津渤海职业技术学院于兰平副院长主审。颜鑫编写了绪论、项目一、项目二、项目三、项目四、项目五和项目六，田伟军编写了项目七、项目九和项目十四，王宇飞编写了项目十一和项目十三，武汉软件工程职业技术学院张桃先编写了项目八和项目十，内蒙古化工职业技术学院王洪亮编写了项目十二和项目十三，湖南化工职业技术学院阳铁建编写了项目十六。本书编写过程中得到了化学工业出版社及编者所在院校领导和同事的帮助与支持，在此对他们的无私帮助表示衷心的感谢！

由于编者学术水平有限，实践经验不足，项目化教学改革积累的经验不够，加上时间仓促，教材中不妥之处在所难免，敬请各位老师和读者批评指正（主编联系方式：hnhgyanxin@126.com），以便再版时加以改进。

编　者

2015 年 2 月于湖南株洲

第一版前言

根据教育部教高 [2006] 16 号文件的精神，在全国化工高等职业教育教学指导委员会化工技术类专业委员会的指导下，本书吸收了近年高职高专教育教学改革的大量先进成果，既适用于传统教学方式，也便于新型项目化和任务驱动教学法的实施；既可用做高职高专应用化工技术专业必修教材、其他化工类专业的选修教材，也可用于相关无机化工生产企业的培训教材。

全书力求集应用性、实用性、综合性和先进性于一体；着力体现工学结合的内涵要求；力争点面结合、重点突出、难点突破，具有可操作性。本书内容具有以下三大特色。

一是介绍各典型无机化工产品的生产原理、工艺条件的优化、工艺流程的组织和典型设备的同时，特别强调化工生产操作控制要点、节能降耗措施、常见故障或质量问题的排除与解决方法，使之实用性更强。

二是本书紧跟了无机化工生产技术的发展前沿，如 PDS 脱硫技术、精脱硫与精脱氯技术、NHD 脱碳技术、PSA 变压吸附脱碳技术、原料气精制的醇烃化和醇醚化工艺、硫黄和冶炼烟气制硫酸技术等，使之富有时代特色。

三是"拓展知识"。以言简意赅的形式介绍了近年来一些新技术和发展动态，包括"型煤气化技术"、"大颗粒尿素生产技术"、"冶炼烟气制硫酸生产技术"等，使之具有更宽广的专业视野。

湖南化工职业技术学院颜鑫教授编写了绪论、项目一～六和十六，并对全书进行了统稿；湖南化工职业技术学院田伟军副教授编写了项目七、八、十四，武汉软件工程职业技术学院张桃先副教授编写了项目九～十一，内蒙古化工职业技术学院王洪亮老师编写了项目十二、十五，中州大学王宇飞老师编写了项目十三、十七。全书由全国化工高职教育教学指导委员会化工技术类专业委员会副主任、天津渤海职业技术学院副院长于兰平副教授主审。

本书在编写过程中得到了参编各院校领导和同事的关心和帮助，也得到了化学工业出版社的大力支持，广东连州市裕丰钙业科技有限公司卢云峰总工程师和河南神马氯碱化工有限公司景涛涛工程师共同参与了编写，此教材可以说是校企合作的成果。湖南化工职业技术学院化工系化工 0811/2/3/4 部分同学在项目化教学实践中绘制了部分 CAD 流程图，此教材可以说是项目化教学改革的产物。在此一并表示感谢！

由于编者水平有限，生产经验不足，书中不妥之处在所难免，恳请各位专家及使用本书的广大师生和工程技术人员批评指正，以便再版时加以改进。

主编联系方式：hnhgyanxin@126.com

编 者

2010 年 9 月于湖南株洲

目 录

模块二　化学肥料生产　　⬤108

模块三　硫酸与硝酸生产　　⬤177

绪论

典型无机化工产品主要包括合成氨、化学肥料、硫酸与硝酸、纯碱与烧碱、主要无机盐等5个方面。本书重点介绍典型无机化工产品的生产原理、生产原料路线选择、工艺流程组织、生产运行与操作条件的优化，以及典型设备选型、操作控制要点及常见故障排除措施等。此外，本书还注意介绍新工艺、新技术、新设备、发展动态以及"三废"处理和节能减排措施等。

一、典型无机化工产品在国民经济中的重要地位及其发展概况

合成氨、硫酸与硝酸、纯碱与烧碱、化学肥料、碳酸钙等，都属于大宗化学品和典型无机化工产品。据我国统计局公布的数据，2008年与2012年我国上述典型无机产品的年产量变化如表0-1所示，除了硝酸和钾肥以外都达到了1000万吨/年以上规模。

表0-1　2008年与2012年我国典型无机产品的年产量变化对比　　　单位：万吨

典型无机产品	合成氨	硫酸	硝酸	纯碱	烧碱	尿素	磷肥	钾肥	复混肥	碳酸钙
2008年产量	5179	5100	800	1950	2470	5000	1350（折P_2O_5）	自产300，进口700	1500	轻钙550，重钙750
2012年产量	5459	7636	1368	2404	2699	6487.7	1700（折P_2O_5）	自产522，进口463	3148	轻钙750，重钙850

典型无机产品产量和消费量都位居世界第一，这与我国目前的国力是一致的，在一定程度上反映了我国化学工业发展水平已经位居世界前列。2008年和2012年相比，我国各种典型无机化工产品的产量都有了明显增长，这符合我国经济连年快速增长的总体形式。

1. 合成氨堪称现代化学工业的领头羊

一般认为，现代化学工业始于1913年德国的哈伯和博施首次采用铁为催化剂、直接以氢气和氮气为原料、在高温高压下成功合成氨。世界上第一座合成氨厂建于德国汉堡，当时日设计能力虽然仅为30t，却是具有划时代意义的人工固氮技术的重大突破。由于合成氨工业化被公认为化学方法方面最重要的发明之一，以及高压化学合成技术上作出的重大贡献，哈伯和博施因此而先后分别于1918年和1931年荣获诺贝尔化学奖。人们也因此称这种直接合成氨法为哈伯-博施法。合成氨工艺复杂、技术密集，合成氨工业化的成功极大地促进了高压机生产技术、高压化学合成技术和催化剂生产技术的发展，在一定程度上使德国一跃成为当时世界工业强国，1918年第一世界大战的战败才迫使其公开合成氨专利技术，此后合成氨工业才在世界范围内得以推广，惠及世界人民。一百年来，合成氨已成为最重要的化工产品之一。

氨本身是一种重要的氮素肥料，其他氮素肥料如尿素、碳铵、硫酸铵、硝酸铵、氯化铵

等也毫无例外是先合成氨，然后通过不同方法加工而成。氨不仅可用来制造肥料，也是重要的化工原料，无机化学工业的硝酸、纯碱、含氮无机盐，有机化合物中的含氮中间体，制药工业中的磺胺类药物、维生素、氨基酸，化纤和塑料工业中的己内酰胺、丙烯腈、酚醛树脂等，国防工业中制造三硝基甲苯、三硝基苯酚、硝化甘油、硝化纤维，也都直接或间接用氨作原料。此外，液氨还是工业上最常用的制冷剂。

我国合成氨工业始于 20 世纪 30 年代，但到 1949 年新中国成立时，全国年生产能力仅为 4.5 万吨。新中国成立以来，基于农业的迫切需要，我国合成氨工业得到了超常规的发展，1992 年总产量为 2298 万吨，排名世界第一。目前，我国拥有的大、中、小型合成氨厂数量，30 万吨以上大型合成氨厂 30 家，其中 50 万吨以上特大型氨厂 6 家，10 万～30 万中型氨厂 82 家，2012 年我国合成氨总产量超过了 5400 万吨。

2. 硫酸曾被誉为"工业之母"

硫酸是一种十分重要的基本化工原料，其产量与合成氨相当，其工业化生产已有 270 余年历史，曾被誉为"工业之母"。硫酸广泛用于各个工业部门，例如，化肥工业中每生产 1t 硫酸铵，就要消耗硫酸（折纯，下同）760kg，每生产 1t 过磷酸钙，就要消耗硫酸 360kg；石油工业中每吨原油精炼需要硫酸约 24kg，每吨柴油精炼需要硫酸约 31kg；化学纤维每生产 1t 环氧树脂，需用硫酸 2.68t。无机化工生产也广泛使用硫酸，氯碱工业、无机盐工业、许多无机酸和有机酸的制备等也常需要硫酸作原料。此外，冶金业、电镀业、制革业、颜料工业、染料工业、橡胶工业、造纸工业、工业炸药和铅蓄电池制造业等，都消耗相当数量的硫酸。

从 2004 年起，我国硫酸产量达到 3995 万吨，超过美国居世界第一位，2012 年我国硫酸产量达到 7100 万吨。随着改革开放的深入，我国硫酸工业的原料格局和产业结构发生了巨大变化，从硫铁矿占统治地位转向"硫铁矿-硫黄-冶炼烟气"三足鼎立的格局。1995 年，我国硫铁矿制酸占硫酸总产量的 82.1%，达到了硫铁矿制酸的巅峰。由于 1t 硫黄可以生产 3t 硫酸、2t 蒸气、336 度电量，且无三废排放，良好的生产环境与经济效益是硫黄法生产硫酸得到快速发展最主要的因素。硫黄制酸从 1995 年的 10 万吨左右发展到 2012 年的 2293.5 万吨，在硫酸总产量中所占的比例也由 2001 年的 29.4% 增长到 2012 年的 41.2%。近几年来，随着我国有色金属工业的迅猛发展，作为有色金属工业副产品的冶炼烟气制酸也获得快速发展，铜陵有色、江西铜业、甘肃金川等硫酸产量在 100 万吨/年以上的特大型企业，均以冶炼烟气制酸为主，2012 年我国烟气制酸达 1882.5 万吨，占硫酸总产量的 30.8%，而同期硫铁矿制酸仅占 27.6%。目前，我国硫酸工业的规模化、集约化发展取得了巨大进步。在硫酸工业的发展过程中，4 万吨/年的硫铁矿制酸装置已经全部淘汰，10 万吨/年硫铁矿制酸装置在限制发展，硫酸企业有望向"能源工厂"转变，实现以硫资源为主线，以能源循环为辅线，实现了以硫酸为核心的循环经济。

3. 硝酸是唯一兼有强酸性和强氧化性的无机酸

硝酸兼有强酸性和强氧化性的特点，使其成为各类酸中产量仅次于硫酸的重要化工原料，主要用于无机化工制造硝酸铵、硝酸磷肥、氨磷钾等复合肥料。此外，在有机工业、染料工业、涂料工业、医药工业、印染工业、橡胶工业、塑料工业、冶金工业中和国防工业等也有广泛用途。

新中国成立时，我国只有两家硝酸生产企业，即永利宁厂（现南京化学工业公司）和大连化学厂（现大连化学工业公司），年产量只有 4200t。2007 年，我国硝酸产量达到 705 万吨，超过美国跃居世界第一位；2012 年硝酸生产企业达 80 多家，产量 900 万吨（实物）。早期的常压法、综合法工艺装置多为淘汰型生产线，高压法装置全部靠进口国外的二手设备。至 2012 年底我国已拥有先进的双加压法工艺的硝酸生产装置 20 套，占我国硝酸总产能的 60%，大大缩短了我国与世界先进水平的差距。但我国还不算是硝酸工业强国，世界发达国家均普遍采用 27 万吨级和 50 万吨级硝酸装置，我国年产 27 万吨双加压法完全国产化硝酸装置目前国内还不到 10 家，随着取缔和关闭落后生产装置，淘汰配置低、规模小、能耗高的装置，我国硝酸工业正在向规模化发展。

4. 化学肥料是现代农业的基石

化肥是农作物增产增收的物质基础，化肥作为粮食的"粮食"，是农业生产中的重要战略资源，在保障粮食安全与人民生活健康方面起着举足轻重的作用。化肥对我国粮食单产增长的贡献率高达 40%～50%。随着人口不断增长、耕地面积的逐年减少，使用化肥以提高粮食单产，已经成为确保全球粮食安全的关键和现代农业的基石。中国能以世界 7% 的耕地养活占世界约 22% 的人口，应该说一半功劳归于化肥。

我国化肥工业起步晚，新中国成立初只有硫酸铵和硝酸铵两个品种，年产量只有 6000t。目前我国的化肥生产量约占世界总量的约 1/3，表观消费量约占 35%，我国已经成为世界上最大的化肥生产国和消费国，2012 年我国化肥总产量突破 8000 万吨（折纯）。但我国的化肥工业仍然不能完全满足农业生产发展的需要。一是肥料数量整体不足、产品比例失调，基本特征是"多氮少磷缺钾"，除了氮肥外，其他肥料数量不足，尤其是钾肥 50% 依赖进口；二是高浓度化肥比例低，国际上基本以高浓度化肥为主，我国氮肥中高浓度的尿素、硝酸铵约占 70%，低浓度的碳铵、硫酸铵等占 30%；三是复合肥料比例低，尤其是以高浓度复合肥料比例低，英国复合肥料占 80%、美国占；65%、法国占 61%、日本占 55%，并正在进一步向多功能、专用化方向发展。

5. 纯碱与烧碱是重要的碱性化工原料

（1）纯碱　纯碱广泛应用于建材、轻工、化工、冶金、纺织等工业部门和人们的日常生活中。建材方面主要用于制造玻璃，如平板玻璃、瓶玻璃、光学玻璃和高级器皿，玻璃工业是纯碱的最大消费部门，每吨玻璃消耗纯碱 0.2t。在轻工方面主要用于洗衣粉、三聚磷酸钠、保温瓶、灯泡、白糖、搪瓷、皮革、日用玻璃、造纸等；在化工方面主要用于制取钠盐、金属碳酸盐、小苏打、硝酸钠、亚硝酸钠、硅酸钠、硼砂、漂白剂、填料、洗涤剂、催化剂及染料等；冶金工业中主要用作冶炼助熔剂、选矿用浮选剂、炼钢和炼锑用作脱硫剂；在陶瓷工业中制取耐火材料和釉也要用到纯碱；印染工业用作软水剂；制革工业用于原料皮的脱脂、中和铬鞣革和提高铬鞣液碱度；食用级纯碱用于生产味精、面食等。

1949 年，全国只有两家纯碱厂，年产量加一块也就 8.8 万吨。2012 年底，我国共有纯碱生产企业 49 家，年产能达 300 万吨，实际年产量达到 2403 万吨，我国纯碱产能和产量均已占到世界总能力和总产量的 1/3 以上。我国的纯碱制造技术已由氨碱法为主，发展为联碱与氨碱并举、天然碱为辅的生产工艺，其比例大致为 50%、46%、4%。据了解，2012 年我国纯碱企业平均年产能达 57 万吨，氨碱法路线的山东海化集团有限公司的年产能为 300 万吨，联碱法的湖北双环化工集团有限公司年产能为 100 万吨，但与世界先进水平仍有较大差距。例如：氨碱企业的液氨平均消耗大于 4.5kg/t 碱，是世界最好水平的 1.5～2 倍；制碱装备运行周期和稳定性低于国外；自控技术水平参差不齐，劳动效率低下；能源消耗偏高等。

（2）烧碱　烧碱在国民经济中有广泛应用，使用烧碱最多的部门是化学药品制造，其次是造纸、炼铝、炼钨、人造丝、人造棉和肥皂制造业。另外，在生产染料、塑料、药剂及有机中间体，旧橡胶再生，无机盐生产中，制取硼砂、铬盐、锰酸盐、磷酸盐等，也要使用大量的烧碱。如普通肥皂是高级脂肪酸的钠盐，一般是用油脂在略为过量的烧碱作用下进行皂化而制得的；造纸行业主要是制浆耗碱，烧碱起苛化作用；印染、纺织工业上，也要用大量碱液去除棉纱、羊毛等上面的油脂；生产人造纤维也需要烧碱或纯碱。

我国最早的氯碱工厂是 1930 年投产的上海天原电化厂，日产烧碱 2t。到 1949 年解放时，全国烧碱年产量仅 1.5 万吨，氯产品只有盐酸、液氯、漂白粉等几种。据全国氯碱工业信息统计，2012 年全国共有 179 家氯碱企业，目前全国烧碱产量达 2698 万吨/年，其中离子膜法烧碱为 1849.3 万吨/年；目前我国各氯碱企业拥有氯产品 200 余种，主要品种 70 多个。我国氯碱工业在产能迅速提升的同时，技术也获得了长足发展，规模化装置增多，装置技术水平提高，我国氯碱工业呈规模化、高技术化发展态势。离子交换膜法制碱技术，具有设备占地面积小、能连续生产、生产能力大、产品质量高、能适应电流波动、能耗低、污染小等优点，是氯碱工业发展的方向。目前我国的烧碱生产方法中隔膜法烧碱产量占 31.5%，离子膜法烧碱所占比例占到 68.5%，离子膜法已成为氯碱生产的主要方法，在可预见的未来，离子膜法将成为唯一的生产方法。但还存在大多数企业的布局分散、规模较小等问题，国外氯碱企业的集中度相对比较高，日本、欧盟的前 5 家企业分别集中了它们烧碱生产能力的 50%，美国的 5 家大公司集中了美国烧碱生产能力的 80%，而我国前 5 家企业的生产能力不到全国总生产能力的 16%，装置的规模小，效益差距很大。

6. 无机盐是化学工业的基础

无机盐工业是化学工业的一个重要分支，无机盐产业可谓是"基础的基础"。绝大多数无机化工产品都属无机盐工业范畴，我国生产的无机盐种类已达 750 多种，已成为世界第一的无机盐生产大国和出口大国。我国的无机盐中轻质碳酸钙系列产品年产量达 800 万吨以上，属于最大的无机盐产品之一，也是非常典型的无机盐产品。

轻质碳酸钙由于原料广、价格低、无毒性、白度高，广泛用作橡胶、塑料、造纸、涂料、电线、油墨、冶金、医药、食品、日化、饲料等行业的填料和添加剂。纳米碳酸钙作为一种新型高档无机功能性填料，具有量子尺寸效应、小尺寸效应、表面效应和宏观量子效应等纳米效应，具有增韧性、补强性、透明性、触变性、流平性和消毒杀菌等纳米特性或应用性能，从而大大拓宽了纳米碳酸钙的应用领域，极大地改善和提高了相关行业的产品性能和质量。虽然我国已经成为碳酸钙生产第一大国，但还不是碳酸钙生产强国，主要表现在产品结构不尽合理，低档产品供过于求，而高档产品、各种专用碳酸钙严重不足。

二、本课程项目化教学的特点和考核评价方法

1. 项目化教学必须进行整体教学设计

课程改革的经验一再证明，高职课程教学必须立足于职业岗位的能力需求和知识需求，站在一门课程的高度对课程内容、教法进行"课程的整体教学设计"。这样的教学改革才是系统的、全面的和激情深入的，而不是零星的、片面的和浅尝辄止的。"课程的整体教学设计"包括课程目标设计、课程内容设计、能力训练项目设计、进程表设计、第一节课梗概、考核方案设计、工具材料等主要内容。

本课程的特点是，虽然项目不多，但项目庞大、工艺复杂。如"合成氨"部分在传统的学科教学中将安排 36～40 课时，如此得复杂庞大的项目不可能一次课就能完成。因此，结合本课程的实际，采取将一个大项目分为若干个任务，一个任务完成的课堂时间一般可采用 2～4 学时。尽管如此，限于教学课时，根据有所为、有所不为的精神，本书所列项目仍需根据各地实际生产情况和各校师资和实训条件有所取舍。

2. 高职课程教学必须突出能力目标，而不是知识目标

传统的"知识本位课程教学"以表达知识、传授知识、消化知识、理解知识、记忆知

识、再现知识等为己任，多年来"高分低能"的痼疾，使"知识本位课程教学"走入了死胡同。多年教学改革经验证明，高职课程教学必须突出能力目标，而不是知识目标，这是本书每个项目前只注明能力目标，而不罗列知识目标的缘由。能力本位课程要求任课教师按照课程教学的能力目标重新设计课程考核方式，包括学院必须重新设计出适用于项目化教学的"教师的教学考核方式"和"学生能力考核方式"。

3. 能力的训练过程必须精心设计

教师为训练能力而设计的项目和任务，要覆盖课程主要的能力点和知识点。能力训练的方法是基于工作过程的行动导向法，训练过程应该是"边做边学"、"在做中学"。在能力训练过程中，教师需要创造情境、提出问题、准备实践条件，让学生饶有兴趣地、主动地、创造性地参与到解决问题的实际操作中来。项目化教学对主讲教师有较高的要求，除了满足传统教学方法中需要的基本素质外，还要有比较深厚的专业知识根底和丰富的专业阅历，以便能回答和处理项目化教学过程中可能产生的各种各样的问题。

4. 教学过程必须体现"教、学、做"一体化

为了有效地训练职业能力，在课程教学过程中要尽可能"边做边学"、"在做中学"，防止"教、学、做"在时间、地点、内容和教师等方面的分家，防止"实践、知识、理论"的简单罗列。项目化教学一般要求采用小班授课，需要在多媒体教室或理实一体化教室中进行，以便"教、学、做"实现有机融合。

5. 项目化教学课程内容的载体是能体现职业活动和工作过程导向的项目和任务

在传统的知识本位学科中，知识的载体是语言、文字、图形和公式，这些知识主要是通过教师在课堂的讲课来传授的。但职业能力不能传授，这是我国高等教育出现大面积"高分低能"的根源，造成我国的高职教育与社会职业需求脱节，一方面社会高技能人才严重短缺，另一方面很多高职院校毕业生却就业困难。学生的职业能力是训练出来，而不是靠教师"讲"出来的，而训练能力的载体是"项目和任务"。学生只能在完成真实的、大型的、综合的、典型的、有趣的、具有挑战性的项目和任务过程中，才能真正训练出解决本专业实际问题所需的综合能力。

6. 学生是课程教学过程的主体

在知识本位课程中，教师是课程教学的主体，讲台上教师费尽心思讲解知识，教师讲课时间往往占课堂总时间的 $80\%\sim90\%$，另外 $10\%\sim20\%$ 的课堂时间为课堂练习，有时候甚至出现满堂灌；但讲台下大多数学生对课程内容往往只能被感兴趣而冷眼旁观，根本谈不上学习的热情与积极性。在能力本位项目化课程中，学生积极主动参与到项目任务的操作过程中，只要学生对这些项目任务有兴趣，有内在动力，就能使学生真正成为课程教学过程中的主体，从而迸发出巨大的学习热情，表现出很高的对学习的主人翁精神。在能力本位项目化课程教学过程中，学生除了要花大量时间用于课外查阅资料、讨论提纲、撰写论文、制作PPT之外，在课堂上教师只是一名"导演"，其职责主要用于精心的课堂组织、画龙点睛式的点拨，广大学生才是"主演"，课堂时间的 $70\%\sim80\%$ 是学生在进行分组汇报、讨论甚至争论，基本上达到"知识是学生学会的，能力也是学生练出来的"目的；剩余 $20\%\sim30\%$ 的课堂时间才由主讲教师进行最后的总结和评价，并布置下次课内容等。

7. 高职课程既有别于普通高校相应课程，也有别于中职相应课程

近年来，高职课程教学改革中逐渐出现了一种取消理论、淡化系统知识的极端倾向，其后果使高职课程与中职课程、培训班课程大同小异，其培养出来的学生将不可避免出现"工

"匠化"趋势。高等职业教育必须兼有"职业教育"和"高等教育"双重属性，如果片面强调前者而忽视后者，将导致高职课程缺乏系统的知识、必要的理论、必要的定量计算，那将不是高等教育，这样的高职学生将势必欠缺职业的迁移能力、不能从狭隘的具体经验上升为全面解决问题的能力、更不用说形成创造创新能力。

8. 考核评价方法

合适、配套、可操作性强的考核评价方法是充分调动学生完成项目或任务的内在动力，基本上颠覆了原来以考试为主、以作业和平时表现为辅的课程教学考核评价方式。项目化教学考核评价方法可分为三个方面，一是各项目或任务完成情况考核评分表（表 0-2），二是各项目或任务记分总表（表 0-3），三是平时表现记录表（表 0-4），该项由指导教师把握，一般约占总分的 20%。

表 0-2　任务完成情况考核评价表（样表）

班级：　　　　姓名：　　　　项目号：　　　　任务号：

序号	考核项目	权重/%	优秀 90分	良好 80分	中等 70分	及格 60分	不及格 50分	单项成绩合计
			评分标准					
1	完成任务的态度	10						
2	报告的质量	40						
3	分析能力	5						
4	选择能力	5						
5	资料查阅能力	5						
6	知识应用能力	5						
7	回答问题的质量	5						
8	应变能力	5						
9	语言表达能力	5						
10	自学能力	5						
11	与人合作能力	5						
12	经济意识	5						
13	环保意识	5						
14	课堂纪律	5						

注：与人合作能力得分由项目执行经理（项目组长）评定，其他方面由教师评定。

表 0-3　各项目或任务记分总表（样表）

姓　名	项目1	项目2	项目3	项目4	项目5	项目6	项目7	项目8	项目9	项目10	项目11	项目12	项目13	项目14	项目总分

表 0-4　平时表现记录表（样表）

项目号：　　　任务号：　　　时间：　年　月　日　第　周　节　　地点

任务	姓　名	职务	汇报发言人	补充发言	自由发言	表现	回答问题情况
一							

三、本课程总的专业能力目标

（1）通过本课程的学习和工作课题的训练，能够掌握各种典型无机化工产品的生产原理；

（2）能够根据各种典型无机产品生产特点和当地能源资源供应等具体条件，合理选择原料及工艺路线；

（3）能够进行生产工艺流程的组织、工艺条件选择和主要设备选择；

（4）能够进行正常岗位操作、开停车操作和故障排除等生产操作；

（5）能够进行典型无机产品的技术革新、工艺设计、生产车间一线管理等技术性工作。

四、本课程总的知识目标

（1）了解典型无机产品在化学工业中的重要地位与发展趋势；

（2）掌握典型无机产品原料的多样性及其生产工艺路线选择原则；

（3）掌握主要反应器的基本结构及其操作控制要点；

（4）掌握典型无机产品生产工艺条件的选择；

（5）掌握典型无机产品生产工艺流程的组织；

（6）掌握典型无机产品制取过程中节能关键技术；

（7）了解典型无机产品生产过程主要异常现象及故障排除；

（8）具有较强的安全意识与环保意识。

五、本课程总的方法能力目标

（1）具有较强的信息检索能力与加工能力；

（2）具有较强的自我学习和自我提高能力；

（3）具有较强的发现问题、分析问题和解决问题的能力；

（4）具有较强的发散性思维能力和创新意识；

（5）具有撰写简单的专业论文、制作汇报 PPT 的能力。

六、本课程总的社会能力目标

（1）具有团队精神和与人合作能力；

（2）具有与人交流沟通能力；

（3）具有较强的口头和文字表达能力。

合成氨生产

合成氨工业概貌

一、合成氨的基本工艺步骤

在德国合成氨技术基础上，世界各国陆续开发了高压法（850～1000atm❶）、中压法（200～320atm）和低压法（100～150atm）。目前大型合成氨厂都采用低压法，中小型合成氨厂都采用中压法，高压法已经完全被淘汰。低压法的平均吨氨能耗明显低于中压法，合成氨低压操作已经成为未来发展趋势。20世纪60年代后，大型离心压缩机的发展使合成氨工艺规模空前提高，出现了日产1000t以上的大型装置，使合成氨成本大幅下降，促进了氨在化肥等众多领域的广泛使用。

合成氨生产首先必须制取原料气氢和氮。氮气来源于空气，可以将空气进行深冷分离制得纯净的氮气，也可在制氢过程中加入空气，通过燃烧反应消耗掉其中的氧气后利用其中的氮。氢气的制取主要有两种方式，一种利用焦炭、煤在高温下与水蒸气反应制得 H_2，另一种是利用焦炉气、天然气、石脑油和重油等烃类物质在催化剂和高温条件下与蒸汽反应转变为 H_2。不管采用何种原料制得的粗原料气中都含有一定的硫化物、CO、CO_2，这些物质都是合成氨催化剂的毒物，在进行氨合成前必须将其彻底清除。因此，合成氨的生产过程都包括以下三个基本步骤。

1. 原料气的制取

制备含有 H_2、N_2、CO、CO_2 等成分的粗原料气。根据原料气制取所用主要原料不同，合成氨工艺可分煤头合成氨、气头合成氨和油头合成氨，至于选择哪种合成氨工艺，既需要考虑各种工艺的投资大小、能耗高低、成本效益，也需要根据各地能源供应的实际情况来进行综合权衡。

2. 原料气的净化

除去原料气中 H_2、N_2 以外的杂质，一般包括脱硫、CO 变换、CO_2 的脱除、原料气精制等步骤。其中每一步工艺都有多种选择，如原料气精制就有铜洗、甲烷化、液氮洗、双甲工艺等。原料气的净化方法的多样性使合成氨工艺显得纷繁复杂和多姿多彩。

3. 氨的合成

精制后的氢氮混合气经压缩到必要的压力和预热到必要的温度后，在催化剂作用下合成

---

❶ 1atm＝101325Pa。

氨。从合成塔出来的混合气体中氨约占 10%～18%，未反应的氢氮气经分离氨后循环使用。

二、合成氨生产的典型流程

1. 以煤原料的合成氨流程

我国几乎全部中小型合成氨企业普遍采用煤为原料、间歇式制取半水煤气，采用电动往复式压缩机提供动力。我国中型合成氨厂产品为液氨，下游产品普遍为尿素，其原则流程如图 1-1 所示。

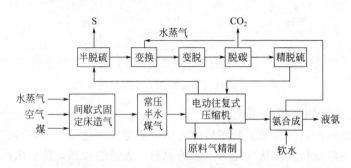

图 1-1　中型合成氨的原则流程

由于历史的原因，我国拥有大量以煤为原料、生产碳酸氢铵的小型合成氨企业。该流程的主要特点是，脱碳工序采用浓氨水作为脱碳溶液，并同时生产碳酸氢铵产品。其工艺原则流程如图 1-2 所示。

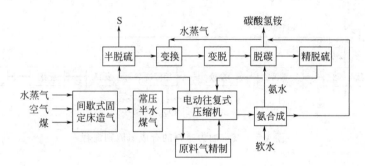

图 1-2　生产碳酸氢铵的小型合成氨原则流程

目前，以煤为原料、采用粉煤富氧连续气化技术或水煤浆富氧连续气化技术的大型合成氨装置在我国得到了井喷式的快速发展，其工艺原则流程如图 1-3 所示。

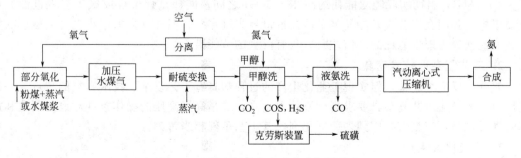

图 1-3　以煤为原料的大型合成氨原则流程

2. 以天然气为原料的合成氨流程

天然气、焦炉气、高炉气等气体燃料为原料的制气流程如图 1-4 所示。该流程中天然气经精脱硫后，其硫化物含量＜0.1ppm（1ppm＝10^{-6}，全书下同），有效地保护了转化、变换、甲烷化和合成氨催化剂的使用寿命；其脱碳工序采用低温甲醇洗涤法，精制工艺采用液氮洗涤法或甲烷化法，净化工艺相对简单，投资较少，吨氨能耗较低，在富产天然气的地区得到了广泛应用。

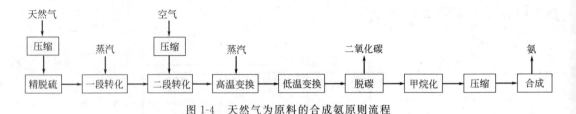

图 1-4　天然气为原料的合成氨原则流程

3. 以重油为原料的合成氨原则流程

重油、渣油及各种石油深加工所得残渣习惯上都称为"重油"。以重油为原料合成氨时，采用部分氧化法制取原料气。从气化炉出来的原料气先清除炭黑，然后依次经变换、低温甲醇洗脱碳、液氮洗、压缩后合成氨。该流程需要设置空气分离装置，提供高纯度氧气将重油部分氧化，液氮用于原料气精炼除去残余的 CO。由于石油资源供应已处于逐步递减模式之中，重油产量的减少和价格的高企，迫使我国以重油为原料的合成氨装置正逐步进行着"油改煤"或"油改气"的工艺改造。其工艺原则流程如图 1-5 所示。

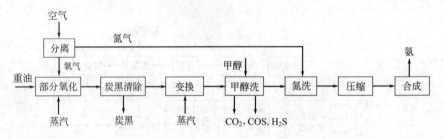

图 1-5　以重油为原料的合成氨原则流程

三、合成氨工业的特点

1. 耗能大户、节能潜力巨大

合成氨工业占整个化工工业总能耗的一半，是实至名归的耗能大户。每吨液氨的理论能耗为 21.28GJ，目前实际吨氨能耗约在 28～60GJ 之间，能耗是评价合成氨工艺先进性的最重要指标。我国大型合成氨能耗水平已接近世界先进水平，但 400 多家中小型合成氨厂的实际吨氨能耗约为理论能耗的 2 倍左右，具有巨大的节能潜力。

2. 工艺复杂、技术密集

氨合成反应很简单，但实现工业化生产的过程却具有工艺复杂、技术密集的特点。一是粗原料气的净化工艺复杂、要求高、科技含量高，二是高温高压的操作条件对设备制造和操作管理要求高，三是需要用到多种催化剂，其工艺条件相当苛刻。

3. 连续化大生产

合成氨工业具有高度连续化大生产的特点，要求原料供应充足、较高的自动控制水平和科学管理水平，才能确保长周期安全运行，获得较高的生产效益。

4. 典型的无机生产工艺

合成氨生产中既有气固相、气液相非催化反应，也有催化反应，既有常压反应，更多的是高温高压反应，同时工艺中涵盖了流体输送、传热、传质、分离、冷冻、压缩等诸多化工单元操作，是非常典型的无机化工工艺。

本模块从合成氨原料气的生产、脱硫、变换、脱碳、精制和氨的合成等 6 个方面探讨了合成氨生产。

合成氨原料气的生产

项目导言

本项目包括间歇式制取半水煤气和富氧连续式制取半水煤气，前者在我国广大中小型合成氨厂得到广泛应用，具有生产经验丰富、设备完全国产化，但生产不连续、自动化程度低、能耗大、效率低、投资和技术含量都较低等特点；后者在大型合成氨厂、甲醇厂、合成气厂得到快速发展，具有连续化程度高、技术含量大、能耗低、生产效率高，但投资大、部分关键设备需要进口等特点。

能力目标

1. 能够根据合成氨生产特点和当地能源供应等具体条件，合理选择原料及工艺路线；

2. 能够对半水煤气生产工艺流程进行组织、对工艺条件进行优化选择；

3. 能够基本了解半水煤气制取过程中节能关键技术和煤气气发生炉操作控制要点等；

4. 能够基本了解富氧蒸汽连续制取水煤气工艺流程。

任务一 间歇法制取半水煤气

1913 年德国第一台合成氨装置采用焦炭为原料制取半水煤气。20 世纪 50 年代后期，中国在南京成功地用无烟煤代替焦炭，扩大了原料来源，也降低了原料成本，在中国得到了广泛应用。70 年代初期我国开始研究利用粉煤和煤末制作成煤球或煤棒等型煤代替无烟块煤和焦炭用于合成氨生产取得成功，进一步扩大了原料来源，降低了原料成本，至今已有约 60％的煤头合成氨生产采用型煤为原料。

合成氨对固体燃料的性能要求，包括固定碳、硫分、水分、挥发分、灰分、机械强度、热稳定性、化学活性、黏结性和粒度等方面的要求。

一、半水煤气的生产原理

煤气化过程是以焦炭或煤为原料，在一定的高温条件下通入空气、水蒸气或富氧空气-水蒸气混合气，经过一系列反应生成含有 CO、CO_2、H_2、N_2 及 CH_4 等混合气体的过程。

气化过程中所使用的空气、水蒸气或富氧空气-水蒸气混合气等称为气化剂。气化过程所得到的混合气体，称为煤气。用于实现煤气化过程的主要设备称为煤气发生炉。煤气的成分取决于燃料和气化剂的种类及气化工艺条件。按照所用气化剂不同分为下列几种煤气（表1-1）。

表 1-1 各种煤气的基本情况

项　目	气化剂	煤气特点	主要用途
空气煤气	空气	热值较低	与其他气体混合使用
水煤气	水蒸气	$CO+H_2 \geq 85\%$	合成甲醇、工业制氢
混合煤气	空气-水蒸气	燃烧气	气体燃料
半水煤气	空气-水蒸气	$(CO+H_2)/N_2 = 3.1 \sim 3.2$	合成氨专用
低氮半水煤气	富氧空气-水蒸气	$(CO+H_2)/N_2 = 3.5 \sim 4.5$	联醇工艺
中热值煤气	富氧空气-水蒸气	发热值高	城市煤气

1. 煤气化过程的基本原理

（1）以空气或富氧空气为气化剂　以一定量的空气或富氧空气为气化剂，碳和氧之间发生剧烈的反应、并放出大量热量，为制气反应提供能量，也称吹风反应，使料层温度显著上升。其主要反应如下：

$$C + O_2 \longrightarrow CO_2 + 393.777 kJ/mol \tag{1-1}$$

$$C + CO_2 \longrightarrow 2CO - 172.28 kJ/mol \tag{1-2}$$

$$2C + O_2 \longrightarrow 2CO + 221.189 kJ/mol \tag{1-3}$$

这是一个气固相多反应的复杂反应体系，式(1-1)平衡常数很大，可视为不可逆反应，而氧气的平衡含量甚微，式(1-3)可以不与考虑，故描述该平衡体系可简化为用式(1-2)来表示。其平衡常数参见表1-2。

表 1-2 反应式 (1-1)、式(1-2) 的平衡常数

温度/K	反应式(1-1) $K_{p1} = p(CO_2)/p(O_2)$	反应式(1-2) $K_{p2} = p^2(CO)/p(CO_2)$	温度/K	反应式(1-1) $K_{p1} = p(CO_2)/p(O_2)$	反应式(1-2) $K_{p2} = p^2(CO)/p(CO_2)$
600	2.516×10^{34}	1.892×10^{-7}	1100	6.345×10^{18}	1.236
700	3.182×10^{29}	2.708×10^{-5}	1200	1.737×10^{17}	5.771
800	6.708×10^{25}	1.509×10^{-3}	1300	8.251×10^{15}	21.11
900	9.257×10^{22}	1.951×10^{-2}	1400	6.408×10^{14}	63.68
1000	4.751×10^{20}	1.923×10^{-1}	1500	6.290×10^{13}	164.3

各组分平衡转化率的计算如下。

假定氧气全部生成二氧化碳，并按式(1-2)部分转化为CO，设二氧化碳的平衡转化率为 x，空气中 $N_2/O_2 = 3.76$（摩尔比）

$$C \quad + \quad CO_2 \quad \longrightarrow \quad 2CO$$

平衡时/mol　　　　　　　$(1-x)$　　　　$2x$

则平衡时 CO_2 为 $(1-x)$ mol，CO 为 $2x$ mol，气相总量为 $(4.76+x)$ mol。故各组分分压如下：$p(CO_2) = p(1-x)/(4.76+x)$；$p(CO) = 2xp/(4.76+x)$；$p(N_2) = 3.76/(4.76+x)$

$$K_p = \frac{p^2(CO)}{p(CO_2)} = \frac{4x^2 p}{(4.76+x)(1-x)}$$

整理以上四式可得：$(1 + 4p/K_{p2})x^2 + 3.76x - 4.76 = 0$

将不同温度下的 K_{p2} 值及总压 p 代入上式即可解出 x，从而求出系统的平衡组成。图1-6、图1-7分别为1atm、20atm下碳-水蒸气反应的平衡组成图。

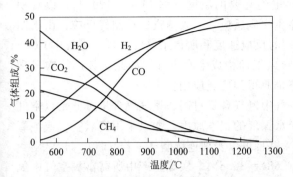

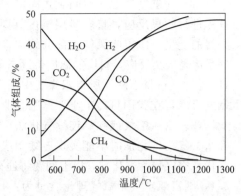

图 1-6 1atm 下碳-水蒸气反应的平衡组成   图 1-7 20atm 下碳-水蒸气反应的平衡组成

（2）以水为气化剂的反应原理 主要是炽热的碳将氢从水蒸气中还原出来，在煤气生产中称之为蒸汽分解，主要有以下还原反应：

$$C+H_2O(g) \longrightarrow CO+H_2 -131.390kJ/mol \qquad (1\text{-}4)$$

$$C+2H_2O(g) \longrightarrow CO_2+2H_2 -90.196kJ/mol \qquad (1\text{-}5)$$

$$C+2H_2 \longrightarrow CH_4 +74.90kJ/mol \qquad (1\text{-}6)$$

以水为气化剂时，碳与水蒸气之间的反应是吸热反应，将导致料层温度下降，该反应的主要产物构成了水煤气，是半水煤气的有效成分，因此也称制气反应。

（3）其他副反应 在燃料气化过程中，随着气化条件的变化，还可能发生一些副反应，产生少量或微量的 H_2S 和有机硫化物、氰化物、氨等杂质组分。

（4）反应速率 气化剂与煤在煤气发生炉中进行的反应，属于气固相非催化反应，包括碳与氧的反应，碳与水蒸气的反应，碳与 CO_2 的反应。反应速率不仅与碳和气化剂间的化学反应活性关，而且也与气体扩散速度有关。究竟是扩散控制，还是化学反应控制，还是过渡控制，取决于气化过程的性质和操作条件。

① 碳与氧反应生成二氧化碳的过程 研究表明，当反应温度在 775℃ 以下时化学反应较慢，气化过程属化学反应控制；当反应温度高于 900℃ 时化学反应速度很快，此时气化过程属于扩散控制；当反应温度处于 775～900℃ 之间时，气化过程属于过渡控制。实际生产中的吹风反应温度变化范围约为 800～1200℃，属于过渡控制和扩散控制。

② 碳与水蒸气反应生成水煤气的过程 实际生产中采用焦炭或无烟煤为原料时，制气反应温度一般控制在 800～1200℃ 之内，自始至终都属于化学反应控制状态。

③ 碳与 CO_2 反应生成 CO 的过程 该反应比碳的燃烧反应速度慢得多，在 2000℃ 以下都属于化学反应控制。即在造气工业条件下，该反应始终都处于化学反应控制状态。

2. 半水煤气生产的特点

典型的半水煤气中 $(CO+H_2)/N_2=3.1\sim3.2$，从上述气化反应可以看出，以空气或富氧空气为气化剂时，可得到含 N_2 的吹风气。当以水蒸气为气化剂时，可得到含 $CO+H_2$ 水煤气。从气化系统的热平衡来看，吹风反应是放热反应，制气反应是吸热反应，如果外界不提供热源，而是通过前者的反应热为后者提供反应所需的热量，并维持系统的自热平衡的话，事实上不可能获得合格的半水煤气。理论上，每消耗 1mol 氧气的吹风反应热可供 1.68mol 碳和水蒸气进行制气反应，其 $(CO+H_2)/N_2=1.43$，远小于 3.1～3.2。反之，若欲获得组成合格的半水煤气，该系统就不能维持自热平衡。

为解决供热与制气之间的矛盾，在生产实践中通常采用以下两种方法解决。

（1）间歇制气法　在间歇式固定床煤气发生炉中，吹风反应和制气反应是交替进行的，首先进行吹风反应，将燃料层温度（即炉温）提到必要的温度（如 $1100 \sim 1200℃$）以蓄积必要的能量，所得吹风气大部分放空。然后停止吹风反应，送入蒸汽进行制气反应，由于制气反应是吸热反应，料层的温度将逐渐下降，同时反应速度和所得水煤气质量（煤气中 $CO+H_2$ 含量）也将下降。所得水煤气中配入部分吹风气即构成半水煤气。如此交替进行吹风和制气反应，在我国目前中小型氮肥企业、联醇企业得到广泛应用。

（2）富氧空气或纯氧连续气化法　由于空气中氮气含量过高、氧气气含量过低是以空气和水蒸气为气化剂时不能实现连续制取合格半水煤气的根本原因，如果采用富氧空气或纯氧来代替空气作为气化剂，以上问题将迎刃而解，并且可以实现连续制气。若 $(CO+H_2)/N_2=3.1$，则富氧空气中氧气理论含量为：$1/(1+1.68)=36.6％$。实际生产中所需富氧空气中氧气含量约 $50％$，此即为富氧空气-蒸汽连续气化法。

二、煤气化的工业方法选择

1. 间歇式制半水煤气的方法

工业上根据加氮操作方式不同，又分为部分回收吹风气法和加氮空气法。

（1）部分回收吹风气法　该法利用吹风气部分回收送入气柜，剩余部分吹风气经回收余热后排空，而回收吹风气的量取决于对半水煤气成分的要求。若 $(CO+H_2)/N_2=3.1$，吹风气理论回收率约 $45.7％$，实际上，吹风气回收率要明显少于理论值，仅为 $10％ \sim 20％$，联醇工艺中吹风气回收比例更低。

（2）加氮空气法　该法是在制气过程中配入适量空气，提供半水煤气所需要氮气，而吹风气全部送到热量回收系统。加氮空气的量为多少呢？以 1mol 水蒸气为计算基准，理论上加氮空气量为 0.81mol。实际生产中，加氮空气的量要少于理论值，因为有部分吹风气在空气吹净步骤回收。

在制气过程中进行加氮操作的主要目的除了满足合成氨的需要外，另一个重要原因是利用加氮操作反应为放热反应的特点，为制气反应提供热量、减小炉温波动以稳定炉况。但必须注意的是，加氮过程应稍晚于水蒸气通入，而稍早于水蒸气停止前停止加氮操作，以避免加氮空气与煤气接触而发生爆炸，即制气阶段应将加氮空气阀门适当地迟开早关。

2. 间歇式造气炉的工作循环

间歇式造气炉包括吹风和制气两大步骤，为了安全起见和炉况稳定，实际上每个循环分成以下 5 个阶段：吹风、一次上吹、下吹、二次上吹、空气吹净。

（1）吹风阶段　由煤气炉底部吹入空气，空气经灰渣层预热后依次进入气化层的氧化层和还原层，依次进行剧烈的燃烧气化反应和 CO_2 还原反应。吹风反应提高炭层温度的同时，其中的氧气几乎被消耗殆尽，吹风气中 CO 含量迅速增长，所以，吹风气必须经燃烧室或者集中到废锅中回收显热和潜热后才能放空。

（2）一次上吹阶段　将放空阀倒换为制气阀向气柜送气。自下而上送入水蒸气，经灰渣区预热进入气化反应区进行气化反应，由于炉温高、气化反应速度快、蒸汽分解率较高、所得水煤气质量好，生成的水煤气经除尘和回收显热后送入气柜。一次上吹过程中，由于水蒸气温度较低，加上制气反应大量吸热，使气化区温度显著下降，而燃料层上部却因灼热的煤气通过使温度有所上升，导致炉层热点（气化层）上移，煤气带走的显热损失显著增加，因此，在上吹制气进行一段时间后，应改变气体方向。

（3）下吹阶段　上吹结束后，关闭下部蒸汽阀，打开上部蒸汽阀和下吹煤气阀，从炉顶自上而下送入蒸汽。饱和蒸汽先经燃烧室预热为过热蒸汽、再经炉内燃料层预热后到达气化区进行气化反应，同时使上层燃料层温度降低，并使炉层热点重新回到正常位置，而生成水煤气通过灰层时使灰层温度提高，有利于燃尽残碳，煤气经除尘降温后送气柜。下吹制气阶段炉温高、蒸汽温度高、煤气质量好，下吹时间要长于一次上吹时间。

（4）二次上吹阶段　下吹制气后，如果立即进行吹风，空气将与残留在炉底的下行煤气相遇，可能导致爆炸。所以，为了将炉底部的下吹煤气吹净并回收送入气柜，以防止吹入空气时发生爆炸，进行二次上吹制气是必要的，其目的是回收炉底煤气和进行安全准备。

（5）空气吹净阶段　二次上吹制气后，煤气发生炉上部空间、出气管道及有关设备都充满了煤气，如立即进行吹风阶段，不仅造成浪费，且这部分煤气排至烟囱和空气接触时也可能发生爆炸。因此，在转入吹风之前，从炉底自下而上吹入空气，所产生的空气煤气与原来残留的水煤气一并送入气柜，这一阶段叫做空气吹净阶段。空气吹净的主要目的是为了回收炉上部及管道中剩余的煤气，在半水煤气的生产过程中属于加氮操作，是调节氢氮比的关键步骤。

空气吹净完成后，立即转入下一个循环的吹风阶段，如此周而复始。每个工作循环所生成的煤气成分也呈周期性变化，这是间歇式制气的特征。图 1-8 为间歇式生产半水煤气各阶段气体流向示意，借助表 1-3 煤气发生炉各阶段阀门开闭表，可以清楚地理解间歇式生产半水煤气的工作循环。

表 1-3　煤气发生炉各阶段阀门开闭情况

阶段	阀门开闭情况						
	1	2	3	4	5	6	7
吹风	√	×	×	√	√	×	×
一次上吹	×	√	√	×	×	√	√
下吹	×	×	√	√	×	√	√
二次上吹	×	√	√	×	×	√	√
空气吹净	√	×	√	√	×	√	√

注：√——阀门开启；×——阀门关闭。

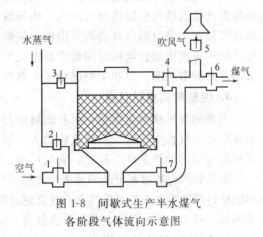

图 1-8　间歇式生产半水煤气各阶段气体流向示意图

三、间歇式制半水煤气工艺条件的优化

为了获得较高的的制气强度和较低的蒸汽消耗（较高的蒸汽分解率），为保证制气过程均匀稳定，煤气炉必须在稳定的有效炭层下综合优化煤气化过程工艺条件。

1. 炉温的优化

炉温是指燃料层中气化层的温度。在吹风和制气过程中化气层本身沿着轴向移动，其炉温高低也是变化的，其中吹风末期炉温最高，制气阶段末期的炉温最低。高温有利于提高制气反应速率，有利于提高煤气中 CO 和 H_2 含量，有利于提高蒸汽分解率。即炉温高，则煤气质量好、产量高、蒸汽分解率高。生产中炉温以低于固体燃料灰熔点50℃左右、维持炉壁不结疤为前提，尽量在较高的温度下操作。

2. 吹风量与吹风强度的优化

吹风时间长短、吹风数量多少和吹风强度大小是决定炉温高低、制气强度的主要因素。炉温是由吹风阶段决定的，高炉温带来吹风气温度提高，CO_2 还原反应增多，使吹风气中

CO含量增多，造成蓄热效果差，热损失增大。因此，过量吹风或吹风时间过长等并不一定能提高气化层温度，甚至反而可能有所下降，即过量吹风不利于制气反应。吹风量与循环中温度波动关系如图1-9所示。因此，工程上除了采取对吹风气显热和CO潜热进行充分回收以外，采取强风短吹是缩短吹风时间、提高制气强度、减少热能损失的有效方法。

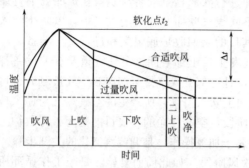
图1-9　吹风量与循环中温度波动示意

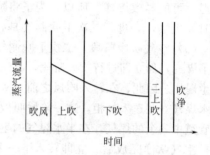
图1-10　合适的蒸汽流量自调曲线示意

3. 蒸汽自调优化和调节炉况

制气过程中炉温的逐渐下降，制气反应进行的速度和蒸汽分解率都呈逐级下降的趋势，如果蒸汽吹入的速度保持均匀一致，将导致蒸汽分解率下降显著，炉况波动幅度增大。为降低蒸汽消耗，采取蒸汽自动调节措施，使蒸汽量随着制气过程逐渐递减。在实际生产中随意提高吹风强度或延长吹风时间都极易造成事故，因此，提倡采用蒸汽调节手段而不是吹风调节手段来调节炉况，以利于炉况稳定。蒸汽自调的用量曲线如图1-10所示。

4. 燃料层高度的优化

正确的加炭频率与数量、出灰的频率与数量应以稳定炭层高度，稳定气化层有效炭含量和良好的透气性为原则。在风机能力大、原料煤质量好、粒度大而均匀及炭层阻力小时，宜采用高炭层的操作条件。反之，宜采用中、低炭层的操作条件。

加炭频率与数量和出灰的频率与数量应与炉子的生产能力相一致。为了稳定造气工况，应根据原料煤种类和工艺流程特点，建立定时加炭和出灰制度，炭层高度主要通过炉条机的转速来调整。例如，碳化煤球，其灰分含量高，应勤加炭多出灰，才能获得较高的生产强度。

5. 循环时间的分配优化

每一个吹风与制气工作循环所需时间，称为循环时间。一般循环时间长，则气化层温度、煤气质量波动大；反之，气化温度波动小和煤气质量比较稳定，但循环时间短，阀门开关过于频繁，易于损坏。根据自控水平、维持炉内工况稳定和燃料性能优劣等方面来优化循环时间，一般循环时间为2.5～3.0min。如果自控水平高、燃料性能好，可以采用较短的循环时间。循环时间一经确定，由微机自动控制，一般不应作随意调整。循环的各阶段时间是相互制约、此长彼短，其分配主要取决于燃料的性质，不同燃料气化的循环时间分配百分比大致范围如表1-4所示。

表1-4　不同燃料气化的循环时间分配百分比

燃料品种	工作循环中各阶段时间分配/%				
	吹风	上吹	下吹	二次上吹	空气吹净
无烟煤，粒度25～75mm	24.5～25.5	25～26	36.5～37.5	7～9	3～4
无烟煤，粒度15～50mm	22.5～23.5	24～26	40.5～42.5	7～9	3～4
无烟煤，粒度15～25mm	25.5～26.5	26～27	35.5～36.5	7～9	3～4
石灰碳化型煤	27.5～29.5	25～26	36.5～37.5	7～9	3～4

6. 煤气成分的调节

煤气成分主要要求是 $n_{(CO+H_2)}/n_{N_2} = 3.1 \sim 3.2$，通常采用调节空气吹净时间的方法来控制，改变制气过程中加氮空气量也是方法之一。由于加氮空气量的多少对燃料层温度影响较大，加氮空气量一经确定，就不宜改变。此外，还应尽量降低煤气中 CH_4、CO_2 和 O_2 含量，特别是 O_2 含量要小于 0.5%；否则，不仅有爆炸危险，而且将给变换催化剂带来严重危害。

7. 不同燃料品种时工艺条件的优化

优质燃料煤一般具有灰熔点高、机械强度大、热稳定性好、化学活性好、粒度均匀等特点。采用优质燃料煤气化，可采用高炉温、高风速、高炭层、短循环的"三高一短"操作法，可使煤气炉的气化强度大、煤气质量好。相反，机械强度好、热稳定性差的燃料应采用低炭层气化，减少床层阻力，风速也不宜过高；对固定炭含量低、灰分含量高的燃料，如型煤，则应勤加煤、勤出灰，才能获得较高的气化强度；如灰熔点低，则吹风时间不宜过长，应适当提高上吹蒸汽比例，以防止结疤。

四、间歇式生产半水煤气工艺流程的组织

1. 小型合成氨厂节能型工艺流程

间歇式生产半水煤气的工艺流程包括煤气发生炉、余热回收装置、煤气除尘降温装置及煤气贮罐等设备。目前我国小型合成氨厂普遍采用如下节能型工艺流程，如图1-11。

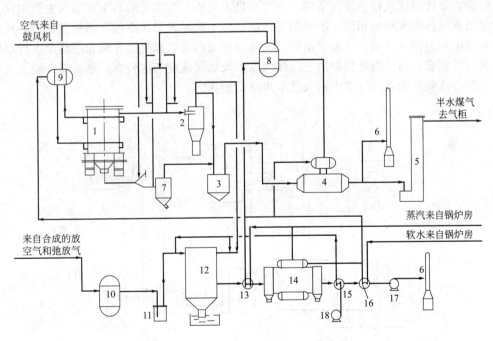

图 1-11　小型合成氨厂节能型工艺流程

1—煤气发生炉；2—旋风除尘器；3—安全水封；4—废热锅炉；5—洗涤塔；6—烟窗；7—集尘器；8—汽包；
9—蒸汽缓冲槽；10—尾气贮槽；11—分离器；12—燃烧室；13—蒸汽过热器；14—烟烧锅炉；
15—空气预热器；16—软水加热器；17—引风机；18—二次风机

此流程的特点在于对生产过程的余热进行了全面、合理的回收。一是回收上下行煤气的显热，用于副产低压蒸汽；二是对吹风气显热和潜热进行回收，主要采用"合成二气"连续输入，吹风气集中燃烧，燃烧室体外取热的工艺路线。如生产正常、管理良好、造气工段基

本可达到蒸汽自给。

由煤气炉产生的吹风气经旋风除尘器后，送入吹风气总管，进入吹风气余热回收系统。由蒸汽缓冲槽出来的水蒸气加入适量空气后由造气炉底部送入，炉顶出来的上行煤气通过旋风除尘器、安全水封后进入废热锅炉回收余热，并经过洗涤塔降温后送入气柜。下吹时蒸汽也配入适量空气从炉顶送入，炉底出来的下行煤气经集尘器及安全水封后也进入废热锅炉，并经洗涤塔降温后送入气柜。二次上吹、空气吹净的气体流向与上吹制气相同。合成二气与来自空气预热器的二次空气混合进入燃烧室燃烧。出燃烧室的高温烟气进入带蒸汽过热器的烟气锅炉回收热量，产生 1.3MPa 的过热蒸汽。降温后的烟气依次通过空气预热器、软水加热器，由引见机送入烟窗后放空。

2. 中型合成氨厂采用的 UGI 流程

图 1-12 为中型合成氨厂造气工艺流程。固体燃料由加料机从煤气发生炉顶部间歇加入炉内。吹风时，空气经鼓风机自下而上通过燃料层，吹风气依次经燃料室、废热锅炉回收热量后由烟囱放空。吹风气进入燃烧室的同时加入二次空气，将吹风气中的可燃气体燃烧，使室内的蓄热砖格子升温，燃烧室的盖子具有安全阀的作用，当系统发生爆炸时可以卸压，以减轻对设备的破坏。蒸汽上吹制气时，蒸汽从煤气发生炉底部自下而上通过燃料层，经煤渣层预热后，在气化层进行制气反应，煤气从煤气发生炉出来后，依次经燃烧室、废热锅炉回收余热后，再经洗气箱、洗气塔后进入气柜。下吹制气时，蒸汽从燃烧室顶部进入，经预热成过热蒸汽后进入煤气发生炉，并自上而下通过燃料层进行制气反应，由于下吹制气的煤气温度较低，直接经洗气箱、洗气塔除尘冷却后进入气柜。二次上吹与上吹流程完全相同。空气吹净与吹风过程流程也相同，不同的是在燃烧室不能加入二次空气。燃料气化后，灰渣经旋转炉箅由刮刀刮入灰箱，定期排出炉外。此流程虽然对吹风气的显热和潜热及上行煤气的显热进行了回收，但出废热锅炉的上行煤气温度及烟气温度仍然较高，热量损失较大。可以借鉴小型合成氨厂的吹风气集中回收技术来降低能耗。

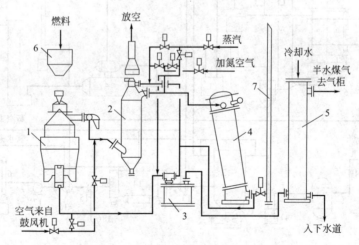

图 1-12　中型合成氨厂造气工艺流程

1—煤气发生炉；2—燃烧室；3—洗气箱；4—废热锅炉；5—洗气塔；6—燃料贮仓；7—烟囱

五、煤气发生炉的结构与操作控制要点

1. 煤气发生炉的结构

间歇式造气炉属于移动床或固定床气固反应设备，分为炉顶、炉体和炉底三部分，其结

构示意如图 1-13 所示。

　　炉顶设有炉口和炉盖，是加煤入口。炉体外壳由钢板焊成，上部内衬耐火砖和耐火水泥，下部设有夹套锅炉。夹套锅炉的作用是防止因气化层温度过高而使灰渣烧结在炉算上，同时副产蒸汽。炉底由铸铁制成，上部与炉体大法兰相接，下部与底盘连接。底盘上托着灰盘，灰盘上方装有炉算（也称炉条），炉算和灰盘一起旋转。灰盘的倾斜面上固定着四根月牙形灰筋，称为推灰器，用于将灰渣推出灰

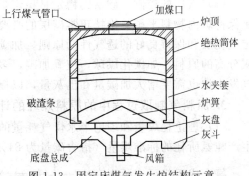

图 1-13　固定床煤气发生炉结构示意

盘，灰盘旋转时灰犁不断地将灰渣刮落至灰箱中，再定期排出。炉算是煤气发生炉的关键部件，它承担着气流均布、均匀排渣和碎渣的任务。新型均布型炉算，如螺旋锥形炉算，具有破渣排渣能力强，通风面积大，气体分布均匀等特点。在煤气炉直径一定的情况下，炉子的气化强度直接取决于炉算的性能。

　　煤炭从炉上部加入，经干燥区、干馏区，进入气化层，然后进入底部的灰渣层，最后由

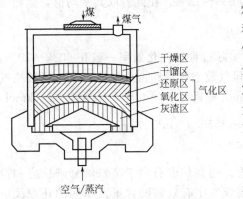

图 1-14　间歇式造气炉内燃料分区示意

炉底排出。但这种燃料的分层和各层的高度，是随着燃料的种类、性质以及气化条件的不同而不同。例如，干燥区和干馏区只有在燃料的含水量和挥发分含量高时才明显存在；气化区的高度与燃料中固定碳含量高度成正比，相应的灰渣区高度与灰分含量成正比等。间歇式造气炉内燃料分区示意如图 1-14 所示。

2. 间歇式煤气发生炉操作控制要点

　　煤气发生炉的正常操作控制的主要目标是维持炉温、气化层、碳层和气体成分的稳定。

　　（1）炉温的控制　炉温的控制主要是指气化层温度的控制，应以实现高限气化为目标。目前，尚没有气化层温度的直接测量手段，只能通过火棍试火来判断火层长度、通过扦炉来判断碳层是松还是紧、看炉渣是否有结渣来判断气化层高低等间接判断。另外，煤气中 CO_2 的含量高低也是气化层温度的间接量度。一般来说，煤气中 CO_2 含量较低时，则气化层温度上升，反之亦然。例如，以优质白煤或焦炭为原料时，煤气中 CO_2 含量为 6％～8％，而以碳化煤球为原料时，煤气中 CO_2 含量为 10％～14％。此外，炉顶和炉底的温度也是判断气化层温度的重要手段。炉顶温度无热回收装置时控制在 350～400℃，有热回收装置时控制在 450～500℃。

　　（2）气化层的控制　正常情况下，气化层位于燃料层下部，炉条上必须覆盖一定厚度的灰渣保护层。气化层位置的高低主要取决于灰盘的转速与上下行过程的控制。调节灰盘的转速可调整气化层位置。例如，当灰渣中残炭量高，炭层下降快，气化层下移或温度上涨时，一般应减慢灰盘转速。若炉内有块状结疤、灰渣层增厚时，一般应加快灰盘转速。

　　改变上下吹比例也可控制气化层位置。一般增加上吹，减少下吹时，除气化层温度降低外，还将发生气化层被拉长、气化层上移现象。反之，当增加下吹，减少上吹时，除气化层温度上升外，还将发生气化层被压短、气化层下移现象。通常优质原料可采用下吹较多的操作条件，以尽可能获得高温的气化条件，反之，劣质原料由于灰熔点的限制，可借增加气化层长度来弥补。

（3）碳层的控制 碳层的稳定是稳定炉温和气化层的又一重要因素。稳定的加炭和出灰是保持炉内物料平衡、维持正常碳层的必要措施。正确的加碳与出灰应以稳定碳层高度、稳定气化层和保持良好的透气性为原则。加碳与出灰应与原料的性能和炉子的生产能力一致。灰分高的原料，如碳化煤球，应勤加碳，多出灰，以获得应有的气化强度。高气化强度的煤气发生炉也需要增大加碳量和出灰量，以提供制气所需的原料。

3. 原料气制取过程中的原料煤耗的计算与节能技术

（1）理论耗煤量和理论半水煤气耗量的计算 理论煤耗是指在忽略各种损失的情况下，生产吨氨所耗的标准煤量（指含碳量为 84% 的优质煤）。

氨合成反应可表示为 $\frac{1}{2}N_2 + \frac{3}{2}H_2 \Longrightarrow NH_3$，生产 1kmol 氨需 0.5kmol 氮气和 1.5kmol 氢气。而生产 1kmol 氨需 0.641kmol 空气，其中氧气的量为 0.135kmol，若按吹风反应为 $C + O_2 \longrightarrow CO_2$，则需耗碳量为 0.135kmol；若生成氢气的制气反应为 $C + H_2O \longrightarrow CO + H_2$，则需要的耗碳量为 0.75kmol。则理论上生产 1kmol 氨需 $0.75 + 0.135 = 0.885$kmol 碳，吨氨理论耗碳量为 $\frac{1000}{17} \times 0.885 \times 12 = 624.7$（kg），而吨氨理论耗煤量为 $\frac{624.7}{0.84} = 743.7$（kg）标煤。一般半水煤气中含 CO 在 28%～30%，CO_2 为 6%～12%，在此若取其平均值，则吨氨半水煤气理论耗量为：$\frac{1000 \times 0.885 \times 22.4}{17 \times (0.29 + 0.09)} = 3069$（$m^3$）。

（2）实际耗煤量和实际半水煤气耗量的计算 实际过程的气化效率一般在 60%～70%，每吨氨的实际煤耗在 1.1～1.4t 之间。实际上，吹风气放空气量约占总量的 50%，即放空气量中的含碳量约为 0.135kmol×2，实际上生产 1kmol 氨需 $0.75 + 0.135 \times 2 = 1.02$（kmol）碳。吨氨半水煤气实际耗量为：$\frac{1000 \times 1.02 \times 22.4}{17 \times (0.29 + 0.09)} = 3536.8$（$m^3$）左右。

（3）原料气制取过程中的节能技术

① 高炉温 高炉温是指维持较高的气化层温度。提高炉温有利于蒸汽的分解反应和提高蒸汽的分解率，也有利于 CO_2 的还原反应和提高煤气中有效氢的含量。CO_2 的还原反应是吸热反应，其反应速度比吹风反应慢得多，受反应动力学控制，炉温提高，其反应速度将明显加快。

实践表明，以焦炭为原料，当气化层温度由 1000℃ 提高到 1100℃ 时，蒸汽分解率将由 18% 显著提高到 40%，当气化温度提高到 1200℃ 时，蒸汽分解率将高达 74%。可见，高炉温对蒸汽分解的影响之显著。

② 采取强风短吹 煤气炉的负荷，是以吹风量的大小来衡量，通过吹风强度和吹风时间来控制。在维持一定的入炉空气总量的情况下，提高吹风强度，可以缩短吹风时间，相对延长了制气时间。在原料煤性质允许的范围内，在不影响气化炉内气化层稳定的前提下，采取强风短吹是提高煤气炉生产强度最有效的手段，还可缩短吹风气中 CO_2 与炽热炭层接触的时间，使吹风气中 CO 含量减少，使吹风气中 CO 带走的潜热减少，使燃料层中蓄积的热量增多。为了使效地提高吹风速度，要求鼓风机有较高的压头，以克服气体通过炭层的阻力。

③ 自动调节蒸汽流量 蒸汽送入的时间长短主要取决于气化层的温度及原料的活性，在温度和活性都处于高限时，蒸汽流量增加有利于制气反应，使煤气产率和质量提高。随着炉温和活性的降低，反应完全处于动力学控制区域，此时增大蒸汽流量，只能导致蒸汽带走的热量增多，蒸汽分解率下降。因此，制气过程中从上吹制气到下吹制气，其蒸汽流量通过自动调节装置逐步减少，以实现节约蒸汽、达到节能降耗的目的。

④ 高炭层　控制适当的炭层高度，有利于各层分布的相对稳定，使气化层相对厚实，较好地控制炉底和炉顶温度，并能有效地提高吹风负荷。

⑤ 吹风气集中回收技术　使用二次空气是提高气化效率的有力措施之一，但间歇式固定床制半水煤气的工艺流程中，由于煤气发生炉的生产能力较小，常常需要数台、甚至十多台煤气炉并联生产，每台炉子产生的吹风气数量不是很多，但如果将所有的炉子产生的吹风气集中起来、并与合成氨弛放气和二次空气一起进入到一台大型废热锅炉燃烧，以产生中高压的过热蒸汽。这种吹风气集中回收技术对小型氨厂的节能降耗产生了重要作用。

⑥ 采用过热蒸汽　煤气炉的夹套锅炉和废热锅炉仅能产生低压饱和蒸汽，其温度较低，在制气过程中分解率也较低。为了提高煤气炉的制气能力，可利用吹风气和上吹煤气的显热使蒸汽过热。

任务二　富氧（纯氧）-蒸汽连续制取水煤气

一、富氧（纯氧）-蒸汽连续制水煤气方法

间歇式煤气发生炉生产半水煤气虽然在我国应用广泛、经验丰富，但存在不少问题。首先，操作复杂，阀门倒换频繁，部件容易损坏，操作和管理繁杂。其次，气化过程中大约有1/3的时间用于吹风和倒换阀门，有效制气时间少，热量和有效气体的损失十分严重，原料的气化率和利用率都较低，稍不注意还会发生爆炸。第三，对燃料要求苛刻，需采用焦炭、块状无烟煤或型煤，对煤的块度、机械强度、热稳定性、灰熔点等指标要求较严。第四，单炉生产能力低，不易大型化，通常一家中型合成氨厂需要十多台煤气发生装置并联生产。

以富氧或纯氧和蒸汽为气化剂，不仅可以使系统维持热量平衡，经过加氮操作得到合格的半水煤气，无需排放吹风气，有利于节能减排和提高原料利用率、实现连续气化、提高气化效率，并显著降低吨氨煤焦消耗量和显著提高每台发生炉的制气能力。富氧制气时富氧中氧含量越高，煤气炉的炉温能维持越高，制气时水蒸气的分解率就越高，煤气中有效氢含量也越高，单位体积煤气的蒸汽消耗越低。

富氧（纯氧）-蒸汽连续制水煤气大多都采用加压气化。从节能降耗和生产成本来看，原料气在加压下气化，则只要将制气所需的少量富氧或纯氧加压和适当提高蒸汽压力，就可得到数量庞大的加压煤气，这比将常压煤气进行压缩可以减小压缩功 $50\% \sim 75\%$。同时，加压气化还有利于采用劣质煤粉和浆煤作为原料，从而扩大原料来源，降低原料成本。

富氧（纯氧）-蒸汽连续制水煤气的工业方法，根据煤在炉内的运动方式，连续气化法可分为固定床（移动床）加压鲁奇炉富氧连续制气、沸腾炉（流化床）粉煤气化法和水煤浆为原料的气流床（夹带床）德士古富氧连续气化法。

1. 固定床加压鲁奇炉富氧连续制气

（1）鲁奇固定床加压气化技术简述　该技术亦称 BGL 碎煤移动床气化技术，其核心技术是 Lurgi 炉，采用纯氧和水蒸气为化气剂，其原料可采用烟煤、褐煤、贫煤、瘦煤、无烟煤和焦炭等多种煤种，其粒度范围为 $5 \sim 50mm$ 的碎煤、块煤或型煤，采用固态排渣，操作压力为 $2 \sim 10MPa$、操作温度一般为 $900 \sim 1200°C$。制气过程中，煤在炉内缓慢下移，形成一个相对的"固定"床层，故称固定床加压气化。

（2）加压鲁奇固定床加压气化炉结构特点　加压鲁奇固定床加压气化炉如图 1-15 所示。

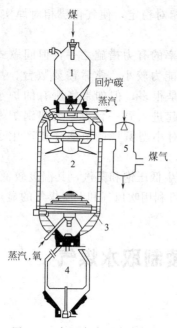

图 1-15 加压鲁奇固定床加压
气化炉结构示意

1—煤箱；2—分布器；3—水夹套；
4—灰箱；5—洗涤器

氧和水蒸气自下而上通过煤层，煤层自下而上可分为干燥层、干馏层、甲烷层、气化层、氧化层和灰渣层。气化层相当于常压气化的还原层。在氧化层主要进行碳的燃烧反应，在气化层则主要进行碳与水蒸气的反应。在甲烷层，温度较低，停留时间较长，甲烷生成量较多。

鲁奇炉的结构特点：由煤箱通过自动控制机构向炉内加入原料，采用旋转的煤分布器，使燃料在炉内均匀分布。由于分布器的转动，还可以部分防止黏结性煤粒之间的相互粘接。采用回转炉箅，通过空心轴送入气化剂。由自动控制装置将灰渣连续排入灰箱中，也可用水力或机械排渣。炉壁设有夹套锅炉产生中压蒸汽。煤气在洗涤器中用水冷激和洗涤后送至净化系统。

(3) 加压鲁奇固定床加压气化工艺流程与工艺条件   固定层连续制气时，吹风强度一般不能大于 $1500m^3/(m^2 \cdot h)$，气化温度的要求 $\leqslant 1250℃$，由于制气温度高，而且在生产稳定操作情况下也不会发生波动，因而对提高煤气质量、气化率、蒸汽分解率等都十分有利。鲁奇炉的制气能力与富氧空气中氧的浓度有关，氧浓度越大，其制气能力越大。但当氧含量太高时，由于进风口局部氧化反应过于剧烈，不仅造成局部温度过高，超过燃料灰熔点而使炉内堵塞，破坏正常操作，且容易烧坏炉条帽，损坏设备。故目前富氧浓度一般不超过 70%。

主要的工艺条件包括气化压力、炉温和汽氧比。

① 气化压力的选择   提高压力，煤气中甲烷和二氧化碳含量增加，而氢气和一氧化碳含量减少，煤气热值增加；同时，比氧耗下降，这是由于甲烷化是放热反应的缘故；随着压力的提高，蒸汽消耗量上升，而分解率明显下降；且净煤气产率下降。此外，压力越高，对设备的技术要求也较高。目前，生产中气化压力一般为 3MPa 左右。

② 炉温的选择   炉温偏低有利于甲烷的生成反应，但从生产能力考虑则应尽可能提高气化温度。采用固态排渣时操作温度不能高于燃煤的灰熔点。通常生产城市煤气时，气化层温度为 950~1050℃；生产合成气时可提高到 1150℃ 左右。

③ 汽氧比的选择   改变汽氧比（kg 蒸汽/m^3 氧）调节炉温的主要方法。汽氧比增加，则炉温下降。各种煤的汽氧比变动范围分别为：褐煤 6~8，烟煤 5~7，无烟煤和焦炭 4.5~6。

鲁奇炉出口煤气的典型组成如下。

成分	CO	CO_2	H_2	N_2	CH_4
含量/%	22~24	25~27	37~39	8~10	8~14

鲁奇炉现已发展到 Mark-V 型，炉直径达 5m，单日投煤量达 2160t，单炉最大产粗煤气量达 117000m^3（标）/h，对于日产 1000t 总氨的生产装置，只需要 4 台 ϕ3800mm 的气化炉，其中 3 台生产，1 台备用。

(4) 加压鲁奇固定床加压气化法的主要特点与不足之处   鲁奇炉适应的煤种类多，连续化加压操作，单炉产气量大，氧气消耗量低；其不足之处是该工艺煤气中 $CO+H_2$ 体积分数仅为 70％ 左右，且含有焦油、酚、氨等物质，灰水处理难度大、工艺复杂，煤气中 CH_4 含量较高，须采用甲烷蒸气转化技术将其转化为 CO 和 H_2，增加了转化装置的投资。

1987 年建成投产的天脊煤化工集团公司从德国引进的 4 台直径 3800mm 的 Ⅳ 型鲁奇炉，先后采用阳泉煤、晋城煤和西山官地煤等煤种进行试验，经过 10 多年的探索，基本掌握了鲁奇炉气化贫瘦煤生产合成氨的技术，现建成的第五台鲁奇炉已投产，形成了年产 45 万吨合成氨的能力。

2. 水煤浆气流床德士古富氧连续气化法

（1）水煤浆气流床连续气化反应原理 水煤浆由约 65％ 的煤粉、约 35％ 的水及少量化学添加剂制成，是一种煤炭液化技术和清洁利用技术。水煤浆作为浆体燃料具有较好的流动性和稳定性，可以用泵和管道输送，可以雾化、储存和稳定燃烧，其热值相当于燃料油的一半，具有燃烧稳定、燃烧效益高、负荷调整便利、环境污染小、劳动强度低等优点。

美国 Texaco 公司在渣油部分氧化技术基础上开发了水煤浆气化技术，TGP 工艺采用粉煤、水、分散剂和减黏剂等配制成可用泵输送的黏度为 800～1000cp、质量分数为 60％～65％ 的高浓度水煤浆，在气流床中加压气化，水煤浆和氧气在高温高压下反应生成合成气，采用液态排渣的加压纯氧流化床气化技术。水煤浆气化过程是一个很复杂的物理化学反应过程，水煤浆和氧气喷入气化炉后瞬间经历煤浆升温、水分气化、煤热解挥发、残炭气化和气体间的化学反应过程。最终生成以 CO、H_2 为主要组分的粗煤气（合成气）同，灰渣采用液态排渣。其反应原理如下。

炭与氧的反应

$$C + O_2 \longrightarrow CO_2 + 393.78 \text{kJ/mol} \tag{1-7}$$

$$C + CO_2 \longrightarrow 2CO - 172.29 \text{kJ/mol} \tag{1-8}$$

$$2C + O_2 \longrightarrow 2CO + 221.19 \text{kJ/mol} \tag{1-9}$$

炭与水蒸气和氢气的反应

$$C + H_2O(g) \longrightarrow CO + H_2 - 131.39 \text{kJ/mol} \tag{1-10}$$

$$C + 2H_2O(g) \longrightarrow CO_2 + 2H_2 - 90.20 \text{kJ/mol} \tag{1-11}$$

$$C + 2H_2 \longrightarrow CH_4 + 74.90 \text{kJ/mol} \tag{1-12}$$

（2）德士古煤气化炉结构及操作控制要点 德士古气化炉为直立圆筒形结构，分为上、中、下三部分，上部为反应室，中部为激冷室或废热锅炉，下部为灰渣锁斗。关键技术是高浓度水煤浆技术、水煤浆喷嘴技术、熔渣在高压下排出技术。德士古煤气化炉结构示意如图 1-16 所示。

① 严格控制不要超温 炉内温度对耐火衬里的寿命影响至关重要。在正常生产情况下，耐火砖表面有一层动态的煤渣层，温度较低时，煤渣层较厚，温度较高时煤渣层较薄。适当厚度的煤渣层可减缓高温气体和熔渣对耐火砖的冲刷、渗透和腐蚀，导致耐火砖强度明显下降，特别是操作温度超过 1400℃ 时浸蚀作用成倍增加。另外，如果富氧浓度突然升高，将造成炉温突升，可能烧坏高温热电偶，同时对耐火砖的影响也很大，应尽量避免。因此，综合考虑各种因素，一般气化炉操作温度要控制在 1350℃ 以下。

② 尽量减少开停车次数 如果频繁地开车停车（更换烧嘴），会使冷空气进入炉内，造成炉内温度的急剧变化，这对耐火砖衬里是

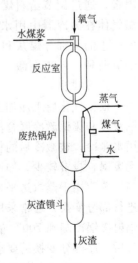

图 1-16 德士古煤气化炉结构示意

非常有害的，甚至造成开裂损坏，所以在生产过程中应尽量做到稳定生产，减少开停车次数。

（3）水煤浆连续气化工艺流程与工艺条件　国内于20世纪90年代引进了3套德士古水煤浆气化工业装置，华东理工大学和兖矿集团在此基础上共同开发了四喷嘴水煤浆气化炉技术，一些关键指标上已经优于德士古水煤浆气化技术，自2006年以来已经在江苏灵谷化工有限公司、江苏索普集团、浙江凤凰化工股份公司等推广应用。图1-17为日产1000t总氨的德士古煤气化工艺流程示意。

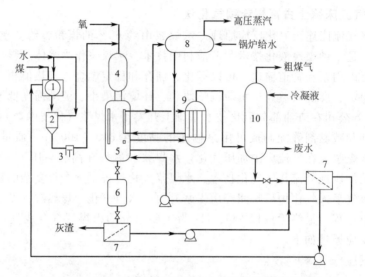

图1-17　日产1000t总氨的德士古煤气化工艺流程示意

1—球磨机；2—均化器；3—送料器；4—气化炉燃烧室；5—辐射废锅；6—灰斗；

7—筛分器；8—过热器；9—对流废锅；10—洗涤器

煤先在球磨机中加水磨成高浓度水煤浆，贮存于煤浆槽中。水煤浆浓度约为70%，加入添加剂以控制水煤浆黏度，提高其稳定性，加入碱液和助熔剂，以调节煤浆的pH值和灰渣的流动度。水煤浆通过煤浆泵加压后与高压氧气一起通过烧嘴进入气化炉，在压力为6.4MPa、温度为1300～1400℃下进行气化反应。氧与煤浆的比例是气化反应的重要因素，通过调节给料煤浆与氧气的比例控制反应温度高于煤的灰熔点。离开反应室的高温气体在激冷器中用水激冷，激冷水由炭洗涤塔引入，气体被水蒸气饱和，同时将反应中产生的大部分煤灰和少量未反应的炭以灰渣形式除去。根据灰渣粒度大小分为粒渣和细渣两种，粒渣在激冷器中沉积，通过灰渣锁斗定期与水排入灰渣收集槽，细渣以灰水形式连续排出。

根据气化后工序加工不同产品的要求，加压水煤浆气化有三种工艺流程：激冷流程、废锅流程和废锅激冷联合流程。对于合成氨生产多采用激冷流程，气化炉出来的粗煤气，直接用水激冷，被激冷后的粗煤气含有较多水蒸气，可直接送入变换系统而不需再补加蒸汽，因无废锅，投资较少。如产品气用作燃气透平循环联合发电工程时，则多采用废锅流程，副产高压蒸汽用于蒸汽透平发电机组。如产品气用作羟基合成气并生产甲醇时，仅需要对粗煤气进行部分变换，通常采用废锅和激冷联合流程，亦称半废锅流程，即从气化炉出来粗煤气经辐射废锅冷却到700℃左右，然后用水激冷到所需要的温度，使粗煤气显热产生的蒸汽能满足后工序部分变换的要求。

德士古水煤浆气化的操作条件主要包括煤浆浓度、气化温度、气化压力、气化时间和富氧浓度氧炭比。

① 煤浆浓度　煤浆浓度大小直接影响其热值高低，浓度越大，其热值越高。但浓度越高，水煤浆黏度越大，而黏度过大，不利于水煤浆的雾化和完全燃烧。一般褐煤制浆浓度为60%左右，烟煤为65%左右。

② 气化温度　气化温度越高气化强度越大，蒸汽分解率越高，水煤浆气化采用较高的气化温度，一般控制在1300~1400℃，高于煤的灰熔点，适宜于采用液态排渣。

③ 气化压力　升高气化压力有利于提高气化炉的生产能力，可降低装置投入，有利于降低合成氨的能耗。水煤浆化用于合成氨时，其操作压力一般为8.5~10MPa。

④ 气化时间　水煤浆气化的时间比重油气化时间长，一般为重油气化的1.5~2.0倍，水煤浆在德士古气化炉内的气化时间控制在3~10s之间，主要取决于煤的细度、活性及气化温度和压力等。

⑤ 富氧浓度与氧炭比　富氧浓度越高气化强度和效率都越高，一般为95%；氧炭比是指气化过程中氧耗量与炭消耗量之比，主要取决于煤的性质、煤浆浓度及煤浆粒度分布等，一般控制在0.9~0.95之间。

煤气中有效气体（$CO+H_2$）的体积分数达到80%，冷煤气效率为70%~76%。德士古气化炉单炉最大投煤量已达2000t/d。离开激冷器的粗煤气通过文丘里洗涤器和洗涤塔除去灰尘和冷却后去CO变换工序，所得水煤气的典型组成如下：

成分	CO	CO_2	H_2	CH_4	N_2	硫化物
含量/%	44~51	13~18	35~36	0.1	0.27	0.18

（4）水煤浆气流床连续气化法的主要特点与不足之处　Texaco炉的主要特点如下。

① 能气化多种劣质煤，且气化温度较高，煤在气化炉内数秒内全部气化，碳的转化率可达96%~97%，不含焦油、萘、酚等有机杂质，可获得烃类含量很低的煤气，煤气中有效成分$CO+H_2$可达80%。

② 采用湿法磨煤，供煤安全可靠，"三废"排放量少，灰渣成玻璃状，没有污染，易堆放，可作建筑材料。

③ 气化过程在6.5MPa高压下操作，降低了合成压缩功耗，单炉最大投煤量已达2000t/d。

④ 该工艺国产化率达90%以上，气化炉可在国内制造，节省投资、缩短建设周期。

⑤ 具有国内生产运行管理经验多，风险少等特点。

该工艺不足之处有：采用湿法进料气流床，大量水分需要气化，因而以单位体积（$CO+H_2$）的比煤耗和比氧耗均比GSP及Shell干粉气化技术高。此外，该工艺要求煤质的成浆性好和灰分含量较低，还存在耐火砖寿命短、成本高和烧嘴易受磨损等问题。喷嘴寿命一般只有60~90d，需要备炉，运行维护费用较高。

3. 加压气流床粉煤气化技术

（1）壳牌干粉煤加压气化工艺概述　加压气流床粉煤气化技术主要由壳牌公司开发成功并推广应用，是当今世界最先进的第三代煤化工艺之一。Shell工艺采用废锅流程，来自制粉系统的干煤粉由高压氮气（生产合成氨）或二氧化碳（生产甲醇）送入气化炉喷嘴，空分系统的氧气经氧压机加压并预热后与中压过热蒸汽混合导入喷嘴。煤粉在炉内高温高压条件下与氧气和蒸汽反应，气化炉顶部约1500℃的高温煤气用返回的粗合成气激冷至900℃左右进入废热锅炉，经废热锅炉回收热量后的煤气温度降至350℃进入干式除尘和湿式洗涤系统，洗涤后的煤气送往后续工序。系统排出的黑水大部分经冷却后循环使用，小部分经闪蒸、沉降及汽提处理后送污水处理装置进一步处理。反应产生的高温熔渣，靠自流进入气化炉下部的激冷室，由锁斗定期排出。

（2）壳牌气化炉的结构特点 Shell 气化炉为立式圆筒形气化炉，直径约 4.5m，四个喷嘴位于炉子下部同一水平面上，沿周围均匀分布，借助撞击流以强化传递过程，使炉内横截面气速相对均匀。炉膛周围安装有由沸水冷却管组成的膜式水冷壁，内壁衬有耐热涂层，气化时熔融灰渣在水冷壁内壁涂层上形成液膜，沿壁顺流而下进行分离，采用以渣改渣的防腐办法，基本解决了高温耐火材料损坏严重和检修频繁的难题。水冷壁与筒体外壳之间留有约 0.5m 的环形空间，便于输入集水管和输出集汽管的布置，便于水冷壁的检查和维修；环形空间内充满温度为 250～300℃ 的有压合成气。

（3）壳牌干粉煤加压气化工艺流程 Shell 工艺采用废锅流程，来自制粉系统的干煤粉由高压氮气或二氧化碳送入气化炉喷嘴，空分系统的富氧（纯度为 95％）经氧压机加压并预热后与中压过热蒸汽（3.3～3.5MPa）混合导入喷嘴。煤粉在炉内高温高压条件下与氧气和蒸汽反应，气化炉顶部约 1500℃ 的高温煤气用返回的粗合成气激冷至 900℃ 左右进入废热锅炉，经废热锅炉回收热量后的煤气温度降至 350℃ 进入干式除尘和湿式洗涤系统，洗涤后的煤气送往后续工序。系统排出的黑水大部分经冷却后循环使用，小部分经闪蒸、沉降及汽提处理后送污水处理装置进一步处理。反应产生的高温熔渣，靠自流进入气化炉下部的激冷室激冷凝固，由锁斗定期排出。

（4）壳牌干粉煤加压气化工艺的主要特点与不足之处

① 采用干粉进料及气流床气化，对煤种适应性强，能够成功处理高灰分、高水分和高硫煤等各煤种。且对煤的灰熔点、活性、结焦性、水分、硫分、氧含量及灰分并不敏感。

② 能量利用率高。采用高温加压气化，热效率很高。在典型的操作条件下（2～4MPa，1400～1600℃）可使碳转化率达 99％。

③ 合成气中有效成分 $CO+H_2$ 可高达 90％，且煤气中甲烷含量低，不含焦油、茶、酚等有机杂质，煤气净化与灰水处理流程简单。

④ 干法进料与湿法进料相比不需要蒸发炉内大量水分，因而比氧耗比水煤浆低 15％ 左右，可减少配套的空分装置投资。

⑤ 水冷壁结构，并采用挂渣措施保护炉壁，无耐火砖衬里，正常使用维护量很少，运转周期长，无需设置备用炉。

⑥ 单炉生产能力大。气化炉采用对置多喷烧嘴底部进料，烧嘴寿命长达 8000h 以上，运转周期长，最大炉型达到了 3000t/d 的投煤量。年产 30 万吨总氨的合成氨厂或甲醇厂只需一台气化炉即可。

⑦ 环境效益好。由于气化温度高、且原料粒度小（80％＜0.1mm），气化反应进行得极其充分，影响环境的副反应很少。采用纯氧气化，且反应属于还原气氛，煤中的有机硫基本被转化为无机硫 H_2S，使下游脱硫工序大为简化。同时，气化产生的炉渣和飞灰都是非活性的，回收用作建筑或陶瓷、水泥的原料，不会对环境造成危害。采用干法除尘，废水量少，易于净化和循环回收。采用液态熔渣排渣，灰渣呈玻璃状，无污染、易堆放，可作水泥配料或制砖原料。

Shell 炉的不足之处有：国产化率低，进口设备多，废热锅炉结构复杂，总体造价明显高于德士古技术；原料煤粉制粉难度大、干燥费用高、高压输送系统流程长，安全性要求高；高压氮用量大，部分抵消了其节能优势。单炉生产能力大，且没有备用气化炉，一旦因故障需要停车检修而造成的产量损失也会很大。

二、我国自主开发的几种富氧连续煤气化技术

我国能源结构具有"富煤、少油、缺气"的特点，世界上煤的储量约为天然气与石油储量总和的 10 倍，煤化工及其相关技术的开发再度成为世界技术开发的热点，我国作为少数几个以煤为主要能源的国家，煤头合成氨已占我国合成氨总量的 70% 以上，煤头合成氨数量比世界上其他所有国家的煤头合成氨总量还多。先进的煤气化技术不仅能使燃烧排放物对大气的污染大为减轻，而且能使煤炭利用率得到极大提高，是高新洁净煤利用技术的先导性技术和核心技术，是我国洁净煤技术的优先发展技术。

近年来国内煤气化技术发展非常迅速，国内企业纷纷开发煤种适应性强、煤气成本低、气体成分可调、单炉生产能力高的新型富氧或纯氧连续煤气化技术，形成了百花齐放、百家争鸣、可与国外先进技术相媲美的局面。下面介绍几种代表性的新型富氧或纯氧连续煤气化技术。

1. 多喷嘴（四烧嘴）水煤浆加压气化技术

新型（多喷嘴对置式）水煤浆加压气化技术是最先进煤气化技术之一，是在德士古水煤浆加压气化法的升级换代版。2000 年，华东理工大学、鲁南化肥厂、中国天辰化学工程公司共同承担的新型（多喷嘴对置）水煤浆气化炉中试工程，于 2000 年 7 月在鲁化建成投料开车成功，并通过国家主管部门的鉴定及验收（图 1-18）。2001 年 2 月 10 日获得专利授权。新型气化炉以操作灵活稳定，各项工艺指标优于德士古气化工艺指标，引起国家科技部的高度重视和积极支持。主要指标为：有效气成分（$CO+H_2$）的体积分数为 83%，比相同条件下的德士古生产装置高 1.5%～2.0%；碳转化率＞98%，比德士古高 2%～3%；比煤耗、比氧耗均比德士古降低 7%。该技术在国内已获得有效推广，2009 年在江苏灵谷化工有限公司建成了年产 45 万吨合成氨/80 万吨尿素装置，现已出口至美国。

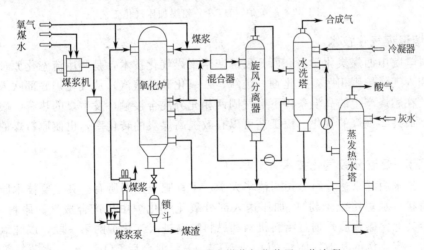

图 1-18　多喷嘴对置式水煤浆气化装置工艺流程

2. 航天炉技术

北京航天万源煤化工工程技术有限公司自主开发的航天炉（HT-L）粉煤加压气化技术（简称航天炉技术）属于加压气流床工艺，是在借鉴壳牌、德士古及 GSP 加压气化工艺设计理念的基础上，具有独特创新的新型粉煤加压气化技术。与壳牌炉相比，中国航天炉技术优势明显，比同等规模企业投资节省 1/3，建设时间缩短 1/3，工艺流程操作更为简便，基本

实现原料煤本地化，便于国内外煤化工行业推广应用。

航天炉（HT-L）粉煤加压气化技术是在借鉴壳牌粉煤加压气化工艺设计理念的基础上，由北京航天万源煤化工工程技术有限公司自主开发、具有独特创新的新型粉煤加压气化技术。航天煤气化装置主要包括磨煤及干燥单元、粉煤加压及输送单元、气化及合成气洗涤单元、渣及灰水处理单元等，工艺流程如图 1-19 所示。

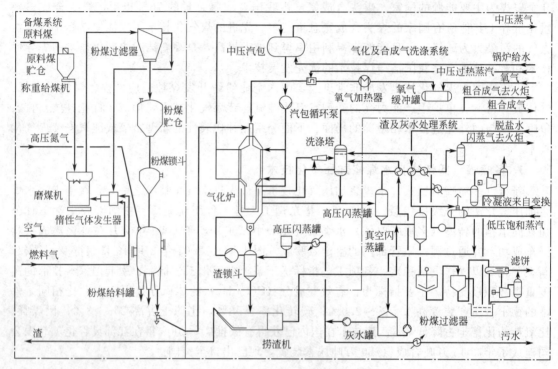

图 1-19 航天炉（HT-L）粉煤加压气化工艺

3. 灰熔聚煤气化技术

中国科学院山西煤炭化学研究所开发的灰熔聚煤气化技术，是利用流态化原理，将原料粉煤连续加入气化炉密相区，气化剂（纯氧、二氧化碳和蒸汽）从气化炉底部吹入，使煤粒沸腾流化。在燃烧产生的高温条件下，气固两相充分混合接触，发生煤的热解、破粘和氧化还原反应，最终实现煤的气化。该工艺可以有效提高煤炭的转化率，也使原料煤的选择范围更加广泛。

4. 非熔渣-熔渣分级气化技术（清华炉）

清华炉技术由北京达立科公司与清华大学、丰喜肥业共同所有。其主要技术原理是将煤炭加工成粉状（水煤浆或干粉），加压送入部分氧化气化炉中生产合成气。原料（水煤浆、干煤粉或者其他含碳物质）通过给料机构和燃料喷嘴进入气化炉的第一段，以纯氧作为气化剂，并配入一定比例的其他气体如 CO_2 或 N_2 与 O_2，混合后 CO_2、N_2、水蒸气等作为预混气体调节控制第一段氧化反应，使第一段的温度保持在灰熔点以下；在第二段再补充部分氧气，使第二段的温度达到煤的灰熔点以上并完成全部的气化过程。

清华炉的特点为：通过氧气分级供给，气化炉主烧嘴和侧壁氧气喷嘴分别向气化炉内加氧，使气化炉主烧嘴的氧气量可脱离炉内部分氧化反应所需的碳与氧的化学当量比约束，改变了主烧嘴局部区域氧化强度过高的状态，使气化炉轴向温度均衡并有所提高，充分发挥气化炉全容积的气化功能。

5. 多元料浆工艺

多元料浆工艺是由西北化工研究院开发的，于 2001 年实现商业应用。目前已有浙江巨化公司、淮南化工集团有限公司等 10 多家企业采用，是我国推广最快的气流床气化工艺之一。

该工艺最大的特点在于采用煤、油和水混合进料，典型的进料浓度为 65%，其中含煤 60%～65%、油 10%～15%、水 20%～30%。除制浆系统采用先将油、水和乳化剂制成油水乳化液，再将乳化液和原料煤送入磨机的流程外，其工艺流程和 Texaco 工艺基本相同。主要优点有：①部分油替代煤浆中的水，提高了有效反应物浓度，使有效气体含量达 84%，同时比氧耗和比煤耗降低；②中国完全自主知识产权，设备完全国产，在以上几种工艺中投资最低。

6. 国内其他煤炭气化技术

国内一些科研院所还研发了其他煤气化技术，如二段式干煤粉加压气化技术、五环粉煤加压气化工艺、BGL 褐煤气化工艺、碎煤移动床加压气化工艺、远东"3E"煤气化技术、SES 气化褐煤技术、U-GAS 煤气化技术以及熔渣-非熔渣二级气化技术等新技术，也有不错的应用前景。

由于煤种和地域限制，目前还没有一种煤气化技术是万能的，企业要根据实际情况客观科学地评价煤炭气化技术的优劣。每种气化工艺都有其对煤种和气化后续产品的适用性，如何选择合适的气化工艺是投资者和设计者面临的最大难题，需根据自身情况慎重选择适合的煤炭气化技术。针对国内种类繁多的煤气化技术，需要一个权威的评价来着力推荐推广 2～3 个针对不同煤种的煤气化技术品牌，结束这种多龙闹海的局面，才能在国际上形成中国自主品牌和技术优势。

思考与练习

1. 煤气化制取半水煤气的方法有哪几种？各有何特点？
2. 低氮半水煤气有何特点？生产中如何调整氢碳比？
3. 间歇式制半水煤气时为什么要把一个制气循环分为五个步骤？
4. 如何由炉顶、炉底温度、煤气中 CO_2 含量来判断炉温的高低？
5. 试比较粉煤气化工艺与水煤浆工艺的优劣。
6. 试论述合成氨原料结构的变化趋势。
7. 试分析富氧连续气化法中煤气化压力的大小对整个合成氨工艺的影响。
8. 以中小型合成氨厂为例，请计算生产一吨合成氨需要消耗多少半水煤气？

拓展知识之一

型煤气化技术

无烟块煤（俗称白煤）作为合成氨工业的原料，市场价位居高不下。如何对碎煤、粉煤加以充分利用，如何扩大气化用煤种类，以降低生产原料成本是一项极其有意义的工作。虽然目前已有成熟的德士古水煤浆气化技术和壳牌粉煤气化技术来消纳粉煤，制造合成氨原料气，但对我国中小型合成氨厂来说，其改造初期的巨额投资是广大中小型合成氨厂自身所无法承受之重。全国煤头合成氨企业中约 60% 的造气原料采用了型煤，大部分企业都取得了良好的经济效益。

1. 型煤气化在合成氨生产中的重要意义

型煤是用一种或数种煤与一定比例的胶黏剂、固硫剂、助燃剂经加工成一定形状和有一定的理化性能（冷强度、热强度、热稳定性、防水性等）的块状燃料或原料。型煤成型过程中，通过加入不同的添加剂，改变原料煤的某些特性，增加反应活性、易燃性、热稳定性，提高灰熔点，同时具有部分固硫功能。型煤使不能用于气化炉的黏结性煤，变成适用的造气型煤，从而扩大了气化用煤范围。型煤气化在合成氨生产中的重要意义还在于以下几点。

① 型煤技术能够解决采煤机械化后煤炭资源粉化严重问题。

② 气化型煤可以显著降低煤气中硫化物含量。

③ 型煤结构和尺寸具有良好的均匀性，采用型煤灰渣中残碳量可由 15％～20％ 减少到 8％ 以下。

④ 通过配煤来生产型煤，可以改变单一煤种的性能缺陷。

⑤ 采用型煤制气，每吨合成氨的生产成本可以下降 300 元以上，每吨尿素成本可以下降 180 元以上，年产 100kt 合成氨的企业全部改为型煤后，每年可以增加效益 3000 万元上。

2. 型煤的气化特性

① 型煤和白煤不同，它的固定碳含量不会超过 65％，一般在 60％ 左右，低于白煤 10％ 以上；而灰分含量在 30％，高出块煤 10％ 以上，造成在型煤制气的过程中，灰渣的排出量增加较多。因此，保证造气炉有充分的排灰能力，才能够保持其加煤与出灰的平衡。

② 型煤在正常工况下气化，一般不易结疤、结大块，气化后渣性好，渣块呈轻质多孔状，渣中含碳量低。故炉箅的破渣功能并不是十分重要，但是应具有较强的排灰能力和优良的布风功能。

③ 型煤与块煤相比具有粒度均匀、透气性好、孔隙率高、机械强度普遍较高和化学活性好等优点。型煤粒度基本一致，可使炉膛各截面的温度和气流分布比较均匀，避免在炉内造成局部过热或偏流而导致煤灰熔结。型煤具有较高的机械强度，有利于提高气化强度。

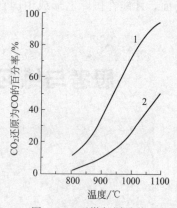

图 1-20 型煤与同品种
原煤化学活性比较
1—型煤；2—原煤

型煤的化学活性除了取决于煤本身的性质以外，还与其孔隙率和比表面积大小有关。型煤入炉后，经干燥干馏后，型煤中水分蒸发后形成多孔结构，使其比表面积显著增大，有利于与气化剂接触，增加了气化反应的速率。实验表明，石灰碳化型煤在炉内加热过程中，由于部分碳酸钙分解，逸出二氧化碳而增加了微孔结构，使内孔隙率增至 24％，相应的型煤的比表面积达 $9 m^2/g$，而块煤的比表面积仅为 $1 m^2/g$。石灰碳化型煤这种化学活性的显著提高，可以大大补偿因固定碳降低给气化强度带来的不利影响，这是石灰碳化型煤的气化强度之所以能达到甚至超过同品种块煤的一个重要原因。型煤与同品种原煤化学活性比较如图 1-20 所示。

④ 由于型煤含水量较高，型煤气化时，内部水分蒸发而参与气化反应，加上型煤的固定炭含量较低，气化炉温也较低，因此，型煤制气时蒸汽用量较块煤可节省约 2％～5％。

⑤ 固定层煤气炉型煤气化一般需要设置旋风除尘器。型煤气化过程中粉尘较多，并且气流中焦油含量较高，对煤气炉吹风气和煤气除尘要求比块煤高一些。

3. 型煤制气过程的工艺条件优化

煤气发生炉一定的情况下，型煤制气的好坏主要取决于型煤造气炉的工艺条件的选择。型煤制气过程工艺条件除了采用通常的"三高一短"（高炉温、高炭层、高风速、短循环）措施之外，还有如下特殊性要求。

① 使入炉蒸汽做到"上吹短而强，下吹弱而长"，并采用蒸汽自动调节措施。型煤的水分含量在 8％～10％ 要多于无烟块煤，在下吹制气时，气流从炉内上部带走型煤中的一部分水分，这部分水分经过气化层参与气化反应，下吹制气可以采用较小的制气流量。

② 炉膛加高，炭层进一步加厚。 型煤气化生产的原料气中 CO_2 体积分数较高（特别是石灰碳化型煤），一般为 $9\%\sim11\%$，要把 CO_2 体积分数降低到 9% 左右，必须提高气化层中的还原层厚度，达到提高有效氢（H_2+CO）含量和产气量的目的。 因此，需要把煤气炉炉膛加高，炭层进一步加厚。

③ 采用适中的入炉风量，风量和风压的选用应根据造气炉的设备条件而定，不同类型的造气炉其风量和风压的选择是不同的。 一般来讲，$2400\sim3300mm$ 造气炉，随着炉子的直径增大，风量和风压可适当增大和提高，同时应考虑到炉子的高径比。 风量和风压过大，炉况难以控制，容易出现吹翻、风洞等现象；风量和风压过低，则不能达到应有的生产能力。 对采取加氮操作的型煤制气过程，工作循环中吹风阶段所百分比可降低至 20% 以下，吹风量一般控制在 $4000\sim4500m^3/(h\cdot m^2)$。

④ 以型煤为原料，吹风阶段的空气流量要比以块煤为原料大，吹风时间也稍长。 以型煤为原料设计的新煤气炉，它要求的一次风流量比块煤大，主要原因是虽然型煤的透气性好，但蓄热能力差，必须采用高炭层、高风量工艺才能满足气化要求。 在这种情况下，必须相应选择较大型号的型煤送风机。

⑤ 型煤造气炉的生产能力是衡量型煤造气炉的优劣标准之一。 以 $3000mm$ 造气炉为例，单炉产气量可达到 $8000\sim9000m^3/h$，大约为同类型的块煤造气炉产气量的 70%；吨氨煤棒的单耗在 $1.5\sim1.6t$，下灰可燃物的含量低于 8%，煤气的带出物低于 $0.5t/d$；型煤炉子的运转周期在 2 年以上。

4. 型煤制气过程的不足之处

① 限制型煤制气推广使用的主要原因是其单炉的生产能力还比较低，产能是同类型块煤造气炉的 70%，目前多数情况下采用在块煤中掺烧 $50\%\sim60\%$ 型煤的方法。

② 热量损失还比较大，从型煤造气炉的操作控制看，其炉顶温度要高于块煤造气炉 $100℃$ 以上，这使吹风气潜热集中回收技术和多台煤气炉的上下吹煤气显热通过联合锅炉进行集中回收技术，显得更有必要。

③ 从气体成分上看，半水煤气中的 CO_2 含量要高出同等块煤造气炉 2% 以上，使有效氢含量有所降低，对 CO_2 的综合应用更有必要。

④ 由于炉温较低，其蒸汽分解率低于同等块煤造气炉 10%。

型煤技术是我国当前洁净煤技术产业化的七项技术之一，它投资少、建厂周期短、见效快、节能和环保效益显著，近三十年来在我国合成氨行业得到了大力推广。 由于原料成本占合成氨生产成本的 60% 左右，这一举措使我国煤头合成氨企业的生产成本下降了约 $20\%\sim30\%$，在"富煤、少油、缺气"的我国能源结构背景下，使我国煤头合成氨技术又焕发出青春，型煤制气显现出的良好的经济效益和社会效益，这确实是一项了不起的成就。

合成氨原料气的脱硫与脱氯

项目导言

本项目包括湿法脱硫技术、干法精脱硫技术及有机硫水解和精脱氯技术三个任务，其中湿法脱硫技术和干法脱硫技术又分别包括多种方法。合成氨原料气的脱硫是一个多种脱硫技术相互搭配、有机组合，才能实现彻底脱硫的纷繁复杂的过程。

能力目标

1. 能够制订原料气脱硫初步方案；
2. 能够原料气脱硫工艺流程进行组织、对工艺条件进行优化；
3. 能基本掌握脱硫岗位操作控制要点、开停车操作要点；
4. 能了解脱硫岗位异常现象及故障排除。

半水煤气中均不同程度地含各种形式的硫化物，是合成氨工艺中铜基催化剂（联醇）、甲烷化催化剂和氨合成催化剂的致命毒物，因此，脱硫成为合成氨工艺原料气体净化中至关重要的环节。硫化物是煤中硫化物受热分解而产生的，可分为两大类：一类是无机硫 H_2S；另一类是有机硫，有二硫化碳（CS_2）、硫氧化碳（COS）、硫醇（C_2H_5SH）和噻吩（C_4H_4S）等。其中 H_2S 含量最多，约占硫化物总量的 90%。采用高硫煤时，H_2S 含量可达 $20\sim30g/m^3$，通常情况下 H_2S 含量在 $1\sim10g/m^3$。

合成氨原料气脱硫方法可分为两类，一类是湿法脱硫，另一类是干法脱硫。

任务一　湿法脱硫技术

对于含有大量无机硫的原料气，通常必须采用湿法脱硫。湿法脱硫的突出优点是脱硫剂为液体便于输送，且脱硫剂容易再生，还能回收富有价值的硫磺，从而构成一个脱硫循环系统，以便实现连续化操作和大规模生产。因此，湿法脱硫广泛应用于合成氨原料气的粗脱硫。本书主要介绍常用的湿式氧化法脱硫。

一、湿法脱硫催化剂的选择

湿法氧化脱硫包含三个基本步骤，一是在脱硫塔中碱性吸收剂将原料气中的 H_2S 吸收；二是在再生塔中通入空气将吸收到溶液中的 H_2S 氧化，以及吸收剂的循环回收；三是单质硫的浮选和净化凝固。吸收的基本原理是很简单的，因为 H_2S 是酸性气体，其水溶液呈酸性，其吸收过程可表示为：

$$H_2S(g) \longrightarrow H_2S(l) \longrightarrow H^+ + HS^-$$
$$H^+ + OH^- （碱性吸收剂） \longrightarrow H_2O$$

采用碱性溶液进行吸收，但为了避免对原料气中大量二氧化碳的过度吸收，工业上不能采用强碱溶液来吸收，一般采用价廉易得、碱性较弱的碳酸钠水溶液或氨水溶液等碱性溶液做吸收剂，利用这些弱碱性吸收剂对硫化氢的选择性吸收，对原料气中的 H_2S 加以有效脱除而尽量避免或减少对 CO_2 的吸收。

碱性吸收剂将 H_2S 吸收到溶液中后，必须添加催化剂作为载氧体，将 H_2S 氧化为单质硫，以便 H_2S 分离和回收硫黄。然后再用空气中的氧气来氧化还原态催化剂，以恢复其氧化能力，如此循环使用。其还原再生过程可示意为：

$$催化剂（O） + H_2S(l) \longrightarrow S + 催化剂（R）$$
$$催化剂（R） + \frac{1}{2}O_2 \longrightarrow H_2O + 催化剂（O）$$

总反应式如下：

$$H_2S(l) + \frac{1}{2}O_2 （空气） \xrightarrow{催化剂} S\downarrow + H_2O$$

式中　催化剂（O）——表示催化剂的氧化态，如栲胶（O）；

催化剂（R）——表示催化剂的还原态，如栲胶（R）。

选择适宜的催化剂是湿法氧化法的关键，催化剂在氧化态时必须能氧化 H_2S，其还原态时又必须能被空气所氧化。三者的标准电极电位大小关系为：$E_{硫化氢}^{\ominus} < E_{催化剂}^{\ominus} < E_{空气}^{\ominus}$，即：$0.141V < E_{催化剂}^{\ominus} < 1.23V$。除此之外，还要有较高的脱硫效率和防止过度氧化单质硫变成 $Na_2S_2O_3$ 和 Na_2SO_4，从而影响脱硫液的再生。事实上，催化剂适宜的标准电极电位的数值范围为 $0.2\sim0.75V$。常用的载氧催化剂有：蒽醌二磺酸钠法（简称 ADA 法）、栲胶、酞

菁钴（PDS）等，其标准电极电位值 $[E^{\ominus}\ (V)]$ 见表 2-1。

表 2-1   目前几种常见湿式氧化脱硫剂的标准电极电位值　　　　单位：V

方法	氨水催化	改良 ADA	萘醌		888
催化剂	对苯二酚	蒽醌二磺酸钠盐	1,4-萘醌	1,4-萘醌-2-磺酸钠盐	三核酞菁钴磺酸钠盐
$E^{\ominus}$	0.699	0.228	0.47	0.553	0.47

二、湿法脱硫工艺流程的组织

1. 栲胶脱硫技术

栲胶法脱硫是中国广西化工研究所等单位于 1977 年研究成功的，是目前国内使用最多的湿法脱硫方法之一。该法无论是气体净化度、溶液硫容量、硫回收等主要指标都可与改良 ADA 法媲美，其突出优点是栲胶价格低、运行费用低、无硫黄堵塞脱硫塔等问题。

（1）栲胶脱硫的基本原理　　栲胶脱硫液组成为：以碳酸钠溶液为吸收剂，栲胶为催化剂，少量偏钒酸钠和酒石酸钾钠等作为添加剂组成。栲胶脱硫中，碳酸钠溶液吸收的 H_2S 很快被 V^{5+} 氧化为单质硫，其吸收 H_2S 的推动力大，有利于提高脱硫精度和脱硫效率。其脱硫过程可分为如下四步。

① 在脱硫塔中，pH 为 8.1~8.7 的栲胶脱硫剂贫液从塔顶喷雾而下，与从脱硫塔底部通入的原料气逆流接触，与 H_2S 反应生成 NaHS 和 $NaHCO_3$，出塔的净化气送下一个工序，吸收了 H_2S 的富液出脱硫塔后进入富液槽。

$$Na_2CO_3 + H_2S(l) \longrightarrow NaHS + NaHCO_3$$

脱硫塔为填料式吸收塔，由于该反应属于强碱弱酸中和反应，所以其吸收速率相当快，吸收液的停留时间一般仅需要十几秒钟。

② 在富液槽中主要进行 NaHS 与偏钒酸钠之间和焦钒酸钠与栲胶（O）之间的氧化还原反应。前者生成还原性焦钒酸钠，并析出硫黄，后者生成偏钒酸钠和栲胶（R）。富液在脱硫塔中停留时间很短，析硫反应在脱硫塔只少量进行，因此，脱硫塔之后必须设置一个富液槽，既是贮液容器，又是承担了部分析硫反应和部分再生反应的"反应器"。富液在槽中停留 20~30min，确保绝大部分 HS^- 被 V^{5+} 氧化成单质硫。富液槽中反应如下：

$$2NaHS + 4NaVO_3 + H_2O \longrightarrow Na_2V_4O_9 + 4NaOH + 2S\downarrow$$

$$Na_2V_4O_9 + 2\,栲胶(O) + 2NaOH + H_2O \longrightarrow 4NaVO_3 + 2\,栲胶(R)$$

③ 在再生设备氧化槽中，富液经过再生槽上部的喷射器时和吸入的空气迅速混合，催化剂栲胶（R）被氧化成栲胶（O）。同时，继续进行还原性焦钒酸钠与栲胶（O）的反应。其再生反应式如下：

$$栲胶(R) + \frac{1}{2}O_2 \longrightarrow 栲胶(O)$$

上述 4 个反应方程式的总反应式为：

$$H_2S(l) + \frac{1}{2}O_2(空气) \xrightarrow{催化剂} S\downarrow + H_2O$$

出再生槽的贫液和补充溶液混合后再由贫液泵送往脱硫塔，如此循环使用。再生槽中浮选出的硫泡沫进入硫泡沫槽，进行硫黄回收。

④ 脱硫过程的副反应　　原料气体中少量氧的存在，将与中间产物 NaHS 发生过氧化

反应：

$$2NaHS + 2O_2 \longrightarrow Na_2S_2O_3 + H_2O$$

吸收剂 Na_2CO_3 还将与原料气中的二氧化碳和氰化氢等酸性气体发生副反应。

（2）栲胶脱硫工艺条件优化

① 溶液的 pH 提高溶液的 pH 能加快吸收 H_2S 的速率，提高溶液的硫容，也有利于提高气体的净化度，并能加快氧气与栲胶（R）的反应速率。但是，溶液的 pH 过高，其吸收 CO_2 的量将显著增加，且易析出 $NaHCO_3$ 结晶，从而可能堵塞管道；同时，溶液 pH 大于 9 时，栲胶的氧化能力显著增强，将加快生成硫代硫酸钠的副反应速率，同时空气难以将还原态栲胶氧化再生。实践表明，溶液 pH 为 8.1～8.7 是适宜的。

脱硫液中碳酸钠和碳酸氢钠的当量浓度之和称为溶液的总碱度，溶液 pH 随总碱度的增加而上升。生产中，一般总碱度控制在 0.4～0.8mol/L，处理低硫含量原料气时可采用 0.40mol/L，处理高硫原料气时采用 0.8mol/L。如果原料气中 CO_2 含量高，则生成的碳酸氢钠浓度大，溶液的 pH 将下降。可采取从系统中引出约为总量 1％～2％的部分溶液加热到 90℃脱除二氧化碳，如此经过 2h 的循环脱除即可恢复初始 pH。

② 偏钒酸钠含量 $NaVO_3$ 含量取决于富液中的 HS^- 浓度，其理论浓度应与富液中的 HS^- 浓度相当，但实际浓度要大于化学计量浓度，过量系数为 1.3～1.4。偏钒酸钠含量高，则氧化 HS^- 速率快，确保进入再生槽前 HS^- 全部氧化完毕，否则就会在再生槽中生成硫代硫酸钠。如果偏钒酸钠含量过高，不仅造成偏钒酸钠浪费，增加生产成本，而且直接影响硫磺的纯度和强度，使硫锭变脆。

③ 栲胶含量 栲胶作为化学载氧体，其作用是将焦钒酸钠氧化成偏钒酸钠。如果栲胶含量低将直接影响再生效果和 H_2S 吸收效果。反之，如果栲胶含量太高则易被硫泡沫带走，从而影响硫黄的纯度。根据实际经验，生产中栲胶与偏钒酸钠的比例一般控制在 1.1～1.3。

④ 吸收温度和再生温度 当再生温度低于 45℃，$Na_2S_2O_3$ 的生成率很低，超过 45℃时，$Na_2S_2O_3$ 的生成率急剧上升。通常栲胶脱硫的吸收温度和再生温度是相同的，一般维持在 35～45℃。其再生温度明显低于 ADA 法脱硫，是栲胶脱硫的能耗也明显低于 ADA 法脱硫的根原所在。

⑤ 液气比 液气比的大小主要取决于原料气中 H_2S 含量多少、硫容大小、塔型等因素。液气比增大，溶液循环量增加，虽然可以提高气体的净化度，并能防止硫黄在填料中的沉积，但动力消耗增加，成本增大。生产中液气比一般维持在 $11L/m^3$ 左右即可。

⑥ 再生空气用量及再生时间 再生空气的主要作用是将还原态的栲胶氧化成氧化态的栲胶；其次，其汽提作用可促使溶液中的悬浮硫以泡沫形式浮在液面上，以便捕集、溢流回收硫黄；再次是空气能将溶解在溶液中的 CO_2 汽提出来，从而提高溶液 pH 值。实际生产中每除去 1kg 硫黄约需要 60～110m³/(m²·h) 空气，再生时间一般为 8～12min。

⑦ 栲胶水溶液的预处理 栲胶水溶液是胶体，在常温下 $NaVO_3$、$NaHCO_3$ 等盐类易于沉淀，在脱硫过程中硫脱液容易发泡，因此，在制备栲胶溶液时必须进行预处理。预处理有两种方法，一种是以 Na_2CO_3 碱性试剂，另一种是以 NaOH 为碱性试剂来配制溶液，两者条件如表 2-2。

表 2-2 栲胶水溶液的预处理的两种方法对比

方法一	栲胶 20～33g/L	Na_2CO_3 80～133g/L	温度 80～95℃	氧化时间 10～24h
方法二	栲胶 20～33g/L	NaOH 25～35g/L	温度 80～95℃	氧化时间 5～12h

可见，采用烧碱来配制栲胶水溶液的 pH 高，烧碱用量仅为纯碱用量的 1/3，且氧化速率快，在氧化温度相同的情况下，氧化时间仅为一半左右。

（3）栲胶脱硫工艺流程组织与主要设备

脱硫塔是填料塔，半水煤气从塔底进入，脱硫液从塔顶喷淋而下，两者在填料上逆流接触，H_2S 被吸收后，半水煤气从脱硫塔顶部出来进入气水分离器，除去夹带的液体后去压缩机。脱硫液（富液）从塔底部流出，经液封后进入反应槽，然后用循环泵送入再生塔底部。再生塔鼓入空气并与脱硫液完成再生反应，单质硫磺以泡沫形式被空气汽提到再生液液面，在再生塔上部扩大部分与再生后溶液分离。硫泡沫流入硫泡沫槽，硫泡沫用转鼓真空过滤机进行过滤，得到硫糊，硫糊进入熔硫釜后用蒸汽直接加热熔炼，融熔硫与蒸汽冷凝液分层后沉于下层，融熔硫压入模具内冷却得到块状的硫磺锭；再生液（贫液）经贫液泵再送回脱硫塔循环使用。其工艺流程如图 2-1 所示。

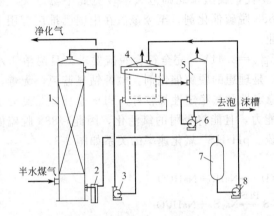

图 2-1　栲胶脱硫工艺流程

1—脱硫塔；2—液封槽；3—贫液泵；4—再生槽；
5—缓冲槽；6—泡沫泵；7—富液槽；8—富液泵

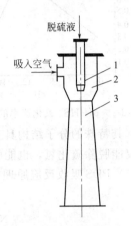

图 2-2　喷射再生槽结构

1—喷嘴；2—吸引室；
3—混合管

再生槽结构示意图如图 2-2 所示。再生方式现在主要是喷射氧化再生。溶液的再生 70% 在喷射器的混合管内完成，喷射再生的气液接触面积大大增加，且表面不断更新，因而强化了吸氧的速率与再生过程，再生时间仅需 5～7min，硫泡沫的浮洗溢流只需 15～20min。当通过喷嘴的溶液流速达到一定的程度时，其喷嘴出口压力就降低到周围大气压力之下，其吸收室就形成负压而自吸空气。因此，喷射再生不需要压缩空气系统，节省了投资和电耗，但需要的空气量比较大，约为 $15m^3/kg\ H_2S$。

国外应用很多的 LO-CAT 法脱硫中选用空气鼓泡供氧，采用漏斗型再生器，单质硫以硫泥的形式沉降到槽底，再用泥浆泵将硫回收。该法既具有再生空气用量少，又具有喷射再生设备体积小的优点，值得借鉴。

2. 改良 ADA 法脱硫技术简介

ADA 法是蒽醌二磺酸钠法的英文缩写，是 2,6-蒽醌二磺酸钠和 2,7-蒽醌二磺酸钠两种异构体的混合物，其结构式分别如下。

（a）2,6-蒽醌二磺酸钠　　　　　　（b）2,7-蒽醌二磺酸钠

ADA 法是 1961 年在英国率先实现工业化，早期的 ADA 法所用溶液是由少量的 2,6-蒽醌二磺酸钠和 2,7-蒽醌二磺酸钠及碳酸氢钠的水溶液配制而成，由于析硫速率慢，要求设置容量很大的反应槽，脱硫液的硫容量也很低，其应用受到很大限制。后来在生产实践中加入了少量偏钒酸钠和酒石酸钾钠等物质，偏钒酸钠使吸收和再生反应速度大大加快，酒石酸钾钠能防止形成钒-氧-硫复合物沉淀的生成，使该法脱硫日趋完善，因此，称之为改良 ADA 法。目前该法已经在国内外得到较广泛应用，适用于煤气、变换气、焦炉气和天然气等脱硫。其脱硫原理与栲胶脱硫的原理是完全相同的，但工艺条件稍有差别。

3. PDS 法脱硫（888 脱硫催化剂）技术简介

PDS，是双核酞菁钴磺酸盐的英文缩写，是酞菁钴的商品名，在我国又称 888 脱硫催化剂。1959 年美国最先研究酞菁钴催化氧化脱除硫醇，但该催化剂易被氰化物中毒，未能工业化。直到 20 世纪 80 年代，我国东北师范大学攻克此中毒难关、研制成功 888 脱硫催化剂，至今该法在中国已推广应用上百家企业。

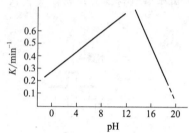

图 2-3　pH-HS⁻ 氧化速率的关系

$E_{PDS}^{\ominus} = 0.41V$，完全符合脱硫要求，且易溶于水和碱液，是理想的脱硫催化剂。酞菁钴显蓝色，无毒，其化学稳定性和热稳定性都较好。PDS 金属盐是高分子络合物，其特殊的分子结构具有很强的吸氧能力，且能将吸附的氧活化，因此，888 脱硫催化剂不仅能脱除硫化氢，也能脱除部分有机硫。pH-HS⁻ 氧化速率的关系如图 2-3。

（1）PDS 吸收反应原理

$$Na_2CO_3 + H_2S(l) \longrightarrow NaHS + NaHCO_3$$

$$NaHS + Na_2CO_3 + S \xrightarrow{PDS} Na_2S_x + NaHCO_3$$

$$RSH + Na_2CO_3 \longrightarrow RSNa + NaHCO_3$$

$$COS + NaOH \longrightarrow Na_2CO_2S + H_2O$$

（2）PDS 再生反应原理如下

$$NaHS + O_2 \xrightarrow{PDS} NaOH + S$$

$$Na_2S_x + O_2 + H_2O \xrightarrow{PDS} S_x + NaOH$$

$$RSNa + O_2 + H_2O \xrightarrow{PDS} RSSR + NaOH$$

$$Na_2CO_2S + H_2O + O_2 \xrightarrow{PDS} Na_2CO_3 + S$$

（3）PDS 脱硫过程的副反应

$$Na_2CO_3 + HCN \longrightarrow NaCN + NaHCO_3$$

$$NaCN + O_2 \xrightarrow{PDS} NaOCN$$

$$NaCN + Na_2S_x \longrightarrow NaSCN + Na_2S_{x-1}$$

虽然酞菁钴价格昂贵，但使用量很少，其吨氨消耗量一般在 1.3～1.5g，运行效益显著。还具有工作硫容高、脱硫效率高、再生效率高、抑制和消除硫泡沫堵塔，不仅能有效脱除原料气中的无机硫，而且对有机硫脱除率达 80% 等特点。

三、湿法脱硫岗位操作要点

1. 湿法脱硫岗位开停车操作要点

（1）正常开车

① 开车前的准备工作　首先要检查各设备、管道、阀门、分析取样点及电器、仪表是否正常完好，其次要检查系统内所有阀门的开关位置是否符合开车要求，再次是要与供水供电、供气部门及造气、压缩工段联系做好开车准备工作。

② 开车时的置换　如果系统未经检修处于正压状态下的开车，不需要进行置换；系统进行检修后的开车，必须先进行吹净、清洗、气密性试验、试漏和置换后才能进行开车。其具体方法参照原始开车。

③ 开车　首先排净气柜出口水封积水，然后开启贫液泵进口阀，启动贫液泵，打开出口阀向脱硫塔打液，并控制好液位。将脱硫液成分控制在工艺指标范围内，并待脱硫塔液位正常后，开启富液泵，向再生塔打液；然后根据脱硫液循环量和再生塔喷射器环管压力，调节好贫液泵和富液泵打液量，并控制好贫液槽、富液槽液位和再生塔液位。

开启罗茨鼓风机进口阀，打开回路阀，排净罗茨鼓风机内积水，盘车连轴盘动后，等罗茨鼓风机运转正常后，逐渐关闭回路阀，待出口压力略高于系统压力时，开启出口阀，完全关闭回路阀，通过系统回路阀来调节半水煤气流量。根据半水煤气的流量大小，调节好液气比，当半水煤气脱硫合格后与压缩工段联系。同时，根据再生塔硫泡沫形成情况，调节液位调节器，保持硫泡沫正常溢流。

（2）计划停车　计划停车分为短期停车和长期停车两种。短期停车一般是系统需要进行局部停车检修，包括更换设备，往往只需要几个小时或1天左右时间；而长期停车一般是全厂性停车大修，往往需要1周到10天左右时间。

① 短期停车　首先与上游的造气工段和下游的压缩工段联系，使之准备采取相应措施，同时停止向系统补充脱硫液；然后打开系统回路阀，并逐渐打开罗茨鼓风机回路阀，关闭其出口阀，直至全开回路阀，并关闭罗茨鼓风机和进口阀；最后依次关闭冷却塔上水阀和排水阀、贫液阀出口阀、富液阀出口阀、停泵及关闭泵的进口阀。

② 长期停车　停车步骤与短期停车是相同的，但停车后对设备和系统的处理却很复杂。停车后系统中的贫液和富液可由贫液泵和富液泵输送到再生槽中贮存，如果再生槽也需要检修，这些溶液可输送到其他容器内贮存。然后，再生系统先用清水清洗，再分别用惰性气体和空气进行置换。系统用惰性气体置换时，在压缩工段压缩机一段进口管取样分析，当氧含量小于0.5%、CO含量小于8%时为合格；当系统用空气置换时，先拆下罗茨鼓风机进口阀前短管，然后启动罗茨鼓风机送空气，对系统进行空气置换，在压缩机一段进口管取样分析，直至其氧含量大于20%为合格。

（3）紧急停车　如遇全厂性停电或突然发生重大设备事故，及气柜处于安全低线位置以下（罗茨鼓风机大幅度减量而气柜高度仍无法回升）等紧急情况下，需要进行紧急停车。其步骤为：立即与压缩工段联系停止导气，同时按停车按钮，停罗茨鼓风机，迅速关闭其出口阀；其他措施按短期停车方法处理。

（4）原始开车

① 开车前的准备　对照图纸，检查验收系统内所有设备、管道、阀门、分析取样点及电器、仪表等，必须正常完好。

② 单体试车　对罗茨鼓风机、贫液泵、富液泵等单体设备进行试车合格。

③ 系统吹净和清洗

a. 吹净前的准备　按气液流程，依次拆开各设备和主要阀门的有关法兰，并插入挡板；然后，开启各设备的放空阀、排污阀、导淋阀，拆出分析取样阀、压力表阀、液位计的气液相阀等，再拆除罗茨鼓风机进出口阀后短管，完成吹净前的准备工作。

b. 吹净工作 脱硫系统吹净：用罗茨鼓风机送空气，按气体流程逐台设备、逐段管道及仪表管线进行吹净、放空、排污、取样分析。吹净时用采取木锤轻击设备或管道外壁、调节流量、时大时小、反复多次等方式，直至吹风气体清净合格为此。吹净过程中，每吹完一部分后，随即抽掉有关挡板，并装好有关阀门和法兰。

蒸汽系统吹净：首先与锅炉岗位联系，互相配合，从蒸汽总管开始至各蒸汽管、各设备冷凝水排放管为止，具体做法参照上述方法进行空气吹净，直至合格。

c. 再生系统清洗 人工清理贫液槽、硫泡沫槽、再生槽后，对再生系统所有设备及管道进行清洗。首先拆开贫液槽人孔，用清水清洗贫液槽，清洗合格后，装好人孔，加满清水，然后拆开贫液泵进口阀前法兰，将贫液泵进口总管、支管用水清洗干净，然后装好法兰。贫液槽加满清水后，启动贫液泵向脱硫塔打入清水，开启塔底溶液出口阀，开启富液泵，将清水打入泵出口系统，即再生塔、喷射再生器、再生塔液位调节器、硫泡沫槽，按流程顺序逐台设备进行清洗，清洗水从各设备排污管或法兰拆开处排出。每清洗完一台设备后，随即关好排污阀或装好法兰，再进行下一台设备的清洗。清洗完后，停贫液泵和富液泵，然后拆开富液泵进口阀前法兰，将富液泵进口总管、支管用清水清洗干净，然后装好法兰。

d. 系统气密性试验 包括脱硫系统气密性试验、蒸汽系统气密性试验、再生系统气密性试验。

脱硫系统气密性试验：关闭各放空阀、排污阀、导淋阀及分析取样阀，并压缩工段一段进口阀前装好盲板，然后用罗茨鼓风机向系统送空气，升压至250mmHg。同时，对设备、管道、阀门、法兰、分析取样点和仪表等接口处及所有焊缝涂上肥皂水进行查漏，发现泄漏做好标记，卸压后再进行密封处理，直至无泄漏，并保压30min，压力不再下降为合格。打开放空阀卸压后，拆除压缩机一段进口阀前盲板。

蒸汽系统气密性试验：首先与锅炉岗位联系，缓慢送蒸汽进行暖管，升压至0.6MPa，检查系统无泄漏为合格。

再生系统气密性试验：贫液槽、再生塔加清水，用贫液泵、富液泵打循环，检查各泄漏点无泄漏为合格。然后，将系统设备及管道内的清水排净。

e. 脱硫系统惰性气体和半水煤气置换 首先，装好罗茨鼓风机进口阀前短管，然后开启罗茨鼓风机进、出口阀和回路阀。其次，与造气工段联系，由半水煤气气柜送惰性气体进行置换，惰性气体经罗茨鼓风机回路阀进入系统后，按流程依次开启各设备的放空阀、排污阀排放气体。然后，反复多次进行充压、排气，在压缩机一段进口管取样分析，直至氧气含量小于0.5%，一氧化碳和氢气总含量小于5%为合格。最后关闭各设备的放空阀、排污阀，使系统保持正压。

系统惰性气体置换合格后，再进行半水煤气置换。半水煤气由气柜送来，按惰性气体置换方法进行置换，直至合格。半水煤气置换合格后，就可进入正常开车程序。

(5) 倒车 按正常开车步骤启动备用机，待运转正常后逐渐关小其回路阀，提高出口压力，当备用机出口压力与系统压力相等时，逐渐开启其出口阀，同时开启在用机回路阀，关闭其出口阀，然后正式停用在用机，关闭其出口阀。倒车过程中，开、关阀门应缓慢，以保证系统内气体压力、流量稳定，以防止抽负和系统压力突然升高及气量的较大波动。必须注意的是，备用机出口压力未升到在用机出口压力之前，不能倒机。

2. 湿法脱硫过程中可能出现的故障及其处理方法

见表2-3。

表 2-3　湿法脱硫过程中可能出现的故障及其处理方法

故　障	原　因	处理方法
脱硫后 H_2S 含量偏高	原料气 H_2S 含量高	适当加大液气比和提高 Na_2CO_3 浓度
	脱硫液成分不正常	调整脱硫液成分
	喷射器故障,自吸空气不足	检修喷射器,增加其空气自吸量
	脱硫液中硫泡沫分离不好,悬浮硫量高	增加再生塔硫泡沫溢流量
	原料半水煤气温度偏高	加大冷却塔水量,降低气体温度
脱硫液浓度低	补充水太多	控制补充水量
	溶液物料补充不足或不及时	及时补充适量物料
	半水煤气带水严重	联系调度,加强水分分离
脱硫液浑浊	再生空气不足,再生不理想	检修喷射器,增加其空气自吸量
	副反应高	控制工艺条件在指标内
	悬浮硫高	适当提高再生温度和硫泡沫溢流量
	杂质含量高	静置处理,或部分排液
罗茨风机出口压力波动大	前冷却塔液位高 后冷却塔液位高	适当调节冷却塔的上水阀和排水阀,清洗填料,打开回路阀,降低脱硫塔内压力,待脱硫液位恢复正常再加压
罗茨风机出口气体温度高	原料气温度高	加大冷却塔水量
	回路阀开得过大	关小回路阀
	风机本身间隙大	停机检修
罗茨风机电流高、响声大或跳闸	出口气体压力高	打开回路阀,检查油位、水封、液位是否正常
	机内煤焦油黏结严重	停机清洗
	水或杂物带入机内	打开排污阀排水
	齿轮口齿合不好或轴承磨损	停机检修
	油箱油位过低或油质变差	补充或更换油

任务二　干法脱硫技术

一、干法脱硫方法及其选择

湿法脱硫一般只用于除去大部分无机硫,对有机硫几乎是无能为力,因此,原料气中仍然含有少量的无机硫和大部分有机硫。干法脱硫的特点是脱除有机硫效率高,但具有设备庞大、脱硫剂通常不能再生、或再生难度大、需要多个脱硫塔轮流切换操作、检修时劳动条件差等特点。干法脱硫一般只能用于精脱硫。干法脱硫剂按其性质可分为 3 种类型。

（1）加氢转化催化剂　钴钼型、镍钼型、铁钼型等。

（2）吸收型或转化吸收型　氧化铁法、氧化锌法和氧化锰法等。

（3）吸收型　活性炭、分子筛等。

1. 活性炭脱硫技术

根据活性炭中有无添加剂及添加剂种类不同,可分为吸附法、催化法和氧化法。在此仅以活性炭氧化法为例阐述其脱硫原理。在氨的催化作用下，H_2S 和硫氧化碳被其中的氧气所氧化，反应式为：

$$H_2S+1/2O_2 \xrightarrow{\text{活性炭}} S+H_2O+222J/mol$$

$$COS+1/2O_2 \xrightarrow{\text{活性炭}} S+CO_2$$

$$COS+1/2O_2+2NH_3+H_2O \xrightarrow{\text{活性炭}} (NH_4)_2SO_4+CO_2$$

$$COS+2NH_3 \xrightarrow{\text{活性炭}} (NH_2)_2CS+H_2O$$

第一步是活性炭表面化学吸附氧，形成表面氧化物，这一步反应速度极快；第二步是 H_2S 分子与化学态吸附的氧反应生成硫和水，速率较慢，是整个反应的控制步骤。反应所需氧量应为其化学计量的 150%，由于 H_2S 和硫醇在水中有一定溶解度，故要求进气的相对湿度要大于 70%，使水蒸气在活性炭表面形成一层薄膜，有利于活性炭吸附 H_2S 和硫醇，增加两者在活性炭表面氧化反应的机会。适量氨的存在使水膜呈碱性，有利于吸附酸性的硫化物，显著提高脱硫效率。

脱硫过程属于强放热反应，当温度维持在 40℃ 以下时，对脱硫过程无影响；如超过 50℃，将使活性炭表面水分蒸发而使湿度降低，恶化脱硫过程，同时水膜中氨的浓度降低，催化作用减弱。

（1）活性炭脱硫剂的再生　活性炭吸附硫达到一定的程度后，其活性表面逐渐被覆盖，从而逐渐失去脱硫活性，因此需要进行再生。再生方法有多硫胺法和无氧高温气流法。其再生方法如下。

① 无氧高温气流法　采用过热蒸汽或热惰性气体（氮气或燃烧气），由于这些气体不与硫反应，可用燃烧炉或电炉加热，调节温度至 350～450℃，通入活性炭脱硫器内，活性炭上的硫黄便发生升华，硫蒸气被热气体带走。

② 多硫胺法　利用硫化铵多次萃取活性炭中的硫，硫与硫化铵反应生成多硫化铵，反应式如下：

$$(NH_4)_2S+(n-1)S \longrightarrow (NH_4)_2S_n$$

多硫化铵是传统的再生方法，优质的活性炭可循环使用 20～30 次，但这种方法流程比较复杂，设备繁多，系统庞大。

（2）湖北省化学研究院开发的活性炭系列精脱硫剂　湖北省化学研究院开发的 T101、T102、T103、EAC-4 型系列活性炭精脱硫剂，以优质活性炭为载体，浸渍活性组分及特种添加剂，经干燥、焙烧制成的高效气相常温精脱硫剂。其主要物化性质及操作技术指标见表 2-4。

表 2-4　活性炭系列精脱硫剂主要物化性质及操作技术指标

物化性质及技术指标 精脱硫剂	外观	粒度/mm	堆密度/(g/ml)	比表面积/(m²/g)	孔容/(ml/g)	原粒度精脱 H_2S 硫容/%		强度/(N/cm)
						(30℃)	(60℃)	
T101	黑色条	$\phi(3\sim4)\times(5\sim15)$	0.6±0.1	约 500	约 0.6	8～10	≥5.0	≥40
T102	黑色条	$\phi(3\sim4)\times(4\sim12)$	0.6±0.1	≥800	约 0.7	12～18	≥8.0	≥40
T103	黑色条	$\phi(3\sim4)\times(4\sim12)$	0.6±0.1	≥900	约 0.7	13～18	≥13.0	≥40
EAC-4	黑色条	$\phi(3\sim4)\times(4\sim12)$	0.6±0.1	≥800	约 0.6	12～16		≥40

2. 有机硫加氢转化脱硫法

有机硫加氢转化又叫铁钼加氢转化法。在铁钼催化剂的作用下，有机硫绝大部分能加氢转化为容易脱除的硫化氢，然后用氧化锰或氧化锌除去，所以，铁钼加氢转化法是很有效的有机硫预处理方法。

(1) 基本原理　在铁钼催化剂的作用下，有机硫加氢转化为 H_2S 的反应如下：

$$RSH + H_2 \longrightarrow RH + H_2S$$
$$RSR + 2H_2 \longrightarrow RH + H_2S + RH$$
$$C_4H_4S + 4H_2 \longrightarrow C_4H_{10} + H_2S$$
$$CS_2 + 4H_2 \longrightarrow CH_4 + 2H_2S$$

上述反应的平衡常数都很大，在 $350 \sim 430℃$ 的操作温度范围内，有机硫的转化率相当高，但不同硫化物的转化反应速率相差很大，其中噻吩的加氢反应速率最慢，故有机硫加氢反应速率取决于噻吩的反应速率。有机硫转化反应和副反应都是放热反应，所以生产要很好地控制催化剂床层的温升。

(2) 铁钼催化剂　铁钼催化剂的化学组成为：FeO $2.0\% \sim 3.0\%$；MoO_3 $7.5\% \sim 10.5\%$；以 Al_2O_3 为载体，催化剂制成 $\Phi 7mm \times (5 \sim 6)mm$ 的片状，外观呈黑色，耐压强度 $>1.5MPa$（侧压），堆密度为 $0.7 \sim 0.85kg/L$。铁钼催化剂必须经硫化活化后才具有催化活性，以高硫半水煤气为硫化气体，在加热的条件下，其硫化反应如下：

$$MoO_3 + 2H_2S + H_2 \longrightarrow MoS_2 + 3H_2O$$
$$9FeO + 8H_2S + H_2 \longrightarrow Fe_9S_8 + 9H_2O$$

(3) 铁钼加氢转化的工艺条件　操作温度为 $350 \sim 450℃$，操作压力为 $0.7 \sim 7.0MPa$，空速为 $500 \sim 1500h^{-1}$。

(4) 催化剂的超温与结炭　超温的原因一般是原料气中氧含量超标所致，可采取向塔内通入蒸汽或低温半水煤气进行冷激压温，同时应立即通知前面工序采取必要的措施来降低原料气氧的含量。结炭的原因主要是催化反应过程中发生了下列有害副反应：

$$CS_2 + 2H_2 \longrightarrow 2H_2S + C$$
$$2C_2H_2 \longrightarrow CH_4 + 3C$$
$$2CO \longrightarrow CO_2 + C$$

结炭现象会造成催化剂活性下降，处理方法是将转化器与生产系统隔离，将器内可燃气体置换干净，然后缓慢地向器内通入空气进行再生，在严格控制催化剂床层温升速度的情况下，至床层温度不继续上升（最高不超过 $450℃$），且有下降趋势时，分析转化器进出口气体中氧含量相等时，可认为再生结束。

3. 氧化锌脱硫法

氧化锌脱硫剂是以活性氧化锌为主要成分、内表面积较大、硫容较高的一种无机固体脱硫剂，不仅能快速脱除硫化氢，也能快速脱除除噻吩之外的有机硫。净化气中总硫含量一般小于 3ppm（质量分数），最低可达 0.1ppm，因此，从工艺的合理性和经济性考虑，氧化锌脱硫法都是原料气精细脱硫的首选方法。

(1) 基本原理

① ZnO 脱硫剂可直接脱除 H_2S 和硫醇，反应式为

$$ZnO + H_2O \longrightarrow ZnS + H_2O \qquad \Delta H = -76.62kJ/mol$$
$$ZnO + C_2H_5SH \longrightarrow ZnS + C_2H_6 + H_2O \qquad \Delta H = -137.83kJ/mol$$

② 对于硫氧化碳和二硫化碳等有机硫，则部分先转化为 H_2S，然后再被 ZnO 吸收；部分有机硫可直接被 ZnO 吸收，反应过程为：

$$CS_2 + 4H_2 \longrightarrow CH_4 + 2H_2S$$
$$COS + H_2 \longrightarrow CO + H_2S$$
$$ZnO + COS \longrightarrow ZnS + CO_2 \qquad \Delta H = -126.40kJ/mol$$

$$2ZnO+CS_2 \longrightarrow 2ZnS+CO_2 \qquad \Delta H=-283.45kJ/mol$$

ZnO 脱硫剂对噻吩的转化能力很弱，又不能直接吸收，因此，单独使用 ZnO 脱硫剂是不能把有机硫完全脱除的。ZnO 脱硫的化学反应速率很快，硫化物从脱硫剂外表面通过毛细管到达其内表面，内扩散速度较慢，无疑是脱硫过程的控制步骤。因此，ZnO 脱硫剂粒度小，孔隙率大，有利于脱硫反应的进行。同样，压力高也有利于提高脱硫反应速度和脱硫剂利用率。

（2）ZnO 脱硫剂　ZnO 脱硫剂中 ZnO 约占 95% 左右，并添加少量氧化锰、氧化铜或氧化镁为助剂。根据脱硫温度的不同又可分为高温脱硫 ZnO 脱硫剂和常温脱硫 ZnO 脱硫剂。

采用 ZnO 法进行精脱硫的最大障碍是 ZnO 脱硫温度要求高。因为 ZnO 对 H_2S 的吸收即使在常温下也很容易吸收，生成性质稳定的硫化锌，但对有机硫的分解吸收却需要较高的温度（200～400℃）。在合成氨生产中，要获得如此高温的热源用于加热原料气是很难的，其能耗和成本会很大。中温乃至常温 ZnO 脱硫剂的问世与常温活性炭脱硫剂配套使用，即可达到节能降耗的目的，又能有效地脱除其中的有机硫，为精脱硫开辟了广阔的前景。

ZnO 脱硫剂一个显著特点是装填后无需还原，升温后便可直接使用。T305 型 ZnO 脱硫剂是一种适应性较强的新型脱硫剂，具有较高的催化活性和较大的硫容量，并具有耐高水汽的特性。ZnO 脱硫剂装入设备后，先用氮气置换至氧气含量<0.5%，再用氮气或原料气进行升温。必须注意的是，常温 ZnO 脱硫剂为一次性使用，吸收硫饱和后不能再生，但可用于金属锌的回收。升温速率见表 2-5 所列。

表 2-5　ZnO 脱硫剂升温速率

升温范围	常温至 120℃	120℃恒温	120～220℃	220℃恒温	轻负荷生产
升温速度	30～50℃/h	2h	50℃/h	1h	4h

升压速度：恒温过程即为升压过程，升压速度一般为 0.5MPa/10min，直至操作压力。在温度和压力达到要求后先维持 4h 的轻负荷生产，然后再逐步转入正常生产。

（3）工艺条件

① 操作温度　脱除 H_2S 时，操作温度在 200℃ 左右即可，脱除有机硫时，操作温度必须在 350～400℃。一般温度升高，脱硫反应速率加快，硫容量增加，但温度高于 400℃ 时，能耗显著增大，脱硫能力反而随之降低。因此，操作温度一般为 350～400℃。

② 操作压力　氧化锌脱硫反应属于内扩散控制过程，因此，提高压力有利于加快反应速率。实际操作压力取决于原料气的压力和脱硫工序在合成氨工艺中位置，一般操作压力为 1.8～2.8MPa。

③ 硫容量　硫容量是指单位质量新的 ZnO 脱硫剂吸收硫的量。如 15% 的硫容量是指 100kg 新脱硫剂吸收 15kg 硫。硫容量与脱硫剂性能有关，也与操作条件有关，随着操作温度的降低而降低，随着空速和水蒸气流量增大而降低。

（4）工艺流程　工业上为了提高和充分利用硫容量，采用了双床串联倒换法，即总是将旧脱硫剂作为第一床，新脱硫剂为第二床，当第一床更换新脱硫剂后，则改为第二床，将原来的第二床改为第一床操作。一般单床操作时，单位质量氧化锌脱硫剂的硫容仅为 13%～18%，而采用双床操作，第一床饱和质量硫容可达 25%，甚至更高。

采用脱硫槽出槽气体来预热进槽气体，同时还设置了塔前加热炉，可用高温燃烧汽提供热源。一方面供开车时加热用，另一方面，当脱硫槽出槽气体不足以预热进槽气体达到起始反应温度时，作为补充加热之用。其工艺流程如图 2-4 所示。

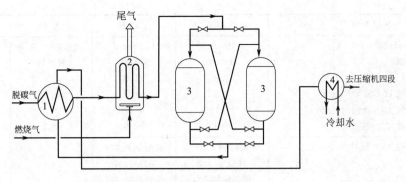

图 2-4　氧化锌精脱硫示意
1—换热器；2—加热炉；3—氧化锌脱硫槽；4—冷却器

二、脱硫方法的选择与操作要点

湿法脱硫和干法脱硫中各有优缺点，在合成氨脱硫工艺中，半水煤气中硫化物含量高，且成分复杂，对气体净化度的要求高，使不管哪种脱硫方法都不可能单独解决好脱硫问题。因此，只有采取湿法串联干法脱硫方法，并结合有机硫转化装置，即采用"四次脱硫、两次转化"的工艺流程，才能使脱硫在工艺上和经济上都更合理。图 2-5 为"四次脱硫、两次转化"并结合双甲工艺的合成氨生产典型流程。

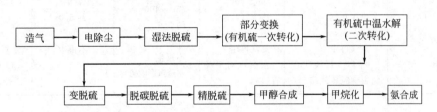

图 2-5　"四次脱硫、两次转化"并结合双甲工艺的合成氨生产典型流程

1. 各种湿法脱硫法的选择

最常见的三种湿法脱硫方法比较如表 2-6。

表 2-6　最常见的三种湿法脱硫方法比较

脱硫方法		栲胶法	ADA 法	888 法	氨水催化法
溶液组分	吸收剂/(g/L)	碳酸钠 6 碳酸氢钠 25	碳酸钠 21.2 ADA 7.8	碳酸钠<6	$NH_3 \cdot H_2O$ 34
	催化剂/(g/L)	偏钒酸钠 0.0015 栲胶 2.25	偏钒酸钠 5 酒石酸钾钠 2	888<1	对苯二酚 0.2
操作条件	气液比/(m³ 气体/m³ 液体) 喷淋密度/[m³/(m²·h)]	420 23	204.5 47.5		27.67 24
	吸收条件　空塔速度/(m/s) 停留时间/min	1.8	0.167 1.8		0.183 1.82
	再生条件　空气用量/(m³/m³ 液体) 鼓风强度/[m³/(m²·h)]	1.8	7.5		1.1 60

续表

脱硫方法		栲胶法	ADA 法	888 法	氨水催化法
操作条件	溶液 pH 值	8.1～8.5	8.5～9.2	8.5～9.0	8.8
	吸收温度/℃	35～40	35～40	35～40	22
	吸收压力/MPa	1.8	1.75	常压	0.1
	原料气 H_2S 含量/(g/m^3)	2.3	4.5	2.0	5.5
	净化气 H_2S 含量/(mg/m^3)	0.016	0.17	1	10
	溶液硫容/(gH_2S/L)	约1	约1	约1	约0.15
主要消耗	吸收剂/(kg/kgH_2S)	碳酸钠 0.08 栲胶 0.012	碳酸钠 0.024 ADA 4.7		0.34
	催化剂/(g/kgH_2S)	偏钒酸钠 1.4	偏钒酸钠 1.4 酒石酸钾钠 1		对苯二酚 2.18
	蒸汽/(kg/kgH_2S)	0	20		
	电/(kWh/kgH_2S)	1.8	2.6	约2.0	0.83

2. 几种干法脱硫方法的比较（表 2-7）

表 2-7　几种常见的干法脱硫方法比较表

脱硫方法	活性炭	氢氧化铁	高温氧化锌	常温氧化锌	钴钼催化加氢
能脱除的硫化物	H_2S,RSH CS_2,COS	H_2S,RSH COS	H_2S,RSH CS_2,COS	H_2S,RSH CS_2,COS	C_4H_4S,RSH CS_2,COS
出口气体总硫/ppm	<1	<1	<1	<1	<1
脱硫温度/℃	常温	300～400	350～400	常温	350～430
操作压力/MPa	约3.0	约3.0	约5.0	约5.0	7.0
空速/h^{-1}	400	—	400	400	500～1500
再生条件	蒸汽再生	蒸汽再生	不再生	不再生	结炭后可再生
杂质的影响	C_3 以上烃类化合物影响脱硫效率	水蒸汽对平衡有影响	水蒸汽影响硫容		CO,CO_2 影响活性,氨有毒性

三、脱硫过程节能降耗的基本措施

① 低温和常温精脱硫剂的开发和应用，避免了脱硫过程中原料气的反复加热和冷却，使精脱硫工艺明显简化，并大大降低脱硫过程的能耗和操作成本。

② 湿法脱硫范围也越来越广，即不仅能有效脱除无机硫，也能脱除部分有机硫，从而有效降低干法精脱硫的负荷和成本。

③ 羰基硫水解催化剂使用，只需将适量有机硫水解催化剂装在干法脱硫塔的前部，或位于部分变换的后部，就能将 COS、CS_2 等有机硫水解，变成易于脱除的硫化氢，进一步降低干法精脱硫的负荷和成本。

④ 新型精脱硫催化剂的硫容也越来越大，精脱硫催化剂的一床硫容达 10% 以上的同时，目前工业上广泛采用双床串联倒换法，使其硫容量达到 20%，甚至 30% 以上，使干法脱硫剂的利用率大大提高。

⑤ 新的精脱硫催化剂的脱硫精度也越来越高，经精脱硫后原料气中硫化物含量已经完全可以降低到 0.1ppm，这无疑为大大延长联醇铜基催化剂和合成氨催化剂的使用寿命、保证长周期安全运转提供了保证。

⑥ 采用合成气深度净化技术。甲醇合成气中脱除了微量硫化物、微量氯化物以后，可

能还有微量的羰基金属、氨和油污等化学毒物，这是有些企业既使采用了精脱硫和精脱氯之后，其甲醇催化剂寿命仍然不是很理想的原因所在，因此，有些厂家有必要进一步采用合成气深度净化技术。

⑦ 快速简便的国产微量硫分析仪的推广应用。HC 系列微量硫分析仪可快速简便地分析 H_2S、COS、CS_2 等各种主要硫化物，其最低检测量达 $(0.01\sim0.03)\times10^{-6}$，且稳定性好。

⑧ 强化各级脱硫操作。有人误认为，一旦有了精脱硫就可高枕无忧，就放松了粗脱硫的管理，往往造成大量硫化物进入精脱硫系统，从而使精脱硫与甲醇催化剂提前失效，其教训是深刻的。

思考与练习

1. 合成氨原料气脱硫的意义是什么？脱硫方法有哪些？各有何特点？
2. 精脱硫和精脱氯有何意义？
3. 如何对各种脱硫方法进行科学合理的整合才能使合成氨原料气进行彻底的脱硫？
4. 请设计一个大型氮肥厂脱硫工艺流程。

拓展知识之二

有机硫水解与精脱氯技术

一、有机硫水解催化剂及其工艺流程

1. 有机硫水解催化剂

利用氧化铝在一定的条件下具有良好的水解催化性能，研制出了羟基硫水解催化剂，有机硫水解催化剂的问世一举解决了有机硫脱除的难题。其水解反应如下：

$$COS+H_2O \xrightarrow{催化剂} H_2S+CO_2+30.1kJ/mol$$

$$CS_2+2H_2O \xrightarrow{催化剂} 2H_2S+CO_2+32.6kJ/mol$$

有机硫水解催化剂可分为两种，一种是转化吸收型，不仅对有机硫有转化能力，且对转化生成的 H_2S 有吸收能力，能单独用于微量有机硫的脱除，但当进口硫含量过高时容易达到饱和。另一种为单纯转化型，只能对有机硫有转化作用，因此，必须与 ZnO 脱硫剂等干法脱硫剂串联配合使用。

2. COS 水解-氧化锌常温精脱硫工艺

COS 是很难直接清除的，如果先将 COS 转化为 H_2S 后再脱除就很容易。近年来国内外都在开发工艺简单、几乎不耗能源的 COS 中低温水解技术，其工艺流程如图 2-6 所示。其反应原理为：

$$COS+H_2O \xrightarrow{催化剂} H_2S+CO_2+35.53kJ/mol$$

3. COS 水解-EAC 活性炭常温精脱硫新工艺

湖北化学研究院经过多年努力研制成功 EH-1Q 型 COS 水解催化剂与 EAC 活性炭脱硫剂，并提出相应的常温精脱硫新工艺。1991 年 6 月在湖南益阳地区氮肥厂实现了国内常温精脱硫工艺的首次应用，并取得良好效果。设置水解-EAC 活性炭构成"夹心饼"式工艺，典型流程如图 2-7 所示。

如该新工艺与均温型内件更好地结合使用，则甲醇催化剂的寿命可延长至 1 年左右。EAC 活性炭不仅能精脱 H_2S，同时也能脱除一部分 COS，从而保证了精脱硫系统达到满意结果。

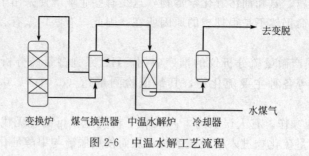

图 2-6 中温水解工艺流程

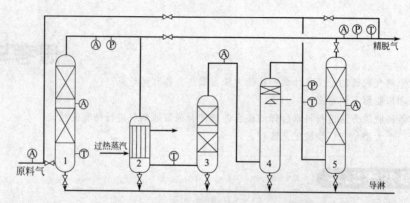

图 2-7 水解-EAC 活性炭常温精脱硫新工艺典型流程

1—第一脱硫塔;2—加热器;3—水解炉;4—冷却塔;5—第二脱硫塔

注:设置第一活性炭是为了降低第二活性炭的负荷,并减少水解催化剂的硫酸盐化中毒作用。

二、原料气的精脱氯技术

1. 原料气精脱氯的重要意义

在同等含量的条件下,氯对各种催化剂的毒害作用和敏感性都是硫的 10 倍以上,因为氯离子具有更高的湿度和很强的电子亲和力,极易与催化剂中活性组分反应,氯中毒更加迅速且带有全床性;同时氯不仅毒害催化剂的外表,且往往还渗透到催化剂内层,对催化剂造成结构性破坏。因此,催化剂氯中毒具有不可逆性。

2. 合成氨生产中氯的来源

合成氨生产中氯的来源主要是原料、工艺用水、脱碳溶液及催化剂本身等方面。生产主要原料是煤、焦和油,原油在开采和贮运过程需要添加各种助剂而带进一些含氯化合物,如 RCl、RCl_3 以及氯乙烯单体等;煤、焦,而煤焦是化学成分十分复杂的混合物,其中都不同程度地含有微量氯。此外,国产催化剂本身也含有微量氯,如 C207 中氯含量为 0.001%,C301 中氯含量为 0.014%,C302 中氯含量为 0.004%。

3. 合成氨生产中的防氯措施

(1) 建立微量氯含量的仪器分析手段

(2) 采用脱氯剂 最直接和有效的防氯措施是采用脱氯剂。因为原煤、原油、水源、催化剂等夹带而来的氯源往往是无法选择、或无法避免的。对氯毒较为严重的合成氨工艺可在合成塔前增设脱氯塔,使用国产 T402、T404、NC2301 型脱氯剂就可将原料气中的氯脱至小于 1ppm。对氯含量不是很高的合成氨工艺,可在脱硫塔上部装填适量的脱氯剂,就可达到脱氯的效果。ET-2 型精脱氯剂的脱氯精度可以达到 0.1×10^{-6} 以下,而氯容最多达 30% 以上,穿透氯容 $>20\%$,具有净化度好,氯容高和耐水性能优良的特点。

项目 三

原料气的变换

变换过程是一个气固相催化反应过程，有铁镁系催化剂、铁铬系催化剂和耐硫变换催化剂可供选择，催化剂需要升温还原或硫化才具有催化活性，催化剂容易中毒或反硫化、衰老，需要进行良好的维护与保养；有中变流程、中变串低变流程和全低变流程可供选择，每一种变换流程又有各自的工艺条件需要优化。

能力目标

1. 能够理解原料气变换的重要意义与基本原理；
2. 能够基本掌握变换催化剂的升温还原与钝化方法；
3. 能够对变换工艺流程进行组织、对变换工艺条件进行初步优化；
4. 能够基本掌握变换岗位操作控制要点与变换过程节能降耗的基本措施。

无论采用哪种燃料作为合成氨原料，所得原料气中均含有 $11\%\sim48\%$ 不等的 CO。CO 作为合成氨催化剂的毒物必须加以彻底清除，绝大部分 CO 通过与水蒸气进行变换反应脱除的，CO 变换过程既是 CO 转化为易于脱除的 CO_2 的净化过程，也是制备氢气的过程。此外，变换工序还有两个重要作用。一是调整氢氮比例，将 CO 转变为等物质的量的 CO_2 和氢气，以满足合成氨所需要的氢氮比例 $f=\dfrac{n(H_2)}{n(N_2)}=3.0\sim3.1$。CO 变换比率越大，则原料气中残余的 CO 就越少，氢氮比越大，这是合成氨生产调整氢氮比的关键步骤之一。二是将有机硫转化为无机硫，变换催化剂能将难以脱除的有机硫大部分转变为易于脱除的硫化氢。

任务一 变换反应原理与变换催化剂的选择

一、变换反应的基本原理

变换反应的化学方程式如下：

$$CO+H_2O(g)\xrightarrow{\text{催化剂}}CO_2+H_2+41.17kJ/mol$$

这是一个需要催化剂参与的、可逆、放热、等体积的化学反应。

1. 变换率

用变换率来表示 CO 变换反应的程度。变换反应看起来是一个等体积的反应，但在工业生产中是采用蒸汽冷凝后的干气组分来计算变换率，因此，对干气体积来说，变换反应是一个体积增加的反应，即一分子 CO 变成了一分子二氧化碳和一分子氢气。其变换率 x 的计算公式如下：

$$x=\frac{V_{CO}-V'_{CO}}{V_{CO}(100+V'_{CO})}\times100$$

式中 x——CO 变换率，%；

V_{CO}——原料气（干气）中 CO 含量，%；

V'_{CO}——变换气（干气）中 CO 含量，%。

在合成氨工艺中，对 CO 变换率要求很高（通常为 90%~98%），要求在变换气中 CO 含量越低越好（1%以下），因此，通常采用中温变换串低温变换或全低变的流程，且变换过程中的汽气比较大 [(3~5)∶1]，蒸汽消耗较高，能耗较大，CO 总变换率高。

2. 汽气比

$\dfrac{H_2O}{CO}$（汽气比）都可以用来表示变换过程中水蒸气加入数量的多少，$\dfrac{H_2O}{CO}$是指水蒸气与 CO 的摩尔比或体积比 $\left(\dfrac{H_2O}{CO}\right)$，实际生产中 $\dfrac{H_2O}{CO} \approx 3 \sim 5$。改变汽气比是工业变换反应中最重要的调节手段。反应初期远离平衡，正反应速率起主导作用，此时汽气比的增加对反应速率无明显影响，反而对 CO 含量起了稀释作用，因此，反应开始时变换反应速率是随着汽气比的增大而减小的。在变换反应后期接近变换反应化学平衡时，提高汽气比可使平衡反应向正反应方向移动，有利于提高最终转化率。但水蒸气用量是变换过程最主要的消耗指标。工业生产上应在满足最终变换率或变换气中残余 CO 含量要求的前提下尽可能降低汽气比。

3. 最佳反应温度 T_m

从反应平衡移动的原理可知，当反应温度升高时，平衡往逆反应方向移动，其平衡常数减小，CO 的平衡变换率降低，但变换反应的速度会增大，因而对一定的变换反应催化剂，在一定的变换率下，必定存在一个最适宜温度 T_m。对一定的气体成分，其最适宜温度与对应的平衡温度 T_e 之间存在如下关系：

$$T_m = \dfrac{T_e}{1 + \dfrac{RT_e}{E_2 - E_1} \ln \dfrac{E_1}{E_2}}$$

式中 T_e——平衡温度，K；

T_m——最适宜温度，K；

E_1、E_2——正、逆反应活化能，kJ/(kmol·K)；

R——气体常数，kJ/(kmol·K)。

从上式可知，随着变换反应的进行，最适宜温度不断降低，这和绝热催化反应的温度升高互为矛盾。为了解决这一矛盾，工业生产中通常采用多段变换反应结合多段冷却的方法进行变换反应。多段冷却的方式又可分为中间间接换热式、喷水冷激式和蒸汽过热式等三种形式。

中间间接换热式是利用反应气来预热入炉的半水煤气或水蒸气，从而降低自身温度的方法。此方法要求中间换热器和副线设计合理，才能便于温度的调控。

喷水冷激式是采用在反应器中喷冷凝水使其吸热蒸发，从而达到既降低反应气体的温度，又增大变换反应的汽气比和 CO 变换率的目的。由于喷水冷激法从有效能的利用角度来看是一个将有效能变为无效能的过程，因此，在一些较新的设计中，喷水冷激冷却方式已被废热锅炉所取代，可以获得中高压蒸汽。

蒸汽过热式是利用导入的蒸汽来冷却反应气体，从而达到降低反应气体温度并使蒸汽过热的目的。此法的最大优点在于有效地避免热交换器冷端出现冷凝液而遭受腐蚀。

上述三种方式也可混合使用，一般而言，在添加饱和蒸汽的场合，采用蒸汽过热法较为有利；在水质良好的条件下，采用废热锅炉副产蒸汽法有利于降低蒸汽消耗。从有效能变质和节能降耗角度尽可能不要用半水煤气冷激和蒸汽冷激。图 3-1 为中间换热结合喷水冷激的

三段变换过程的 T-x 图。

图中 $A \rightarrow B$ 由为第一段绝热变换反应线，也称绝热操作线，发生在第一催化反应床，随着温度的升高，体系的变换率增大；$B \rightarrow C$ 为中间换热冷却线，此时体系可副产蒸汽，温度下降，变换率保持不变，故为一条平行于横轴的线段；$C \rightarrow D$ 为第二段绝热变换反应线，或第二催化反应床，体系的温度有所升高，变换率有所增大，由于与第一段绝热操作线的绝热温升是相同的，故两者的斜率相同，即 $C \rightarrow D$ 线和 $A \rightarrow B$ 线两条线是平行的，但其升高和增大的幅度少于 $A \rightarrow B$ 线；$D \rightarrow E$ 为喷水冷激线，体系的温度明显下降，变换率保持不变，但由于水蒸气比例增

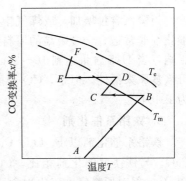

图 3-1 三段变换过程的 T-x 图

大，使变换反应推动力增大，但反应的平衡常数因汽气比的增大而减小，造成平衡温度有所升高，最适宜温度亦随之有所升高，从而导致平衡曲线和最适宜温度曲线都发生上移；$E \rightarrow F$ 为第三段绝热变换反应线，由于体系中水蒸气含量增加，体系的比热容增大，其绝热温升减小，故 $E \rightarrow F$ 线斜率增大，不再平行于 $A \rightarrow B$ 线和 $C \rightarrow D$ 线。

从多段变换炉的工艺特征及多段变换炉的 T-x 图分析可知，整个反应过程只有几个点在最适宜温度曲线上，要使个整个反应沿着最适宜温度曲线进行，段数要无限多才能实现，显然这是不现实的。段数越多，操作线虽然越接近最适宜温度曲线，但带来的问题也越多，如设备结构更加复杂、造价越高、安装维修越困难等。在合成氨工艺中，一般采用三段变换两段冷却的流程（图 3-2）。

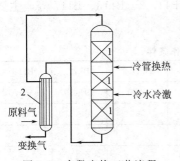

图 3-2 多段变换工艺流程
1—催化床；2—换热器

二、变换反应催化剂选择

从变换反应的机理来看，变换反应必须在一定的催化剂作用下才能发生快速的化学反应。选用什么催化剂，要根据生产工艺要求和具体情况而定。变换催化剂主要有铁镁系催化剂和铁铬系催化剂等中温变换催化剂、钴钼耐硫催化剂。

1. 铁镁系催化剂

铁镁系变换催化剂的主要成分是 Fe_2O_3、MgO、Cr_2O_3，由于催化剂中含有较多的氧化镁（17%～20%），为区别其他铁、铬催化剂，习惯上叫铁镁催化剂。该催化剂的主要活性组分在还原前是 Fe_2O_3（晶相为 α-Fe_2O_3 或 γ-Fe_2O_3），在投入变换炉后必须还原为 Fe_3O_4 才具有催化活性。

其变换反应温度在 400～500℃ 之间，因具有较好的耐热性也因此可称为高温变换催化剂，或中温变换催化剂。该催化剂最大的特点就是对有机硫化物有较好的转化能力：

$$COS + H_2 \xrightarrow{\text{催化剂}} H_2S + CO$$

$$COS + H_2O \xrightarrow{\text{催化剂}} H_2S + CO_2$$

在 CO 变换过程中，COS 的转化率可达 90% 以上，同时对硫醇、羰基硫也有类似的反应。在以煤为原料的小型合成氨厂，主要依赖变换过程来完成有机硫的转化。在联醇工艺中，变换过程也是有机硫转化的主要环节，通常还需串联有机硫水解步骤。由于氧化镁的存在，与 H_2S 有以下反应：

$$MgO + H_2S \longrightarrow MgS + H_2O$$

当蒸汽含量增加，或煤气中 H_2S 含量减少时，该反应向逆反应方向移动，因此，这类催化剂非常适合于含硫高的原料气，通常 H_2S 含量在 $0.2g/m^3$ 以下时，对催化剂活性没有影响，当 H_2S 含量达到 $16 \sim 20g/m^3$ 时，催化剂活性略有下降，而一旦 H_2S 含量降低，即可恢复原来活性。但是，CO 变换转化率较低，蒸汽消耗较高。该催化剂在中国的产品型号为 B-104。

2. 铁铬系催化剂

铁铬系催化剂以 Fe_2O_3、Cr_2O_3 为主体，同时也含有少量 MgO（3%～5%）、K_2O 和 CaO。与铁镁系催化剂相比，CO 变换转化率较高，蒸汽消耗也较低，操作温度为 315～485℃，但对原料气中硫化物含量要求较严格。其中 Cr_2O_3 的加入对变换催化剂起一个结构助剂的作用。Cr_2O_3 与 Fe_3O_4 形成固溶体，可有效防止或延缓高温烧结而使晶粒再结晶长大和表面积减小，提高催化剂的耐热性能和机械强度，延长使用寿命。纯 Fe_2O_3 活性温度很窄，耐热性差，当汽气比较低时，可能发生过度还原反应而生成 FeO，甚至 Fe，从而引起甲烷化和歧化反应，因此，在投入变换炉后必须还原为 Fe_3O_4 才具有催化活性。

K_2O 和 CaO 对 Fe-Cr 系变换催化剂有提高其活性和热稳定性作用，是良好的助催化剂，其添加量以 0.5% 为最好。MgO 能增强催化剂的耐热和抗硫性能。

铁铬系催化剂国产型号主要有：B106、B109、B110-2、B112-2、B113、B117 等，主要特性和操作条件见表 3-1 所列。

表 3-1　中温变换催化剂的主要特性和操作条件

	型号	B-104	B106	B109	B110-2	B112-2	B113	B117
催化剂组成/%	Fe_2O_3	50～60	65～75	～80	79～85	≥75	79～80	65～75
	Cr_2O_3	7～9	12～14		8～11	≥6	10～11	3～6
	MgO	17～20	3.5～4.5					
	K_2O	0.5～0.7	0.2～0.9		0.3～0.4		0.15	
	MoO_3	—				1～2.2		
	SO_3	<1.0	<0.7		<0.6		<0.002	<1.0
催化剂的特性与操作条件	形状	圆柱	片状	片状	圆柱	圆柱	片状	片状
	粒度/mm	$\phi7\times(9/5\sim15)$	$\phi9/7\sim9$	$\phi12/6\sim8$	$\phi5/6.5$	$\phi9\times(5\sim7)$	$\phi9\times5$	$\phi9\times(7\sim9)$
	堆密度/(t/m³)	0.9～1.2	1.3～1.5	1.45～1.55	1.4～1.6	1.4～1.6	1.3～1.4	1.5～1.6
	孔隙率/%	40～50	50	40				
	耐压强度/MPa	≥2.45	14.7	≥14.7	12	≥21		10
	比表面/(m²/g)	40	40～50	70		60～80		
	活性温度/℃	375～550	360～520	325～475				
	操作温度/℃	440～520	360～520	350～425		290～500	320～470	
	水碳比	3～5	3～4	3～4				
	空速/h⁻¹（常压）	300～400	300～500	300～500				
	空速/h⁻¹（加压）				800～1500	2000～3000		
	H_2S 含量/(g/m³)	1～1.5	<0.5	<0.002				

南京化工集团有限公司催化剂厂研制生产的 B112-2 型高温变换催化剂的性能特点如下。

① 该催化剂以 $r\text{-}Fe_2O_3$ 为主晶相，具有较好的低温活性，催化剂投入运行后能保持较

高的机械强度。

② 提高了有效组分钼的分散性和稳定性，克服了原 B112 型高温变换催化剂使用时因高温导致钼升华流失的缺陷，确保稳定的抗硫能力。

③ 加入特种助剂与钼的协同作用，提高了催化剂耐硫、耐高压和高空速能力。

④ 起活温度低，在进口温度 280℃，即显示较高的转化率；活性温区宽，活性范围为 280～530℃，操作弹性大，易控制掌握。

⑤ 由于采用烧打成型工艺，具有良好的机械强度，烧失量低，产品热稳定性能好，不易粉化。

⑥ 该催化剂可使 98％以上的有机硫转化为无机硫。

3. 钴钼耐硫催化剂

（1）化学组成及性能　铁铬系中变催化剂活性温度高、抗硫性能差，铜锌系低变催化剂低温活性虽然好，但活性温度范围窄，而且对硫十分敏感。20 世纪 50 年代末期由湖北化学研究院研究成功开发了耐硫性能好、活性温度宽的钴钼耐硫变换催化剂，正式命名为 B302Q，其主要成分为 CoO、MoO、K_2O 和 Al_2O_3，以球形 Al_2O_3 为载体，采用浸渍法工艺制备而成。由于该催化剂不仅能耐高硫原料气，而且对有机硫有 70％的转化率，同时又有很宽的活性温度范围，在 160～500℃之间都可以使用。表 3-2 为国内外耐硫变换催化剂的化学组成及性能。

表 3-2　国内外耐硫变换催化剂的化学组成及性能

国别		德国	丹麦	美国	中国	
型号		K_{8-11}	SSK	$C_{25\text{-}2\text{-}02}$	B301	B302Q
化学组成	CoO	约 3.0	约 1.5	约 3.0	2～5	>1
	MoO_3	约 8.0	约 10.0	约 12.0	6～11	>7
	K_2O	—	适量	适量	适量	适量
	Al_2O_3	专用载体	余量	余量	余量	余量
	其他	—		加有稀土元素	—	—
性能	尺寸/mm	$\phi4\times10$ 条形	$\phi3\times5$ 球形	$\phi3\times10$ 条形	$\phi5\times5$ 条形	$\phi3\times5$ 球形
	颜色	绿	墨绿	黑	蓝灰	墨绿
	堆密度/(kg/L)	0.75	1.0	0.70	1.2～1.3	1.0±0.1
	比表面/(m²/g)	150	79	122	148	173
	比孔容/(mL/g)	0.5	0.27	0.5	0.18	0.21
	使用温度/℃	280～500	200～475	270～500	210～500	180～500

（2）耐硫变换催化剂特点

① 有很好的低温活性，使用温度比铁铬系催化剂低 130℃以上，而且有较宽的活性温度范围（180～500℃），因此，被称为宽温变换催化剂。

② 有突出的耐硫和抗毒性。因硫化物是这类催化剂的活性组分之一，可耐总硫达每立方米几十克，其他有害毒物，如少量氨、氰化物、苯等毒物对催化剂活性均无影响。

③ 强度高。尤其以选用 $\gamma\text{-}Al_2O_3$ 为载体，强度更好，遇水不粉化，催化剂硫化后强度还可提高 50％以上，使用寿命可高达 5～10 年。

④ 可再硫化。不含钾的 Co-Mo 系变换催化剂部分失活后，可通过再硫化使其活性恢复。

其主要不足之处：使用前必须经过的硫化处理。

（3）耐硫变换催化剂的硫化过程

① 硫化反应原理 硫化反应操作对硫化后催化剂的活性有很大关系，一般以干半水煤气为载体，以 CS_2 为硫化剂，采用正压循环升温硫化法。其反应式如下：

$$CoO + H_2S \longrightarrow CoS + H_2O + 13.4kJ/mol$$
$$MoO_3 + 2H_2S + H_2 \longrightarrow MoS_2 + 3H_2O + 48.1kJ/mol$$
$$CS_2 + 4H_2 \longrightarrow 2H_2S + CH_4 + 240.6kJ/mol$$

硫化过程为放热过程，CS_2 加入的时机最为关键，生产实践表明，CS_2 的加入时机以 $180 \sim 200℃$ 为宜。

② 反硫化反应 耐硫变换催化剂经过硫化后才具有催化活性，其活性组分 MoS_2 和 CoS 在一定条件下会发生水解反应，即硫化反应的逆反应——反硫化反应，也因此构成了该催化剂失活的重要原因。

$$MoS_2 + 2H_2O \Longrightarrow MoO_2 + 2H_2S - Q$$
$$CoS + H_2O \Longrightarrow CoO + H_2S - Q$$

该反应为可逆吸热反应，其平衡常数随着温度的升高而呈指数增加，所以变换反应操作温度是一个敏感的影响因素，应尽量控制在较低的范围。调节生产负荷时，加减气量应缓慢，幅度不宜太大，每次加减量应以 $3000m^3/h$ 为宜，如果幅度太大，炉温波动大，难以控制，容易造成超温和反硫化。

要防止发生反硫化反应，一般要求变换的原料气中 H_2S 最低含量为 $50 \sim 80mg/m^3$。

③ 硫化操作过程 B302Q 催化剂采用快速硫化法，其硫化时间仅为 20h，硫化后催化剂的活性很好，使用时间也长。表 3-3 为该催化剂快速硫化操作程序。

表 3-3 催化剂快速硫化操作程序

阶段	时间/h	床层温度/℃	进料气中 CS_2 含量/(g/m^3)	备注
升温	约 4	$100 \sim 200$	—	—
初期	约 8	$200 \sim 300$	$20 \sim 40$	出口气中 H_2S 约 $5g/m^3$
主期	约 4	$300 \sim 450$	$40 \sim 70$	出口气中 H_2S 约 $15g/m^3$
降温置换	约 4	—	—	降温到 $300℃$，停止加入 CS_2

根据预先制定的升温硫化曲线，具体操作步骤如下。

a. 升温硫化系统要与正常生产系统要彻底隔离，如阀门关闭不严时必须加盲板防止泄漏。

b. 打开煤气风机入口，开启煤气风机经电加热器向硫化系统充气，开启循环气阀，使系统建立循环系统。

c. 开电加热器，以约 $30℃/h$ 的升温速度将一段、二段催化剂床层温度逐步加热到 $200℃$，并恒温。

d. $200℃$ 恒温后向系统加入 CS_2，加入速度为 $20 \sim 30kg/h$，分析催化剂床层出口 H_2S 含量 $>10g/m^3$ 时，说明催化剂初硫化结束，这时提温至 $350℃$ 并恒温。

e. $350℃$ 恒温结束后，逐渐将床层温度提高至 $400 \sim 450℃$，CS_2 加至 $60 \sim 80kg/h$，进入强硫化阶段，恒温 $4 \sim 6h$，连续三次取样分析床层出口 H_2S 含量 $>10g/m^3$ 时，硫化结束。

f. 硫化结束后，逐步降低电加热器出口温度，CS_2 加至 $10 \sim 20kg/h$，床层温度降到 $200 \sim 250℃$。

g. 降温完毕，水煤气置换系统由煤气分离器放空，分析循环气中 H_2S 含量 $\leqslant 1g/m^3$ 后系统保持正压。

h. 硫化完毕，通过水煤气置换系统高硫煤气合格后，进行倒换系统操作，即将正常生产的阀门打开（盲板抽取），还原硫化使用的阀门关闭，并加盲板。

4. 中变催化剂的升温还原与钝化

中变催化剂在制造出厂时，其活性组分 Fe_2O_3，而 Fe_2O_3 必须还原为 Fe_3O_4 才具有催化活性。催化剂升温还原过程质量的好坏对催化剂的活性和使用寿命影响很大，在生产中，通常用半水煤气进行还原，其反应方程式如下：

$$3Fe_2O_3 + CO \longrightarrow 2Fe_3O_4 + CO_2 + 50.811kJ/mol$$

$$3Fe_2O_3 + H_2 \longrightarrow 2Fe_3O_4 + H_2O + 9.621kJ/mol$$

催化剂的还原反应为强烈的放热反应，干气每消耗 1% 的 CO 约造成 7℃ 的温升，而消耗 1% 的 H_2 所造成的温升约为 1.5℃。当用含 CO 或 H_2 的气体进行还原时，必须配入一定比例的水蒸气（一般 $\frac{H_2O}{干气}=1$）以控制还原反应的反应速率、升温速率和还原度。

在升温还原前，要根据催化剂的性质和现场具体情况，制定出合理的升温还原指标及操作曲线，详细标明升温还原阶段和升温速度，何时开始升温？升温速度是多少？何时恒温？恒温时间是多长？等。

升温还原方法现已普遍采用电炉加热法。电炉升温还原过程分为空气升温、蒸汽升温置换和还原三个阶段。空气升温阶段是空气经过电炉加热后送入变换炉，使催化剂温度由常温升高到 120℃。蒸汽升温阶段是蒸汽经电炉加热后通入变换炉，将催化剂床层温度由 120℃ 升至 250~300℃，并进行系统置换，使氧含量降低到 0.5% 以下。还原阶段是往蒸汽中配入还原性气体对催化剂进行还原。但 CO 或 H_2 的含量（或浓度）提高不宜太快，避免催化剂因超温而降低活性，一般还原气中 CO 含量应严格控制小于 5%。当催化床层温度达到 320℃ 后，还原反应剧烈，必须严格控制升温速率不高于 5℃/h。B106 型催化剂升温还原控制指标如表 3-4。

表 3-4 B106 型催化剂升温还原控制指标

阶段	温度区间/℃	升温速度/(℃/h)	所需时间/h	阶段	温度区间/℃	升温速度/(℃/h)	所需时间/h
升温	常温~120	10	10	还原	250~350	<20	8
恒温	120	—	6	恒温	350	—	4
升温	120~250	<20	10	还原	350~450	10	10
恒温	250	—	8	合计	—	—	56

此外，中变催化剂中 Fe_2O_3 除了能被还原为 Fe_3O_4 外，在一定条件下还可继续还原为 FeO 和 Fe 等物质，称之为过度还原或深度还原。其反应式如下：

$$Fe_3O_4 + 4CO \longrightarrow 3Fe + 4CO_2 + 14.8kJ/mol$$

$$Fe_3O_4 + 4H_2 \longrightarrow 3Fe + 4H_2O - 150kJ/mol$$

当系统停车检修或更换催化剂时，必须对催化剂进行钝化处理。其方法是用蒸汽或氮气以 30~50℃/h 的速度将催化床温度降低至 150~200℃，然后配入少量空气进行钝化。在温升速率不大于 50℃/h 的情况下，逐渐提高氧的含量，直到炉温不再上升、进出口氧含量相等时，钝化工作才告结束。

5. 中变催化剂的中毒与衰老、维护与保养

（1）中变催化剂的中毒与衰老　硫、磷、砷、氟、氯、硼的化合物及氢氰酸等物质，均可引起中变催化剂中毒，使其活性显著下降。磷和砷的中毒是不可逆的，氯化物的毒性比硫

化物大得多,当氯化物含量小于 1ppm 时影响不明显。中变催化剂对硫化物有较强的抵抗能力,与硫化氢的反应如下:

$$Fe_3O_4 + 3H_2S + H_2 \rightleftharpoons 3FeS + 4H_2O$$

硫化氢能使中变催化剂暂时中毒,采取提高温度、降低原料气中硫化氢含量和增加气体中水蒸气含量等措施,可使催化剂活性逐渐恢复。

导致中变催化剂活性下降的另一个因素是催化剂的衰老,主要原因是催化剂长期处于高温高压环境之中,其 Fe_3O_4 微晶将因工艺条件的频繁波动和重结晶等因素而逐步长大。

(2) 中变催化剂的维护与保养 为了保证催化剂具有较高活性,延长其使用寿命,在催化剂装填和使用过程中应注意以下事项。

① 在装填前,要过筛除去粉尘和碎粒。

② 在开、停车时,要按规定的升、降温速度进行操作,严防超温。

③ 正常生产时,原料气必须经过除尘和脱硫,并保持原料气成分稳定和床层温度的稳定与均衡。

任务二 变换工艺条件的优化与工艺流程组织

一、变换工艺条件的优化

1. 中温变换工艺条件的优化

(1) 操作温度

① 操作温度必须控制在中变催化剂的活性温度范围内。进入变换炉的原料气反应开始温度应高于催化剂活性温度20℃左右,并防止在反应过程中引起催化剂超温。一般反应开始温度为 320～380℃,催化床层热点温度为 530～550℃。

② 变换反应过程中应尽可能使操作温度接近最适宜操作温度,以便在汽气比一定的情况下,得到较高的 CO 变换率。但变换反应是放热反应,而最适宜温度却随变换率的升高而下降,因此这需要即时不断地移出反应热,使变换反应的温度呈现出一种不断下降的趋势,参见图 3-3。这样变换炉第一段的温度最高,变换率最低、反应推动力最大、速度最快,而第三段变换温度较低,平衡常数较大,速度较慢。

(2) 操作压力 由于是等体积反应,从热力学观点来看,压力对变换反应的化学平衡虽然几乎没有影响,即提高压力不会提高变换反应的平衡变换率;但从动力学观点来看,加压变换对提高变换反应速率有利,且减小变换反应器体积和节约压缩功。因此,变换反应都是采用加压操作,一般变换压力为 1.2～1.8MPa。

① 可以加快反应速率和提高催化剂生产强度,操作压力在 2.0MPa 以下时,变换反应速率近似与 $\sqrt{p}$ 成正比,可见,采用加压操作,有利于在较短的

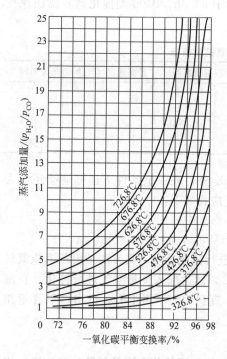

图 3-3 不同温度下汽气比与 CO
平衡变换率的关系

时间内达到较高的变换率，并可采用较大空速来增加生产负荷。

② 由于干原料气体积小于变换气体积，因此，先压缩原料气再进行变换的动力消耗，比常压变换后再压缩变换气的动力消耗要低很多。

③ 需要的设备体积小、布置紧凑、投资较少。

④ 变换反应后剩余大量蒸汽，加压变换的蒸汽（冷凝）温度高，回收利用价值较大。

（3）汽气比　增大汽气比可提高 CO 变换率，加快反应速率，防止催化剂中活性组分被过度还原，有利于抑制析炭和甲烷化等副反应，同时，由于水蒸气的比热比较大，从而可使催化剂床层的温升减少，改变汽气比是调节催化剂床层温度的有效措施。所以，在变换反应中，汽气比是一个非常重要的工艺参数，汽气比的大小决定了 CO 变换率的大小，在联醇工艺中还决定了醇氨比的大小及甲醇和合成氨的产量。但水蒸气消耗是变换过程的主要消耗指标之一，水蒸气比例过大，不仅能耗高、成本大，且变换率并不成正比增加，当水蒸气比例增大到一定的程度时，变换率反而下降。合成氨生产中水蒸气比例一般为 $\frac{H_2O}{CO}=3\sim5$。

不同温度下，汽气比与 CO 平衡变换率的关系如图 3-3 所示。可见，温度越低，越有利于变换反应平衡变换率的提高，越有利于降低汽气比，减少蒸汽消耗；在温度一定时，多加蒸汽有利于反应进行，在低汽气比时 CO 变换率增加很快，但汽气比增大到 3～4 以后再继续增大汽气比时，CO 变换率增加很慢，因此，要达到很高的变换率时，汽气比需要很大。从节能降耗的观点来看，选择过高的变换率不是经济合理的选择。因此，选择合适的变换率是降低汽气比、降低蒸汽消耗的重要途径。

（4）空间速度　空间速度简称空速，其大小既决定催化剂的生产能力（或生产强度），也关系到 CO 变换率的高低。在保证变换率的前提下，催化剂活性好、反应速率快时，可采用较大的空速，以充分发挥设备的生产能力。反之，若催化剂的活性较差，反应速率慢，如果采用大空速的话，因气体在催化剂床层停留时间短，来不及反应而降低变换率，同时床层温度也难以维持。一般空速在 2000～3000h^{-1} 之间。

2. 全低变工艺操作条件

（1）操作温度　宽温变换催化剂进口温度是主要控制指标，在超过露点 25℃ 的前提下，应选择较低的进口温度，一般在 180～210℃，热点温度控制在 ≥320℃。提高温度虽然可以加快反应速率，但这是短期行为。因为提高温度会降低 CO 平衡变换率，并可能发生反硫化反应，且一旦经高温操作后，再回到低温时就会明显失去低温活性。新催化剂刚投入使用时操作温度应控制在较低的水平，然后逐年升高，催化剂床层提温必须遵循"慢提、少提"的原则，正常情况下，每次提温幅度不得大于 2～4℃，每年提温次数不多于 4 次。直到数年后催化剂报废时其最高温度达到 450～500℃。表 3-5 为两段变换炉的操作温度参考指标。

表 3-5　全低变变换炉的操作温度参考指标

项目 \ 变换炉位置	一段入口	一段出口	二段入口	二段出口
操作温度/℃	≈200	≥320	≈230	≤250

（2）操作压力　变换反应对压力的要求并不严格，在 0.8～3.0MPa 之间均可，选用多大压力主要取决于全厂工艺和压缩机类型，对变换本身操作影响不大。只是提高压力可加大生产强度，节省压缩功，并因蒸汽压力的相应提高而有利于充分利用过剩蒸汽的热能。

（3）空速　变换炉配有近路阀，但一般情况下气体要求全部通过催化剂床层，以确保原料气中有机硫大部分转化为硫化氢，具体空速要根据生产负荷、变换率、催化剂的活性温度等条件灵活掌握。

二、变换工艺流程的组织与主要设备

CO 变换工艺流程有多种类型，如多段中变流程、中变串低变流程、全低变流程等。如何选用主要取决于原料气中 CO 含量高低、变换气中残余 CO 的脱除工艺等。如原料气中 CO 含量高，或者是联醇工艺中允许变换气中有较高的 CO 含量，则应采用多段中变工艺，因为中变催化剂操作温度范围宽、价廉易得、使用寿命长；反之，原料气中 CO 含量不高，可采用中变-串低变流程或全低变流程，如天然气蒸气转化法制氨流程，这样可简化流程、降低能耗。

1. 多段中变流程

以煤为原料，采用间歇式常压煤气发生炉生产半水煤气，典型的中变工艺流程如图 3-4 所示。

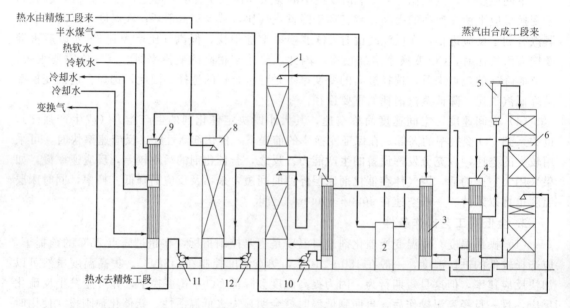

图 3-4　多段中变工艺流程

1—饱和热水塔；2—气水分离器；3—主热交换器；4—中间换热器；5—电炉；6—变换炉；7—水加热器；
8—第二热水加热器；9—变换气冷却塔；10—热水泵；11—热水循环泵；12—冷凝水泵

半水煤气首先进入饱和热水塔，与从塔顶喷淋而下的 130～140℃的热水逆流接触进行传热、传质，使半水煤汽提温增湿。出饱和塔的气体进入气水分离器分离掉夹带的液滴，并补充从合成废锅送来的并经中间换热器上段过热至 300℃以上的蒸汽，使半水煤气中汽/气比达到要求，然后进入主热交换器和中间换热器，分别被变换炉三段出口气和一段出口气所加热，使之达到变换催化剂起始活性温度所需要的 380℃后从顶部进入变换炉。经第一段催化剂床反应温度升到 480～500℃后，引出到中间换热器先后与蒸汽、半水煤气换热，降温后进入第二催化剂床反应。离开第二催化剂床的高温气体用冷凝水冷激降温并增加气体中水蒸气含量后，进入第三催化剂床反应。变换气离开变换炉温度约为 400℃左右，变换气依次经主热交换器、水加热器、热水塔回收余热后，其温度降到 80℃左右，最后经变换气水冷器加热锅炉软水，变换气被冷却至常温后送往后续工序。

2. 全低变流程

我国全低变工艺的应用始于 1990 年湖北利川化肥厂，此后全低变工艺以其能耗低，设备能力发挥大，投资省和适用于高 H_2S 气体等优势得到快速发展。全低变工艺是最能体现和发挥 Co-Mo 催化剂性能优势，是能耗最低的变换工艺。具有流程简单、副线不多、操作方便、蒸汽消耗低、投资省、无易损设备、运行周期长等特点。其工艺流程如图 3-5 所示。

常温下的原料气进入饱和热水塔与热水逆流接触增温增湿，然后进入气液分离器除去夹带的液滴后，先后进入预热交换器和主热交换器，被从变换炉出来的热变换气所预热；预热后原料气温度达到低温变换催化剂的起始活性温度 $180\sim200℃$ 后进入 1 号变换炉，经两级变换之后气体温度可上升到

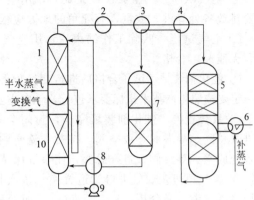

图 3-5 全低变工艺流程示意
1—饱和塔；2—分离器；3—预热交换器；4—主热交；
5—1 号变换炉；6—喷水室；7—2 号变换炉；
8—循环泵；9—循环泵；10—热水塔

330℃左右，进入喷水冷激室降温到 200℃左右并补充蒸汽，在 1 号变换炉三段催化剂床中继续进行变换反应，温度将增至 280℃左右，CO 含量降至 4% 左右。反应气从 1 号变换炉中出来进入炉前主热交换器和预热交换器预热进塔气体，反应气自身温度则降低到 200℃左右后进入 2 号变换炉继续进行变换反应，使变换气中 CO 含量降至 0.8% 左右。出 2 号变换炉的低变气经循环泵升压、热水塔回收余热，经气液分离器分离掉水后送往脱碳工段。

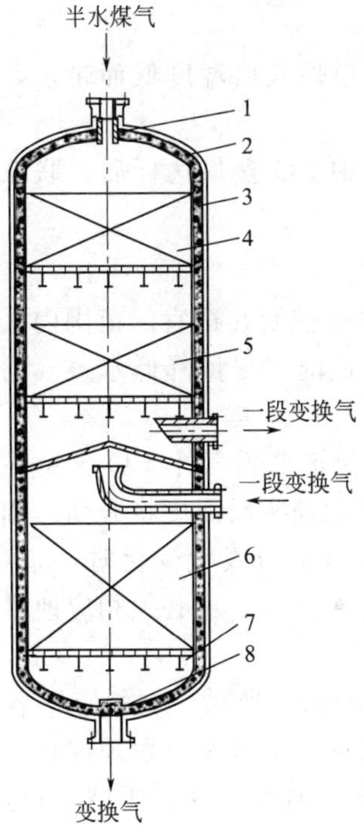

3. 变换炉的结构

变换炉的结构随着工艺流程不同而不完全一样，但都应满足如下基本要求。

① 变换炉的处理气量尽可能大。

② 气流阻力小，气体在炉分布均匀。

③ 热损失少。

④ 结构简单，便于制造、安装和维修，并使操作温度尽可能接近最适宜温度曲线。

加压变换炉的结构示意如图 3-6 所示。变换炉为圆柱形，外壳由钢板制成，内砌耐热混凝土衬里或内衬石棉板，再砌一层硅藻土砖一层轻质黏土砖。在每层催化剂下面均有支架支承，支架上铺箅子板、钢丝网和耐火球。炉壁上多处装有热电偶，炉体上还配置有人孔和装卸催化剂口。

图 3-6 加压变换炉的结构示意
1,8—气体分布装置；2—变换炉外壳；3—耐热混凝土衬里；4~6—催化剂；7—支架

三、变换过程操作要点

1. 岗位正常操作

（1）原始开车　原始开车是指设备安装完毕或大修完毕后的开车，其开车步骤如下。

① 对照图纸，全面核对　对照图纸，全面核对所有设备

是否安装就绪；所有管线、阀门是否连接配齐；所有仪表管线、测温点、压力表是否配置齐全；所有电气开关及照明安装是否正确、开关是否灵活。

② 空气吹净　当全面检查无疑后，用空气将设备及管线内的灰尘杂物吹除干净，吹除时要排放各处导淋、放空，有死角的地方应松开法兰，然后再拧紧。

③ 空气试压　吹除工作结束后，用空气对系统进行试压，试压压力为工作压力的1.2倍，无泄漏，合格。

④ 催化剂装填　试压合格后进行变换炉催化剂和煤气过滤器焦炭的装填工作，装填过程中一定要按照生产技术指标要求进行，轴向虚实程度要均匀，上部要平整，防止杂物带入。

⑤ 系统置换　催化剂装填完毕，封闭全系统，用贫气置换，用压缩机送贫气，打开系统进气总阀、导淋阀、放空阀，按贫气流向顺序取样分析，氧含量<0.5%时合格。然后关闭各处放空、导淋阀、进气总阀，使系统保持正压。

⑥ 煤气风机及煤气进口管道置换　依次打开风机进口阀、出口阀，但不启动风机，从电加热器导淋取样分析，氧含量<0.5%时合格。置换要彻底，不留死角，保证安全。

⑦ 催化剂的升温硫化

（2）正常开车

① 全面检查系统所有设备、管线、阀门，应符合开、停车要求，联系有关人员检查仪表、电器设备灵敏好用。

② 联系调度送中压蒸汽暖管，排放冷凝水，待炉温达200℃可导气。

③ 无论何种情况床层温度都不能低于露点温度（0.75MPa-120℃，1.35MPa-140℃），否则煤气中蒸汽将部分冷凝为水，导致催化剂中钾的流失而影响其催化活性。

④ 根据系统气量大小、压力高低，调整蒸汽加入量，控制好汽气比。给系统加蒸汽前必须将蒸汽管内的冷凝水排净，方可加入。

⑤ 开车初期炉温较低，如使用冷煤气副线进行调温易使变换炉入口温度低而带水，应以蒸汽量调节。

⑥ 调节汽气比，使炉温在正常范围内，并使出系统变换气中CO含量达标后，联系调度，缓慢打开系统出口阀，关闭放空阀，向后工序送气。

2. 正常生产时操作要点

中温变换炉正常生产时的操作要点主要是将催化剂床层的温度控制在适宜的范围内，以便充分发挥催化剂的活性，提高设备的生产能力和CO变换率，同时要尽量降低水蒸气消耗定额。

① 根据气量大小及半水煤气成分分析情况，调节汽气比，保证变换气中CO含量在控制指标内。当进入变换系统的原料气量增大时，反应热增加，催化剂床层温度将升高，相应地需要增加水蒸气加入量；反之亦然。当进入变换系统的半水煤气成分发生变化时，如CO含量增大时，变换反应加强，放热量也将增大，催化剂床层温度将上升，也必须相应地增加水蒸气量，确保合适的汽气比。

② 催化剂床层温度的变化应根据"灵敏点"温度的升降来判断。所谓"灵敏点"就是催化剂床层温度变化最灵敏的一点，以这点温度变化作为操作依据，可以及时发现催化剂温度的变化趋势，预先采取措施。催化剂床层的温度指标以"热点"温度为准，所谓"热点"则是催化剂床层中温度最高的点。随时注意观察变换炉床层灵敏点和热点温度的变化情况，以增减蒸汽量，配合煤气副线阀和变换炉近路阀开度大小调整炉温，使炉温波动在±10℃范围内。

③ 根据催化剂使用情况，调整适当汽气比和床层温度。催化剂使用初期，活性较好，

汽气比和催化剂床层温度都可以取较低的值；相反，在催化剂使用末期，其活性较差，为了获得较高的产量，必须相应地提高汽气比和催化剂床层温度。

④ 要充分发挥催化剂的低温活性，在实际操作中关键是稳定炉温，控制好汽气比。

⑤ 在生产突遇减量，要及时减少或切断蒸汽供给。

⑥ 临时停车，先关蒸汽阀，计划停车可在停车前适当减少蒸汽，系统要保持正压。

3. 停车

(1) 短期停车

① 接到调度或班长的停车通知后，准备停车，并可适当提高床层温度。

② 压缩发出信号后，关蒸汽阀，系统用煤气吹除 30～40min 后，关闭系统进出口阀、导淋阀、取样阀，保温保压。

③ 短期停车后，应随时观察，注意系统压力、床层温度，一定保证床层温度高于露点温度 30℃ 以上。当床层温度降至 120℃ 之前，系统压力必须降至常压，然后以煤气、变换气或惰性气体保压，严禁系统形成负压。

(2) 长期停车

① 全系统停车前，卸压并以干煤气或氮气将催化剂床层温度降至小于 40℃，关闭变换炉进出口阀门及所有测压、分析取样点，并加盲板，以煤气、变换气或惰性气体保持炉内微正压（表压≥300Pa），严禁形成负压。

② 必须检查催化剂床层时，催化剂需钝化、降温后，方能进入检查。

(3) 紧急停车

① 如果因变换岗位断水、断电、着火、爆炸、炉温暴涨、设备出现严重缺陷等情况，不能维持正常生产，应立即发出紧急停车信号。

② 若接到外岗位紧急停车信号，得到压缩机发出切气信号后可做停车处理。

③ 及时切断蒸汽，以防止短期内汽气比剧增，引起反硫化导致催化剂失活。迅速关闭系统进出口阀，以及相关阀门，然后联系调度，根据停车时间长短再做进一步处理。

四、故障判断及处理

故障判断及处理见表 3-6。

表 3-6 变换过程故障判断及处理方法

问 题	原 因	处理方法
变换炉系统着火	易燃物靠近高温着火	用灭火器或消防水灭火，清除易燃物
	漏气着火	用氮气灭火，漏气较大时联系停车处理
催化剂失活	反硫化	严格升温硫化操作，维持适当的 H_2S 含量
	煤气中粉尘及油污堵塞催化剂	加强气体净化操作
	煤气中氧含量长时间超标	联系调试员及自控岗位调整氧含量<0.3%
变换系统压差大	设备堵塞	停车处理
	催化剂表面结块或粉化	
	蒸汽带水或系统内积水	排净系统积水
炉内温度剧烈变化	煤气中氧含量超标	联系调试员及自控岗位调整氧含量<0.3%
	煤气流量大幅度变化，蒸汽量调节不足	加强操作
	蒸汽带水至变换炉	加强排污并及时调试员进行处理

续表

问　题	原　因	处理方法
变换气中 CO超标	炉温波动	稳定工艺,稳定炉温
	蒸汽压力低,汽气比低	加大蒸汽补入量,联系提高压力
	催化剂床层有短路现象	停车检修
	炉内换热器内漏	停车检修换热器
	催化剂活性降低	适当降低汽气比,提高煤气 H_2S 含量,加强净化操作,严格控制煤气中粉尘、油污、氧含量

思考与练习

1. CO 变换有何意义？影响变换反应的因素有哪些？

2. 为什么说要充分发挥 CO 变换催化剂的低温活性？生产中要如何实现？

3. CO 变换反应为什么存在最适宜反应温度？最适宜反应温度随变换率的提高如何变化？工业上采取哪些措施使变换反应温度接近最适宜反应温度？

4. CO 变换反应与氨合成反应有何共同特点？并从最适宜反应温度及其控制来说明其反应器特点。

5. 试设计一个中小型合成氨厂调节原料气中氢氮比的方案。

拓展知识之三

变换过程节能关键技术

通常外界必须向变换工段补加一定的蒸汽才能满足其过程蒸汽的需要。外加蒸汽量的大小是衡量变换工段能耗高低的主要标志。

对变换工段的热量衡算表明，由热水塔出口变换气带出的热量已不能为变换工段所用，是最大的热量消耗之处，约占工段总热量损失的 $70\% \sim 80\%$。其次是各设备、管道的散热损失和系统的排污热损失。

变换工段的有效能衡算表明，全工段有效能损失最大的部位是中变炉，占全工段有效能损失的 42.8%，其中中变一段的有效能损失又占整个变换炉的近一半，这是由于一段反应离平衡最远，反应的推动力最大，不可逆程度也最大，有效能损失也最多。其次是饱和热水塔系统的有效能损失约占有效能总损失的 20.5%，这是由于不可逆传热、传质造成的。喷水冷激段的有效能损失也较大，约占有效能损失的 11.4%，这是由于喷入的冷凝水与高气体温度差大（80℃和450℃），且这种直接混合降温的方式是一种不可逆程度很大的过程。而热水塔出口变换气带出的热量所含的有效能却只占 12% 左右。可见，由于散热这种有形损失所造成的有效能损失并不大，造成有效能损失的主要原因是变换反应过程中的不可逆因素，而这种无形的损失却往往被人们所忽略。变换过程节能降耗的关键技术如下。

① 充分考虑中温变换催化剂的有机硫转化功能。选择铁镁系变换催化剂要强于铁铬系催化剂，因为前者具有较强的耐硫和有机硫转化能力。

② 合理确定 CO 最终变换率。根据催化剂活性情况和原料气精制阶段工艺特点来合理确定合成氨工艺中的 CO 最终变换率，尽量减小变换反应的推动力，降低不可逆性是降低汽气比和蒸汽消耗的重要途径。

③ 合理选择低温高活性变换催化剂。使变换反应能在较低的温度下进行，不需采用很大的汽气比就实现所需要的出口变换率。催化剂起始活性高低与吨氨汽耗的关系如表 3-7。

表 3-7　催化剂起始活性高低与吨氨汽耗的关系

催化剂	中变催化剂		钴钼耐硫催化剂
启始活性温度/℃	360	300	180
吨氨汽耗/t	1～1.5	≤0.8	0.2

④ 合理选择变换炉控温方法，并注重充分发挥变换催化剂的低温活性。

⑤ 避免让部分原料气走近路阀。

项目 四

原料气的脱碳

项目导言

脱碳方法包括湿法脱碳法和干法脱碳法。湿法脱碳法可分为化学吸收法和物理吸收法。化学吸收法可分为热钾碱法、醇胺法、氨水法（碳化法）等。物理吸收法目前主要有低温甲醇洗涤法、碳酸丙烯酯法、NHD法等。目前我国大型氨厂普遍采用低温甲醇洗涤法，中小型氨厂普遍采用热钾碱法、氨水法、碳酸丙烯酯法、NHD法等。

专业能力目标

1. 能够理解原料气的各种脱碳方法的基本原理，并进行合理选择；
2. 能够针对原料气具体情况来制订脱碳的初步方案；
3. 能够原料气脱碳工艺流程进行组织、对工艺条件进行优化。

经变换以后的原料气中含有大量 CO_2，具体数值随原料和制造工艺的不同而不同，以煤、焦为原料，采用固定层煤气发生炉生产的半水煤气中 CO_2 含量可高达 $28\%\sim32\%$。CO_2 对合成氨来说是致命的毒物，必须进行彻底的清除，同时，CO_2 又是一种可用于生产尿素、碳铵、纯碱、纳米碳酸钙、干冰等产品的重要化工原料，也是主要的温室气体，必须加以回收利用。各合成氨厂脱碳吨氨能耗约占合成氨总能耗的 $10\%\sim20\%$，如何选择低能耗的脱碳方法是降低净化能耗的关键。目前国内外合成氨厂大多采用湿法脱碳技术，也有不少企业开始采用干法脱碳，主要是变压吸附脱碳。

任务一　湿法脱碳技术

化学吸收法一般以碱性溶液作为吸收剂，常温加压下与 CO_2 进行化学反应，然后，在减压加热下进行再生放出 CO_2。化学吸收法吸收 CO_2 的容量与压力关系不大，适用于脱碳气中 CO_2 含量要求较低、净化度要求较高的场合。化学吸收法具有吸收效果好、再生容易，能脱硫化氢，同时还能得到纯度较高的副产品 CO_2 等优点，因此，在合成氨中得到广泛应用。化学吸收法又可分为两大类：一类是循环吸收法，即溶液吸收 CO_2 后，在再生时解吸出纯态的 CO_2，主要提供生产尿素的原料，再生后的溶液循环使用；另一类是将吸收 CO_2

与生产产品联合起来同时进行，称为联合吸收法，联产碳铵法、联碱法、联尿法等。

物理吸收法一般用有机溶剂为吸收剂，利用溶剂对 CO_2 有良好的选择性吸收原理，在加压下吸收 CO_2，通过减压、闪蒸、汽提等方式放出 CO_2。物理吸收法不消耗热量，总能耗比化学法低，但气体净化度也较低，因此，该法特别适用于煤气中 CO_2 含量较高、且对 CO_2 脱除要求不是很高的联醇工艺。

在本书中介绍的脱碳方法主要有：碳酸丙烯酯脱碳法、NHD 脱硫脱碳法、低温甲醇洗工艺、变压吸附法、改良热钾碱法等几种方法。

一、碳酸丙烯酯脱碳法（Fluor 法）

1. 基本原理

碳酸丙烯酯，结构式 $CH_3(CHOCH_2O)CO$，无色透明液体，别名 1,2-丙二醇碳酸酯，简称碳丙（法），其物理性质如表 4-1。

表 4-1　碳酸丙烯酯的主要物理性质

熔点 /℃	沸点 /℃	相对密度 (15.5℃)	黏度/Pa·s (25℃)	比热容/[kJ/(kg·℃)] (15.5℃)	饱和蒸汽压 /Pa(15.5℃)	溶解热 /(kJ/mol)
−55	240	1.21	$2.09×10^{-3}$	1.40	6.67	CO_2:14.65 H_2S:15.49

碳酸丙烯酯是一种极性溶剂，溶于水和四氯化碳，能与乙醚、丙酮、苯等混溶。性质稳定，无毒，对碳钢设备无腐蚀，能选择性脱除合成氨原料气中 CO_2、H_2S 和有机硫，而对氢、氮、CO 等有效气体的溶解度甚微，因此效果特别显著，0.1MPa，25℃时各种气体在碳酸丙烯酯中的溶解度（m^3/m^3）如表 4-2。

表 4-2　0.1MPa，25℃时各种气体在碳酸丙烯酯中的溶解度　　单位：m^3/m^3

气体	CO_2	H_2S	H_2	CO	CH_4	COS	C_2H_2
溶解度	3.47	12.0	0.03	0.5	0.3	5.0	8.6

碳酸丙烯酯是一种比较理想的变换气脱碳溶剂，具有净化度高、能耗低、回收 CO_2 纯度高等优点，自 20 世纪 60 年代以来是在工业上广泛采用的脱碳方法。

2. 工艺条件

（1）温度　压力一定，升高温度时 CO_2 和硫化氢在碳酸丙烯酯中的溶解度下降，对吸收过程不利；相反，氢、氮的溶解度反而提高，从而增大了氢、氮气的损失。因此，降低温度有利于二氧化碳和硫化氢的吸收，减少溶剂循环量，降低贫液泵的电耗，并减少氢氮气的损失；同时，温度降低还可降低气相带出的溶剂蒸气，从而减少溶剂损失。碳酸丙烯酯吸收脱碳过程是一个放热过程，要想维持较低的操作温度，必须进行冷却，大多数工厂采用循环水做冷却剂，夏季温度为 40℃ 左右，冬季温度为 25℃ 左右。

（2）压力　动力学研究表明，碳酸丙烯酯吸收 CO_2 传质过程的阻力主要集中在液膜，可见，液膜扩散控制是影响其吸收速率的主要因素。因此，吸收压力越大，越有利于二氧化碳和硫化氢的吸收脱除，从而有效提高其吸收能力。在气体净化度和碳酸丙烯酯溶液组成、温度等一定的条件下，碳酸丙烯酯溶剂的循环量将减小。实际生产中，脱碳吸收压力主要取决于变换过程的压力大小，一般为 1.2～2.8MPa。

（3）溶剂贫度　溶剂贫度是指贫液中残余的 CO_2 的量，单位为 m^3CO_2/m^3 溶剂。显然，贫液中 CO_2 越少，气体净化度将越高，但残余 CO_2 的量受再生方法的限制。同时与后续的气体精炼净化方法有关，如后续净化工序为铜洗流程，则净化气中 CO_2 含量应控制在 1% 左右，溶剂贫度应控制在 $0.1\sim0.2m^3CO_2/m^3$ 溶剂。如后续工序为联醇工艺，则净化气中 CO_2 含量可控制在 $3\%\sim5\%$，此时，溶剂贫度可控制在 $0.3\sim0.5m^3CO_2/m^3$ 溶剂。

（4）吸收气液比　吸收气液比是指单位时间内进吸收塔的原料气体积与进塔贫液体积之比。吸收气液比影响工艺的经济性和气体净化度。气液比增大，单位体积溶剂可处理的原料气量也大，所以，在处理一定量原料气时，所需溶剂量就可减少，因而输送溶液的电耗和操作费用就可相应降低。在要求的气体净化度一定时，吸收气液比大，则相应降低吸收推动力，在单位时间内吸收同样数量的 CO_2 就需增大脱碳塔的设计容量。对于一定的脱碳塔，吸收气液比增大后，净化气 CO_2 含量增大，影响到净化气质量，所以在生产中应根据净化气对 CO_2 含量的要求，调节吸收气液比至适宜值。总的来说，单纯氨厂的净化度要求较高，其吸收气液比较小，而联醇厂的净化度要求较低，其吸收气液比较大，一般吸收气液比控制在 $6\sim12$。

此外，溶剂中水分含量也是一个重要指标之一，因为如果碳酸丙烯酯溶剂中水分增加，会降低溶液吸收 CO_2 的能力，使净化度下降，并且水分含量的增加会增加对碳钢的腐蚀。一般认为，溶剂中水分含量应控制在 $1\%\sim2\%$ 以下比较安全。

3. 工艺流程与主要设备

碳酸丙烯酯脱碳工艺过程主要由吸收→常压解吸→闪蒸解吸→真空解吸→汽提→溶剂回收等步骤组成，其工艺流程如图 4-1 所示。

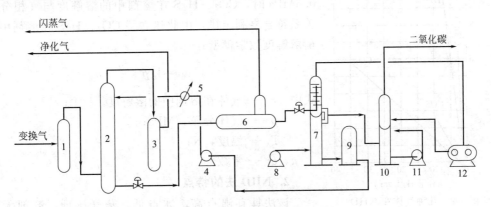

图 4-1　碳酸丙烯酯脱碳工艺流程示意

1—油水分离器；2—脱碳塔；3—碳丙分离器；4—溶剂泵；5—冷却器；6—闪蒸槽；7—常压再生塔；
8—汽提鼓风机；9—中间贮槽；10—洗涤塔；11—洗涤泵；12—罗茨鼓风机

变换气在吸收塔内与碳酸丙烯酯逆流接触，净化后的气体须经分离和洗涤后再进压缩机。吸收 CO_2 后的碳酸丙烯酯溶液经过透平回收能量后进入闪蒸槽，闪蒸气经洗涤后回收。出闪蒸槽的溶液进入常压解吸段，在此放出的 CO_2 回收作尿素的原料气或其他用途。为了回收更多的 CO_2，溶剂继续至下节真空解吸段解吸回收 CO_2。最后进入汽提塔，在汽提塔下部用鼓风机送入空气进行汽提，汽提气经洗涤后放空。由于碳酸丙烯酯溶剂价格较高，净化气中饱和的溶剂蒸气压较高和夹带的溶剂雾沫的回收在经济上十分重要，各段气流均需经洗涤回收。因此，流程设置上脱碳吸收过程简单，而溶剂再生过程比较复杂，目前工业上采用分级洗涤的方法，使 1t 合成氨的碳酸丙烯酯损耗小于 1kg。

主要设备吸收塔和汽提塔一般都是填料塔，填料可用聚丙烯鲍尔环。闪蒸槽卧式、立式均可，槽内用隔板分开，溶液在闪蒸槽内的停留时间至少需要60s。溶液循环泵最好采用机械密封并带透平回收装置的机组，以减少电耗。主要设备大都采用普通碳钢，内壁不用涂料，碳酸丙烯酯的稀液腐蚀较严重，回收碳酸丙烯酯的洗涤塔一般需要用不锈钢制作。

二、NHD脱硫脱碳法

1. NHD的物理化学性质

NHD溶剂是一种新型高效脱硫脱碳溶剂，NHD是南京化学工业公司研究院20世纪90年代开发的一种优良的物理吸收溶剂。它的主要组分为聚乙二醇二甲醚，淡黄色透明液体，其pH为6~8，显中性，分子式为$CH_3O(CH_2CH_2O)_nCH_3$，其中$n=3~8$，平均相对分子质量为250~270。其他方面的物理性质如表4-3。

表4-3 NHD的主要物理性质

凝固点/℃	闪点/℃	蒸汽压(25℃)/mmHg	比热容(25℃)/[kJ/(kg·K)]	密度(25℃)/(g/L)	黏度(25℃)/Pa·s	表面张力(25℃)/(N/cm)
−29~−22	151	<0.01	2.05	1.031	0.0058	$3.43×10^{-6}$

在不同温度下，H_2S、CO_2等几种气体在NHD溶剂中的溶解度如图4-2。

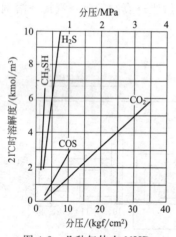

图4-2 几种气体在NHD溶剂中的溶解度

$1kgf/cm^2=9.80665×10^4Pa$

可见，H_2S在溶剂中的溶解度大约是CO_2的9倍，因而该溶剂能选择性吸收H_2S。在CO_2、H_2S分压低于0.6MPa时，CO_2、H_2S在溶剂中的溶解度与气相分压的关系符合亨利定律，由此建立了CO_2、H_2S在溶剂中的平衡溶解度数学模型：

$$\lg c=\lg p-\frac{b}{T}+a \tag{4-1}$$

式中　c——气体在溶剂中的溶解度，L/L；

　　　p——气体分压，MPa；

　　　T——温度，K；

　　　a，b——常数。

2. NHD法的特点

该法具有沸点高，冰点低，蒸气压低，溶剂无毒无味、无腐蚀性等特点，因此，其化学稳定性和热稳定性好，挥发损失小，对碳钢设备亦无腐蚀性。对CO_2、H_2S、COS等酸性气体都同时具有很强的选择吸收性能，且净化流程短，操作稳定方便，净化度高，能耗低。因此，这是一种清洁生产工艺，适用于合成氨原料气脱碳，并能同时有效脱除有机硫。经NHD法净化后，工业气含CO<0.1%，$H_2S<1×10^{-6}$，供尿素用CO_2纯度>99%；吨氨的溶剂消耗<0.1kg。电耗<80kWh。目前已成功地在多家中小化肥厂应用，取得了较好的经济效益。

3. NHD法的工艺流程

NHD法脱碳的工艺流程如图4-3所示。

从脱硫来的气体，经气-气换热器冷却后进入脱碳塔，在塔中CO_2被溶剂吸收，从塔顶引出的净化气经气-气换热器加热后送后工段。从脱碳塔底出来的富液，经透平回收能量并减压至0.8MPa左右，送往高压闪蒸槽。闪蒸出的CO_2气体含H_2、N_2较多，用循环压缩

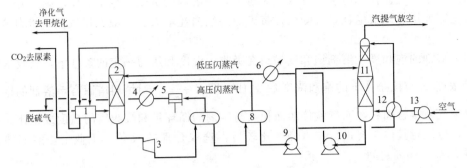

图 4-3 NHD 法脱碳工艺流程

1—气-气换热器；2—脱碳塔；3—水力透平；4—压缩机水冷器；5—闪蒸气压缩机；6—氨冷器；7—高压闪蒸槽；
8—低压闪蒸槽；9—富液泵；10—贫液泵；11—汽提塔；12—气液换热器；13—鼓风机

机加压后返回脱碳塔底部气体进口。从高压闪蒸槽出来的溶剂中还残留少量 CO_2，用泵送进汽提塔，汽提塔底部通入氮气或空气进行汽提，汽提气放空。汽提后的贫液经贫液泵加压、氨冷器冷却后打入吸收塔顶部喷淋。

4. 工艺操作条件

（1）操作压力 脱碳吸收操作压力越大，越有利于 CO_2、H_2S 等酸性气体的吸收和脱除，但压力过高，会增加设备投资和压缩机功耗。现以吸收温度 5℃，变换气中 CO_2 含量 28% 为例，不同压力下，在 NHD 溶剂中的平衡溶解量见表 4-4。

表 4-4 不同压力下，CO_2 在 NHD 溶剂中的平衡溶解量表

CO_2 分压/MPa	0.2	0.4	0.6	0.8	1.0
平衡溶解量/[m³（标）/m³ 溶剂]	10.1	21.1	33.4	46.2	60.2

可见，在相同条件下，随着吸收压力的上升，溶剂吸收 CO_2 的能力显著增大，因此选择较高压力对脱碳是有利的。实际生产中，脱碳处于变换之后和精脱硫之前，其操作压力与两者压力是相同的，一般为 1.2～2.8MPa 之间。

（2）操作温度 操作温度对各种气体在 NHD 溶剂中溶解度的影响较大。降低吸收温度，会使 CO_2、H_2S 在溶剂中溶解度上升，相反，H_2、N_2 等在溶剂中的溶解度会随着温度的降低而减小，从而可减少 H_2、N_2 等在溶剂中的溶解损失，因此，降低温度对吸收操作非常有利。现以 0.5MPa CO_2 分压为例，不同温度下 CO_2 在 NHD 溶剂中的溶解度见表 4-5 所列。

表 4-5 不同温度下 CO_2 在 NHD 溶剂中的平衡溶解度

温度/℃	−10	−5	5	20	40
平衡溶解度/[m³（标）/m³ 溶剂]	37	28	21	16	10.5

（3）气液比 吸收的气液比是指单位时间内进吸收塔的原料气体积（标态）与进塔溶剂体积之比。若溶剂的气液比大，则意味着处理一定量的原料气时所需要的溶剂量减少，输送溶剂的电耗操作费用就会降低。对于一定的脱碳塔，吸收气液比增大后，净化气中 CO_2 含量增大，影响净化气的质量。生产中应根据净化气 CO_2 含量要求，调节吸收气液比至适宜值。

汽提的气液比主要是控制溶剂贫度。溶剂贫度是指贫液中 CO_2 的含量，汽提单位体积

溶剂所用的惰性气体体积越大，即气液比越大，则溶剂的贫度值越小，反之则上升。过分加大气液比需要增加风机电耗，并随汽提带走的溶剂损耗增大。一般汽提气液比控制在 6~15 之间。

（4）溶剂的饱和度　溶剂饱和度是指在吸收的温度和压力一定的条件下，吸收塔富液中 CO_2 的浓度 c^0 与该条件下的饱和浓度 c^* 之比，即 $R = \dfrac{c^0}{c^*}$。对填料塔而言，溶剂的饱和度主要取决于气液接触面积，而气液接触面积又与溶剂的循环量和吸收塔的高度成正比。在工程设计中，应针对具体工况进行技术经济比较后再选取合理的 R 值。工业上，溶剂的饱和度一般在 75%~85% 之间。

三、改良热钾碱法

1. 改良热钾碱法的基本原理

改良热钾碱法，也称本菲尔特法，其脱碳反应式为：

$$K_2CO_3 + CO_2(l) + H_2O \overset{CO_2(g)}{\underset{}{\rightleftharpoons}} 2KHCO_3 \qquad (4\text{-}2)$$

这是一个体积缩小的气液相放热反应，加压、降温操作有利于脱碳反应向右边移动，有利于提高溶液中碳酸钾的转化率。实际生产中，为了降低再生能耗，采取吸收温度和再生温度相近的方法，但是单纯的热碳酸钾溶液吸收二氧化碳的速度很慢，达不到很高的净化度，而且溶液的腐蚀性很大，尤其是吸收了二氧化碳后的富液对碳钢的腐蚀性更大，为提高二氧化碳吸收和再生速率，可在碳酸钾溶液中添加活化剂以加快吸收反应、加入缓蚀剂以降低溶液对设备的腐蚀（表 4-6）。

表 4-6　以碳酸钾为吸收剂的主要脱碳方法

方法名称	活化剂	缓蚀剂
改良砷碱法（溶液有毒）	三氧化二砷	三氧化二砷
氨基乙酸法	氨基乙酸	五氧化二钒
改良热碱法	二乙醇胺	五氧化二钒
催化热碱法	二乙醇胺-硼酸	五氧化二钒

活化剂对整个吸收反应过程的影响较为复杂，但是由于活化剂参与化学反应，改变了碳酸钾与二氧化碳的反应机理，从而提高了反应速率。本菲尔特法采用的活化剂为 DEA。DEA 的化学名称为 2,2-二羟基二乙胺，其结构式为 $\begin{matrix} HO(CH_2)_2 \\ HO(CH_2)_2 \end{matrix}\!\!\!\diagup NH$，简写为 R_2NH。因其分子中含有氨基，所以可与液相中的二氧化碳进行反应，当碳酸钾溶液中含有少量 DEA 时，其吸收反应式如下：

$$
\begin{aligned}
&K_2CO_3 \rightleftharpoons 2K^+ + CO_3^{2-} \\
&R_2NH + CO_2(l) \rightleftharpoons R_2NCOOH \\
&R_2NCOOH \rightleftharpoons R_2NCOO^- + H^+ \\
&R_2NCOO^- + H_2O \rightleftharpoons R_2NH + HCO_3^- \\
&H^+ + CO_3^{2-} \rightleftharpoons HCO_3^- \\
&K^+ + HCO_3^- \rightleftharpoons KHCO_3
\end{aligned}
\qquad (4\text{-}3)
$$

以上各步反应式中，以式（4-3）最慢，是整个过程的控制步骤，其反应速率表达式如下：

$$r=k[R_2NH][CO_2] \qquad (4\text{-}4)$$

式中　k——反应速率常数，L/(mol·s)；

　　　$[R_2NH]$——液相中游离胺浓度，mol/L。

实验表明，当 $T=25℃$ 时，k 约为 1×10^4，总胺含量为 0.1mol/L 时，溶液中游离胺的浓度为 0.01mol/L，则根据式(4-4)得到反应速率为

$$r=1\times10^4\times0.01\times[CO_2]=100[CO_2]mol/(L\cdot s)$$

可见，由于加入了 DEA，比纯碳酸钾水溶液与二氧化碳的反应速率增加了 $10\sim1000$ 倍。同时，气液相传质过程及组分的扩散对吸收过程也有很大的影响。研究表明，吸收控制步骤与气相中二氧化碳的分压关系很大，和纯碳酸钾溶液吸收二氧化碳相比，加入 DEA 后吸收速度提高了 $3\sim12$ 倍。

2. 碳酸钾溶液对其他组分的吸收

胺-碳酸钾溶液除了能吸收脱除原料气中二氧化碳外，还能将原料气中的硫化氢、各种有机硫、氰氢酸（HCN）及少量不饱和烃等有害杂质加以全部或部分吸收脱除。

其吸收反应的反应式如下：

$$\begin{aligned}
K_2CO_3+H_2S &\rightleftharpoons KHCO_3+KHS \\
K_2CO_3+HCN &\rightleftharpoons KCN+KHCO_3 \\
K_2CO_3+RSH &\rightleftharpoons RSK+KHCO_3 \qquad (4\text{-}5) \\
CS_2+H_2O &\rightleftharpoons COS+H_2S \\
COS+H_2O &\rightleftharpoons CO_2+H_2S
\end{aligned}$$

溶液吸收硫化氢的速度比二氧化碳的速度快 $30\sim50$ 倍，因此，在一般情况下，即使气体中含有较多的硫化氢，经脱碳溶液吸收后，净化气中硫化氢的净化度仍可达到相当低的值。氰氢酸是强酸性气体，硫醇也略有酸性，因此，可与碳酸钾很快地进行反应。

3. 溶液的再生

碳酸钾溶液吸收二氧化碳后，应对溶液进行再生以使溶液能循环使用。再生反应为吸收反应的逆反应：

$$2KHCO_3 \rightleftharpoons K_2CO_3+CO_2+H_2O$$

这是一个体积增大的分解反应，减压、加热有利于碳酸氢钾的分解。溶液再生是在再沸器中进行的，在再沸器内用蒸汽间接加热，将溶液煮沸使大量蒸汽从溶液中蒸发出来，水蒸气沿再生塔向上流动作为汽提介质，这不仅降低了气相中二氧化碳的分压，提高了解吸过程的推动力，而且也增加了液相的湍动强度和解吸面积，从而使溶液得到更好的再生效果。

降低再生压力虽然对再生有利，但通常为了简化流程及操作方便，再生压力通常为略高于大气压力下进行而不是负压闪蒸。再生温度即为该压力下溶液的沸点。为了节省能量、简化流程，吸收也在此温度下进行。

再生后溶液中仍含有少量碳酸氢钾，通常用转化率 x 来表示再生程度。也常用溶液的再生度 f_c 表示溶液的再生程度。再生度 f_c 的定义为：

$$f_c=\frac{溶液中总二氧化碳物质的量}{溶液中总氧化钾物质的量}$$

显然，转化率与再生度之间有如下关系：$f_c=1+x$。

4. 工艺流程与主要设备

要求脱碳气中二氧化碳含量降低到 0.8% 以下，就必须采用二段吸收、二段再生流程。该流程从再生塔中部抽出再生度较低的半贫液进入吸收塔中部，以吸收气相二氧化碳分压较

高的气体；而从再生塔底部抽出贫液进入吸收塔顶部。由于贫液的再生度高，溶液中残余的二氧化碳很低，被处理气体可得到较高的净化度。同时由于两段吸收、两段再生充分利用了吸收气体与吸收液之间的浓度差，使再生时无需将全部溶液的再生度都提高到很高地步，从而明显降低了再生过程的能耗。

本菲尔特法脱碳工艺流程如下。

图4-4所示为本菲尔特法脱碳流程示意。离开中变炉的变换气温度约400℃，经主热交换器、水加热器后，含二氧化碳约为30%的中温变换气于1.8MPa、200℃左右进入再生塔的再沸器回收其余热，再生沸器热量不足部分由另外的低压蒸汽锅炉提供。然后变换气经水分离器后从下部进入吸收塔，在塔内分别用110℃的半贫液和70℃的贫液进行洗涤。出塔净化气温度约70℃，二氧化碳含量可根据需要进行调节，再经水分离器后进入下一工段。富液由吸收塔底部引出，经水力透平机减压膨胀

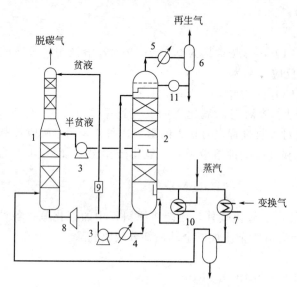

图4-4 本菲尔特法脱碳工艺流程

1—吸收塔；2—再生塔；3—循环泵；4—溶液冷却器；5—气体冷却器；6—分离器；7—变换气再沸器；8—透平机；9—过滤器；10—蒸汽再沸器；11—冷凝液泵

回收部分机械能后从顶部进入再生塔。在再生塔顶部，溶液闪蒸出部分水蒸气和二氧化碳后沿塔流下，与再沸器加热产生的部分水蒸气逆流接触，被蒸汽加热到沸点并放出二氧化碳。由塔中部引出的半贫液，温度约为112℃，经半贫液泵加压送入吸收塔中部。再生塔底部所得贫液温度约为120℃，经锅炉给水预热器冷却到约70℃，由贫液泵加压后送入吸收塔顶部。

其不足之处是工艺和设备稍显复杂，能量消耗仍然偏高。二段吸收、二段再生的本菲尔脱碳流程的能耗为$(10.9～12.6)×10^4$kJ/(kmol CO_2)，其主要原因在于：首先，常压再生时大量蒸汽随二氧化碳从再生塔顶部带出，因此，在再生塔冷凝器中有大量冷凝热损失。其次，再生塔底部贫液高达120℃，需冷却降低到70℃才能进入吸收塔，这也造成了能量损失。自20世纪80年代以来，又开发出了采用蒸汽喷射泵的四级闪蒸流程、采用蒸汽压缩机的流程、变压再生流程等几种低能耗的脱碳流程。本书在此介绍采用蒸汽压缩机的流程。

采用蒸汽喷射泵的四级闪蒸流程是用低压蒸汽作动力，将贫液闪蒸出来的蒸汽和二氧化碳混合物返回再生塔底部。而采用蒸汽压缩机代替喷射泵将蒸汽加压后再送往再生塔，可以取得比闪蒸更好的效果。如图4-5所示。

采用蒸汽压缩机的本菲尔脱碳流程的能耗可降低至$4.4×10^4$kJ/(kmol CO_2)，比传统的本菲尔脱碳流程的能耗降低了约60%。但是，采用蒸汽压缩机脱碳流程的设备投资将明显增大。

5. 工艺条件

（1）脱碳液组成

① 碳酸钾浓度 提高碳酸钾浓度可增加对二氧化碳的吸收能力，加快吸收反应速度，但浓度越高，在高温下对设备的腐蚀也越大，尤其是受其结晶溶解度的限制。碳酸钾浓度太高，如操作不慎，特别是开、停车时，容易生成结晶，造成操作困难和对设备的磨蚀。因

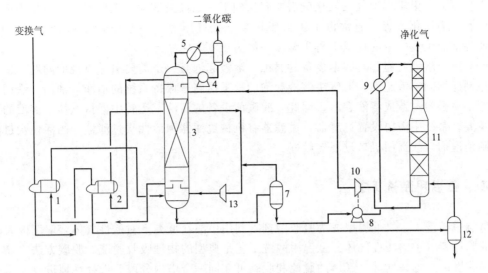

图 4-5　采用蒸汽压缩机的本菲尔特脱碳工艺流程

1—再沸器；2—低压蒸汽锅炉；3—再生塔；4,8—循环泵；5—气体冷却器；6,12—分离器；

7—闪蒸槽；9—溶液冷却器；10—透平机；11—吸收塔冷凝液泵；13—蒸汽压缩机

此，通常工业脱碳过程所使用的碳酸钾溶液浓度的质量分数为 $27\%\sim30\%$，最高达 40%。

② 活化剂用量　活化剂 DEA 的用量约为 $2.5\%\sim5\%$，含量过高，其活化作用增加不明显，却明显增加了活化剂的损耗。

③ 缓蚀剂用量　多以偏钒酸盐为缓蚀剂。系统开车时，为了在设备表面生成牢固的钝化膜，溶液中总钒（以 KVO_3 计）质量分数控制在 $0.7\%\sim0.8\%$，正常操作时溶液中的钒主要用于维持和修补已生成的钝化膜，此时溶液中总钒质量分数可控制在 0.5% 左右。

④ 目前常用的消泡剂有硅酮型、聚醚型及高级醇类等。消泡剂的主要作用是破坏气泡间液膜的稳定性，加速气泡的破裂，降低溶液的起泡高度，因而只在溶液起泡时才间断或连续加入消泡剂，在溶液中消泡剂的质量分数约为十万分之一到百万分之一。

(2) 吸收压力　提高吸收压力可以增加吸收反应的推动力，减少设备尺寸，提高气体净化度。对化学吸收而言，溶液最大的吸收能力主要取决于化学反应的计量系数，压力提高到一定的程度，吸收能力的增加并不明显。实际生产中化学脱碳的操作压力取决于整个合成氨系统的压力，一般在 $1.6\sim2.8MPa$ 之间。

(3) 吸收温度　提高吸收温度可以提高吸收反应的速度系数，却使吸收的推动力系数降低。通常以降低再生过程的能耗为吸收温度的设置标准，在保持足够推动力的前提下，尽量将吸收温度提高到与再生温度相同或相近的程度。在两段吸收、两段再生的脱碳流程中，半贫液的温度和再生塔中部的温度几乎相等，其值取决于再生操作操作压力和溶液组成，约为 $110\sim115℃$；而贫液的温度则根据吸收压力和要求的气体净化度来确定，通常为 $70\sim80℃$。

(4) 再生液的转化度　再生后半贫液、贫液的转化度大小是再生好坏的标志。从吸收角度而言，要求溶液的转化度越小越好。转化度越小，吸收速度越快，气体净化度越高。然而再生时，为了达到较低的转化度就要消耗更多的蒸汽，再生塔和再沸器的尺寸也就要求越大。在两段吸收、两段再生的本菲尔特法脱碳流程中，贫液的转化度约为 $0.15\sim0.25$，半贫液的转化度约为 $0.35\sim0.45$。

(5) 再生温度和再生压力　在再生过程中，提高再生温度当然可以加快碳酸氢钾的分解速度，因此，再生温度是在再生压力下的沸点。为了降低再生过程的能量消耗，生产中尽量降低再生压力。由于再生气二氧化碳需要着送到下一工段去继续加工使用，一般作为尿素生产的原料，为简化流程，通常再生压力要稍高于大气压力，一般控制在 0.12～0.14MPa，从而使在溶液组成一定的情况下再生温度一般为 120℃左右。

（6）防止溶液起泡和对碳钢设备的腐蚀 溶液起泡是一个需要引进重视的问题。适当加入消泡剂能抑制溶液起泡，但解决溶液起泡的根本措施是保持系统的洁净。油污、铁锈、高级烃等杂质都容易造成溶液起泡，因此，脱碳前设备的清洗、运转中保持气体、溶液的洁净极为重要。系统中需要设置过滤器，过滤器有机械过滤器和活性炭过滤器，因活性炭过滤器会吸附消泡剂，故选用机械过滤器较好。

四、低温甲醇洗工艺

低温甲醇洗工艺以低温甲醇为吸收溶剂，利用甲醇在低温下对酸性气体溶解度极大的特性，脱除原料气中的酸性气体。低温甲醇洗工艺是典型的物理吸收脱硫、脱碳方法。该工艺气体净化度高，选择性好，气体的脱硫和脱碳可在同一个塔内分段、选择性地进行。该工艺具有净化气质量好、净化度高（$H_2S<0.1\times10^{-6}$）、物料损耗少、易于吸收和再生、运行可靠、参数稳定等优点，被广泛应用于大型合成氨、合成甲醇和其他羰基合成、城市煤气、工业制氢和天然气脱硫等气体净化装置中。

1. 低温甲醇洗原理

利用低温甲醇对酸性气体溶解度极大的特性，脱除原料气中的酸性气体。在低温下 CO_2 和 H_2S 在甲醇中的溶解度会随温度的下降而显著地上升，在 $-55\sim-35℃$ 的温度下进行操作，所需的甲醇溶剂量也比较少。此外，在 $-30℃$ 的低温甲醇中 H_2S 的溶解度是 CO_2 溶解度的 6.1 倍，因此，能够选择性的脱除 H_2S。低温甲醇洗工艺的气体净化度高，可以将变换气中的 CO_2 脱至小于 20×10^{-6}；H_2S 脱至小于 0.1×10^{-6}。

2. 工艺流程

装置中低温甲醇在主洗塔中（5.4MPa）脱硫脱碳之后，富液进入中压闪蒸塔（1.6MPa）闪蒸，闪蒸气通过循环压缩，然后再循环到主洗塔，其损耗量相当低。闪蒸后的富液进入再吸收塔，在常压下闪蒸、汽提，实现部分再生。然后富液进入热再生塔利用再沸器中产生的蒸汽进行热再生，完全再生后的贫甲醇经主循环流量泵加压后进入主洗塔。甲醇水分离塔保持甲醇循环中的水平衡。尾气洗涤塔使随尾气的甲醇损耗降低到最大限度。变换气冷却段的氨洗涤塔使变换气中的氨液位保持在甲醇放气量最小的液位。酸性气体通到克劳斯气体装置进行进一步净化并回收硫黄。酸性气体中主要是 H_2S，其中 1/3 与空气中氧反应生成 SO_2，生成的 SO_2 再与另外 2/3 的 H_2S 反应生成单质硫，其反应过程如下。

$$H_2S+3/2O_2 \longrightarrow SO_2+H_2O+518.4kJ$$

$$2H_2S+SO_2 \longrightarrow 3S+2H_2O+664kJ$$

3. 低温甲醇洗脱硫、脱碳技术特点

① 溶剂在低温下对 CO_2、H_2S、COS 等酸性气体吸收能力极强，溶液循环量小，功耗少。

② 溶剂不氧化、不降解，有很好的化学和热稳定性。

③ 净化气质量好，净化度高，$CO_2<10\times10^{-6}$，$H_2S<0.1\times10^{-6}$。

④ 溶剂不起泡。

⑤ 具有选择性吸收 H_2S、COS 和 CO_2 的特性，可分开脱除和再生。

⑥ 溶剂廉价易得，但甲醇有毒，对操作和维修要求严格。

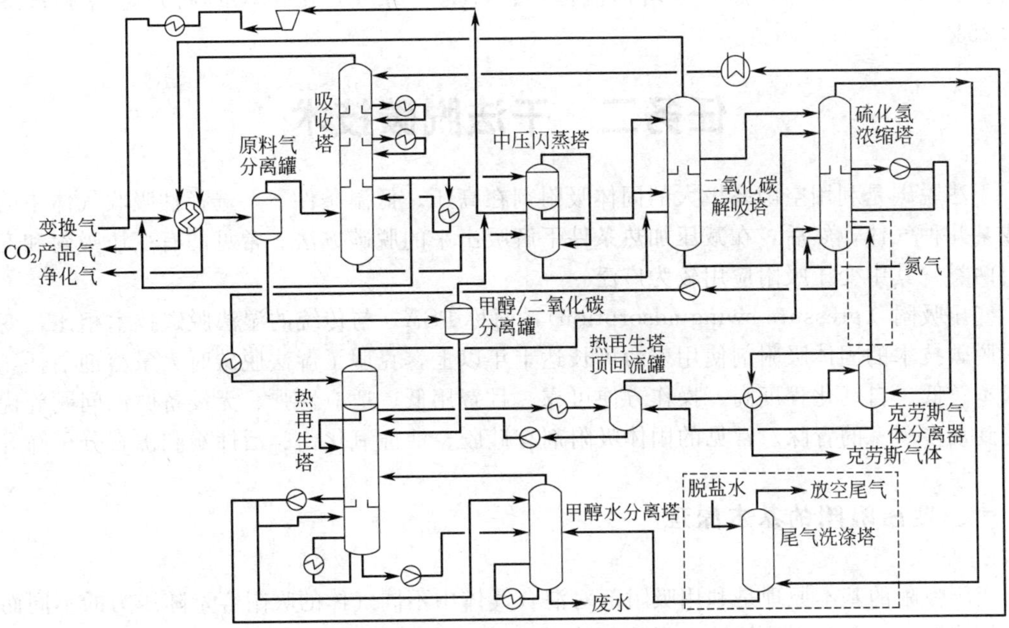

图 4-6　低温甲醇洗工艺流程

⑦ 技术成熟，但操作温度低，设备、管道需低温材料，且有部分设备需国外引进，所以投资较高。

⑧ 低温甲醇洗溶剂在低温（−50℃）下吸收，含硫酸气采用热再生，回收 CO_2 采用降压解吸，脱硫采用汽提再生，热耗很低。

虽然低温甲醇洗工艺投资较高，但与其他脱硫、脱碳工艺相比具有电耗低、蒸汽消耗低、溶剂价格便宜、操作费用低等优点（图 4-6）。

4. 操作控制要点

（1）甲醇温度　温度越低，溶解度越大，所以较低的贫甲醇温度是操作的目标（−50℃）。系统配有一套丙烯制冷系统提供冷量补充，用尾气的闪蒸（汽提）带来的冷量达到所需要的操作温度。影响循环甲醇温度的主要因素有：丙烯冷冻系统冷量补充、汽提氮气流量、循环甲醇的流量与变换气流量比例。

（2）甲醇循环量　控制气体净化度达到 $\Sigma S \leqslant 0.1 \times 10^{-6}$ 的指标，甲醇循环量是最主要的调节手段。系统配有比例调节系统，使循环量与气量成比例才能得到合格的精制气。

（3）压力　主洗塔的操作压力越高吸收效果越好。主洗塔的压力取决于气化来的变换气压力，通常变换气压力又取决于气化系统压力（针对富氧加压连续气化工艺）。

（4）贫甲醇的水含量　这是生产中的重要控制指标，需要控制其 $\leqslant 1\%$。较高的水含量不但会影响甲醇的吸收效果，还会增大对设备的腐蚀。为了实现甲醇的循环利用，达到良好的吸收效果，必须使甲醇实现良好的再生。甲醇再生的方法有闪蒸、汽提、热再生，利用甲醇水分离塔控制溶液系统中的水平衡。

（5）变换气指标　主要指温度及气体成分。变换气指标直接影响着净化循环量的操作，系统由气化工段控制变换气的成分，通过控制 CO_2 洗涤塔的温度来调节 H/C 比。系统进工段的变换气成分为 H_2 44%、CO 19%、CO_2 34%、H_2S 1.3%。

（6）主要控制指标　贫甲醇温度：控制入主洗塔的贫甲醇温度−50℃，控制出主洗塔的净化气中 $COS + H_2S \leqslant 0.1 \times 10^{-6}$、$CO_2 \leqslant 3\%$；贫甲醇水含量：<1%，贫甲醇中的总

硫含量：$<100\times10^{-6}$，热再生塔回流槽中：$NH_3<5g/L$，出工段的克劳斯气体 H_2S 浓度$\geqslant25\%$。

任务二　干法脱碳技术

干法脱碳是利用空隙率极大的固体吸附剂在高压、低温条件下，选择性吸收气体中的某种或某几种气体，然后，在减压加热条件下解吸出来的脱碳方法。常见的有变压吸附和变温吸附两类，其中变压吸附应用较为广泛。

变压吸附（pressure swing adsorption），简称 PSA。与传统的湿法脱碳技术相比，变压吸附脱碳技术的固体吸附剂使用寿命可长达十年以上，克服了湿法脱碳时大量溶剂消耗，运行成本较低、自动化程度高、操作方便可靠、且费用低、适应性强、无设备腐蚀问题等优点而受到众多厂家的青睐。常见的固体吸附剂有硅胶、活性氧化铝、活性炭和沸石分子筛等。

一、变压吸附的基本原理

变压吸附的基本原理是利用吸附剂对混合气体中不同气体的吸附容量随压力的不同而有差异的特性，在吸附剂选择性吸附的条件下，加压吸附混合物中易吸附组分，减压解吸这些组分而使吸附剂得以再生，以供下一个循环使用。因此，采用多个吸附床循环地变动所组合的各吸附床压力，就可以达到连续分离气体混合物的目的。当吸附床达到饱和时，通过均降压方式，充分回收床层死空间中的氢气和一氧化碳，增加床层死空间中二氧化碳浓度。吸附和解吸过程的温度变化不大，吸附热和解吸热引起的吸附床层温度变化很小，可近似看作等温过程。因此，变压吸附也称等温吸附。

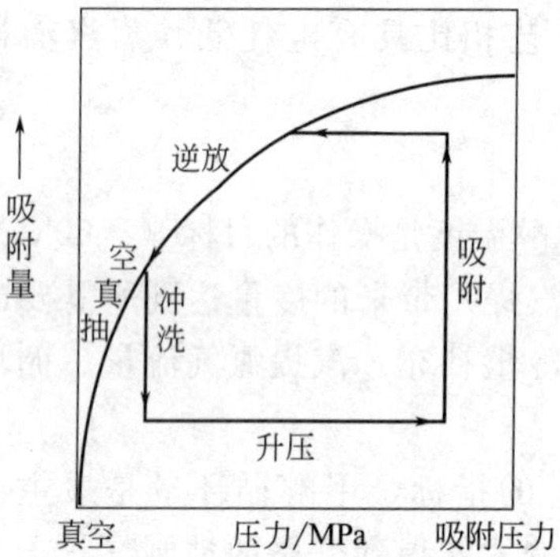

图 4-7　变压吸附工艺原理

吸附剂的再生程度决定产品的纯度，也影响吸附剂的吸附能力。吸附剂的再生时间决定了吸附循环周期长短，也决定吸附剂用量的多少。变压吸附工艺通常由吸附、减压（包括顺放、逆放、冲洗、置换、抽真空等）、升压等基本步骤，其工艺原理如图 4-7 所示。

变压吸附脱除二氧化碳工艺中，采用对二氧化碳具有较强吸附能力的专用吸附剂，该吸附剂对变换气中各组分的吸附能力强弱依次为：$CO_2>CO>CH_4>N_2>H_2$。

当变换气在一定的压力下通过装满吸附剂的吸附床时，吸附剂优先吸附 CO_2，其次是吸附能力相对较强的 CO 和 CH_4，而难以吸附的组分 N_2 和 H_2 组成的混合气作为脱碳净化气从吸附塔出口端排出，在吸附床减压过程中，残留于吸附塔内的少量 N_2 和 H_2 和大量 CO 和 CH_4 作解吸气排出，然后在常压下用真空泵在吸附塔入口端将强吸附组分 CO_2 抽出，使吸附剂获得再生。

二、变压吸附的工艺流程

为了连续处理原料气和得到产品，至少需要两个以上的吸附塔交替操作，这些吸附塔组成的变压吸附系统中，必须有一个塔处于选择吸附阶段，而其他塔则处于脱附-再生阶段的不同步骤。图 4-8 为 4 个吸附塔的 PSA 脱碳工艺流程示意。

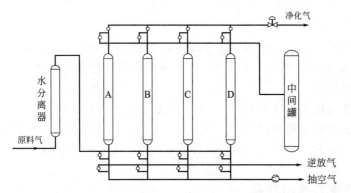

图 4-8　4 个吸附塔的 PSA 脱碳工艺流程示意

由于水的吸附能力比 CO_2 还强得多，故变换气进入吸附塔之前，首先必须经水分分离器分离掉其中的水分。每一个吸附塔经历一次完整的循环时，包括吸附（A）→一均压降（E1D）→二均压降（E2D）→逆放（D）→抽真空（V）→二均升压（E2R）→一均升压（E1R）→最终升压（FR）等步骤。现以 A 床为例，其循环过程如下。

1. 吸附（A）

原料气自下而上通过 A 床，在过程最高压力下选择吸附易吸附组分 CO_2 等，未被吸附的氢、氮组分从塔顶引出，其中大部分作为产品需出，另一部分作为别的吸附床的最终升压。吸附步骤是在吸附前沿未达到床的出口端时即停止，使吸附前沿和吸附床出口端之间保留一段还没有使用的吸附剂。

2. 一均压降（E1D）

吸附步骤完成后，A 床停止进入原料气，与已再生完毕的 C 床以出口端相连进行均压。均压完毕后，两床压力基本上达到平衡。此时 A 床的吸附前沿向前推进，但仍未达到床的出口端。一均压降的气体纯度和产品基本一致。此步骤对 C 床来说叫均压升，可回收 A 吸附床死空间的产品组分。二均压降的气体纯度和产品也基本一致，二均的目的仍是回收 A 吸附床死空间的产品组分。

3. 二均压降（E2D）

A 床一均压降完成以后，使 A 床出口端与中间罐相连进行均压。均压完后，两者的压力基本上达到平衡，此时 A 床的吸附前沿继续向前推进，但仍未达到床的出口端。

4. 逆放（D）

A 床二均压降结束以后，塔内所剩余气体逆向放空。在此过程中，大部分被吸附的杂质组分脱附出来，吸附剂得到一定程度的再生。逆放步骤结束时，吸附塔 A 内压力接近常压。

5. 抽真空（V）

逆放结束后，用真空泵将床内吸附剂吸附的强吸附组分从入口端抽出，使吸附剂得到完全再生。

6. 二均升压（E2R）

抽空完毕后，A 床出口端与中间罐相连进行均压，使中间罐的气体进入 A 床，对 A 进行第一次充压。充压结束后，A 床与中间罐的压力达到平衡。

7. 一均升压（E1R）

二均升压结束后，A 床同刚完成吸附的 C 床从出口端相连进行均压，对 A 床进行第二次充压。充压完毕且，A 床与 C 床的压力达到平衡。

8. 最终升压（FR）

一均升压完毕后，A 床内压力还未达到吸附步骤的工作压力，这时用 D 床生产的产品中的一部分将 A 床充压到吸附压力。至此，A 床完成一个吸附-再生循环，并将重新开始吸附进入下一个循环周期。

其他 3 个吸附床的工作步骤与 A 床相同，只是在时序上安排成错开 1/4 的周期。除四床流程外，工业上根据装置规模增大、吸附压力上升、气体净化度提高还相应采用五床、六床、七床和八床等流程。该方法装置一次性投资较高、有效气体回收率偏低。

三、PSA 脱碳方法的特点

① 工艺流程简单，开停车方便，通常开车后 60min 后即可得到合格的净化气产品。

② 操作中不带液体，无设备腐蚀问题，也不消耗蒸汽，装置运行费用低。

③ 经 PSA 脱碳后在变换气中 CH_4 可脱除 50% 左右，使合成系统的弛放气大大减少。

④ 以煤为原料的氨厂变换气中一般 H_2S 约为 $50\sim200mg/m^3$，有机硫为 $20\sim50\mu g/m^3$，在经 PSA 脱碳后净化气中硫含量可降至 $1mg/m^3$ 以下。

⑤ 由于 PSA 技术对变换气净化度高（氢氮气中 CO_2 含量≤0.2%），可采用甲烷化代替铜洗，硫化物、羰等杂质仅含微量，将延长甲醇催化剂使用寿命。

⑥ 技术成熟可靠，具有十来年长期运行的工业业绩。

四、脱碳工艺的选择

在合成氨的生产中，脱碳方法的选择取决于氨加工的产品种类、气化所用原料和方法、脱碳后续工序气体精制工艺及各种脱碳方法的经济性等因素的综合比较。

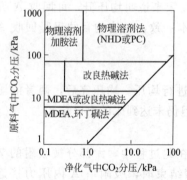

图 4-9　脱除 CO_2 方法的选择与
原料气中 CO_2 分压、净化气中
CO_2 分压的关系

① 氨加工的产品种类是选择脱碳方法最重要的限制条件。当加工产品分别为碳铵、纯碱、尿素等时，相应采用不同的脱碳方法。在生产尿素时又因工艺不同而有不同的脱碳方法，如联产尿素法、水溶液全循环法、二氧化碳汽提法、氨汽提法等。

② 脱碳方法的选择与后续气体精制工序的方法有很大关系。图 4-9 为脱除 CO_2 方法的选择与原料气中 CO_2 分压、净化气中 CO_2 分压的关系。我国的中型合成氨厂主要采用改良热钾碱法、碳丙法（PC）、MDEA（甲基二乙醇胺）法和聚乙二醇二甲醚法（NHD 法）。其中，NHD 法成本和能耗最低，其次是碳丙法，热钾碱法的能耗和成本最高，且 NHD 法的投资成本也是最低的。我国大型合成氨厂普遍采用低温甲醇洗脱碳工艺，这与原料气制备工艺采用空气深冷分离、原料气精制工艺普遍采用液氮洗涤法相配套，在节能降耗方面产生了巨大的效益。

③ 脱碳方法的选择最终取决于技术经济指标，即取决于投资和操作费用的高低。但经济性与合成氨的总流程、原料、制气方法及当时、当地资源、能源条件密切相关。鉴于我国的能源结构，我国的广大中小型合成氨企业几乎都采用煤、焦为原料，制气方法也以间歇法

制气较为普遍，而合成氨的加工产品种类较多，因此，我国合成氨企业的脱碳方法也更加丰富多彩。

思考与练习

1. 简述变压吸附的基本原理与特点。
2. 常用的湿法脱碳方法有哪几种？各有何特点？如何选择脱碳方法？
3. 简述低温甲醇洗脱碳工艺的原理，对简化脱硫工艺流程有何意义？
4. 试设计一个克劳斯脱硫装置的工艺流程。

项目 五

原料气的精制

项目导言

合成氨原料气精制工艺技术总体可归纳为湿法和干法 2 种。湿法工艺技术分为物理吸收方法和化学吸收方法。铜洗法属于化学吸收方法，液氮洗涤法则属于物理吸收方法，甲烷化工艺和双甲工艺则是干法精制工艺。铜洗法在 20 世纪我国的中小型合成氨厂应用非常广泛，但该法存在着设备多、工艺复杂、操作麻烦、物耗和能耗高，开始逐步被甲烷化和双甲工艺所取代；以天然气为原料制合成气的工厂多用甲烷化工艺。液氮洗涤法在以煤和渣油为原料的大型合成氨装置应用广泛。

能力目标

1. 能够理解原料气精制的各种工艺的优缺点，并根据原料气的具体情况进行合理的选择；
2. 能够原料气精制工艺流程进行组织、对工艺条件进行优化；
3. 能基本掌握原料气精制岗位节能降耗的操作要点。

经过脱硫、变换、脱碳等工艺过程后，原料气进入了精制工序。精炼气中 $CO+CO_2$ 含量在大型合成氨厂要求控制在 $<10\times10^{-6}$，中小型合成氨厂要求控制在 $<30\times10^{-6}$。合成氨原料气的精制净化是生产中至关重要的工序，原料气微量（$CO+CO_2$）超高，将导致氨合成催化剂使用寿命缩短，甚至因中毒而无法运行。

由于 CO 是一种既不是酸性、也不是碱性、且难以液化的中性气体，也不能被常规的无机、有机溶剂所选择性吸收，所以要脱除少量 CO 并不容易。本书在此主要介绍目前应用较多的液氮洗涤法、甲烷化工艺、双甲工艺（醇烃化工艺）。

任务一　液氮洗涤法

一、液氮洗基本原理

液氮洗工艺是大型煤制合成氨装置稳定运行的核心，其基本原理包括吸附除杂原理、混合制冷原理及液氮洗涤原理。

1. 吸附除杂原理

液氮洗过程在深冷条件下进行，出甲醇洗工序的脱碳气中氢气含量在 95% 以上（水煤浆气化工艺），其次是 CO，另外含有微量 CO_2（<20ppm）、甲醇蒸气（<25ppm）及与甲醇水溶液平衡的微量水蒸气，由于三者在低温下可分别形成干冰、固体冰和固体甲醇，易堵塞管道设备，降低换热器的换热效果。因此，液氮洗工序中通常采用分子筛吸附法对三者进行彻底的分离除去。利用分子筛对极性分子的吸附力远远大于非极性分子的原理，从甲醇洗出来的气体中，CO_2、H_2O、CH_3OH 三者的极性都明显大于 H_2，易被分子筛选择性吸附。H_2 为非极性分子，且结构简单、分子小，很难被分子筛吸附，从而将 3 种杂质彻底除去。

2. 混合制冷与氢氮比调节原理

众所周知，将一种高压气体节流膨胀可进行制冷，或者将一种气体在高压下与另一种气体混合也能制冷。这是因为在系统总压力不变的情况下，气体在混合物中分压是降低的，但要求互相混合气体的主要组分沸点至少相差 33℃，最好相差 57℃。而氢气和氮气的沸点分别为 20.65K 和 77.35K，两者相差 56.7K。

液氮洗涤塔中脱碳气和液氮逆流接触，不仅将脱碳气中的 CO、CH_4、Ar 等洗涤下来，使其惰气含量 $<10 \times 10^{-6}$（将明显提高氨合成的氨净值），同时混合配入部分氮气，这既是一个洗涤除杂过程，也是一个初步配氮过程，并不能使出塔气中 H_2/N_2 达到 3：1。然后出洗涤塔的低温氮洗气与高压氢气进行冷配氮（粗配氮）后基本达到氢氮比的工艺要求；经换热器回收冷量后的常温氮洗气再进行热配氮（精配氮），进行氢氮比微调。可见，液氮洗工艺既是洗涤除去 CO、CH_4、Ar 等杂质的过程，也是一个调节 H_2/N_2 达到 3：1 的过程，本身也是混合制冷降温过程，正常情况下无需外界提供冷量。

3. 液氮洗涤原理

液氮洗涤除去 CO、CH_4、Ar 等三种有害杂质的过程属于物理过程，接近于精馏，又不同于多组分精馏。它是利用氢与三者的沸点相差较大，将三者从气相中溶解到液氮中，从而达到脱除三者的目的。

表 5-1　氮洗工艺相关组分的物性常数

气体	沸点/℃	蒸发热/[kcal/kg(1atm)]	临界温度/℃	临界压力/atm
CH_4	−161.94	58.4	−28.30	45.8
Ar	−185.70	37.6	−122.10	48
CO	−191.50	51.6	−140.20	34.5
N_2	−195.80	47.7	−147.10	33.5
H_2	−252.50	−109.0	−238.9	12.8

从表 5-1 可以看出，氮的临界温度为 −147.1℃，故决定于液氮洗需要低温下进行。从各组分的沸点数据可以看出，H_2 的沸点远远低 N_2 及其他组分，即在低温液氮洗涤过程中，CO、CH_4、Ar 较易溶解于液氮中，而原料氢气，则不易溶解于液氮中，从而达到了液氮洗涤的目的。

液氮洗工序的目的是脱除低温甲醇洗工序送来的脱碳气中的 3 种杂质，同时为氨合成工序提供氢氮比为 3：1 的合成气。原料气体中的杂质在低温下被液氮吸收，同时部分液氮气化进入原料气中。在液氮洗涤塔中，由于三者的冷凝热与 N_2 蒸发热基本相同，体系的温度变化甚微而近似于等温吸收过程。但净化气中氮的含量并不能满足合成气氮氢比的要求，故在液氮洗涤后、还须再经粗配氮和精配氮才能达到氢氮配比为 3：1 的要求。在低温状态下液氮洗工序所需的冷量是由高压氮气的节流膨胀（焦-汤效应）来提供的。在正常操作时，液氮洗工序不需要外界提供冷量，在开车或操作不正常时，需由空分装置供应液氮进行补冷。

二、工艺流程

根据气化压力的不同，液氮洗装置的操作压力有 2.0～3.0MPa、5.0～6.0MPa、7.0～8.0MPa 等。在 6.5MPa 水煤浆气化工序中，低温甲醇洗为 5.0～6.0MPa 压力下的"五塔流程"，脱碳气中 CO 含量小于 3％；故液氮洗选用 5.0～6.0MPa 压力，且 CO 馏分不进行循环回收的流程。氮洗工艺流程如图 5-1。

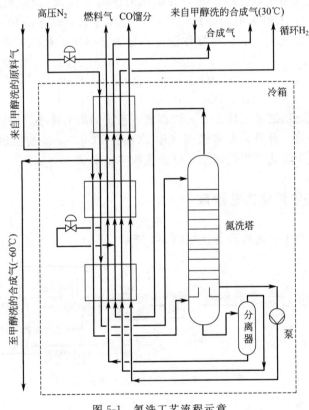

图 5-1　氮洗工艺流程示意

三、流程说明

来自低温甲醇洗工序的 5.26MPa、−64℃的粗原料气，其中 98％（摩尔百分比，下同）组分为氢气、还含有少量 N_2、CO、Ar、CH_4 及微量 CO_2 和甲醇，原料气首先进入吸附器，将微量甲醇和二氧化碳脱除。吸附器由两台组成，内装分子筛，一台使用，一台再生，切换周期为 24h，由程序控制器实现自动切换；分子筛再生用低压氮气，再生后的低压氮气送往低温甲醇洗工序的硫化氢浓缩塔作汽提用氮。

经分子筛吸附器处理后的原料气（$CO_2 \leqslant 1ppm$）送入冷箱中的 1 号原料气体冷却器和 2

号原料气体冷却器,在此被返流的氮洗气、燃料气和循环氢气冷却至−188℃,压力5.16MPa,然后进入氮洗塔下部。其中所含CO、Ar、CH_4等在氮洗塔中被顶部来的液氮洗出,净化后的含有少量氮气的氮洗气自塔顶离开−194.6℃,经过2号原料气体冷却器复热至−138℃,然后将高压氮气管线中来的氮气配入(气相配氮、粗配氮),基本达到氢氮气化学配比3:1后,再经过1号原料气体冷却器复热至−67.6℃,其中一部分送至低温甲醇洗工序,回收由原料气体自低温甲醇洗工序带来的冷量;另一部分继续在高压氮气冷却器中复热至环境温度(27℃)后出冷箱,并与来自低温甲醇洗工序复热后的合成气(30℃)汇合、再经精配氮实现正确的氢氮气化学配比后,作为净化产品气体送入氨合成工序。

任务二　甲烷化工艺

原料气甲烷化是气相中($CO+CO_2$)在催化剂作用下与H_2反应转化为CH_4而得以净化。甲烷化反应是一个体积缩小的强放热反应,提高压力有利于降低($CO+CO_2$)含量。由于气相中反应物氢碳比相当高,在操作温度和压力条件下,精炼气中($CO+CO_2$)含量容易达到10^{-6}数量级。

$$3H_2+CO \longrightarrow CH_4+H_2O+206.37kJ$$
$$4H_2+CO_2 \longrightarrow CH_4+2H_2O+165.35kJ$$

采用低变—甲烷化法的最大优点是:流程短,系统的阻力降小。缺点是将消耗一定量的氢气,并产生惰气甲烷,此外,要求低变气中CO至<0.3%,使变换过程蒸汽消耗量成倍增加。否则,将造成甲烷化后甲烷增加,氨合成放空量增加。

一、深度变换-甲烷化工艺流程

典型的甲烷化净化工艺流程示意图见图5-2所示。

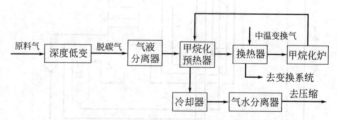

图5-2　甲烷化净化工艺流程示意

甲烷化工艺流程简单,主要设备甲烷化炉的结构类似于变换炉,在占地、投资、生产操作等方面均优于铜洗。采用甲烷化净化技术的关键是将变换气CO含量稳定降至0.3%内,确保甲烷化催化剂床层温度稳定,确保甲烷化后的新鲜气中隋气含量少于1%。其技术措施为:①变换系统尽量采用多段反应,降低末段反应温度;②采用二次变换和脱碳工艺相结合,将变换气中的CO_2脱除后再进行末段变换反应,利于变换反应平衡,降低CO含量。

二、甲烷化催化剂

甲烷化催化剂中的活性组分镍都是以NiO形式存在,生产前必须要以氢气或精炼气将其还原为活性镍。其还原反应式如下:

$$NiO+H_2 \longrightarrow Ni+H_2O(g)+1.26kJ/mol$$

还原过程中，为避免甲烷化剧烈放热而引起床层温升过大，要求控制还原气中（CO＋CO₂）≤1%，同时，要防止在低温（180℃左右）时活性镍与CO反应生成毒性物质羰基镍。

$$Ni+4CO \xrightleftharpoons{180℃} Ni(CO)_4$$

硫、砷、卤化物等是镍催化剂的毒物，当催化剂吸附0.1%～0.2%的硫时，其活性明显衰退，若吸附0.5%的硫，催化剂的活性完全丧失。

三、甲烷化生产控制

甲烷化炉温控制在280～320℃之间，生产操作较稳定，微量（CO＋CO₂）低于10×10^{-6}。原料气中（CO＋CO₂）变化会造成催化剂床层温度波动，是引发甲烷化生产事故的主要因素。甲烷化运行费用仅是设备的折旧与催化剂的消耗，如此之外几乎没有别的物耗。它的主要损耗是甲烷化反应消耗了有效气H_2而产生无用的CH_4，因此，甲烷化净化的合成氨系统必须配以合成氨放空气氢回收装置。

总之，甲烷化净化技术本身是成熟的，在以煤为原料固定层气化中应用价值，主要取决于变换气CO含量降至0.3%所付代价，及甲烷化气CH_4增加幅度，即深度变换、脱碳、精脱硫、氨合成及气体回收配置是否配套合理及管理水平高低。

任务三　双甲工艺

甲烷化工艺能够控制好（CO＋CO₂）微量，但对原料气中（CO＋CO₂）含量限制相当为苛刻。由湖南安淳高新技术有限公司开发的"双甲工艺"由甲醇化和甲烷化组成，利用甲醇合成来代替低变工序，通过降低变换过程的水碳比，提高变换气中CO含量，并使变换气中CO大部分转化为甲醇，达到节省了变换用蒸汽、降低原料气深度净化的负荷，又得到了重要的化工产品甲醇的目的。同时，变换和脱碳的生产亦相对变得宽松，其综合效益明显。以煤焦为原料的合成氨厂采用双甲工艺，称之为联醇工艺。

双甲净化工艺中脱碳气先经甲醇化反应，绝大多数的（CO＋CO₂）转化为甲醇，经冷却分离甲醇后再经甲烷化反应，使剩余的（CO＋CO₂）转化为甲烷，从而使气体中（CO＋CO₂）微量降至（10～20）$\times 10^{-6}$内，达到气体净化的目的。双甲工艺去掉了铜洗，相当于对原料气进行了双重过滤，气体净化度提高，合成氨催化剂寿命得以延长。湖南衡阳氮肥厂作为第一个采用双甲工艺的厂家，其氨合成催化剂使用了4年时间，首次使小合成氨催化剂的使用寿命接近了大合成氨催化剂的使用寿命。

一、双甲工艺的压力选择

双甲工艺的工艺条件关键在于压力的选择，反应温度仅取决于催化剂的活性温度范围。甲醇化反应是体积缩小的反应，压力高有利于反应的平衡。在250℃反应温度时，压力达到5.0MPa以上，甲醇化平衡转化率已接近平衡，提高压力对提高转化率不十分明显。现已投入运行的多在12.5MPa和32.0MPa，双甲在同一压力级或分设在中、高压力级的均存在，运行效果亦均为良好。从提高醇氨比、降低运行能耗考虑，甲醇化反应在较低压力下较为适宜，因为（CO＋CO₂）含量较高，加之与2～3倍的H_2同时转化为液态甲醇分离出气相之外，甲醇化后原料气体积有明显减小，有利于降低压缩机高压段的电耗。

升高压力可以加快甲烷化反应速度，有利于净化气中（CO＋CO₂）含量的降低。若将压力提至合成氨同级压力，合成系统的废旧设备可以有效利用，并借助合成余热使甲烷化反应达到自热运行，经济效益将更好。据报道，双甲工艺之甲烷化成本只有 3.5 元/（t NH₃）左右。

二、双甲净化的工艺流程

1. 典型的双甲工艺流程

二级醇化串联甲烷化系统流程是以产醇为主，入系统脱碳气可较大幅度地提高（CO＋CO₂）含量，在一级醇化系统是生产甲醇的主战场，（CO＋CO₂）转化率较高，其催化剂温度宜以循环气量来调节；二级醇化系统维持自热平衡为准，当自热不足时可用副线提高入二级醇化系统的（CO＋CO₂）含量，使之达到温度稳定（图 5-3）。入甲烷化系统气体（CO＋CO₂）含量仍然尽量降低，以减少 CH₄ 的生成，自热不足应借助外热源。两级醇化系统可串可并与甲烷化串联流程，生产上调节余量大，适应性强，（CO＋CO₂）微量稳定，是较为合理的。

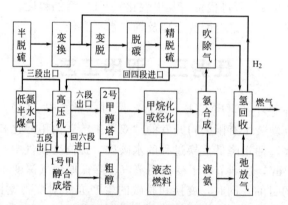

图 5-3　二级联醇＋甲烷化或烃化的双甲工艺流程

2. 甲醇合成工艺流程

原料气分主线和副线进入合成塔，通常需要设置废锅副产蒸汽或预热锅炉给水来回收反应热，出塔气体预热进塔气体进一步回收余热后进入水冷器，大部分甲醇在此液化后分离出粗甲醇，出醇分器后气体中通常需要部分循环气返回甲醇合成塔以调节 CO 转化率，大部分醇后气进入氨冷器进一步冷凝分离甲醇，最后出氨冷器的醇后气中仍含少量甲醇，经水洗器最终分离，净化气送往后续工序（图 5-4）。

三、双甲工艺的优点

① 双甲工艺比深度低变-甲烷化工艺在降低蒸汽消耗方面优越得多。

② 双甲工艺相对铜洗工艺简化流程、减少设备和投资费用，稳定了操作、降低了整个合成氨成本。

③ 双甲工艺就是把 CO、CO₂ 变成了有用产品甲醇，也因此大大降低了砘（总）氨的原料气消耗。

④ 双甲工艺操作弹性比较大，醇氨比调节范围大。根据甲醇市场行情，本工艺中的醇

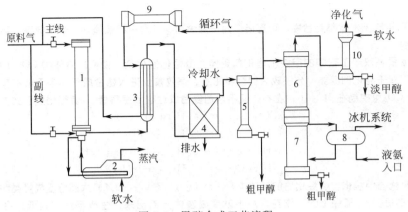

图 5-4 甲醇合成工艺流程

1—甲醇合成塔；2—废锅；3—换热器；4—水冷器；5—醇分离器；6—冷交换器；

7—氨冷器；8—液氨补充槽；9—循环压缩机；10—甲醇水洗器

氨比可在 1:（3:15）的范围内灵活调节。

思考与练习

1. 简述铜洗精制吸收和再生的原理，为什么说铜洗是一种落后的原料气精制方法？

2. 原料气精制方法有哪些？如何选择精制方法？

3. 什么叫双甲工艺？为什么说双甲工艺是一种节能高效的原料气精制方法？

4. 为什么说空分装置＋低温甲醇洗脱碳工艺＋液氮洗涤精制工艺为特点的合成氨工艺在煤头合成氨生产中具有很大的节能优势？

5. 试设计一个大型合成氨厂调节原料气氢氮比的方案。

拓展知识之四

先进的醇烃化与醇醚化工艺

醇烃化与醇醚化是"双甲工艺"的重大进步。 双甲工艺中甲烷化镍基催化剂改为铁基催化剂，则（CO＋CO_2）与 H_2 反应生成物不是 CH_4，而是甲醇等多元醇和烷烃物，醇烃物质经冷却变为液相，易于与气体分离，入合成系统的新鲜气中 CH_4 不会因经醇烃化而增多。 与普通双甲工艺比较，合成氨放空气量减少，吨氨耗原料气量降低。

一、醇醚化与醇烃化工艺的基本原理

将其甲醇化催化剂更换成醇醚复合催化剂，使 CO＋CO_2 与 H_2 反应生成甲醇，随后脱水生成二甲醚。 由于甲醇不断地转化为二甲醚，从而不断打破甲醇合成反应化学平衡，促使甲醇合成反应进行，可有效提高 CO、CO_2 的转化率，使醇醚化后出口气体中 CO＋CO_2 控制在 0.2％～0.4％。 同样的原料气，与甲烷化精制比较，可增产2％～3％合成氨，其反应式如下：

$$CO+2H_2 \Longrightarrow CH_3OH$$
$$CO_2+3H_2 \Longrightarrow CH_3OH+H_2O$$
$$2CH_3OH \Longrightarrow (CH_3)_2O+H_2O$$
$$2CO+4H_2 \Longrightarrow (CH_3)_2O+H_2O$$

醇醚化精制工艺产品是甲醇和二甲醚混合物，两者比例约为 3:2，经加压精馏，可得到 40％二甲醚

和 60% 的甲醇组成无水醇醚混合物，可直接作为车用燃料，这是一种热值高、辛烷值高、热效率高的气雾性环保燃料。

醇烃化就是将双甲工艺中的甲烷化催化剂更换为醇烃化催化剂，使反应气体中 $CO+CO_2$ 与 H_2 反应生成常温下易于液化的醇类、分子较大的烃类和水，有效减少进入氨合成气体中甲烷的含量，使烃化后气体 $CO+CO_2$ 可控制在 10×10^{-6} 左右，又不增加氨合成过程放空气量。其烃化反应式为：

$$nCO+2nH_2 \rightleftharpoons C_nH_{2n}+nH_2O$$
$$(2n+1)H_2+nCO \rightleftharpoons C_nH_{2n+2}+nH_2O$$
$$2nH_2+nCO \rightleftharpoons C_nH_{2n+1}OH+(n-1)H_2O$$
$$(3n+1)H_2+nCO_2 \rightleftharpoons C_nH_{2n+2}+2nH_2O$$

用烃化来代替甲烷化，醇烃化后的气体中 $CO+CO_2$（$0.1\%\sim0.3\%$）大部分变成烃类和醇类物质，转化为 CH_4 的很少。醇烃化的产物在水冷下就变成液体分离出来，生成甲烷比较低，合成放空量减少，同样多的原料，可多产氨 $3\%\sim5\%$。

二、醇醚化催化剂和醇烃化催化剂

1. 醇醚化催化剂

醇醚化催化剂为铜系催化剂，主要成分为铜、锌、铝和稀土，其原子比为：$Cu:Zn:Al=(2\sim3):1:(2\sim2.5)$，$CeO_2$ 为 3%，其中 Al 为活性 Al_2O_3。催化剂外形有两种，一种是圆柱形，尺寸为 $\phi5mm\times5mm$；另一种为球形，尺寸为 $\phi3\sim4mm$，密度为 $1.3\sim1.5g/ml$。催化剂出厂时为氧化态，需要还原活化为金属态才具有催化活性。催化剂对 CO、CO_2 转化率的随着反应压力的提高而增大，其最佳反应温度为 $210\sim290℃$。醇醚催化剂需要尽量增加二甲醚的含量，二甲醚的生成有利于 CO、CO_2 转化率的提高。

2. 醇烃化催化剂

XAC-1 还原型烃化催化剂为铁系催化剂，主要组成为：铁、钙、铝、钾、钴、铈等，其中 Fe_3O_4 $80\%\sim85\%$、CaO $2\%\sim3.5\%$、Al_2O_3 $2.5\%\sim3.5\%$、K_2O $0.8\%\sim2.0\%$、Co_3O_4 $3\%\sim4\%$、CeO_2 $0.5\%\sim2.5\%$。催化剂出厂时为氧化态，需用精炼气进行还原活化为金属态才具有催化活性。催化剂对 CO、CO_2 转化率的随着反应压力的提高而增大，其最佳反应温度为 $200\sim300℃$。

三、醇醚化与醇烃化工艺流程

醇醚化工艺流程如图 5-5、图 5-6 所示。

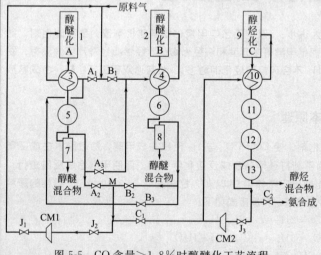

图 5-5 CO 含量＞1.8％时醇醚化工艺流程
1,2—醇醚化反应器 A、B；3,4,10—换热器；5,6,11—水冷器；
7,8,13—气液分离器；9—醇烃化反应器；
12—液氨冷却器；CM1、CM2—压缩机；M—三通阀

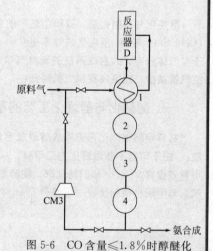

图 5-6 CO 含量≤1.8％时醇醚化工艺流程
1—气-气换热器；2—水冷器；3—氨冷器；
4—气液分离器；CM3—循环机

醇醚化与醇烃化可设计成等压流程，也可设计成不同压力流程。当原料气中 CO 含量较高、醇醚混合物产量较大时，醇醚化反应在较低压力下进行，如 $5\sim15\mathrm{MPa}$，而醇烃化反应的压力可以与氨合成等压下进行，如 $20\sim32\mathrm{MPa}$。反之，当原料气中 CO 含量很低时，醇醚化、醇烃化和氨合成可以等压下进行。

当原料气中 CO 含量 $>1.8\%$ 时，醇醚化系统 A 和醇醚化系统 B 之间可以是串联操作，也可以是并联操作，二者之间的转换通过各阀门之间的切换来实现，且醇醚化后气体可以部分循环返回醇醚化反应器继续反应以提高 CO 转化率，另外部分醇醚化后气体则送往醇烃化反应器。

当原料气中 CO 含量 $\leqslant1.8\%$ 时醇醚化工艺流程如图 5-6 所示。

① 如原料气中 CO$>4\%$ 以上时，两套醇醚化系统并联操作。其工艺流向为：$\dfrac{醇醚化\ A}{醇醚化\ B}>$ 醇烃化 C $\rightarrow$ 氨合成，各阀门的开闭状态见表 5-2 所列。

表 5-2　串、并联方式时相关阀门的开闭状态

原料气中 CO 含量/%	阀门状态	A_1	B_1	C_1	A_2	B_2	C_2	A_3	B_3	J_1	J_2	J_3
CO>4.0%	A、B 并联	√	√	√	√	√	√	×	×	√̌	√̌	√̌
	A、B 串联	√	×	√	×	√	×	×	×	√̌	√	√
	B、A 串联	×	√	√	√	×	√	×	×	√̌	√	√
1.8%≤CO≤4.0%	醇醚化 A	√	×	√	×	×	×	√	×	√̌	√	√
	醇醚化 B	×	√	√	×	×	×	×	√	√̌	√	√

注：表中 √ 表示阀门处于打开状态，× 表示阀门处于关闭状态，√̌ 表示开启循环机时打开。

② 当两个醇醚反应器中一个的催化剂处于衰老期时，则两者处于串联运行状态，其工艺流向又有两种可能，一种为：醇醚化 A $\rightarrow$ 醇醚化 B $\rightarrow$ 醇烃化 C $\rightarrow$ 氨合成；或醇醚化 B $\rightarrow$ 醇醚化 A $\rightarrow$ 醇烃化 C $\rightarrow$ 氨合成。

③ 当原料气中 CO 在 $1.8\%\sim4.0\%$ 之间时，一般只采用一个醇醚反应器串联一个醇烃化反应器，其工艺流向有两种可能，即分别为：醇醚化 A $\rightarrow$ 醇烃化 $\rightarrow$ 氨合成；或者醇醚化 B $\rightarrow$ 醇烃化 $\rightarrow$ 氨合成。

④ 当原料气中 CO 含量在 1.8% 以内时，可以将醇醚反应和醇烃化反应设置在同一个反应器 D 内，即在反应器上部装醇醚化催化剂，下部装醇烃化催化剂，醇醚化和醇烃化反应的主要作用是对原料气进行深度净化作用。其工艺流向为：醇醚化 + 醇烃化 $\rightarrow$ 氨合成，如图 5-5 所示。

四、醇(醚)烃化工艺节能措施

进入烃化反应器的 CO 和 CO_2 80% 可生成烃类物质，经水冷器和氨冷器冷凝分离，生成的甲烷很少，减少了合成氨放空量，降低了吨氨原料气的消耗。醇后气 $CO+CO_2$ 定为 0.35% 左右是一个优化指标。醇后气中 $CO+CO_2$ 在 0.3% 以下时，烃化塔难以做到自热平衡运行，必须长期带电炉工作，但电耗不大，吨氨耗电量为 $8\sim10$ 度。

项目　六

氨的合成

项目导言

氨的合成理论复杂，影响氨合成反应速率和平衡氨含量的因素众多；氨合成催化剂升温还原、钝化和维护保养技术复杂，对操作技术和经验都要求较高；氨合成

塔种类繁多、且内部结构比较复杂，其操作控制的技术和经验的要求都较高；氨合成工艺流程包括氨合成、氨分离、新鲜气补入、未反应气压缩与循环、反应热回收与惰性气体排放等诸多工艺环节；氨合成工艺条件包括温度、压力、空间速度和进口气组成等，这些工艺条件和催化剂活性一起影响到最终的氨转化率。

能力目标

1. 能理解氨合成反应的基本原理；
2. 能够基本掌握氨合成催化剂的升温还原与钝化方法；
3. 能够对氨合成工艺流程进行组织、对氨合成工艺条件进行初步优化；
4. 能够基本掌握氨合成岗位操作控制要点；
5. 能够基本掌握氨合成过程节能降耗的基本措施。

氨合成的任务就是在氨合成塔中将精炼气合成为氨，由于化学平衡的限制，合成气中氨含量只有约 10%～20%，因此，必须将合成的氨与未反应气体分离，得到液氨产品的同时，将未反应气循环回收利用。氨的合成是在高温和高压下进行的，它是合成氨生产的核心，其工艺流程的选择和工艺条件的优化很大程度上决定了合成氨能耗高低和效益大小。

任务一 氨合成反应的基本原理

一、氨合成反应的热效应

氨合成反应方程式如下：

$$1/2N_2 + 3/2H_2 \xrightarrow{\text{催化剂}} NH_3 \text{ (g)} \qquad \Delta H_{298}^{\ominus} = -46.22 \text{kJ/mol}$$

其实，氨合成反应的热效应不仅取决于温度，而且也和压力和组成有关。

工业生产中，反应物为氢、氮、氨及惰性气体的混合物，由于高压下的气体为非理想气体，气体混合时吸热，因此，总反应热（ΔH_R）为反应热（ΔH_F）和混合热（ΔH_M）之和。即：

$$\Delta H_R = \Delta H_F + \Delta H_M$$

表 6-1 给出了氨浓度为 17.6% 时系统的 ΔH_F、ΔH_M。

当气体中氨含量为 y_{NH_3} 时混合热可由内差法近似求得，即：

$$\Delta H_M = \Delta H_M^{\ominus} \cdot y_{NH_3}/17.6\%$$

式中 $\Delta H_M^{\ominus}$——氨浓度为 17.6% 时的混合热，kJ/kmol。

表 6-1 由纯 $3H_2$-N_2 生成 17.6%NH_3 系统的 ΔH_F、ΔH_M、ΔH_R 单位：kJ/kmol

温度/℃		压力/MPa				
		0.1	10	20	30	40
400	ΔH_F	−52670	−53800	−55316	−56773	−58283
	ΔH_M	0	251	1193	−56773	−58283
	ΔH_R	−52670	−53549	−54123	2742	4647
500	ΔH_F	−53989	−54722	−55546	−56497	−57560
	ΔH_M	0	126	356	1193	3098
	ΔH_R	−53989	−54596	−55150	−55304	−55462

可见，氨合成反应的热效应随着反应压力和温度的升高而增大。

二、氨合成反应的化学平衡

氨合成反应的化学平衡常数 K_p 可表示如下：

$$K_p = \frac{p_{NH_3}}{p_{N_2}^{1/2} p_{H_2}^{3/2}} = \frac{1}{p} \times \frac{y_{NH_3}}{y_{N_2}^{1/2} y_{H_2}^{3/2}}$$

加压下，化学平衡常数不仅与温度有关，而且与压力和气体组成有关。当压力在 $1.01 \sim 101.33$ MPa 之间时，化学平衡常数可由下式求得：

$$\lg K_p = \frac{2074.8}{T} - 2.4943 \lg T - \beta T + 1.8564 \times 10^{-7} T^2 + I$$

不同压力下的 β、I 值如表 6-2 所示。

表 6-2　不同压力下的 β、I 值

压力/MPa	1.01	3.04	5.07	10.13	30.40	60.80
$\beta \times 10^{-5}$	0.00	3.40	12.56	12.56	12.56	108.56
I	2.9783	3.0153	3.0843	3.1073	3.2003	4.0553

不同温度、压力下 $H_2/N_2 = 3$ 时纯氢氮混合气反应的 K_p 值（保留 3 位有效数字）见表 6-3。

表 6-3　不同温度、压力下 $H_2/N_2 = 3$ 时纯氢氮混合气反应的 K_p 值

温度/℃	压力/MPa					
	1	10	15	20	30	40
350	2.63×10^{-2}	3.02×10^{-2}	3.34×10^{-2}	3.57×10^{-2}	4.29×10^{-2}	5.24×10^{-2}
400	1.27×10^{-2}	1.40×10^{-2}	1.49×10^{-2}	1.60×10^{-2}	1.84×10^{-2}	2.14×10^{-2}
450	6.49×10^{-3}	7.22×10^{-3}	7.59×10^{-3}	8.00×10^{-3}	8.95×10^{-3}	1.01×10^{-2}
500	3.70×10^{-3}	4.04×10^{-3}	4.21×10^{-3}	4.39×10^{-3}	4.81×10^{-3}	5.29×10^{-3}
550	2.16×10^{-3}	2.42×10^{-3}	2.50×10^{-3}	2.60×10^{-3}	2.80×10^{-3}	3.03×10^{-3}

可见，氨合成反应的平衡常数随着反应的压力增加而增大，随着反应温度的增加而减小，这符合体积缩小的可逆放热反应的基本原理。

三、平衡氨含量及其影响因素

若已知原始氢氮比为 r，总压为 p，反应平衡时氨、惰性气体的平衡含量分别为 y_{NH_3}、y_i，则氨、氢、氮等组分的平衡分压分别为：

$$p_{NH_3} = p y_{NH_3}$$

$$p_{H_2} = p \times \frac{r}{1+r}(1 - y_{NH_3} - y_i)$$

$$p_{N_2} = p \times \frac{1}{1+r}(1 - y_{NH_3} - y_i)$$

将上述各式代入氨平衡常数表达式，则得：

$$\frac{y_{NH_3}}{(1 - y_{NH_3} - y_i)^2} = K_p \quad p \times \frac{r^{1.5}}{(1+r)^2}$$

当 $r=3$，$y_i=0$ 时，上式可简化为：

$$\frac{y_{NH_3}}{(1-y_{NH_3})^2}=0.325K_p \quad p$$

1. 温度、压力对 y_{NH_3} 的影响

不同温度、压力下 $H_2/N_2=3$ 时纯氢氮混合气反应的 $y_{NH_3}^{\ominus}$ 值见表6-4。

表 6-4 $H_2/N_2=3$ 时纯氢氮混合气反应的 $y_{NH_3}^{\ominus}$ 值

温度/℃	p/MPa					
	0.1013	10.13	15.20	20.27	30.40	40.53
360	0.0072	0.3510	0.4335	0.4962	0.5891	0.6572
380	0.0054	0.2995	0.3789	0.4408	0.5350	0.6059
400	0.0041	0.2537	0.3283	0.3882	0.4818	0.5539
420	0.0031	0.2136	0.2825	0.3393	0.4304	0.5025
440	0.0024	0.1792	0.2417	0.2946	0.3818	0.4526
460	0.0019	0.1500	0.2060	0.2545	0.3366	0.4090
480	0.0015	0.1255	0.1751	0.2191	0.2952	0.3603

可见，提高压力、降低温度，$K_p p$ 值增大，平衡氨含量 $y_{NH_3}^{\ominus}$ 也随之增大。

2. 氢氮比的影响

图6-1给出了500℃时，不同压力下平衡氨含量与氢氮比 r 的关系。如不考虑组成对化学平衡的影响，$r=3$ 时平衡氨含量具有最大值；反之，若考虑组成的影响，r 约在 2.68～2.90 之间。

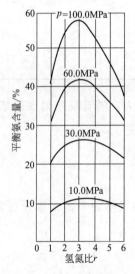

图 6-1 500℃时，平衡氨含量与
氢氮比 r 的关系

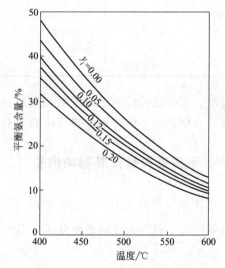

图 6-2 30.40MPa时惰性气体含量 y_i
对平衡氨含量的影响

3. 惰性气体的影响

当氢氮混合气中含有惰性气体时，平衡氨含量 y_{NH_3} 就会降低。精炼气中惰性气体的含量一般仅约为 0.5%，但在合成氨反应过程中，氢气和氮气因合成氨而不断被消耗，而惰性气体因循环而不断积累，因此，循环气中惰性气体含量要远高于精炼气中惰性气体含量，从而使实际的平衡氨含量 y_{NH_3} 明显低于纯氢氮气中平衡氨含量 $y_{NH_3}^{\ominus}$。图 6-2 为压力在 30.40MPa 时，不同温度和惰性气体含量时的平衡氨含量。

计算表明，当 $y_i < 20\%$ 时，y_{NH_3} 与 $y_{NH_3}^{\ominus}$ 存在着如下关系：

$$y_{NH_3} = \frac{1-y_i}{1+y_i} \times y_{NH_3}^{\ominus}$$

综上所述，提高压力、降低温度和惰性气体含量，平衡氨含量就提高。由表 6-3 可知，360℃、10MPa 时的 $y_{NH_3}^{\ominus}$ 与 450℃、30MPa 时的 $y_{NH_3}^{\ominus}$ 相当，可见，寻求低温下具有良好催化活性的催化剂是降低氨合成操作压力、降低氨合成能耗的关键。

四、氨合成反应速率

1. 反应机理与动力学方程

氮与氢在铁催化剂上的反应机理，一般认为：氮分子 N_2 在催化剂上被活性吸附并被分解为氮原子 N，然后逐步加氢，依次生成 NH、NH_2 和 NH_3，即

$$N_2 \xrightarrow{\text{活性吸附}} 2N \xrightarrow{+H_2} 2NH \xrightarrow{+H_2} 2NH_2 \xrightarrow{+H_2} 2NH_3$$

氨合成催化反应过程包含如下 7 个基本步骤。

（1）外扩散　以气相主体和催化剂表面的浓度差为推动力，N_2 与 H_2 从气相向催化剂表面扩散。

（2）内扩散　同样以催化剂外表面和内表面的气体浓度差为推动力，N_2 与 H_2 从催化剂外表面沿催化剂孔隙向内表面扩散，达到催化剂内表面的活性中心。

（3）吸附　在催化剂内表面的活性中心选择性吸附 N_2 与 H_2。

（4）表面反应　按不同的动力学假说，N_2 与 H_2 进行反应生成产物 NH_3。

（5）脱附　生成的 NH_3 从催化剂的活性中心上脱附。

（6）内扩散　催化剂内表面的 NH_3 浓度高，以催化剂内外表面的 NH_3 浓度差以推动力，NH_3 向外表面扩散。

（7）外扩散　以催化剂表面和气相主体的 NH_3 浓度差为推动力，NH_3 向气相主体扩散。

在这 7 个步骤可归并为 3 个过程：外扩散［步骤（1）和（7）］、内扩散［步骤（2）和（6）］和表面反应［步骤（3）、（4）和（5）］，其中外扩散和内扩散都属于物理过程，表面反应属于化学过程。由此可见，NH_3 合成的反应过程速率不仅与化学反应有关，而且还与 N_2、H_2 和 NH_3 的流动、传质和传热等物理过程有关。NH_3 合成反应的速率取决于上述 7 个步骤中速度最慢步骤的反应速率，在氨合成反应条件下，一般认为步骤（3）为控制步骤。

根据上述机理，1939 年捷姆金和佩热夫提出了下列以铁为催化剂的氨合成反应动力学方程：

$$r_{NH_3} = k_1 p_{N_2} \times \frac{p_{H_2}^{1.5}}{p_{NH_3}} - k_2 \times \frac{p_{NH_3}}{p_{H_2}^{1.5}}$$

式中　r_{NH_3}——过程的瞬时速率；

k_1，k_2——正逆反应的速率常数，二者与平衡常数之间存在如下关系：$k_1/k_2 = k_p^2$。

事实上，上式适用于理想气体且接近平衡状况，但实际生产中反应距离平衡甚远，因此，捷姆金又提出了远离平衡的本征反应动力学方程式：

$$r_{NH_3} = k' p_{N_2}^{0.5} p_{H_2}^{0.5}$$

2. 影响反应速率的因素

（1）压力的影响 氨合成反应是一个体积缩小的可逆反应，提高压力正反应速率增大，逆反应速率减小，所以提高压力净反应速率将提高。由反应动力学方程式可知，$r_{NH_3} \propto p_{N_2}^{0.5}$，$r_{NH_3} \propto p_{H_2}^{0.5}$，即氨合成反应速率与氮气和氢气的压力的平方根成正比。

（2）温度的影响 氨合成反应是可逆放热反应，存在最佳反应温度，其值由反应气组成、压力和催化剂性质决定。图 6-3 为 $H_2/N_2 = 3$ 的条件下 A106 型催化剂的平衡温度和最适宜温度。可见，在氢氮比和压力一定时，氨含量提高，则相应的平衡温度和最佳温度下降；当压力提高时，相应的平衡温度和最佳温度也随之提高。

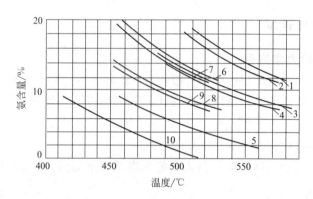

图 6-3　$H_2/N_2 = 3$ 的条件下 A106 型催化剂的平衡温度与最适宜温度

1,6—30.4MPa，$y_i = 12\%$时的 T_e、T_m 曲线；2,7—30.4MPa，$y_i = 15\%$时的 T_e、T_m 曲线；

3,8—20.3MPa，$y_i = 15\%$时的 T_e、T_m 曲线；4,9—20.3MPa，

$y_i = 18\%$时的 T_e、T_m 曲线；5,10—15.2MPa，

$y_i = 13\%$时的 T_e、T_m 曲线

（3）氢氮比的影响 氨合成反应达到平衡时，$r = 3$ 时氨浓度具有最大值。然而从反应动力学角度分析，$r = 3$ 时反应速率并不是最快的，最适宜氢氮比随氨含量的不同而变化。在反应初期，系统远离平衡，此时最适宜氢氮比 r 为 1。随着反应的进行欲保持 r_{NH_3} 为最大值，最适宜 r 将不断增大，当氨达到平衡时最适宜 r 将接近 3。

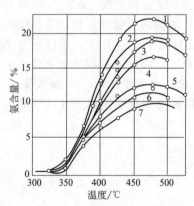

图 6-4　不同粒度催化剂出口氨含量与
温度的关系（30.4MPa，30000h^{-1}）

1—0.6mm；2—2.5mm；3—3.75mm；

4—6.24mm；5—8.03mm；

6—10.2mm；7—16.25mm

（4）惰性气体的影响 在其他条件一定的情况下，随着惰性气体含量的增加，反应速率下降。因此，降低惰性气体含量，则反应速率将加快，氨含量将提高。

（5）内扩散的影响 前述动力学方程并未考虑气体外扩散和内扩散的影响。在实际生产条件下，由于空间速度大，气流与催化剂颗粒外表面之间的传递速率足够快，因此，外扩散的影响是可忽略不计，但内扩散的影响却不容忽视。

图 6-4 所示为压力为 30.4MPa，空速为 30000h^{-1} 时，不同温度及不同粒度催化剂所测定的合成塔出口氨含量。可见，温度低于 380℃时，出口氨含量受催化剂粒度影响较小；当温度超过 380℃时，在催化剂的活性温度范围内，温度越高，粒度对出口氨含量的影响越显著。这是因为温度越高，反应越快，催化剂

微孔内的氨就越不易扩散出来，即内扩散的阻滞作用就越大。内扩散的阻滞作用通常以表面利用率 ξ 表示，实际的氨合成速率就是 ξ 与化学动力学速率 r_{NH_3} 的乘积。通常温度越高，ξ 越小；氨含量越大，ξ 就越大；催化剂粒度越大，则 ξ 越小。

虽然采用小颗粒催化剂可以减小内扩散的阻力，但颗粒过小催化床层的压力降将增大，且小颗粒催化剂易中毒而失活。因此，要根据实际情况，在兼顾其他工艺参数的前提下，综合考虑催化剂的粒度。

任务二　氨合成催化剂

有许多金属都对氨合成反应具有催化作用，其中以铁系催化剂价廉易得、活性良好、使用寿命长，从而得到广泛应用。根据是否被预还原，铁系氨合成催化剂又可分为传统熔铁型催化剂和预还原型催化剂；根据所添加催化助剂的不同，铁系氨合成催化剂又可分为传统熔铁型催化剂、铁钴型催化剂、稀土型催化剂等。部分新型国产 A 系氨合成催化剂的组成和性能见表 6-5。

表 6-5　部分新型国产 A 系氨合成催化剂的组成和性能

型号	组成	规格/mm	堆密度 /(kg/m³)	推荐操作条件	
				温度/℃	压力/MPa
A110-1	总 Fe 67%、铁比 0.55、Al_2O_3 2%~3%、K_2O 0.5%~1.5%、CaO 2%	2.2~20 颗粒	2700~2800	380~510	>15
A103	总 Fe 66.5%~68%	1.5~3 颗粒	2350	360~550	10~60
A103H	FeO 33%~38.5%、还原型 Fe 90%、Al_2O_3 2.6%~3.1%、K_2O 0.58%~0.72%、CaO 2.7%~3.1%、MgO≤1.3%、SiO_2≤1%	3~10 颗粒	2450~2650	360~550	10~60
A201	总 Fe 68%~70%、铁比 0.45~0.60、CoO		2600~3000	360~510	
A202	总 Fe 68%~70%、铁比 0.45~0.60		2700~3000	360~510	
A203	总 Fe>65%、铁比 0.45~0.60、稀土		2700~3000	380~500	
A207 (DNCA)	总 Fe>65%、铁比 0.45~0.60、CoO		2700~3000	350~500	
A301	$Fe_{1-x}O$	3.3~6.7	3000~3250	350~510	10~30

一、催化剂的组成与作用

大多数铁催化剂都是用经过精选的天然磁铁矿通过熔融法制得。其活性组分为单质铁，未还原前为 FeO 和 Fe_2O_3，其中 FeO 约占 24%~38%（质量），Fe^{2+}/Fe^{3+} 约为 0.5，成分可视为 Fe_3O_4，具有尖晶石结构。另外，铁催化剂中还有 Al_2O_3、K_2O、CaO、MgO、SiO_2 等催化助剂。

其中 Al_2O_3 是结构型助催化剂，能与 FeO 作用形成固溶体 $FeAl_2O_4$，同样具有尖晶石结构，当氧化铁被还原为 Fe 时，未被还原的 Al_2O_3 仍保持着尖晶石结构起到骨架作用，从而防止铁细晶长大，增大了催化剂的内表面积，提高了催化活性。

K_2O 是电子型助催化剂，使金属的电子逸出功降低，能促进电子的转移过程，有利于氮分子的吸附和活化，也有利于氨的脱附。CaO 也是电子型助催化剂，在催化剂的制备过程中还能降低固熔体的熔点和黏度，有利于 Al_2O_3 和 Fe_3O_4 固熔体的生成，此外，还可以提高催化剂的热稳定性。

SiO_2 一般是磁铁矿中的杂质，具有中和 K_2O、CaO、MgO 等碱性组分作用，SiO_2 还具有提高催化剂抗水毒害和耐烧结的性能。

通常制得的铁催化剂为黑色不规则或球形颗粒，有金属光泽，堆积密度为 $2.5\sim3.0kg/L$，孔隙率为 $40\%\sim50\%$。还原后的铁催化剂一般为多孔的海绵状结构，孔呈不规则的树枝状，内表面积可达 $4\sim16m^2/g$。

国产 A 系氨合成铁催化剂已达到国内外同类产品的先进水平。其中 A201 型氨合成铁催化剂是铁钴双活性组分的低温高活性催化剂，由于氧化钴的加入，导致催化剂的晶体结构、微孔结构明显变化，还原态的铁微晶减少 10nm，比表面积增大 $3\sim6m^2/g$，从而提高了催化剂活性。与 A110 型相比，低温活性较高、还原容易，且具有较高的搞毒性和耐热性，在相同的条件下，其合成氨生产能力可提高 $5\%\sim10\%$。A202 型为 A201 型基础上的改进型。

A301 型预还原型低温高活性催化剂打破了各国生产催化剂只在促进剂的种类和数量上变化的传统模式，具有活性高、活性温度低、极易还原等特点。与 A110 型相比，反应速率提高了约 60%，还原速度提高了 3 倍以上，活性温度和还原温度降低了 $30\sim50℃$，吨催化剂的合成氨生产能力提高了 $10\%\sim20\%$。

Amomax-10H 型预还原型氨合成催化剂是新型氧化亚铁基氨合成催化剂，与传统的熔铁催化剂的四氧化三铁基体系相比，具有催化活性高、低温低压活性好、产氨早且耐热与抗毒性能及机械能力强等特点。工业应用表明，采用 Amomax-10H 型预还原型催化剂整个还原期间无稀氨水排放，还原工序仅 40h，缩短还原时间 $3\sim4$ 天，节省了大量的动力与原料，能提前 $3\sim4$ 天投入生产，其经济效益十分可观。

二、催化剂的升温还原与使用

氨合成催化剂在还原之前一般是没有活性的（预还原型催化剂除外），使用前必须经过还原，使 F_3O_4 变成微晶 α-Fe 才有活性，还原反应为：

$$Fe_3O_4 + 4H_2 \Longleftrightarrow 3Fe + 4H_2O(g) \qquad \Delta H_{298}^{\ominus} = 149.9kJ/mol$$

氨合成催化剂的活性不仅取决于其化学组成和制备方法，很大程度上也取决于升温还原工艺条件，可以说催化剂的升温还原过程也是催化剂制备过程的继续。确定升温还原条件的原则是：一方面要尽量使 F_3O_4 充分还原为 α-Fe，另一方面要确保还原生成的 α-Fe 微晶不因重结晶而长大。

1. 还原温度

还原反应是一个吸热反应，提高还原温度有利于还原反应的平衡向正反应方向移动，并回忆还原速率，缩短还原时间。但还原温度过高，会导致晶粒长大，从而减小催化剂内表面积，降低其活性。因此，需要严格控制还原各阶段的升温还原速度和最高还原温度。通常由升温期、还原初期、还原主期、还原末期、轻负荷生产期（也称轻负荷养护期）等五个阶段组成。不同型号的催化剂在还原各阶段的温度都有所不同，如表 6-6 所示。

实际生产中，除了要着力避免最高还原温度不超过允许温度之外，还需要采取缓慢升温与恒温交叉进行的方法，以尽可能减少同一平面催化床层温差。

表 6-6 部分 A 型催化剂还原温度与出水温度的关系　　　　单位：℃

型号	开始出水温度	大量出水温度	最高还原温度	最佳反应温度
A106	375~385	465~475	515~525	475
A109	330~340	420~430	500~510	460
A110	310~320	约400	490~500	460
A201	约350	约430	490~500	460
A202	约350	约430	490~500	460
A203	约360	约440	490~500	465
A207	300~330	380~430	490	460
A301	300~320	380~440	480	450

2. 还原压力

升温还原的过程也是一个缓慢升压的过程。提高压力有利于提高还原反应速度，但也提高了还原产物水蒸气的分压，增加了催化剂反复氧化还原的程度。不同型号催化剂还原压力升高的速度不同，还原过程的最终压力要稍低于正常生产过程的压力。一般情况下，中小型合成氨厂的还原压力控制在 10~20MPa。

3. 还原空速

空速越大，气体扩散越快，气相中水汽浓度就越低，从而减少了水汽对已还原催化剂的反复氧化，提高了催化剂的活性。同时，提高空速也有利于降低催化床层的径向温差和轴向温差。实际生产中，受到合成塔电加热器能力、体系热量平衡限制和升温速度的需要，不可能将还原空速提得过高。国产 A 型催化剂要求在还原主期的空速维持在 $10000h^{-1}$ 以上。

4. 还原气体成分

降低还原气中 $p_{H_2O(g)}/p_{H_2}$ 有利于催化剂还原。还原气体一般都是采用合成氨的精炼气，精炼气中氢气含量约为 72%~76%，因此，还原气中氢气分压一般是一定的。而还原气中水汽分压是可以通过空速来控制的，一般规定合成塔出口气体中水汽含量不得超过 0.5~1.0g/m³ 干气。

在催化剂升温阶段，要把升温还原速率、出水速率及水汽浓度作为核心指标控制。实际生产中，应预先绘制出升温还原曲线图，制订升温还原方案。升温还原曲线图要反映出不同阶段的升温速率、恒温时间、升压速度、水汽浓度、气体成分等指标参数。操作者要密切注视现场实际与升温还原曲线图是否存在差异，以便进行及时调整，尽量使两者相吻合，最大限度地确保催化剂的活性。

5. 还原终点的判断

催化剂升温还原的终点是以催化剂的还原度来衡量的，实际生产中，催化剂的还原度又是通过出水量来间接度量的。一般要求还原终点的出水量达到催化剂理论出水量的 95% 以上，且要求水汽浓度连续测定均低于 0.2g/m³（标）。

不同组成催化剂的理论出水量是各不相同的，催化剂出厂时一般已经标明了每吨催化剂的理论出水量，也可用下式计算：

$$m_{理} = \frac{M_{H_2O}}{M_{Fe}} \times \frac{Tm}{A+1} \times (1.5 + A)$$

式中　$m_{理}$——催化剂理论出水量，kg；

　　　m——催化剂质量，kg；

　　　A——铁比 Fe^{2+} % / Fe^{3+} %；

T——总铁 Fe^{2+} ％＋Fe^{3+} ％。

总之，还原过程要坚持"三高四低"的还原原则，如下所述。

高氢：还原气中 H_2 浓度尽量按上限控制，保证还原态 α-Fe 微晶高活性。

高空速：以尽可能大的空速降低水汽浓度。

高电炉功率：充分利用电炉功率才能实现高空速。

低温：低温有利于 α-Fe 微晶生成而不利于晶体长大，应尽量在低温下还原。

低压：低压还原催化剂活性高，床层温度容易控制。

低水汽浓度：出塔水汽浓度严格控制在 $2.0g/m^3$（标）以下，这是检查其他各项控制指标是否等合格的主要检测手段。

低氨冷温度：控制较低的氨冷温度，严防入塔水汽浓度超标，保证还原效果。

三、催化剂的中毒、失活与使用维护

氨合成催化剂一般的预期寿命可达 6～10 年，实际上中小型氨厂氨合成催化剂寿命仅为 2～3 年，大型氨厂可达 5～6 年。催化剂经长期使用后活性会逐步下降，氨合成率降低，这种现象称为催化剂的衰老。衰老的主要原因是催化剂长期在高温、高压的工作环境下，其还原态 α-Fe 微晶逐渐长大，使催化剂活性内表面积减小、活性降低；加上精炼气中微量毒物的存在使催化剂发生慢性中毒，工况的频繁波动容易造成催化剂粉化等。

在氨合成的生产条件下，许多化合物都会与活性态氨合成催化剂作用而导致催化剂中毒后活性衰退或丧失。含氧毒物如 O_2、H_2O、CO、CO_2 等会引起催化剂暂时中毒，而硫、磷、砷、氯等毒物将会造成永久性中毒。此外，润滑油、重金属 Cu、Ni、Pb 等也是催化剂的毒物。

催化剂中毒程度不仅取决于毒物的性质，还取决于毒物的浓度和接触时间的长短，同时也与中毒时催化剂所处的温度、压力等工况有关。

因此，原料气送往合成工段前应充分清除各类毒物，以保证精炼气的纯度。一般大型氨厂要求精炼气中 $CO+CO_2<10\times10^{-6}$，中小型氨厂 $CO+CO_2<30\times10^{-6}$。

催化剂的日常维护主要做好以下几点：除了严格控制精炼气中有毒物质的含量外，充分利用新催化剂的低温活性，即新催化剂的操作热点温度应取其低限，并尽量保持合成温度和压力的稳定性，防止工况的频繁波动；随着使用年限的延长，其催化活性会缓慢下降，为获得较高的产量，需要适当提高催化床操作热点温度以提高反应速率，但每年不超过 2～4℃，直至使用的最后年限时催化床操作热点温度接近催化剂的高限温度为止。

任务三 氨合成工艺条件的优化

一、压力的优化

在氨合成过程中，合成压力是决定其他工艺条件的前提，是决定生产强度和技术经济指标的主要因素。提高操作压力有利于提高平衡氨含量和氨合成反应速率，增加装置的生产能力，有利于简化氨分离流程。但压力高对设备材质及加工制造的技术要求高，同时，高压下反应温度也较高，催化剂的使用寿命缩短。因此，合成压力的选择需要综合权衡。

生产上选择合成压力主要涉及到功的消耗，包括高压机功耗、循环气压缩机功耗和冷冻系统压缩功耗。图 6-5 为某日产 900t 氨合成工段功耗随压力变化的关系。可见，提高压力，

循环气压缩功耗和氨分离功耗减少，但高压机功耗却大幅度上升。当操作压力在 20～30MPa 之间时，总功耗最少。

实际生产中，中小型合成氨厂采用电动往复式高压机，合成压力 20～32MPa，吨氨能耗高达 50～60GJ；大型合成氨厂采用蒸汽透平驱动离心式高压机，同时采用低压力降的径向合成塔、低温高活性催化剂、并结合液氮洗涤精制工艺（惰气含量甚微，氨转化率高），其操作压力可降至 10～15MPa，吨氨能耗仅为 28～30GJ。氨合成的所需压力的不同，使高压机类型不同、以及驱动高压机的动力和能源种类不同，这是大型氨厂和中小型氨吨氨能耗相差悬殊主要原因。

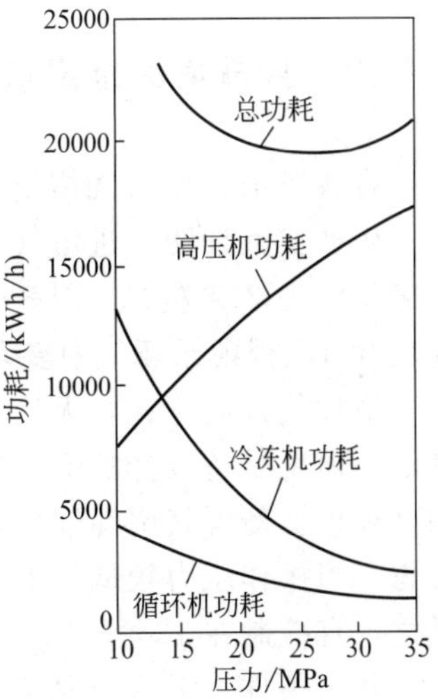

图 6-5　氨合成压力与功耗的关系

二、温度的优化

氨合成反应是一个可逆放热反应，存在最适宜反应温度。在最适宜反应温度下，氨合成反应速率最快，氨合成率最高。实际生产中，合成塔中催化剂一般分装在 4 个催化剂框中，如三轴一径式合成塔。催化剂框中各个位置的温度都可能是不相等的，生产中应严格控制好两点温度，即第一催化床层入口温度（也称零米温度）和热点温度。要求零米温度要稍高于催化剂的起始活性温度，而热点温度应控制在催化剂高限温度之下，而且四个催化剂框的热点温度从上到下是依次降低的，从而使整个合成塔操作温度接近于最适宜反应温度。

这要求随着反应的进行不断移出反应热，生产上按降温方式的不同，合成塔内件可分为内部换热式和冷激式。内部换热式内件采用催化床层中排列冷管或中间换热器的方法，以降低床层温度，并预热未反应气体。冷激式内件采用反应前尚未预热的低温气体进行层间冷激，以降低反应气温度。

三、空间速度的优化

空间速度简称空速，表示单位时间内、单位体积催化剂处理的气量，单位为 $m^3/(m^3 \cdot h)$ 或 h^{-1}。表 6-7 给出了生产强度、氨净值（合成塔进出口氨含量之差）与空速的相对关系。

表 6-7　生产强度、氨净值与空速的相对关系

空间速度/h^{-1}	10000	15000	20000	25000	30000
氨净值/%	14.0	13.0	12.0	11.0	10.0
生产强度/[kg/($m^3 \cdot h$)]	908	1276	1584	1831	2015

可见，提高空速可以提高生产强度，但氨净值降低，增加了氨的分离难度，使冷冻功耗增加；同时，空速增加，即循环气量增大，系统压力降增大，循环机功耗随之增加。此外，空速过大，使气体带走的热量增加，使废热锅炉附产的蒸汽量减少，甚至可能难以维持合成系统的热量平衡。因此，采用提高空速来强化生产的方法不再被推荐。

一般而言，氨合成压力高，反应速率快，空速可以高一些；反之，应该低一些。例如，操作压力为 30MPa 的中小型氨厂，空速可达 20000～30000h^{-1}；操作压力为 15MPa 的轴向冷激式合成塔的空速仅为 10000h^{-1}。

四、合成塔的进出口气体组成

合成塔的进出口气体组成包括氢氮比、惰性气体含量和初始氨含量。

生产实践证明，进塔气中适宜的氢氮比在 2.8～2.9 之间，对含钴催化剂其适宜的进塔气氢氮比为 2.2 左右。因氨合成反应中氢和氮总是按 3：1 的比例进行消耗，故新鲜气的氢氮比为 3，否则循环气中多余的氢或氮会逐步积累，造成氢氮比失调，使操作条件恶化。

惰性气体的存在，无论从化学平衡、反应动力学，还是从动力消耗的角度来分析，都是不利的。但要维持较低的惰性气体含量，就必须大量排放循环气，导致原料气消耗增多。生产中必须根据新鲜气惰性气体含量、操作压力、催化剂活性、是否有三气回收装置等因素综合考虑。当操作压力较低、催化剂活性较好时，循环气中惰性气体含量可保持在 16%～20%；反之，宜控制在 12%～16%。

其它条件一定的情况下，初始氨含量越低，反应速率越快，氨净值越高，生产能力越大。但初始氨含量的高低需综合考虑冷冻功耗和循环机功耗大小。通常操作压力在 25～32MPa 时采用一级氨冷，进塔氨含量控制在 3%～4%；当操作压力为 20MPa 左右时，采用二级氨冷，进塔氨含量控制在 2%～3%；当操作压力为 10～15MPa 时需采用三级氨冷，进塔氨含量控制在 1.5%～2%。

任务四　氨的合成及分离工艺流程的组织

氨合成工艺流程虽然各不相同，但都包含以下几个步骤：氨的合成、氨的分离、新鲜气的补入、未反应气压缩与循环、反应热的回收与惰性气体排放等。氨合成工艺流程的设计，关键在于上述几个步骤的合理组合，其中主要是合成塔的选择、循环机的选择、新鲜气补入与惰性气体放空的位置、氨分离的冷凝级数和热能回收方式的确定等。

一、两次分离液氨产品并副产蒸汽的节能型工艺流程

两次分离液氨产品并副产蒸汽的节能型工艺流程如图 6-6 所示。

入塔气体以主线和副线分别从塔顶和塔底进入氨合成塔，经塔内换热器预热到稍高于催化剂的起始活性温度（约 380℃）后进入催化床进行氨合成反应。在催化床间和催化床内分别采用冷激和冷管的办法控制反应温度。合成气余热首先用来预热入塔气体，然后进入中置锅炉副产中压蒸汽，最后约为 100℃ 的合成塔二出气体进入塔前后气体换热器，预热入塔气体的同时也降低其进入水冷器的气体温度。经水冷器冷却到常温后约有 50% 的氨被冷凝为液氨，经一级氨分离器分离出液氨后，需要排放一定量的惰性气体，合成气然后依次进入冷交器、氨冷器和二级氨分离器，其间新鲜气在冷交器和氨冷器之间加入。经二级氨分离器分离液氨后，循环气进入透平式循环压缩机增压、经塔前后气体换热器预热后进入氨合成塔。该流程的主要特点如下。

① 采用中置式锅炉来副产 2.4MPa 的中压蒸汽。

② 设置了塔前后气体换热器，其主要作用利用出塔气体余热来预热了入塔气体，可使之提高 40℃ 左右，同时降低了进入水冷器的合成气温度约 40℃，从而使中锅副产蒸汽产量增加约 25%，同时可使水冷器节约 70% 以上的冷却水量。

③ 采用了冷交器、氨冷器和氨分器三合一的装置，简化了流程，节约了占地面积。

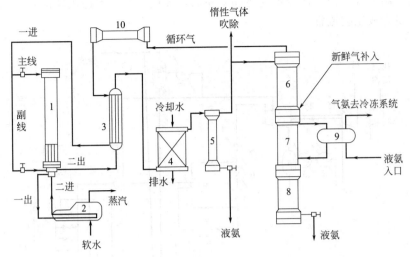

图 6-6　两次分离液氨产品并副产蒸汽的节能型工艺流程

1—合成塔；2—中锅；3—换热器；4—水冷器；5—一级氨分器；6—冷交换器；

7—氨冷器；8—二级氨分器；9—液氨补充槽；10—透平式循环压缩机

④ 惰性气体吹除气的位置设在一级氨分器之后和冷交器之前，此处是氨浓度较低、温度为常温、且惰性气体含量最高的场所。

⑤ 新鲜气补入位置设在冷交器和氨冷器之间。新鲜气补入必须设在惰性气体吹除之后，但如果设在冷交器之前，则新鲜气中微量的 CO_2 将与循环气中氨反应生成氨基甲酸铵晶体而堵塞冷交器管口。而设在冷交器和氨冷器之间，此处已有液氨冷凝，生成的微量氨基甲酸铵晶体将被液氨溶解而排放，即此处液氨对新鲜气进行了最后关头的洗涤净化，有利于延长氨合成催化剂的使用寿命。

⑥ 采用了透平式循环压缩机且位置设在冷交器之后、氨合成塔之前。与往复式循环压缩机相比，透平式循环压缩机不仅运行平稳、效率较高、且采用无油润滑，使循环气不受油雾污染，压缩后造成的气体温升无需冷却可直接进入合成系统，有利于能量的充分利用。

⑦ 采用水冷＋一级氨冷的氨冷凝分离装置。此流程适合于操作压力在 25～32MPa 之间的中小型氨合成流程，此时合成气中氨含量一般在 14%～18% 之间，经水冷器冷却至常温之后，约 50% 左右的氨被冷凝为液氨；再经一级氨冷至 0℃ 之后，可使气体中氨含量降低至 2%～4%。

高压下与液氨呈平衡的气相饱和氨含量可近似根据拉尔逊公式计算：

$$\lg y_{NH_3} = 4.186 + \frac{1.9060}{\sqrt{p}} - \frac{1099.5}{T}$$

式中　y_{NH_3}——与液氨呈平衡的气相中的氨含量，%；

　　　p——总压力，MPa；

　　　T——气体的温度，K。

二、大型氨厂氨合成工艺流程

大型氨厂氨合成工艺流程的氨合成塔操作压力一般在 10～15MPa，因此，普遍采用蒸汽透平驱动离心式高压机和离心式循环压缩机，气体不受油雾影响，不仅生产能力大，且在节能降耗方面具有非常明显的优势。在氨分离方面，由于合成塔操作压力较低，需采用水冷＋

三级氨冷的分离流程，使气体冷却到－23℃左右，才能使氨分离得比较彻底。图 6-7 为凯洛格大型氨厂氨合成工艺流程。

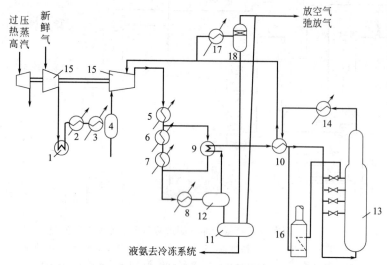

图 6-7　凯洛格大型氨厂氨合成工艺流程

1—甲烷化气换热器；2,5—水冷却器；3,6～8—氨冷却器；4,18—气液分离器；9—换热器；
10—塔前预热器；11—低压氨分器；12—高压氨分器；13—氨合成塔；14—锅炉
给水预热器；15—离心压缩机；16—开工加热炉；17—冷凝器

高压合成气从水冷却器 5 出来后，分两路继续冷却。一路约 50％的气体通过两级串联的氨冷却器 6 和 7，另一路气体与高压氨分离器来的－23℃的气体在换热器 9 中换热。两路气体混合后，再经过第三级氨冷却器 8，利用在－33℃低温下蒸发的液氨将气体进一步冷却到－23℃，然后送往高压氨分离器。分离液氨后的气体经冷热换热器和塔前预热器预热后进入氨合成塔 13。合成塔出口气体首先进入锅炉给水预热器和塔前预热器降温后，大部分气体回到离心压缩机。另一部分气体在放空气氨冷却器中被氨冷却。经氨分离器 18 分离液氨后去三气回收系统。

三、三气回收

所谓三气是指氨合成过程的吹除气、液氨贮罐中的弛放气和冰机惰性气体。以吹除气为例，当新鲜气中惰性气体含量为 1.43％，吹除气中惰性气体含量为 23.24％，氨含量为 10.32％时，则每生产一吨液氨所需排放的吹除量约为 174m³/t NH₃。可见，三气中不仅含有数量可观的产品氨，也含有大量合成氨有效气氢、氮，以及优质燃料甲烷，必须加以分离回收。其中强极性的氨很容易通过水洗分离得到氨水，而氢气、氮气和甲烷都是非极性气体很难用常规的办法加以分离。目前工业上用到的分离方法主要有变压吸附法、中空纤维膜分离法和深度冷冻法，其中中空纤维膜分离法具有明显优势。

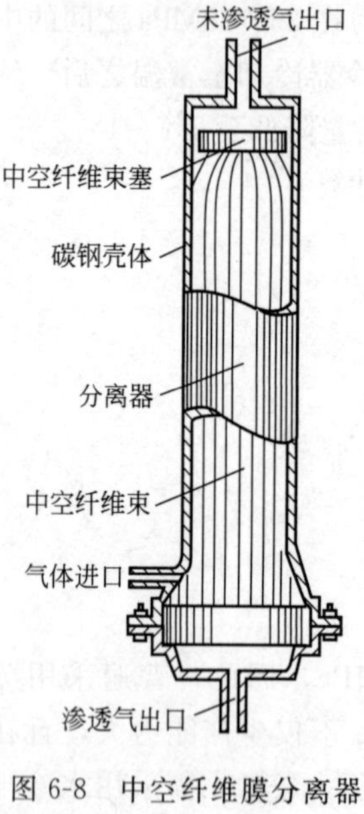

中空纤维膜分离法是利用中空纤维膜是以多孔不对称聚合物为基质，涂以高渗透性聚合物，此种材质具有选择渗透性，即氢渗透较快，而氮和甲烷渗透较慢，从而使氢与氮和甲烷分离。为获得最大

图 6-8　中空纤维膜分离器 的分离表面，将膜制成中孔纤维并组装在高压金属容器中，如图 6-8

（中空纤维膜分离器图中标注：未渗透气出口、中空纤维束塞、碳钢壳体、分离器、中空纤维束、气体进口、渗透气出口）

所示。膜分离器直径为 10～20cm，长度为 3～6m。经分离氨后的三气进入分离器的壳程，由于中空纤维管内外存在压力差，使氢气通过膜壁渗入管内，管内氢气不断增加，并沿管内从下部排出，其他气体在壳程内自下而上从顶部排出。分离出来的高浓度氢气返回高压机三段，分离出来的惰性气体则作为气体燃料使用。

任务五 氨合成塔及其操作控制要点

一、氨合成塔

1. 氨合成塔的结构特点

氨合成是在高温高压下进行的，氢氮气对碳钢设备具有明显的腐蚀作用。造成腐蚀的原因，一是氢脆，即氢溶解于金属晶格之中，使钢材在缓慢变形中发生脆性破坏；另一种是氢腐蚀，氢气渗入钢材内部，与碳化物作用生成甲烷，甲烷聚集于晶界微观孔隙中形成高压，导致应力集中，沿晶界出现破坏裂纹。在高温高压下，氮也与铁元素及其他合金元素缓慢生成硬而脆的金属氮化物，导致金属力学性能降低。

为解决上述问题，合成塔通常由内件和外筒两部分组成，外筒由普通低碳合金钢或优质低碳钢制成，耐高压而不耐高温；而内件由镍铬不锈钢制成，内件外面设有保温层，只耐高温而不耐高压，外筒和内件之间有环隙，如图所示。内件设有 2～4 个催化剂框、热交换器和电加热器三个主要部分组成。大型氨合成塔内件一般不设电加热器，通常由塔外加热炉供热。塔内换热器承担回收催化床层出口气体显热和预热进口气体的作用，大都采用列管式，多数置于合成塔下部，称为下部热交换器。

氨合成塔结构繁多，目前常用的有冷管式和冷激式两种塔型，前者属于连续换热式，后者属于多段冷激式，也有冷激式和冷管式相结合的。根据气体通过催化床层的流向不同，可分为轴向合成塔和径向合成塔。轴向合成塔常用于中小型氨合成装置，由于合成塔的高径比较大，气体通过轴向催化床的路线较长，阻力降较大，在大型合成氨装置中逐步被径向合成塔所取代。

2. 几种典型冷管式合成塔

我国中小型合成氨厂早期多采用并流双套式冷管合成塔，1960 年以后开始采用并流三套管式冷管合成塔和单管式冷管合成塔。

（1）并流双套式冷管合成塔　并流双套式冷管合成塔的内件工艺流程如图 6-9 所示。入塔气经下部换热器预热后，经分气盒送入双套管的内冷管中，再经外冷管间环隙向下，同时得到了进一步的预热，再经分气盒和中心管流向催化剂层顶端，气体经绝热催化剂层进行绝热反应后，向下进入催化床层冷管进行氨合成反应，其反应热被冷管环隙气体所冷却。经冷管反应后的气体进入下换热器预热入塔后离开合成塔。

图 6-9 为并流双套管式催化床及轴向温度分布图。由图分析可知，由于催化床层与双套管环隙中的气体间的平均温差小，降低了传热强度，要求传热面积增大，从而需占用较多的高压空间，使合成塔的容积利用系数降低。同时，冷管环隙气体与内冷管气体的换热，导致催化床进口

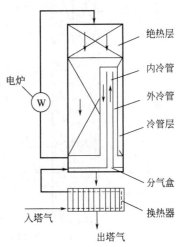

图 6-9　并流双套式冷管
合成塔内件工艺流程

温度难以提高，影响到绝热段催化剂活性的发挥。

（2）并流三套管式冷管合成塔　并流三套管式内件是对并流双套管式内件的改进。其结构是在双套管内衬一根薄壁衬管，内衬管和内冷管之间形成一层很薄的滞气层。由于滞气层良好的隔热作用，气体在内冷管内上升过程中温升很少，一般仅为 3～5℃，内冷管相当于只起导管作用。由于冷管顶部催化床层与环隙气体的温度差较大，环隙气体自上到下过程中有效地吸收床层热量，增强了冷却效果，使反应前期冷管的排热量与反应放热量基本适应；反应后期放热量减少，但传热温差也减小，床层温度缓慢下降，使整个床层的温度变化较好地遵循了最适宜温度曲线。同时，催化床层入口温度较高，能充分发挥催化剂的活性。与双套管并流式内件相比，生产强度提高 5%～10%。但三套管仍存在结构复杂、催化剂装填量小、底部催化剂还原不彻底等缺点。

（3）单管并流式冷管合成塔　单管并流式与并流三套管式相比，简化了催化床的结构，取消了分气盒，用几根较大的升气管代替了三套管中的几十根内冷管，升气管将气体导入分布环管，再进入直径较小的单管冷却管中，并流通过冷却段床层，汇集到中心管翻入催化床中进行反应。

单管并流式与并流三套管式内件相比具有如下特点：

① 容积利用系数高，催化剂装填量增加，合成塔生产能力提高；

② 可采用小管径、管数较多的冷管配置方案，冷管不受分气盒的限制，径向温度分布比较均匀；

③ 气流通过单管阻力降小；

④ 结构简单，造价较低。

不足之处：结构欠牢固、催化剂装填不易均匀、升温还原困难等。

由于冷管型氨合成塔具有操作稳定、催化床层温度分布比较接近最适宜温度分布曲线、生产强度高等优点，在我国中小型合成氨厂得到了广泛应用，但都存在以下缺点：

① 存在冷管效应。在冷管周围的床层存在一个过冷失活区，使催化剂活性差；

② 冷管中气体温度调节困难，通常靠改变空速的方法来调整床层温度，易导致床层热点上下波动，使催化剂使用寿命缩短；

③ 当靠加大空速来压床层热点时，将导致出口氨含量下降，出口气体温度降低，热量回收效果变差；

④ 容积利用系数低，催化剂装填量较少，且还原不彻底，使合成塔生产能力较低；

⑤ 冷管式内件都是采用轴向型，气体通过床层的阻力降较大，循环机功耗大。

3. 冷激式氨合成塔

20 世纪 60 年代后，随着合成氨规模的大型化，氨合成塔直径大大增加，为简化结构，较多采用冷激式内件。图 6-10 为三轴一径式氨合成塔氨内件工艺流程示意。该塔外筒形状为上细下粗的瓶式结构，在缩口部位密封，以解决大塔径密封困难的问题。内件包括四层催化床、床层冷激管和挡板以及列管换热器。

气体自塔底部进入塔内，从内外筒之间的环隙达

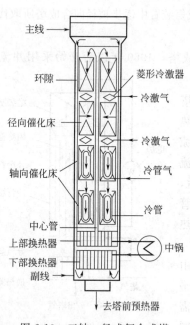

图 6-10　三轴一径式氨合成塔
内件工艺流程

主线
环隙
菱形冷激器
冷激气
径向催化床
冷激气
冷激气
轴向催化床
冷管气
冷管
中心管
上部换热器
下部换热器
中锅
副线
去塔前预热器

到塔顶换热器，再从换热器与上筒体之间的环行空间折流向下，进入催化床层。气体在每层催化床层中进行绝热反应，而在层与层之间在冷激管内与冷激气混合而降温。气体由第四层催化床底部流出，折流向上通过中心管进入换热器内，换热后流出塔外。

冷激式内件的优点：结构简单、可靠性好、调节温度操作方便、催化剂装卸方便等。

冷激式内件主要不足之处：内件封死在筒内，致使塔体较重，运输安装困难，且内件无法吊出，造成维修与更换零部件极为困难；冷激气只起降温作用，未参加上层催化剂反应，所以每冷激一次，混合气体中氨含量就被稀释一次，从而降低了全塔原料气转换率和氨净值，即出口氨含量下降，热能回收率降低，也使循环量和冷冻量上升。

4. 轴径混合型合成塔

部分催化床层的气体流动方式由轴向改为径向，使内件阻力下降，降低了循环压缩机能耗，可使用活性较高的小颗粒催化剂，提高出口氨含量。如图 6-10 所示为在我国中氮肥得到广泛应用的三轴一径式氨合成塔的内部结构示意。

该塔的主要特点是轴径混合型＋冷激冷管混合型。第一催化床为绝热轴向型，第二催化床为绝热径向型，两层采用冷激控温；第三催化床和第四催化床为轴向型、且采用冷管控温。

入塔气体主线从合成塔顶部进入后沿外筒与内件之间的环隙向下行进，起到保护外壳和预热的作用，进入合成塔下部换热器管间。合成气经换热器管内反应后热气体预热至略高于催化剂起始活性温度后沿中心管轴自下而上从塔顶进入第一催化床上的分气环内，进行氨合成反应。副线直接进入塔内换热器管间，起到调节控制反应温度的作用。一般主线气量占总气量的 75％左右，副线气量仅 25％。

该混合型内件既结合了冷管型和冷激型各自的优点，又部分采用了径向塔的优点，当然二者的某些缺点并没有完全解决。实践表明，这种混合型内件还是代表了当前中小型氨厂氨合成塔内件结构的发展方向。

二、氨合成塔的操作控制要点

生产操作控制的最终目的是在安全生产的前提下，强化设备的生产能力，降低原料消耗，使系统进行安全、稳定、持续、均衡的生产。氨合成塔的生产操作控制中，各个指标在生产过程中相互影响又互为条件，如何使工艺指标相对稳定、波动小，使系统处于安全、稳定的状态，是一件复杂而细致的工作。操作人员应首先熟悉系统的工艺情况，并熟知工艺条件之间的内在联系，当一个工艺条件变化时，能迅速准确地进行预见性调节。氨合成塔的操作应以氨产量高、消耗低和操作稳定为目的，其最终表现在催化床层温度的稳定控制上。影响温度的主要因素有压力、循环气量、进塔气成分等。

1. 温度的控制

氨合成塔温度的控制关键是对催化床层热点温度和入口温度的控制。

（1）热点温度的控制 所谓热点温度是指催化床层中温度最高的点。对冷激式合成塔，每层催化床都有一热点温度，其位置在催化床的下部，其中以第一催化床的热点温度为最高，其它依次降低；对冷管式合成塔，催化床的理想温度分布是先高后低，即热点温度应在催化床的上部，且每个催化床的热点温度也是依次降低。显然，就每一个催化床层而言，其温度分布并不理想，但多层催化床层组合起来，则显示整体温度分布的合理性。

热点温度虽然只是催化床层中一点的温度，却能全面反映催化床的情况。床层中其他部位的温度随热点温度的改变而变化，因此，控制好了热点温度在一定程度上相当于控制好了整个床层的温度。但是热点温度的大小及位置并不是一成不变，它随着负荷、空速和催化剂使用时间长短而有所改变。表 6-8 为 A 系列催化剂在不同使用时期热点温度的控制指标。

表 6-8　A 系列催化剂在不同使用时期热点温度的控制指标

催化剂	阶段 使用初期/℃	使用中期/℃	使用末期/℃
A106	480～490	490～500	500～520
A109	470～485	485～495	495～515
A110	460～480	480～490	495～510
A201	460～475	475～485	485～500

正确控制热点温度，首先要根据合成塔负荷大小和催化剂活性情况尽可能维持较低的热点温度。因为热点温度低，不仅有利于发挥催化剂的低温活性、提高平衡氨含量，还可延长内件和催化剂使用寿命；其次，热点温度要应量维持稳定，其波动范围最好能控制在 2～4℃内。

（2）催化床层入口温度　催化床层入口温度又称零米温度、敏点温度，是催化剂床层中温度变化最灵敏的点，要略高于催化剂的起始活性温度。在其它条件不变的情况下，零米温度直接影响催化床层热点温度和整个床层温度分布。所以在调节热点温度时，应特别注意床层入口温度的变化进行预见性的调节。在催化剂活性好、气体成分正常、压力高的情况下，零米温度可以维持低一些；反之，零米温度必须维持较高。

（3）催化床层温度调节方法

① 调节塔副线　开大副线将增加不经下部换热器预热的气量，降低进入催化床气体的温度，催化床热点温度和整体温度下降；反之，将降低热点温度和催化床整体温度。在正常满负荷生产时，催化剂床层温度有小范围的波动，采用副线调节比较方便，但副线调节时不得大幅度波动，更不得时而开大，时而关死。

② 调节循环量　当催化剂床层温度波动较大时，一般以调节循环量为主，用副线配合调节。关小循环机副线，增加循环量，即增大入塔空速，将使催化床温度下降；反之，催化床温度将上升。

改变入塔氨含量和惰性气体含量、改变操作压力和使用电加热器等方法也能调节床层温度，但这些方法不是常规调节方法，只能作为非常手段，一般不采用。

2. 压力的控制

生产中压力一般不作为经常调节的手段，应保持相对稳定。系统压力的波动主要原因是系统负荷的大小和操作条件的改变。系统压力控制要点如下。

① 必须严格控制系统操作压力不超过设备允许的操作压力，这是保证安全生产的前提。当操作条件恶化，系统超压时，应迅速减少新鲜气的补入量以降低负荷，必要时可打开放空阀，卸掉部分压力。

② 当夏季由于冷冻能力不足而合成塔能力有富余时，可维持合成塔在较高的操作压力下运行，以节省冷冻量。

③ 如果新鲜气量大幅度减少，使系统压力明显降低，氨合成反应减少，导致床层温度难以维持时，可采取减少循环气量，并适当提高氨冷器的温度，使压力不至于过低，以维持合成塔温度的稳定。

④ 调节压力时，必须缓慢进行，以保护合成塔内件。一般规定，在高温下调节压力的速率为 0.2～0.4MPa/min。

3. 进塔气体成分的控制

进塔气体中氨含量越低，对氨合成反应越有利。在操作压力和分离效率一定的情况下，进塔气体中氨含量主要取决于氨冷器中液氨蒸发温度，即氨冷器中液氨蒸发温度越低，则进塔气体中氨含量就越低，但同时冰机所消耗能量也越多。

新鲜气中氢氮比的波动会对床层温度、系统压力及循环气量等产生一系列影响。一般进塔气体中氢氮比控制在 2.8～2.9，当进塔气体中氢氮比偏高时，容易使反应条件恶化、床层温度下降、系统压力增高、生产强度下降。此时，可采取减小循环气量或加大放空气量的办法及时调整。

循环气中惰性气体含量主要取决于放空气量，增加放空气量，则惰性气体含量降低，但氢氮气损失增大或增大三气回收负荷。

三、氨合成过程节能降耗措施

氨合成反应的热效应中，部分余热通过废热锅炉副产蒸汽、或用于加热锅炉给水，其余部分则水冷器和氨冷器带走。氨合成塔出口气体余热回收价值取决于其温度高低，其温度越高，其回收价值就越大，所产蒸汽的压力相应越高、数量越多。而出塔气体温度主要与进塔气体温度和氨净值有关。

20 世纪 90 年代，我国中小型合成氨厂和联醇厂的氨合成局部流程如图 6-11 所示。其主要问题是：合成塔一进气体为常温，合成塔二出气体温度在 100℃ 以上，虽然采用了中置锅炉来回收合成氨反应的部分高温余热，但仍有大量的低温余热被冷却水白白带走。在图 6-11(b) 中，采用了塔外换热器，回收的仍是中高温余热，被冷却水带走的低温余热仍然没有减少，只是相当于把部分塔内换热器移到了塔外，对整个合成氨过程吨氨能耗的降低和有效能效率的提高意义不大。

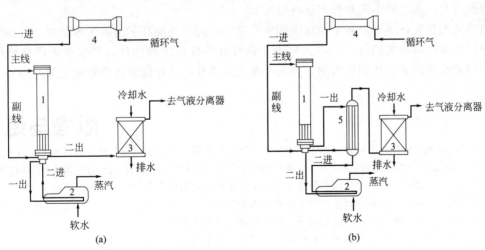

图 6-11　氨合成塔局部流程

1—氨合成塔；2—中置锅炉；3—水冷器；4—循环压缩机；5—塔外换热器

为了回收合成塔二出气体的部分余热，设置塔前预热器。工艺流程如图 6-12 所示，其主要特点如下。

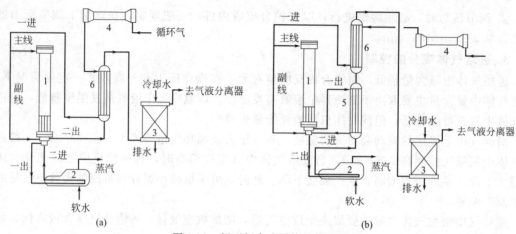

图 6-12　新型氨合成系统局部流程

1—氨合成塔；2—废热锅炉；3—水冷器；4—循环机；5—塔外换热器；6—塔前预热器

采用塔前预热器主要将合成塔二出气体先通过一个塔前预热器来预热合成塔一进气体，同时达到降低水冷器进口气体温度的目的。增加塔前预热器后，使水冷器进口气体温度降低到 50℃ 左右，同时使合成塔一进气体增加到 90℃ 左右。设置了塔前预热器后的新型合成系统流程如图 6-12 所示。

新思路节能降耗的效益分析如下。

① 大幅度降低冷却水的消耗，据初步估算将减少 71.4%。

② 预热入塔气体，减少合成塔内换热器的负荷。当中锅蒸汽压力不变时，合成塔上段换热器负荷基本不变，实际上减少的是下段换热器负荷。

③ 减少合成塔内换热器负荷，即减少了内换热器的传热面积和体积，从而提高合成塔的容积利用系数、催化剂装填量及合成塔的生产能力。据估算，合成塔容积利用系数、合成塔催化剂装填量和生产能力都将相应增加 4.3%。

④ 提高中锅蒸汽产量。塔内换热器负荷的减少，相应必须增加中锅负荷，从而可提高中锅蒸汽产量。改进后中锅蒸汽产量将增加 25.7%。

氨净值的提高，不仅提高了合成塔的生产强度，同时也提高了出塔气体温度，从而增加了余热回收量。氨净值的提高，首先取决于选择优质的合成塔内件；其次在于严格操作条件，确保催化剂的高活性和长周期；再次，在于选择具有良好低温活性的催化剂。

思考与练习

1. 为什么说氨合成压力是确定其他工艺条件的前提，是决定生产强度和技术经济指标的主要因素？

2. 氨合成催化剂升温还原的原则是什么？如何判断还原反应的终点？如何确保还原催化剂具有高催化活性？

3. 氨合成催化剂衰老的主要原因有哪些？怎样使催化剂长周期稳产高产？

4. 什么叫三气回收？如何控制循环气中惰性气体的含量？

5. 简述氨合成塔中热点温度的变化规律，及温度控制的操作要点。

6. 试总结一下合成氨过程的节能降耗措施，并写成一篇小论文。

7. 当合成塔的温度偏高或偏低时，试设计一个氨合成塔中温度的调节方案。

8. 试设计一个如何优化氨合成催化剂的活性和使用寿命的方案。

9. 试分别初步计算大型合成氨厂和中小型合成氨厂的吨氨能耗。

10. 设合成氨精炼气中惰气含量为 1.0%，循环气中惰气控制在 12.5%，请问每合成一吨氨需要排放多少循环气？

我国合成氨工业的回顾与展望

1913年9月9日德国科学家哈伯（Haber）和博施（Bosch）首次采用铁催化剂为催化剂、直接以氢气和氮气为原料、在高温高压下成功合成氨，这是具有划时代意义的人工固氮技术的重大突破，合成氨工业化被公认为化学领域最重要的发明之一，这种直接合成氨法被后人尊称为哈伯-博施法。

合成氨工业化以来，对人类社会的影响极为深远，甚至远远地超出了化学工业本身的范畴。合成氨工业化的成功极大地促进了高压机生产技术、高压化学合成技术、气体深度净化技术和催化剂生产技术的发展。以合成氨为基础原料的化肥工业对粮食增产的贡献率占50％左右，使人类社会免受饥荒之苦居功至伟；合成氨已经成为数以百计的无机化工产品和有机化工产品的生产原料。

合成氨工业化作为工业史上加压催化过程的里程碑，它标志着工业催化新纪元的开端，也奠定了多相催化科学和化学工程科学基础。仅在几年之后，相继出现的甲醇合成、费托合成油和多相催化剂主导的高压反应技术在有机合成领域的广泛应用。即便面对现代化工、新能源、新材料、环保领域一系列共性、关键技术，合成氨工业仍然具有强烈的启迪和借鉴作用。合成氨工业可以堪称现代化学工业之父。

一、我国合成氨工业发展的回顾

我国合成氨工业始于20世纪30年代，但到1949年时，全国只有南京、大连两座合成氨厂，年生产能力为4.5万吨。新中国成立以来，基于农业大国的迫切需要，我国的合成氨工业得到了超常规的发展，1992年总产量达2298万吨，居世界第一。2008年突破5100万吨，已占当年世界合成氨总产量的33.1％。2012年我国合成氨总产量已超过5400万吨。

80年来，我国的合成氨工业现已掌握了以焦炭、无烟煤、焦炉气、天然气及油田伴生气和液态烃等多种原料生产合成氨和尿素的技术，形成了具有中国特色，以煤为主、天然气为辅、石油已基本淘汰的原料格局；形成了大、中、小生产规模并存，以中小型企业为主体、大型企业为辅，但大型化、集团化趋势越来越明显的企业格局；形成了先进工艺技术和落后工艺技术并存，先进工艺技术呈加速发展的合成氨和氮肥生产技术格局。目前合成氨和尿素总生产能力已完全能够满足国内农业和工业需求，但总体吨氨能耗水平、总体企业的规模效益还与世界先进水平存在较大差距，目前正处于转型发展的关键时刻。

1. 大型合成氨工业

近年来我国大型合成氨氮肥装置的发展呈井喷之势，生产装置已经超过50家，总产能已超过2000万吨/年，已占我国合成氨总产能的1/3，还有10多家即将投产。现已投产的装置之中，除上海吴泾化工厂、四川化工总厂、江苏灵谷化工有限公司、宁夏石化45/80大化肥项目为国产化装置外，其他均系从国外引进，荟萃了当今世界上主要的合成氨工艺技术。我国大型合成氨装置原料气制造工序普遍采用气态烃类蒸汽转化法或粉煤气化工艺，原料气压缩采用汽动压缩机，合成压力采用15MPa的低压操作，吨氨能耗降至28～38GJ/t，生产能力30万～50万吨/a合成氨，已经接近世界先进水平。

近10年来，由于先进的大型气头合成氨装置的吨氨能耗已经降至27～29GJ的水平，接近了理论能耗数值（22GJ），节能降耗的余地已经很小。但大型煤头合成氨装置的吨氨能耗仍然较高（33～38GJ），还有较大的节能降耗空间。

新建大型合成氨项目都集中在西北能源产地，这符合在能源产地就近建设大型合成氨项目、引导大型能源企业与氮肥企业组成战略联盟、实现优势互补的原则。预计到2014年我国在运的大型合成氨厂将达60家以上，达到合成氨总产能的半壁江山。

2. 中、小型合成氨工业

我国目前有中型合成氨装置生产能力约为1500万吨/年，约占我国合成氨总产能的1/4，其下游产品主要是尿素和硝酸铵。 我国的小型合成氨装置虽然已经减少到估计不到 400 套，产能已不足 2000 万吨/年，其产能仍占我国合成氨总产能的 1/3，但在继续萎缩之中；其下游产品主要是碳酸氢铵，部分改产尿素，中小型合成氨厂的原料中煤焦占 96％以上。

我国中小型合成氨装置总产能仍占我国合成氨总产能的一半以上，其造气工艺大多采用间歇式固定床煤气发生炉，合成压力采用 32MPa 的高压操作，原料气压缩设备普遍采用电动往复式压缩机，吨氨能耗达 55～60GJ/t，约为大型合成氨装置的 2 倍，这是我国合成氨工艺技术总体上远落后于发达国家的主要原因。

二、我国合成氨工业的未来展望

据《BP 世界能源统计（2009 年版）》资料：以当前探明储量计算：全世界石油可开采 45.7 年；天然气可开采 62.8 年；煤炭可开采 119 年。 全球原油供应已经处于递减模式之中。 石油时代将逐步转入煤炭和天然气时代，随着石油价格的飞涨和深加工技术的进步，原油的加工产品重油、渣油的价格总体上将持续升高，数量将持续下降。 以重油和渣油为原料的大型合成氨装置绝大多数装置目前已经停产或进行以结构调整为核心内容的技术改造。

由于煤的储量是天然气与石油储量总和的 10 倍，以煤头合成氨等煤化工技术的开发再度成为世界技术开发的热点，煤在未来的合成氨装置原料份额中将再次占举足轻重的地位，形成与天然气共为原料的主体格局。 以油改气和油改煤为核心的原料结构调整势在必行。

1. 油改气

原料结构调整是采用油改气还是油改煤？ 这主要是考虑资源条件及其地理位置，以经济效益为标准进行综合权衡。 在煤炭、天然气和石油中，天然气为原料的合成氨原料气生产工艺在能耗、投资和 CO_2 排放量都是最低的。 可见，天然气是合成氨装置最理想的原料，且改造时改动量最小、投资最省，应以优先考虑。 因此，只要资源和地理位置允许，重油型合成氨装置可采取油改气技术改造方案。 不仅可以利用现有的气化炉调整操作、改造烧嘴，而且投资少、改造难度小、改造周期短、总体经济性好，逐渐为行业所公认。

Texaco 公司天然气部分氧化工艺技术在我国宁夏、新疆化肥厂 2 套 Texaco 重油气化制氨装置上应用改造成功。 中国石化宁波工程公司天然气部分氧化工艺技术在我国兰州石化 Shell 重油气化制氨装置上应用改造成功，其主要改造内容是设置天然气压缩机、更换烧嘴、改造低温甲醇洗工序、调整工艺操作参数。

2. 油改煤

天然气虽好，但世界天然气储量远少于煤炭储量，尤其中国具有"富煤、少油、缺气"的能源结构，国内天然气还需要优先供给城市居民生活用气。 当天然气成本是煤的三倍以上时（按单位热值），煤与天然气相比是较为经济的原料。 如果不具备以天然气为原料的基本条件，则以原料劣质化为主，进行煤代油或渣油劣质化的技术改造。 重油型和渣油型合成氨装置都可采取油改煤的技术改造方案。 改造内容主要是新建煤气化工艺装置和新建合成气净化工艺装置。 成熟的煤气化工艺主要是水煤浆气化和粉煤气化工艺。

（1）煤气化工艺

① 水煤浆气化工艺 根据气化后工序加工不同产品的要求，加压水煤浆气化有三种工艺流程：激冷流程、废锅流程和废锅激冷联合流程。 合成氨生产多采用激冷流程，气化炉出来的粗煤气，直接用水激冷，被激冷后的粗煤气含有较多水蒸气，可直接送入变换系统而不需再补加蒸汽，因无废锅，投资较少。 循环联合发电工程则多采用废锅流程，高温粗煤气通过废锅副产高压蒸汽用于蒸汽透平发电机组。 生产甲醇仅需要对粗煤气进行部分变换，通常采用废锅和激冷联合流程，亦称半废锅流程，即从气化炉出来粗煤气经辐射废锅冷却到 700℃左右，然后用水激冷到所需温度，使粗煤气显热产生的蒸汽能满足后工序部分变换的要求。

② 粉煤气化工艺 该工艺采用废锅流程，来自制粉系统的干煤粉由高压氮气或二氧化碳送入气化炉

喷嘴，空分系统的氧气经氧压机加压并预热后与中压过热蒸汽混合导入喷嘴。 煤粉在炉内高温高压条件下与氧气和蒸汽反应，气化炉顶部约 $1500℃$ 的高温煤气用返回的粗合成气激冷至 $900℃$ 左右进入废热锅炉，经废热锅炉回收热量后的煤气温度降至 $350℃$ 进入干式除尘和湿式洗涤系统，洗涤后的煤气送往后续工序。

③ 新型国产化粉煤加压气化技术　在引进技术的基础之上，我国科研人员相继开发出了新型（多喷嘴对置式）水煤浆加压气化技术、航天炉（HT-L）粉煤加压气化技术、灰熔聚煤气化技术、清华炉技术、多元料浆工艺等具有独特创新的新型国产化粉煤加压气化技术，是我国推广最快的几种粉煤气化工艺，完全可以与国际先进水平相媲美。

（2）合成气的净化工艺　煤制合成气中硫含量可高达 $1\sim10mg/m^3$，且成分复杂，既有无机硫 H_2S，又有多种有机硫。 多种不同性质硫化物直接一次性脱除几乎是不可能的，通常需要湿法粗脱硫、有机硫水解或加氢转化和干法精脱硫相结合的复杂脱硫工艺，湿法脱硫和干法脱硫又分别有多种方法可供选择，使脱硫工艺组合显得纷繁复杂。

CO 变换工艺技术分为非耐硫变换和耐硫变换 2 种，而这 2 种变换工艺的选择将直接影响后续酸性气体脱除工序、气体精制工序的流程组合。 前者常用于中小型装置，在大型煤气化工艺中通常采用耐硫变换工艺。 耐硫变换工艺可节省一次湿法粗脱硫工序，不仅适用于高硫原料气，而且对有机硫有 70% 以上的转化率，有利于简化脱硫工序流程、降低有机硫转化负荷。

煤气化工艺的变换气具有硫和 CO_2 含量高的特点，根据变换气的工艺条件，采用物理吸收法脱碳比较有利。 物理吸收法中按照吸收温度的不同，一般分为冷法和热法。 冷法则以低温甲醇法为代表，渣油部分氧化和煤加压气化的原料气，其 CO 变换采用耐硫变换催化剂，低温甲醇洗脱硫脱碳，液氮洗最终净化，称为冷法净化流程；热法以 Selexol 工艺为代表，国内称之为 NHD 工艺，烃类蒸汽转化法的原料气经 CO 变换、脱碳和甲烷化最终净化，称为热法净化流程。

原料气体的精制有热法精制，亦有冷法精制。 热法精制中甲烷化工艺净化技术必须与深度变换系统相匹配，其缺点是要求深度低变时低变气中 CO 至 $<0.3\%$，否则，使变换过程蒸汽消耗量成倍增加，将造成甲烷化后甲烷增加，氨合成放空量增加。 热法精制中双甲工艺已经广泛应用于我国以煤为原料的联醇装置。 冷法精制如低温液氮洗或深冷净化工艺，该法利用 CO 能选择性溶于低温液氮的特性而加以分离的，该法必须与空气深冷分离装置和低温甲醇洗涤脱除 CO_2 工艺相配套才能突显出其优越性。

3. 上大压小

我国小氮肥行业鼎盛之时曾有 2000 多家企业，基本上每个粮食生产大县都有小化肥厂，碳铵一度成为我国农业的当家肥。 近年来，我国碳铵产量（折纯）与占氮肥总产量之比的变化见下。

2008 年		2011 年		2012 年	
产量/万吨	比例/%	产量/万吨	比例/%	产量/万吨	比例/%
656	15	412.8	10	341.1	8

可见，我国合成氨氮肥行业正在自觉地按照市场经济的规律，有计划、有步骤地、坚决执行上大压小、产能置换、淘汰技术落后、污染严重、资源利用不合理的小合成氨产能。 可预见，3～5 年内，碳铵这个我国特有的、也曾经为农业生产和粮食增产做出过重大贡献的化肥品种，将退出历史舞台。 因此，除了保留少数产能用于生产工业碳铵和食品级碳铵之外，所有生产农用碳铵的小氮肥企业均将被淘汰。

经过多年的大浪淘沙、优胜劣汰，很多小型合成氨厂破产、倒闭、兼并，但也有些"小型"合成氨厂逆势崛起，已经发展成年产 20 万吨合成氨装置（18/30 工程），甚至生产规模已达 20 万～100 万吨/年合成氨，其氨合成塔直径达到 $\phi2000\sim3000mm$，其单塔生产能力已接近年产 30 万吨合成氨装置。 部分"小型"合成氨厂实现了"脱胎换骨"、升华到大型合成氨厂的"凤凰涅槃"。 集团化最为成功的当属湖北宜化，该公司 20 世纪 90 年代末还是一家处境困难的小氮肥厂，现已发展成为横跨煤化工、磷化工、盐化工、天然气化工、兼并多家中小型氮肥企业、子公司遍布全国十多个省市自治区的特大型企业集团。

中型合成氨厂日子并不比小合成氨厂好过多少，有些已经破产、或被兼并，如 20 世纪 80 年代的明星中氮肥企业、原湖南省资江氮肥厂现在更名为湖南宜化（湖北宜化的全资子公司），原湖南省湘江氮肥厂成为了广西柳化集团的全资子公司——桂成化工公司等。但中氮肥企业的问题并不完全是技术问题，更多的是经营理念和管理机制的问题，例如上述两家中氮肥企业被兼并后，其工艺技术、生产能力和产品质量并没有明显突破，但通过转变经营理念、改进管理机制、精简机构和冗员就实现了企业的生存和发展。从长远来看，中型合成氨厂必须逐步按大型合成氨厂的工艺技术和管理规范打造升级版才能立于不败之地。

4. 研发新型高效氨合成催化剂及相应的低压合成工艺

高压流程与低压流程之间吨氨能耗差别是显而易见的，我国合成氨操作压力过高已成为合成氨吨氨能耗居高不下的主要原因。但在我国低压合成氨工艺却长期得不到重视，最大障碍是有些专家认为低压并不能节能，他们认定下列公式：

$$\sum_{8\sim22MPa} 合成气压缩功 + 循环气压缩功 + 冷凝压缩功 \approx 常数$$

该公式告诉人们："压力在 8～22MPa 范围内对能耗没有影响"。但这个观点是建立在传统熔铁催化剂活性基础上而得出的。

众所周知，高压合成氨主要是为了克服氨合成反应的能垒，而能垒的高低取决于催化剂的活化能。新型高效催化剂的活化能比传统催化剂降低了，所需要的压力也应该随之降低。当氨合成压力从 30MPa 降到 15MPa 时，其节能效率达 12.34%。开发与采用高效低温低压催化剂及其相应的低压合成工艺技术进行降压改造，是我国中小型合成氨装置今后节能减排的方向和重点。低压氨合成工艺采用汽动压缩机代替电动压缩机，则从燃煤起算，汽动方案总热效率比电动方案约高 2 倍。

5. 发展新型合成氨多联产工艺

合成氨企业建设成合成氨-化肥-化工联合企业，发展 C1 化工及合成氨的下游产品，无疑是提高产品附加值的有效途径。如极具中国特色并享誉世界的联醇工艺和联合制碱工艺，这些都是中国科技人员对世界合成氨工业的卓越贡献。推而广之，通过适当扩大煤气化部分的产能规模，通过配气方案实现氮肥-C1 化工产品及其衍生物产品的联合生产，以实现以合成氨为主干的"产品树"或"产品链"的产品结构调整，这样不仅降低了联合生产装置万元产值的投资，而且能够实现合成气的有效合理利用，操作费用和生产成本将会大幅度降低。

氮肥厂联产超细碳酸钙新工艺、小型氮肥企业联产轻质碳酸钙新工艺、联产超细碳酸钙的尿素合成新工艺等几种新型合成氨多联产工艺也可供参考。这些新工艺主要是利用合成氨生产过程中富余的大量高浓度二氧化碳、或者是尿素生产过程中需要分离回收的二氧化碳、或者是小合成氨厂碳化工序的二氧化碳来联合生产轻质碳酸钙等系列产品，既达到了吸收和减排二氧化碳的作用，又提高了产品的附加值，还有利于合成氨或尿素生产。

三、结语

回顾世界合成氨工业 100 年和我国合成氨工业 80 年的发展历程，合成氨工业仍然是人工固氮获得活化态氮的主要途径，仍然是不可替代的，并必将通过技术进步不断得到持续发展。数十年来我国持续专注于煤头合成氨的发展，恰好契合了目前合成氨工业的发展趋势，使我国合成氨工业无论在生产能力还是技术创新上都将在世界上占据越来越重要的地位。我国合成氨工业的未来发展在于以下方面。

① 引领合成氨原料结构调整的潮头。我国油头合成氨装置将全部被淘汰，气头合成氨将在限制中发展，而煤头合成氨将是今后国内合成氨发展的主要方向。

② 规模方面上大压小、产能置换，顺应了低碳经济的时代潮流。生产农用碳铵的小型氮肥厂即将全部淘汰，中型氮肥厂也面临很大压力，大型合成氨唱主角的时代即将来临。

③ 生产工艺技术方面必须与时俱进、与世界同步。研发新型高效氨合成催化剂和低压合成工艺，持之以恒地降低生产成本、提高运行周期，改善经济性能。

④ 在联醇工艺和联碱工艺的基础上，继续深入发展具有中国特色的新型合成氨多联产工艺，联合生产 C1 化工产品及其衍生物产品和轻质碳酸钙系列产品，使以合成氨为主干的"产品树"或"产品链"枝繁叶茂、兴旺发达。

⑤ 节能减排方面，采用洁净煤气化技术、能源梯级利用技术和总能系统，对现有和新建大型煤头合成氨企业进行动力结构调整，并使其成套技术装备实现国产化。

化学肥料生产

化肥工业概况

化肥工业是化学工业中一个非常重要的部门，其发展带动了化学矿开采工业、硫酸工业、合成氨工业等的发展。化肥工业对于保障粮食安全和促进农民增收具有十分重要的作用。在我国耕地面积减少和人口增加的双重压力下，增加化肥的施用量是提高粮食单产解决温饱问题的重要措施。

一、我国化肥行业的基本特点

我国化肥工业经过 60 多年的大力发展，已经形成了一整套完整的工业体系，在生产能力、技术装备水平、产品种类、产业竞争力、节能及资源综合利用等各方面均有较大程度提高，对于保障我国农业稳产、高产，促进我国工业化、城镇化和农民增收减支起到了重要作用。我国化肥工业具有以下主要特点。

① 由于本大利薄，化肥工业多倾向于在原料产地建厂，大规模集中生产高浓度的化肥有利于降低生产成本。同时，产品结构持续优化，高浓度化肥产量已占绝对比重，钾肥自给率明显上升。

② 化肥生产装置的大型化、集团化成为化肥工业技术进步和经济效益提高的重要标志。

③ 为了便于散装运输、节省包装费用和适合于用机具施肥，多数化肥制成颗粒，化肥生产中发展了多种造粒技术。

④ 农业的科学施肥，要求化肥工业为各种农作物和不同性质土壤的农业生产提供品种和规格繁多的化肥，故存在大量的肥料再加工行业。

⑤ 现代化肥工业在资源综合利用、循环经济和环境保护工作方面都取得了良好的进展。

二、我国化肥工业现状

我国是化肥生产和消费大国，经过多年努力，尿素、磷铵等主要化肥产品从大量依赖进口到自给有余，钾肥国内保障能力不断增强，对国民经济和社会发展做出了重要贡献。

"十一五"期间我国主要化肥品种产量

化肥品种	2005 年产量/万吨	2010 年产量/万吨	年均增长率/%
合成氨	4597	4963	1.5
化肥总计(折纯)	5178	6620	5.0

化肥品种	2005 年产量/万吨	2010 年产量/万吨	年均增长率/%
氮肥（折氮 N）	3809	4521	3.5
尿素（折氮 N）	1995	2516	4.7
磷肥（折 P_2O_5）	1206	1701	7.1
磷铵（折 P_2O_5）	488	1057	16.7
钾肥（折 K_2O）	259	397	20.1
氯化钾（折 K_2O）	176	239	6.3

三、化肥工业技术进步重点

化肥工业技术进步重点表现在以下几方面。

1. 氮肥

新型煤气化（水煤浆、干粉煤等），大型高效净化、合成，热-电联产和综合利用。

2. 磷肥

中低品位磷矿利用，磷酸精制，磷矿伴生资源利用，氟回收和高附加值氟产品，硫铁矿铁资源回收，低浓度烟气回收制酸，硫酸余热利用技术，磷石膏低能耗制硫酸联产水泥、制硫酸钾副产氯化铵、制缓凝剂、化学法转化等磷石膏综合利用技术。

3. 钾肥

钾矿伴生资源综合利用技术，盐湖卤水直接提取硫酸钾技术，难溶性钾资源利用，硝酸钾生产，海水提钾技术。

4. 复混肥

缓控释肥料和掺混肥料生产技术及装备，水溶性肥料、新型包裹材料和制剂生产技术，建立和完善复混肥标准。

项目 七

尿素生产

项目导言

本项目主要介绍了水溶液全循环法和汽提法尿素生产工艺。水溶液全循环法采用减压加热将甲胺分解、汽化，实现未反应物与尿素分离。二氧化碳汽提法在汽提塔内进行，合成反应液在管内与新鲜 CO_2 逆流接触，管外用蒸汽加热，使甲胺进行汽提分解。二氧化碳汽提法生产流程短，循环物料量少，动力消耗低，热能利用率高，是尿素生产技术改进的方向。

能力目标

1. 能够分析尿素合成与未反应物分离与回收原理，并确定合适的工艺条件；
2. 能够绘制水溶液全循环法尿素合成工序的工艺流程图；
3. 能够分析尿素合成副反应发生的原因并提出相应的预防措施；
4. 能够分析尿素合成塔的结构特点并掌握其操作控制要点；
5. 能够根据尿素-水二元体系相图，确定尿素溶液加工过程的工艺条件。

任务一　尿素合成

一、尿素概述

1. 尿素的性质

尿素最先由罗埃尔（Rouelle）于1773年蒸发人尿时发现而得名。1828年德国科学家维勒（Wöhler）在实验室首先用氨和氰酸合成了尿素，这是人类首次由无机物合成有机化合物，具有划时代意义。

（1）尿素的物理性质　尿素别名碳酰二胺、碳酰胺、脲，分子式为$CO(NH_2)_2$，相对分子质量60.06，外观为无色或白色针状结晶体或粉末，工业品为白色略带微红色固体颗粒，无臭无味，密度$1.335g/cm^3$，熔点132.7℃。尿素具有吸湿性，易溶于水，在20℃时100ml水中可溶解105g。溶于醇，不溶于乙醚、氯仿。

（2）尿素的化学性质　尿素水溶液呈微碱性，可与酸作用生成盐，如与硝酸和盐酸作用分别生成硝酸尿素$[CO(NH_2)_2 \cdot HNO_3]$、盐酸尿素$[CO(NH_2)_2 \cdot HCl]$等。

尿素在60℃以下几乎不水解，当加热到60℃以上时缓慢水解，随着温度的升高而加快，温度到100℃时尿素水解速度明显加快，在145℃以上剧烈水解。常温下在酶作用下能缓慢水解生成氨和二氧化碳，这是尿素作为化肥使用时被农作物吸收时的反应。尿素水解的最初产物是氨基甲酸铵，然后转化成碳酸铵，最后再分解为氨和二氧化碳。

$$CO(NH_2)_2 + H_2O \Longrightarrow NH_2COONH_4 \tag{7-1}$$

$$NH_2COONH_4 + H_2O \Longrightarrow (NH_4)_2CO_3 \tag{7-2}$$

$$(NH_4)_2CO_3 \Longrightarrow CO_2 + 2NH_3 + H_2O \tag{7-3}$$

总反应式为：

$$CO(NH_2)_2 + H_2O \Longrightarrow 2NH_3 + CO_2 \tag{7-4}$$

尿素对热不稳定，在高温下可进行缩合反应，加热至150～160℃脱氨生成缩二脲、缩三脲和三聚氰酸。尿素的缩合反应是尿素溶液加工过程的有害副反应，缩二脲、缩三脲能抑制种子发芽，我国规定肥料用尿素缩二脲含量应小于0.5%。加热至160℃分解，产生氨气同时变为氰酸。

$$2CO(NH_2)_2 \xrightarrow{150\sim160℃} NH_2CONHCONH_2 + NH_3 \tag{7-5}$$

$$NH_2CONHCONH_2 + CO(NH_2)_2 \xrightarrow{150\sim160℃} NH_2CONHCONHCONH_2 + NH_3 \tag{7-6}$$

$$NH_2CONHCONHCONH_2 \xrightarrow{150\sim160℃} (HCNO)_3 + NH_3 \tag{7-7}$$

$$CO(NH_2)_2 \xrightarrow{160℃} HCNO + NH_3 \tag{7-8}$$

2. 尿素的用途

（1）用作化肥　尿素含氮46.22%，是固体氮肥中含氮量最高的氮肥。属中性速效肥料，也是生产多种复合肥料的优质氮源，尿素总产量中约90%是应用于化肥方面。在土壤中不残留任何有害物质，长期施用没有不良影响。尿素是有机态氮肥，经过土壤中的脲酶作用，水解成碳酸铵或碳酸氢铵后，才能被作物吸收利用。因此，尿素要在作物的需肥期前4～8天施用。尿素施入土壤后，以分子态溶于土壤溶液中，并能被土壤胶体吸附。水解产物碳酸铵很不稳定，所以施用尿素应深施盖土，防止氮素损失。

（2）用作工业原料　约10%的尿素产量应用于工业原料方面。在有机合成中，尿素能与甲醛反应，缩聚成脲醛树脂，与水合肼作用生成氨基脲。尿素与乙酰氯或乙酸酐作用可生成乙酰脲与二乙酰脲，在乙醇钠作用下与丙二酸二乙酯反应生成丙二酰脲。尿素是一种非常有效的蛋白质变性物质，它可以有效地破坏非共价键结合的蛋白质，可以提高一些蛋白质的可溶性。纺织工业中，尿素在染色和印刷过程中是一种重要的辅助剂，它可以提高颜料的可溶性并使纺织品在染色后保持一定的湿度。医药工业中，尿素是生产利尿剂、镇静剂、止痛剂等的原料。此外，在石油纤维素、造纸、炸药、制革、染料和选矿等生产中也需要用到尿素。

（3）用作反刍动物的辅助饲料　反刍动物胃中的微生物能将尿素的胺态氮转变为蛋白质，使肉、奶增产。但作为动物辅助饲料的尿素规格和用法有特殊要求，要谨慎使用、科学使用。

3. 尿素质量标准

1991 年我国颁布的工农业用尿素标准如表 7-1 所示（GB 2440—91）。

表 7-1　尿素质量指标

指标名称	工业用			农业用		
	优等品	一等品	合格品	优等品	一等品	合格品
颜色	白色			白色或浅色		
总氮（N）含量（以干基计）/% ≥	46.3	46.3	46.3	46.3	46.3	46.0
缩二脲含量/% ≤	0.5	0.9	1.0	0.9	1.0	1.5
水分（H_2O）含量/% ≤	0.3	0.5	0.7	0.5	0.5	1.0
铁含量（以 Fe 计）/% ≤	0.0005	0.0005	0.0010			
碱度（以 NH_3 计）/% ≤	0.01	0.02	0.03			
硫酸盐含量（以 SO_4^{2-} 计）/% ≤	0.005	0.010	0.020			
水不溶物含量/% ≤	0.005	0.010	0.040			
粒度（0.85～2.80mm）/% ≥	90	90	90	90	90	90

4. 国内尿素生产现状

据中国氮肥工业协会统计，我国现有尿素生产企业 200 多家，规模分为大型（引进 48 万吨/年以上）、中型（13 万～30 万吨/年以上）、小型（4 万～13 万吨/年）。据统计，2008～2009 年新建装置产能为 715 万吨，2010 年我国尿素产能大约为 6700 万吨，到 2011 年底全国尿素产能达到 7000 万吨以上。目前，我国已投产的大型尿素装置为 31 套，具有年产 30 万吨合成氨、48 万吨或 52 万吨尿素的生产能力。不同原料生产的尿素占总量的比例分别为：以煤为原料占总产量的 66.1% 和 68.2%；以天然气为原料的分别为 31.0% 和 27.8%，其他为 3.0% 和 3.7%。我国中小氮肥企业中 90% 采用煤为原料，近年来大型煤头合成氨氮肥产能发展较快。

二、尿素生产技术

目前，工业上都采用液氨和二氧化碳为原料，在高温高压条件下直接合成尿素。我国尿素生产中、小型氮肥厂主要采用水溶液全循环法。水溶液全循环法是将未反应的 NH_3 和 CO_2 用水吸收生成甲铵或碳酸铵水溶液循环返回系统，工业上由 NH_3 与 CO_2 直接合成尿素分下列 4 个步骤进行：

① NH_3 与 CO_2 的原料供应及净化；

② NH₃ 与 CO₂ 合成尿素；
③ 尿素熔融液与未反应生成尿素物质的分离和回收；
④ 尿素溶液的加工。

1. 尿素生产原料

（1）液氨和二氧化碳（表 7-2）

表 7-2　液氨和二氧化碳的主要物理性质

项目	临界温度/℃	临界压力/atm	临界比容/(m³/kg)	密度/[g/L(标态下)]	沸点/℃	凝固点/℃
液氨	132.4	111.5	4.26	0.760	−33.35	−77.7
二氧化碳	31	72.9	0.002137	1.9248	−56.2	−78.48

（2）尿素生产对液氨和二氧化碳的质量要求（表 7-3）

表 7-3　液氨和二氧化碳的质量要求

液氨(质量分数)			二氧化碳(体积分数)				
氨	油	水及惰性物	CO₂	H₂S	H₂	CO	CH₃OH
>99.5%	<0.001%	<0.5%	>98.5%	<2mg/m³	<1.0%	<0.2%	<0.03%

2. 尿素合成的基本原理

工业生产尿素是由合成氨和二氧化碳直接合成，其总反应可以表示为：

$$2NH_3(l) + CO_2(g) \rightleftharpoons CO(NH_2)_2(l) + H_2O(l) + 103.7kJ/mol \tag{7-9}$$

这是一个可逆的放热反应，且需在高温（一般为 180℃）、高压（>14MPa）下进行，氨与二氧化碳只能部分转化为尿素。在工业生产情况下，二氧化碳的转化率仅为 50%～70%，氨的转化率更小，约为 25%～35%。未反应的氨和二氧化碳必须进行分离回收与循环使用，采用将合成熔融物等压汽提或减压加热分解方法。

对尿素的合成反应机理研究认为，该反应是在液相中分两步进行的。第一步：液氨与气体二氧化碳反应生成氨基甲酸铵（简称甲铵）。

$$2NH_3(l) + CO_2(g) \rightleftharpoons NH_2COONH_4(l) + 119.2kJ/mol \tag{7-10}$$

这是一个强放热的快速反应，二氧化碳的平衡转化率很高。

第二步：甲铵溶液脱水生成尿素。

$$NH_2COONH_4(l) \rightleftharpoons CO(NH_2)_2(l) + H_2O(l) - 15.5kJ/mol \tag{7-11}$$

这是一个微吸热的化学反应，反应速度较慢，要相当长的时间才能达到平衡，该反应必须在液相中进行才能有明显的速度，它是合成尿素过程中的控制步骤。工业生产中，为了实现式（7-10）和式（7-11）两个反应，有两种方法：一种是式（7-10）主要在预反应器内进行，式（7-11）主要在尿素合成塔内，两个反应相对独立完成，如水溶液全循环法；另一种是将这两个反应分别在高压甲铵冷凝器和尿素合成塔中进行，如二氧化碳汽提法等。因甲铵生成反应释放大量热量，后者可在高压甲铵冷凝器回收反应热，对节能降耗有利，因此生产成本更低。

工业生产中，为了提高尿素的转化率都采用过量氨与二氧化碳反应，因此生成尿素的程度定义为尿素的转化率或简称为 CO₂ 转化率。有下列两种计算方法：

$$尿素转化率(\%) = \frac{转化为尿素的 CO_2 摩尔数}{原料中 CO_2 的摩尔数} \times 100\%$$

$$尿素转化率(\%) = \frac{尿素质量(\%)}{尿素质量(\%) + 1.365 \times CO_2 质量(\%)} \times 100\%$$

3. 影响尿素合成反应平衡的因素

（1）温度　尿素合成反应主要取决于甲铵脱水的速度式（7-11）。随着温度上升，甲铵脱水反应平衡常数增大，反应速度也加快。因此，提高温度对尿素的反应有利。但是，转化率并不与温度成简单的正比关系，在某一温度下转化率有极大值，当超过此温度后平衡转化率反而下降，如图7-1。这是因为：尿素合成总的平衡常数 K 和甲铵脱水生成尿素的平衡常数 K' 之间存在一种矛盾关系。当温度在一定范围时，甲铵脱水生成尿素的反应为控制过程，故吸热反应随着温度的升高 K' 增大，即 K 也增大。当温度超过这一范围时，甲铵离解反应逐渐变为控制过程，随温度的升高，K' 反而减小，甲铵浓度下降，从而降低了尿素转化率，出现最大转化率的温度范围大约是 $190\sim200℃$（图7-1）。

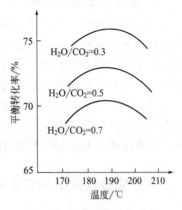

图 7-1　尿素平衡转化率与
温度的关系

（2）氨碳比（NH_3/CO_2）a　以二氧化碳为基准，超过化学计量比的氨称为过量氨，通常用氨碳比（NH_3/CO_2）表示。氨碳比是指原始反应物料中 NH_3/CO_2 的摩尔比，常用符号 a 表示。氨碳比增加会增加平衡转化率，其关系如图7-2所示。根据平衡移动原理可知，增加反应物 NH_3 的浓度，使反应有利于向生成物方向进行，必然能够提高二氧化碳的转化率。过量氨还可以与生成的水结合，降低水的活度，使平衡向生成尿素和方向进行。过量氨可以控制合成塔自热平衡和维持合适的反应温度。系统内过量氨还可抑制副反应，并能降低腐蚀作用。但是 $NH_3/CO_2>5.63$ 时，随着氨碳比的增加，平衡转化率反而降低。

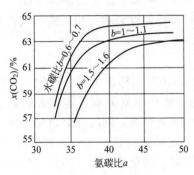

图 7-2　氨碳比对尿素平衡
转化率的影响

（3）水碳比（H_2O/CO_2）b　水碳比是指原料中水和二氧化碳的摩尔比。从平衡移动原理可知，增加水即增加了生成物的浓度，将使尿素平衡转化率下降。在水溶液全循环法中，都有一定量的水随循环回收的甲铵溶液返回合成塔，因此，生产过程需严格控制其中水的含量。据资料介绍，每当物料中 H_2O/CO_2 增加 0.1，合成转化率则降低 1% 左右。

（4）压力　在尿素的合成过程中，高温下的甲铵容易分解为氨和二氧化碳，从而使尿素的转化率下降，所以尿素在合成过程中操作压力必须大于其平衡压力。平衡压力值是不固定的，它随着物料组分不同，NH_3/CO_2、温度不同，平衡压力也不同。温度对平衡压力影响如图7-3所示。系统平衡压力与物料的 NH_3/CO_2 有关，而且在每一温度下，都有一最低平衡压力。温度越高，最低压力点两侧的曲线斜率的倾向越明显。表现为：图的左侧斜率要比右侧斜率大得多，也就是说，如果 NH_3/CO_2 在最低压力点的左侧，则 NH_3/CO_2 稍有减少，平衡压力将增加较大。同时，最低平衡压力点均不在 NH_3/CO_2 等于2处而是大于2，且随温度升高，最低平衡压力点趋于 NH_3/CO_2 高的方向，温度降低，最低

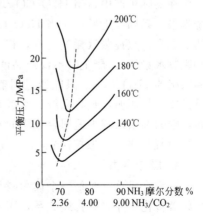

图 7-3　不同温度下 NH_3 与
CO_2 的平衡压力

平衡压力点趋于 NH_3/CO_2 等于 2 处。在较高温度下，NH_3/CO_2 对平衡压力敏感，NH_3/CO_2 稍有变动平衡压力变化很大。图中虚线称为最低平衡压力时的轨迹。

4. 尿素合成副反应及控制

（1）水解反应 尿素的水解反应是尿素合成的逆反应，尿素浓度低时，水解率大。过量氨有抑制尿素水解的作用。影响水解反应的主要因素有过量氨、停留时间和反应温度。为了避免尿素溶液的水解，除了采用氨过量之外，工业生产上还采用控制尿素溶液在蒸发系统中的停留时间和较低的分解温度等措施。

（2）缩合反应 尿素在高温下可以进行缩合反应，生成缩二脲、缩三脲、三聚氰酸等。尿素的缩合反应与水解反应一样，主要发生在尿素溶液蒸发浓缩阶段，为了避免尿素缩合反应，可采用氨过量、缩短尿素溶液在蒸发系统中的停留时间和降低分解温度等措施。

三、尿素合成的工艺条件的优化

1. 温度

为了获得最高的尿素转化率，按工艺要求，温度选择在最大转化率的温度范围内，并同时兼顾合成塔衬里的耐腐蚀温度范围。当合成塔操作温度采用 200℃，要比采用 190℃时反应速度约大一倍，而平衡转化率仅下降 1% 左右，而且这也与目前常用的尿素合成塔材质的耐腐蚀温度范围上限相差不大，所以工业上常选用 185～200℃ 为尿素合成的操作温度。合成过程中，气液两相间的平衡对反应温度起着决定性作用，操作温度必须≤相应操作压力下的物系平衡温度。

2. NH_3/CO_2

NH_3 过量能提高 CO_2 转化率，同时能与水结合生成 NH_4OH，移出了部分产物，促使平衡向生成尿素的反应方向移动。过剩氨还会抑制甲铵的分解和尿素的缩合等有害的副反应。但是氨碳比过高必然要提高尿素合成的平衡压力，增加动力消耗，同时还会增加系统回收氨的负荷，此外还必须考虑尿素合成塔的热平衡。因为一般采用自热平衡式尿素合成塔，当氨碳比过多时有可能引起自热平衡的破坏，使反应温度下降，转化率下降。因此，只有选择最大尿素生成速度时的氨过剩率为最适宜，对水溶液全循环法流程 NH_3/CO_2 以 4.0 左右为宜，二氧化碳汽提法流程 NH_3/CO_2 以 2.9 左右为宜。

3. H_2O/CO_2

在实际生产中，当 H_2O/CO_2 增加 0.1 时，合成转化率下降 1.5%～2%，这将给整个系统带来一系列严重后果。当 H_2O/CO_2 过高时将造成转化率的下降，汽提塔需分解的甲铵量明显上升，汽提蒸汽耗量上升，相应条件下低压分解回收系统负荷将增大（含分解用蒸汽量和吸收水量等），严重时不仅产品消耗上升，而且将引起系统水平衡破坏的恶性循环。要控制系统的 H_2O/CO_2，只能通过调整低压甲铵液的含水量来控制，而控制低压甲铵液的含水量又要从低压循环吸收系统、水解系统进行全面调整来实现，必要时采取将部分低压分解气体放空的办法来减少返回合成塔的水量。水溶液全循环法中，水碳比一般控制在 0.6～0.7，CO_2 汽提法中，一般控制在 0.3～0.4。

4. 操作压力

尿素合成总反应是一个体积减小的反应，提高压力尿素转化率也随之增大。但合成压力与尿素转化率并非呈直线关系，压力升高至一定值，尿素转化率趋于一个定值，再升高压力转化率并不会增大，而设备投资、操作运行费用都将增加。工业生产中所选用的操作压力一定要高于甲铵的平衡压力。由于工业生产上所用的原料二氧化碳纯度不是 100%，加之为了防止合成塔设备腐蚀向原料二氧化碳气体中加入0.5%的空气或氧气，这样增加了惰气分压提高了操作压力，故尿素合成的操作压力，以合成塔顶物料沸点的平衡压力为基准，选择操作压力要高于平衡压力约2～3MPa。例如，对水溶液全循环法来说，当操作温度为190℃和NH_3/CO_2为4.0时，对应的平衡压力为18.0MPa，故其操作压力约为20MPa。对于二氧化碳汽提法在183℃、NH_3/CO_2为2.85时，平衡压力为12.5MPa，与之对应的操作压力为14MPa左右。

5. 停留时间

由式(7-10)可知，甲铵生成反应速率极快而且反应比较完全，而式(7-11)表明，甲铵脱水反应速率较慢，转化率一般不超过70%。所以尿素合成反应时间主要是指甲铵脱水生成尿素的时间，甲铵脱水速率随温度升高和NH_3/CO_2的增大而加快。为了使甲铵脱水反应进行得比较完全，就必须使物料在合成塔内有足够的停留时间。但是，反应时间过长，设备体积要增大，生产能力下降，很不经济。另外，高温下停留时间太长，甲铵的不稳定性增加，尿素的水解、缩合反应加剧，操作控制难度增加。同时，反应时间过长时，尿素合成的转化率提高很少甚至出现负增长（图7-4）。

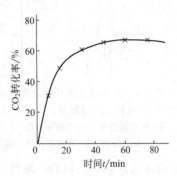

图7-4 停留时间与尿素
转化率的关系
（$p=22$MPa，$T=188$℃，
$a=4.04$，$b=0.66$）

由图7-4可知，尿素合成反应时间在40min内，停留时间对转化率有明显影响，当停留时间超过60min，转化率几乎没有变化，甚至出现下降趋势。工业生产上对于反应温度为180～190℃的装置，一般确定反应时间为40～60min，对于反应温度为200℃的装置，反应时间为30min左右，尿素合成反应时间的确定还与合成塔的内部结构有关。

四、尿素合成工艺流程的组织

尿素合成工艺流程有多种，其中以全循环法中水溶液全循环法和汽提法两类流程应用最为普遍。水溶液全循环法流程在尿素生产中也有多种工艺流程，如我国的甲铵水溶液全循环法和日本的三井东压水溶液全循环改良C法和D法流程。

1. 水溶液全循环法工艺流程

水溶液全循环法尿素合成工序工艺流程如图7-5所示。

由合成氨厂来的液氨经液氨升压泵将压力升高至2.5MPa，通过液氨过滤器除去杂质，送入液氨缓冲槽。由分离与回收一段循环来的液氨送入液氨缓冲槽的回流室，其中一部分液氨用作一段循环的回流氨，多余的循环液氨流过溢流隔板进入原料室与新鲜液氨混合，压力为1.7MPa左右，进入高压氨泵，将液氨加压至20MPa。高压液氨经预热器升温至45～55℃，然后进第一反应器。

经净化后的二氧化碳气体于进气总管与防腐氧气混合，进入一个带有水封的气液分离器，将气体中的液滴分离除去，然后进二氧化碳压缩机，将气体加压至20MPa。再进入预反应器与液氨和来自循环回收段的甲铵溶液进行反应，约有90%左右的二氧化碳生成甲铵，反应释放的热量使溶液温度升高至170～175℃，进入合成塔，使未反应完的二氧化碳在塔内继续反应生成甲铵，同时甲铵脱水生成尿素。物料在塔内停留40～60min，二氧化碳转化率达62%～64%。含有尿素、过量氨和未转化的甲铵以及少量游离二氧化碳的尿素溶液

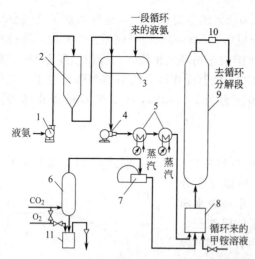

图 7-5　水溶液全循环法尿素合成工序工艺流程
1—液氨泵；2—过滤器；3—缓冲槽；4—高压氨泵；
5—液氨预热器；6—气液分离器；7—二氧化碳压缩机；
8—预反应器；9—合成塔；10—减压阀；11—水封

从塔顶出来，温度约为 190℃ 左右，经自动减压阀减压至 1.7MPa，进入循环工序。

水溶液全循环法生产工艺简单成熟，操作方便可靠，高压设备较少、投资省，机泵和非标设备均国产化。其主要特点是采用高压合成、操作压力约 20MPa，温度 180～190℃，转化率 62%～64%，尾气压力、温度均较低，爆炸的危险性小；其未反应物采用减压加热分解回收、尿素溶液采用二段蒸发浓缩及塔式造粒，热利用效率较低，能耗较高，动力消耗较大。

水溶液全循环法存在的主要问题有以下几点。

① 能量利用率低。尿素合成总反应是放热的，但因加入大量过剩氨以调节反应温度，反应热没有加以利用。据估算，包括合成系统的液氨预热、一段和二段循环系统的分解与解吸、尿液的蒸发等，每生产 1t 尿素需耗热量约 4000kJ，折蒸汽 1500kg。目前可回收的热量很少。此外，在一段氨冷凝器、二段甲铵冷凝器中冷凝热未加利用，需消耗大量冷却水。

② 一段甲铵泵腐蚀严重。高浓度甲铵液在 90～95℃ 时循环入合成塔，加剧了对甲铵泵的腐蚀，因此一段甲铵泵的维修较为频繁，这已成为水溶液全循环法的一大弱点。

③ 未反应物分离与回收工艺流程过于复杂（详情请见任务二）。

2. 二氧化碳汽提法工艺

汽提法是针对水溶液全循环法的缺点而提出的，该法在简化流程、热能回收、延长运转周期和减少生产费用等方面都较水溶液全循环法优越。汽提法是通过汽提剂的作用，在与合成等压的分解压力下，使合成反应液中未转化的甲铵和过剩氨具有较高的分解率的一种尿素生产方法。按汽提剂的不同，汽提法有二氧化碳汽提法、氨汽提法和变换气汽提法等。目前，具有全球竞争力的汽提法尿素生产技术主要有：荷兰斯塔米卡邦（Stamicabon）CO_2 汽提流程、意大利斯那姆（Snam）氨汽提流程等。前者于 1967 年建立第一套二氧化碳汽提法工业装置。现已成为世界上建厂最多、生产能力最大的生产方法，单系列最大规模可达 2100～3000t/d。

（1）二氧化碳汽提法工艺流程　二氧化碳汽提、循环、回收过程的工艺流程如图 7-6 所示。尿素合成反应液从合成塔 1 底部排出，经液位控制阀流入汽提塔 2 的顶部，温度约 183℃，经液体分布器均匀流入汽提管内，与汽提塔底部进入的二氧化碳气在管内逆流汽提，汽提塔管外用 2.1MPa 蒸汽加热，将大部分甲铵和过剩氨分解及解吸，汽提后尿液由塔底引出，经自动减压阀降压到 0.3MPa。由于降压，甲铵和过剩氨进一步分解、气化，吸取尿液内部的热量，使溶液温度下降到约 107℃。气液混合物进入精馏塔 3，喷洒在鲍尔环填料上，然后尿液从精馏塔填料段底部送入循环加热器 4，被加热至约 135℃ 时，返回精馏塔下部分离段。在此气液分离，分离后的尿液含甲铵和过剩氨极少，主要是尿素和水，由精馏塔底部引出，经减压后再进入真空蒸发系统。

汽提塔顶部出来的气体进入高压甲铵冷凝器管内，与高压喷射器来的原料液氨和回收的甲铵液反应，大部分生成甲铵，其反应热由管外副产蒸汽移走。反应后的甲铵液及未反应的

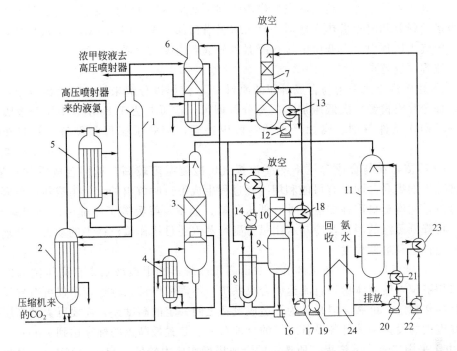

图 7-6　二氧化碳汽提、循环、回收过程的工艺流程

1—尿素合成塔；2—汽提塔；3—精馏塔；4—循环加热器；5—高压甲铵冷凝器；6—洗涤器；7—吸收塔；
8—低压甲铵冷凝器；9—液位槽；10—吸收器；11—解吸塔；12,14,17—循环泵；13—循环冷凝器；
15,18,23—冷却器；16—高压甲铵泵；19—冷凝液泵；20—给料泵；
21—热交换器；22—给料升压泵；24—氨水槽

NH_3、CO_2 气分两路进入尿素合成塔底部，在此未反应的 NH_3、CO_2 继续反应，同时甲铵脱水生成尿素。尿素合成塔顶部引出的未反应气，主要含 NH_3、CO_2 及少量 H_2O、N_2、H_2、O_2 等气体，进入高压洗涤器上部的防爆空间，再引入高压洗涤器下部的浸没式冷凝器冷却管内。管外用封闭的循环水冷却，使管内充满甲铵液，未冷凝的气体在此鼓泡通过，其中 NH_3 和 CO_2 大部分被冷凝吸收，含有少量 NH_3、CO_2 及惰性气体再进入填料段。由高压甲铵泵打来的甲铵液经由高压洗涤器顶部中央循环管，进入填料段与上升气体逆流相遇，气体中的 NH_3 和 CO_2 再次被吸收。吸收 NH_3 和 CO_2 的浓甲铵液温度约 160℃，由填料段下部引入高压喷射器循环使用。未被吸收的气体由高压洗涤器顶部引出经自动减压后进入吸收塔下部，气体经由吸收塔两段填料与液体逆流接触后，几乎将 NH_3 和 CO_2 全部吸收，惰性气体由塔顶放空。精馏塔下部分离段出来的气体经气囱与喷淋液在填料段逆流接触，进行传质和传热。尿液中易挥发组分 NH_3、CO_2 从液相解吸并扩散到气相，气体中难挥发组分水向液相扩散，在精馏塔底得到难挥发组分尿素和水多的溶液。气相得到易挥发组分 NH_3 和 CO_2 多的气体，这样降低了精馏塔出口气体中的水含量，利于减少循环甲铵液中的水含量。由精馏塔顶引出的气体和与解吸塔顶部出来的气体一并进入低压甲铵冷凝器，同低压甲铵冷凝器液位槽的部分溶液在管间相遇，冷凝并吸收，其冷凝热和生成热靠循环泵 14 和冷却器 15 强制循环冷却，然后气、液混合物进入液位槽进行分离。被分离的气体进入吸收器的鲍尔环填料层，吸收剂是由吸收塔来的部分循环液和吸收器本身的部分循环液，经由吸收器循环泵 17 和吸收器循环冷却器 18 冷却后喷洒在填料层上，气液在吸收器填料层逆流相接触，将气体中 NH_3 和 CO_2 吸收，未吸收的惰性气体由塔顶放空，吸收后的部分甲铵液由塔底排出，经高压甲铵泵打入高压洗涤器作吸收剂。蒸发系统回收的稀氨水进入氨水槽，大部分经解吸塔给料泵和解吸塔热交换器，打入解吸塔顶部，塔下用 0.4MPa 蒸汽加热，使氨水分解，分解气由塔顶引出去低压甲铵冷凝器，分解后的废水由塔底排放。

（2）流程主要特点

① 二氧化碳汽提法采用与合成等压的原料 CO_2 汽提以分解未转化的大部分甲铵和游离氨，残余部分只需再经一次低压加热闪蒸分解即可。这可剩去 1.8 MPa 中压分解吸收的操作，免去了操作条件苛刻、腐蚀严重的一段甲铵泵，缩减了流程和设备，并使操作控制简化。

② 高压冷凝器在与合成等压下冷凝汽提气，冷凝温度较高，返回合成塔的水量较少，有利于转化率的提高。同时有可能利用冷凝过程生成甲铵时放出的大量生成热和冷凝热来副产低压蒸汽，除汽提塔需补加蒸汽外，低压分解、蒸发及解吸等工序都可以利用副产蒸汽，从总体上可降低蒸汽的消耗及冷却水用量。副产蒸汽还可用作蒸汽透平的动力，合理利用了能量，使电耗达到最低程度。

③ 二氧化碳汽提法中的高压部分，如出高压冷凝器的甲铵液及来自高压洗涤器的甲铵液，均采用液位差使液体物料自流返回合成系统，不需用甲铵泵输送，不仅可节省设备和动力，而且操作稳定、可靠。但是，为了造成设备之间一定的高度差，需要巨大的高层框架结构来支撑庞大的设备和满足各设备之间的合理布局（装置最高点的标高达到 76m）。

④ 由于采用二氧化碳汽提，所选定的合成塔操作压力较低（14～15MPa），因此节省了压缩机和泵的动力消耗，同时也降低了压缩机、合成塔的耐压要求。便于采用蒸汽透平驱动的离心式 CO_2 压缩机，这对扩大设备的生产能力和提高全厂热能利用十分有利。

⑤ 二氧化碳汽提法转化率较低（58%），由于 NH_3/CO_2 也较低（2.8～3.0），所以在合成塔出口处尿素熔融液中尿素含量高于其他方法（达 34.8%）。在整个流程中循环的物料量较少，动力消耗较低。但是较低的氨碳比又使得在高压部分物料对设备的腐蚀比较严重，短期停车时，必须将合成反应器中的物料迅速放掉以免腐蚀衬里，故其开停车都比较费时费力。此外，因氨碳比较低，故产品中缩二脲含量略高于其他方法。

斯塔米卡邦公司最有代表性的是尿素 2000＋TM 超优工艺，其主要优点：①采用了新型高效的塔盘，新塔盘上设有气体分布系统的液体上升管，以使塔盘上气相和液相混合均匀，可消除常规塔盘上存在沟流和返混的现象；②卧式池式冷凝器取代原立式池式冷凝器，并且具有浸没 U 形管束；③显著降低了尿素主框架的高度，通过采用新型高效塔盘、卧式池式冷凝器、减少合成塔的容积和降低塔的高度、增设借液氨为动力的高压氨喷射器等方法，主框架的高度由原76m 降到 38.5m；④增设 CO_2 脱 H_2 装置，使 CO_2 气中 H_2 体积分数由 0.5% 降到 0.005% 以下。

3. 尿素合成塔

合成塔是尿素尿素生产中的关键设备之一，由于合成尿素是在高温、高压下进行的，而且溶液又具有强烈的腐蚀性，因此，尿素合成塔应符合高压容器的要求，并应具有良好的耐腐蚀性能。

目前，我国采用的尿素合成塔多为衬里式合成塔，主要由高压外筒和不锈钢衬里两大部分构成，不锈钢衬里直接衬贴在塔壁上，其作用是防止合成塔筒体被腐蚀。水溶液全循环法不锈钢衬里式尿素合成塔的结构如图 7-7 所示。这种合成塔在高压筒内壁衬有耐腐蚀的 AISI316L 不锈或者高铬锰不锈钢，其厚度一般在 5mm 以上。在塔内离塔底 2m 和 4m 处设有两块多孔筛板，其作用是促使反应物料充分混合和减少熔融物的返混。一般在该塔之前要设置一个预反应器，使氨、二氧化碳和甲铵溶液在预反应器内充分混合反应后，再进入合成塔以进行甲铵脱水生成尿素的反应。

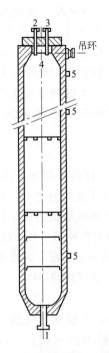

图 7-7　水溶液全循环法不锈钢衬里式
尿素合成塔

1—进口；2—出口；3—温度计口；
4—人孔；5—塔壁温度计孔

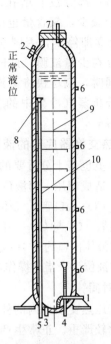

图 7-8　二氧化碳汽提法尿素合成塔

1—气体进口；2—气体出口；3—液体进口；4—甲铵液出口；
5—尿液出口；6—温度指示孔；7—液位传送器；
8—旋涡清除器；9—多孔板；10—溢流管

二氧化碳汽提法尿素合成塔，其结构如图 7-8 所示。年产 520kt 尿素的合成塔内衬 8mm 厚的不锈钢板，塔内装有约 10 块多孔筛（塔）板和溢流管等。塔板的作用主要在于防止物料返混，每段相邻两块塔板之间的物料混合剧烈而均匀，但两段之间物料具有浓度和温度差别，总体上提高了合成塔的转化率和生产强度。这种汽提塔容积利用率高达 95％，不锈钢用量较少，操作方便，在国内外得到广泛应用。

五、尿素合成塔操作控制要点

1. 温度

温度是影响高压热交换器操作的主要因素，游离 NH_3 的蒸发与甲铵的分解均需热量，为了使汽提过程能在一定的温度下进行，保证高压热交换器内物料始终保持熔融状态，就必须保持足够高的温度。因此在结构材料允许的条件下（主要指腐蚀危险），尽量提高温度对汽提是有利的，现用材料的使用温度（壁温）一般不应超过 200℃（设计温度为 225℃），这就对蒸汽侧与工艺侧的温度提出了限制。如 2.0MPa（表）的饱和蒸汽温度为 214℃，则正常操作温度为 180℃左右，适当地改变蒸汽压力，可以改变传热量，从而改变管内的温度。如果生产负荷低，不相应地降低蒸汽压力，则将引起尿液温度升高，从而使缩二脲的生成量和尿素的水解量相应地增加，同时，引起尿液中的氧含量减少而使腐蚀加剧。

2. 氧量

高压热交换器使用一段时间后，要检查分配器堵塞情况。如聚四氟乙烯填料碎块堵塞了液体分布器的孔眼，则没有液体进入管中，此时虽然蒸汽侧温度为210℃，也不会发生腐蚀，而另一部分没有堵孔眼的管子，液体负荷就会增大，液膜增厚，从底部进入的CO_2气量就会减少，氧含量也就随之减少，这时就会发生腐蚀。如果氧含量在5min内低于0.7%，应立即停车，否则就会发生腐蚀。当在关闭合成塔的出液阀后，在高压热交换器列管中还存在少量液膜，此时如果壳侧还有蒸汽加热就会造成腐蚀，所以在关闭合成塔出液阀的同时，应尽快将蒸汽压力降到1.0MPa以下。高压热交换器列管发生少量泄漏时，可通过分析蒸汽冷凝中的NH_3含量来加以确定；当大量泄漏时，壳侧就发生超压，爆破板就会爆破。

3. 高压热交换器底部的液位控制

这在操作上也是十分重要的，即必须在底部保持一定的液位，以防止高压CO_2气体进入低压部分，造成超压。但液位又不能过高，要保证CO_2气的入口高出液面之上。如果液面过高，淹没了CO_2入口管，气体需鼓泡通过，就有可能使CO_2气在换热管内分配不均匀。一旦造成管内缺氧（O_2与CO_2一同进入），很快就会使管材腐蚀。因此在构造上使CO_2入口管伸得较高，比液体出口约高1m左右。但由于在这个高度中贮存的液体量有限，因此要求安装灵敏度很高的液位计来指导操作，这就是在此常用同位素（γ射线）液位计的原因。

4. 停留时间

液体在高压热交换器内的停留时间，按设计要求应小于1min，否则缩二脲的生成及尿素水解均将比较严重。正常生产时，经高压热交换器后缩二脲含量增加0.2%～0.3%，按目前设计数值，尿素的水解率为4%。

尿素生产设备的腐蚀及防护

一、尿素合成塔的主要破坏形式及预防措施

尿素合成塔在使用过程中产生的主要破坏形式有2种，一是内筒泄漏引起的破坏；二是筒节层板和环焊缝发生应力腐蚀断裂而引起的破坏。

1. 内筒的泄漏

尿素合成塔内的尿素溶液（氨基甲酸铵溶液）在反应中对碳钢有强烈的腐蚀作用，一旦穿过不锈钢内筒流至碳钢层板以后腐蚀速度会急剧增加，在较短时间就可以腐蚀扩展到穿透筒壁。内筒的泄漏往往由于内筒上的点腐蚀、缝隙腐蚀、裂纹而引发，在工作条件下引起不锈钢内筒腐蚀的因素很多，其中尿素反应液中存在Cl^-是产生点腐蚀、缝隙腐蚀及裂纹的主要因素。

2. 筒节层板和环焊缝的应力腐蚀断裂

应力腐蚀断裂的特点是几乎完全没有金属宏观体积上的塑性变形，这种断裂会造成压力容器的灾难性事故。由于应力腐蚀裂纹产生、扩展，一直发展至达到和超过临界裂纹长度需要一个过程。因此，能产生应力腐蚀裂纹的压力容器承受到一定拉应力作用，并不马上发生应力腐蚀断裂，而是在经过一段时间以后（几小时、几日、几月甚至几年），往往在没有预兆的情况下发生突然断裂。

上述2种破坏形式中，第二种的预防难度及危害程度显然大于第一种。应力腐蚀断裂发生的条件：一定的拉应力或压力容器金属内部的残余拉应力；金属本身对应力腐蚀的敏感性；能引起该金属发生应力腐蚀的介质。拉应力、敏感金属、特征腐蚀介质是发生应力腐蚀的三个必要条件，三者缺一，应力腐蚀就可能得到预防。

二、尿素-甲铵溶液对设备的腐蚀

自 1915 年由氨和二氧化碳合成尿素的方法用于工业生产以来，腐蚀问题一直是一个老大难问题。直到 1953 年荷兰斯塔米卡邦公司提出在进入尿素合成塔前的二氧化碳中加入 $0.1\%\sim0.3\%$（体积）氧气能提高铬、镍不锈钢在尿素熔融物中的耐腐蚀性。这才使铬-镍不锈钢的腐蚀率降到较低的水平，成为尿素生产中广泛使用的一种材料，使尿素生产工业化、大型化不断发展成为可能。

对二氧化碳汽提法流程来说，由于氨碳比低、温度高、高压设备增多，腐蚀问题十分突出。所以尿素生产中的腐蚀和防腐蚀问题仍然是发展尿素工业的一个重要研究课题。

三、尿素设备的防腐蚀

尿素设备的防腐蚀情况的工艺操作方面取决于液体中溶解氧的浓度、温度、物料组成（NH_3、CO_2、尿素和水）及腐蚀过程有影响的杂质（主要是氯根和硫）的存在与否。

1. 液相中溶解氧的浓度

在不锈钢表面上保持钝化层的最主要因素是在液体中保持足够高的氧浓度。氧在尿素溶液中起缓蚀剂的作用，在于它能使不锈钢和钛材料表面的氧化膜保持完整，使金属得到保护。如果溶液中缺氧，这层氧化膜被破坏以后，金属处于活化状态，其腐蚀速度约增加 1500 倍。

2. 温度

电化学腐蚀速度一般随着温度升高而增长，这是由于温度升高腐蚀电池工作得到强化，腐蚀速度随着温度的变化呈非线性函数变化。例如 Cr18Ni12Mo2Ti 不锈钢在尿素-甲铵溶液中，当温度在 160℃ 以下时，腐蚀速度呈直线增加 3 倍左右。

3. 氨

纯氨对碳钢的腐蚀性不大，因此在尿素生产中，接触液氨的设备和管道可采用碳钢。但在有水分时，由于生成氢氧化铵，故对碳钢产生轻微腐蚀。在尿素-甲铵溶液中含有氨时对降低溶液的腐蚀性是有利的。这是因为氨可以部分中和溶液酸性，提高溶液的 pH，氨能抑制对大多数金属强烈腐蚀作用的氰酸或氰酸铵的生成，还能减轻因大量水存在引起的腐蚀。如果溶液中的 NH_3/CO_2 小于 3，即使在不缺氧的情况下，不锈钢也要产生轻微的腐蚀。

4. 水

溶液中含水量过多，使氨的浓度降低，易使氰酸或氰酸铵生成，而且降低了溶液的 pH，提高了溶液的腐蚀性。水含量过高，还会引起合成液在汽提塔内汽提效率降低，使汽提塔出液温度上升，而加剧汽提塔的腐蚀，这也是汽提塔出液设置高位报警的原因之一，所以降低溶液中的水含量对降低溶液的腐蚀性是有利的。

5. 甲铵和尿素

甲铵的水溶液对大多数金属有强烈的腐蚀作用。特别是在甲铵生成或分解时，其腐蚀性更大。甲铵对许多金属产生强烈腐蚀作用的原因，主要由于它能破坏金属表面的氧化膜及金属由钝化态变为活化态，使腐蚀速度成千倍增长。干燥尿素颗粒对碳钢的腐蚀性不大，但吸潮后，由于发生水解反应，在 100℃ 时有 5% 的尿素转化成氰酸铵。甲铵和氰酸都是强烈的还原剂，能夺取氧化膜中的氧，致使氧化膜遭到破坏，产生严重腐蚀。

四、预防措施

为了预防内筒泄漏造成的破坏，尿素合成塔在设计上采用了检漏系统，每个筒节上都有检漏管孔，进口在上，出口在下。尿素生产企业在运行中通常采用锅炉蒸汽作为检漏介质，蒸汽压力一般在 1.3MPa 左右。运用检漏系统能够及时发现险情，有效防止内筒泄漏引发的更大破坏，所以，操作规程中要求蒸气检漏管道畅通无阻。同时，应当严格工艺操作条件，控制 Cl^- 的含量，做到不超温、不超压运行，避免点腐蚀、裂纹的产生。

任务二 未反应物的分离与回收

从尿素合成塔排出的物料，除含有尿素和水外，尚有未转化为尿素的甲铵、过量氨和二氧化碳及少量惰性气体。不同生产方法及合成条件，其合成塔出口溶液的组成见表7-4。

表 7-4 尿素合成塔出口溶液组成

生产方法	合成塔出口溶液组成（质量分数）/%				
	尿素	氨	二氧化碳	水	其他
水溶液全循环法	31.0	38.0	13.0	18.0	少量
二氧化碳汽提法	34.5	29.2	19.0	17.2	0.1
全循环改良 C 法	36.1	36.9	10.5	16.4	0.1

为了使这些未转化的物质循环利用，首先应使它们与反应产物尿素和水分离开来。分离方法是基于甲铵的不稳定性及 NH_3 和 CO_2 的易挥发性。将合成反应液减压、加热或汽提，使甲铵分解、过量的氨气化，尿素和水则保留在液相中从而实现了分离。对分解与回收的总要求是：使未转化物料尽可能回收并尽量减少水分含量；尽可能避免有害的副反应发生。

一、未反应物的分离与回收原理

由于化学平衡的限制，合成尿素的原料不可能全部转变成尿素，在水溶液全循环法中，按 CO_2 的转化率一般不超过 70%，在 CO_2 汽提流程中，由于 NH_3/CO_2 和反应温度均较低，其转化率仅 56%，合成液中未转化的 NH_3 和 CO_2 则以甲铵、游离 NH_3 和少量游离 CO_2 的状态存在于尿素融物中。如何将这部分未反应物循环使用，这是各种不同的尿素生产工艺流程之间的主要区别就在于分解和回收未反应物的方法不同。

在分解与回收未反应物这个问题上，需要解决好两个方面的问题：①在分解甲铵时，既要尽量减少蒸气用量，又要使分解完全；②分解出来的 NH_3 和 CO_2，能用较少量的水吸收，以免返回合成塔的水量过大，影响转化率。

目前工业上分解甲铵时，所采用的方法是减压、加热或汽提，这些方法都是依据甲铵分解反应的性质所决定的甲铵的分解压力与温度关系及不同温度下纯甲铵的蒸气压（即分解为 NH_3 和 CO_2 的压力）。分解压力越高，所需的分解温度也相应地越高。

1. 减压加热分离的基本原理

在一定条件下，甲铵可以分解为氨和二氧化碳，其反应式为：

$$NH_2COONH_4(l) \rightleftharpoons 2NH_3(g) + CO_2(g) \tag{7-13}$$

分解反应为可逆、体积增大的吸热反应，降低压力或提高温度有利于甲铵的分解。并且，溶液中的游离氨和二氧化碳的溶解度也随温度升高、压力降低而减小，因此减压加热对氨和二氧化碳的解吸也是有利的。从理论上讲，合成塔出口物料减压后压力越低、加热温度越高，甲铵分解和游离氨及二氧化碳的解吸越彻底，但由于副反应和腐蚀等因素的影响，过高的分解温度是不可行的。为了使分解过程的温度不致过高，通常分解压力的选择应低于相应温度下甲铵的分解平衡压力。当分解压力一定时，随着分解过程的进行，液相中挥发性组分 NH_3 和 CO_2 逐渐减少，相应的平衡温度不断升高，即物料的分解温度逐渐升高。为了避免过高的分解温度，同时为了达到比较高的 NH_3 和 CO_2 分解率，最终要使分解过程在比较低的压力下进行。但是，如果合成反应液的分解过程始终选定在最低的压力下进行，将会存在下列问题：在回收工序要回收大量低压的 NH_3 和 CO_2 混合气体再返回合成工序，必然要增大压力，消耗更多能量；另外还需添加大量的水才能将分解出来的低压 NH_3 和 CO_2 回收，而这将导致合成工序水碳比过高，转化率下降；在低压下回收 NH_3 和 CO_2 时，由于温度低，放出的热量利用价值不高。

为了解决以上 3 个问题并保证未转化物全部分解和回收，一般采用多段减压加热分解、多段冷凝吸收的办法。如甲铵水溶液全循环法采用中、低压两段分解和中低压两段吸收。即第一步将尿素熔融物减压到 1.7MPa 左右，并加热到约 160℃，使之第一次分解，称为中压分解；第二步再减压到 0.3MPa，并加热到约 147℃，使之第二次分解，称为低压分解。中压系统分解的未转化物量约占总量的 85%～90%，经两次分解后，甲铵的总分解率可达 97% 以上，过量氨的蒸出率达 98% 以上。残余部分再进入蒸发系统减压蒸发，使残余的氨和二氧化碳全部分解。

生产上通常用甲铵分解率和总氨蒸出率来衡量中压分解或低压分解的程度。已分解成气体的二氧化碳的量与合成熔融液中未转化为尿素的二氧化碳量之比为甲铵分解率。即：

$$\eta_{甲铵} = \frac{\eta_{1CO_2} - \eta_{2CO_2}}{\eta_{1CO_2}} \times 100\% \qquad (7\text{-}13)$$

式中 $\eta_{甲铵}$ ——甲铵分解率，%；

η_{1CO_2} ——进分解塔熔融尿液中 CO_2 物质的量，mol；

η_{2CO_2} ——出分解塔熔融尿液中 CO_2 物质的量，mol。

从液相中蒸出氨的量与合成反应熔融液中未转化成尿素的氨量之比为总氨蒸出率，即：

$$\eta_{总氨} = \frac{\eta_{1NH_3} - \eta_{2NH_3}}{\eta_{1NH_3}} \times 100\% \qquad (7\text{-}14)$$

式中 η_{1NH_3} ——进分解塔熔融尿液中 NH_3 物质的量，mol；

η_{2NH_3} ——出分解塔熔融尿液中 NH_3 物质的量，mol；

$\eta_{总氨}$ ——总氨蒸出率。

2. 未转化物的回收

从分解塔或汽提塔出来的分解气中主要含有氨、二氧化碳、水蒸气和一些惰性气体，水溶液全循环法用水来吸收 NH_3 和 CO_2，使之以高浓度甲铵溶液形式循环返回合成塔。

为了简化工艺过程和降低动力消耗，分解气的回收采用与分解过程相同的压力和相应的段数。分解过程为多段顺流流程，吸收过程则为多段逆流流程（图 7-9）。一般在低压回收段采用一定量的水将 NH_3 和 CO_2 充分予以回收；在中压回收段，则利用低压回收段获得的稀甲铵液为介质回收中压分解气中的 NH_3 和 CO_2，这样就可减少甲铵液中的水量，保证了合成工序 H_2O/CO_2 比不致过高，达到了尽可能回收 NH_3、CO_2，又维持了整个合成系统的水平衡。

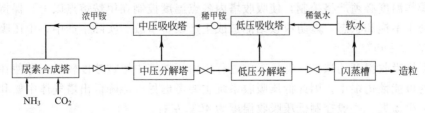

图 7-9 未反应物分离回收工艺流程示意

分解过程为多段顺流流程，吸收过程为多段逆流流程的特点，对降低吸收过程的浓度差推动力，减少吸收过程不可逆性，达到节能降耗的目的具有重要意义。使返回合成塔的水量减少，吸收率提高，吸收设备的生产能力增大。

二、未反应物的分离与回收工艺条件分析与选择

1. 温度的选择

（1）中压分解温度的选择　由图 7-10 可知，升高温度，对甲铵的分解和过量氨及二氧化碳的解吸都是有利的。当温度为 160℃ 左右时，甲铵分解率和总氨蒸出率几乎相等，分解反应接近平衡。当温度高于 160℃ 以上甲铵分解率和总氨蒸出率提高非常缓慢。此外，温度升高，尿素的水解和缩合反应加剧，同时，气相中的水分含量增多，而气相含水量增加势必使回收液中的水量增多，从而使循环进入合成塔的甲铵溶液浓度下降，对系统的水平衡不利，使尿素转化率降低。分解温度高，分解出来的气体温度就高，这对于气体回收也不利的。况且，分解温度过高，甲铵对设备的腐蚀加剧，加热蒸汽和回收时冷却水消耗量均要增加。

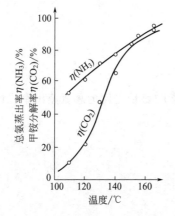

图 7-10　中压分解温度对甲铵分解率和总氨蒸出率的影响（1.7MPa）

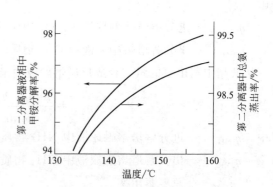

图 7-11　低压分解温度对甲铵分解率和总氨蒸出率的影响（0.3MPa）

综上所述，中压分解温度一般控制在 160℃ 左右。

（2）低压分解温度的选择　由图 7-11 可知，随着温度的升高，甲铵分解率和总氨蒸出率也相应增加，即提高温度有利于分解反应的进行。经中压分解后，尿素熔融液中的尿素和水分含量已大大增加，氨含量相应减少，如果分解温度太高，则必然使尿素的水解反应和缩合反应加剧，因而分解温度不宜过高，生产上一般控制在 147℃ 左右。

（3）中压吸收温度的选择　采用低温吸收是有利的，但如果温度太低将会有甲铵结晶析出，堵塞设备和管道。在回收过程中既要彻底吸收氨和二氧化碳，又必须防止甲铵结晶。因此，吸收操作温度必须严格控制，使吸收塔内各点温度控制在甲铵熔点以上，保持塔内甲铵溶液始终处于不饱和状态，以防甲铵结晶造成生产设备事故。实际生产中，中压吸收塔操作温度控制在 90～95℃。

（4）低压吸收温度的选择　低压吸收过程中由于溶液中甲铵浓度较低，即使在较低温度下，结晶的可能性仍很小。因此低压吸收系统主要考虑尽可能降低出塔气体中氨和二氧化碳的含量，减少损失，一般控制低压吸收温度为 40℃ 左右。

2. 压力的选择

尿素未反应物分离与回收系统压力的选择应分别从中压分解、中压吸收以及气氨冷凝等方面综合进行考虑。

压力对甲铵分解率、总氨蒸出率以及气相含水量的影响如图 7-12 所示，由图可以看出，甲铵分解率和总氨蒸出率均随压力的降低而急剧增大，因此降低压力对甲铵的分解和氨与二氧化碳的解吸是有利的。但是在确定中压分解压力时还必须同时考虑中压吸收的条件。在工业生产中，若中压分解与中压吸收处于同一压力，对简化流程和方便操作控制是有利的。实际上，中压分解压力与中压吸收压力的选择是相互矛盾的，对分解过程来说，压力越低分解越彻底；而对吸收过程来说，压力越高吸收效果越好。水溶液全循环法中，中压分解产生的气体经过稀甲铵溶液吸收氨和二氧化碳后，须在氨冷凝器中将气氨冷凝成液氨送合成塔循环使用。因此中压分解的压力必须参考氨冷凝器中工艺冷却水所能达到的冷凝温度来确定。要使气氨充分

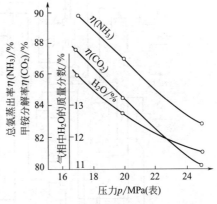

图 7-12　压力对甲铵分解率、总氨蒸出率以及气相含水量的影响

冷凝，操作压力至少要大于氨冷凝器内液氨的饱和蒸汽压。一般工业冷却水的温度取 30℃，冷凝器管内外温差约 10℃，也即气氨大约在 40℃ 下冷凝，此时对应的饱和蒸汽压为 1.585MPa，故中压分解压力一般控制在 1.7MPa 左右。

低压分解产生的气体送低压吸收系统回收利用，采用稀氨水吸收生成稀甲铵溶液，因此低压分解压力主要决定于吸收塔中溶液表面的平衡压力，即操作压力必须大于平衡压力。通常稀甲铵溶液表面上的平衡压力为 0.25MPa，故确定低压分解压力为 0.3MPa 左右。

3. 中压吸收液 H_2O/CO_2 的确定

中压吸收液中的 H_2O/CO_2 的确定对返回合成塔的水量平衡起重要作用，因为吸收液中的 H_2O/CO_2 决定了进入合成塔循环液的 H_2O/CO_2。吸收液中的 H_2O/CO_2 增大，则进入合成塔的 H_2O/CO_2 也增大，二氧化碳转化率会下降，未反应物回收量增加，循环液量增大，进塔总水量也增加，从而会使尿素转化率下降。因此，降低吸收液中的 H_2O/CO_2，对转化率提高是有利的。但 H_2O/CO_2 不能无限降低，因为 H_2O/CO_2 过低，吸收液熔点温度越高则越容易析出甲铵结晶、堵塞设备和管道。此外，从平衡气相中二氧化碳含量的关系上考虑，吸收液 H_2O/CO_2 也不能无限降低。在一定温度和压力下，气相二氧化碳浓度随液相中水含量的增加而下降。为了降低气相中二氧化碳浓度，防止甲铵析出结晶，溶液中 H_2O/CO_2 保持一定的是有必要的。生产上，一般选择吸收液中的 H_2O/CO_2 为 1.8 左右。

三、未反应物的分离与回收工艺流程的组织

1. 水溶液全循环法

以水溶液全循环法生产尿素为例，其分离与回收的工艺流程如图 7-13 所示。

从尿素合成塔来的尿素熔融液经自动减压阀减压至 1.7MPa 后，进入预分离器。在预分离器内气氨、二氧化碳与尿液部分分离，出预分离器的液体温度约 120℃，进入中压分解加热器管内，管外用蒸汽加热，将尿液温度升高至 160℃，使溶液中的甲铵分解，过量氨解吸，然后进入中压分解分离器内进行气液分离。溶液压力再经自动减压阀降至 0.3MPa，使甲铵再分解，过量氨再次解吸，尿液温度降至 120℃。进入精馏塔的顶部喷淋，与低压分解分离器来的气体逆流接触。由于低压分解分离器来的气体温度较高，使尿液温度上升至 134℃ 左右，又有部分甲铵分解和过量氨解吸。出精馏塔的尿液进入低压分解加热器的管内，

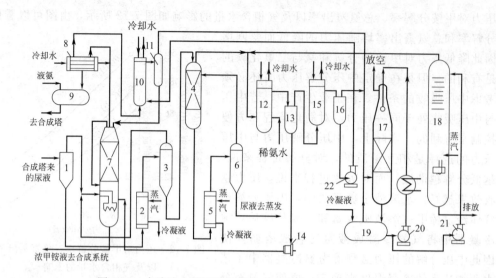

图 7-13　水溶液全循环法尿素未反应物分离与回收工艺流程

1—预分离器；2—中压分解加热器；3—中压分解分离器；4—精馏塔；5—低压分解加热器；6—低压分解分离器；

7—洗涤塔；8—氨冷凝器；9—液氨缓冲槽；10—惰性气体洗涤塔；11—气液分离器；12—第一甲铵冷凝器；

13—第一甲铵冷凝器液位槽；14—甲铵泵；15—第二甲铵冷凝器；16—第二甲铵冷凝器液位槽；

17—吸收塔；18—解吸塔；19—冷凝液槽；20—吸收塔循环泵；21—解吸塔循环泵；

22—第二甲铵冷凝器液位槽泵

管外用蒸汽加热至147℃左右，尿液中的甲铵、过量氨再次分解解吸后，进入低压分解分离器内进行气液分离。分离出来的尿液主要含尿素（70％）和水，进入蒸发系统进行蒸发浓缩，之后造粒成为产品。

由中压分解分离器出来的气体，送往一段蒸发器的下部加热器，温度降低后，部分气体冷凝，未被冷凝的气体温度下降至 120～125℃，再返回中压分解系统与预分离器出来的气体一并进入洗涤塔底部鼓泡段，用低压循环来的稀甲铵溶液吸收，约有 95％的气态二氧化碳和全部水蒸气被吸收生成浓甲铵溶液，浓甲铵溶液经甲铵泵加压后送合成塔。在鼓泡段未被吸收的气氨上升至填料段，用液氨缓冲槽来的回流液氨和惰性气体洗涤塔来的稀氨水吸收二氧化碳，可将二氧化碳几乎全部除去。从中压吸收塔顶出去的气氨和惰性气体，其温度大约在 45℃，进入氨冷凝器，冷凝后的液氨进入液氨缓冲槽的回流室。一部分液氨由回流室出来分两路进入中压吸收塔，大部分回流液氨与合成氨厂来的新鲜液氨混合后送尿素合成塔。氨冷凝器中未冷凝的气氨和惰性气体去惰性气体洗涤塔，用水冷却，并用第二甲铵冷凝器液位槽来的稀氨水吸收。稀氨水在惰性气体洗涤塔中增浓后，气液一并进入分离器，液体去洗涤塔作为中压吸收液，气体则进入尾气吸收塔，进一步回收氨后塔顶放空。循环增浓的稀氨水由解吸泵送入解吸塔解吸，塔下部用蒸汽加热使氨水分解，解吸液排放。解吸出来的气氨与精馏塔顶部气体合并进入第一甲铵冷凝器，用水冷却后，气液进入第一甲铵冷凝器液位槽，稀甲铵溶液由甲铵泵送往中压吸收塔。未冷凝气进入第二甲铵冷凝器，用水继续冷却，气液进入液位槽，稀氨水由泵送惰性气体洗涤塔作吸收剂。未冷凝气体与惰性气体洗涤塔出来的气体一并进入尾气吸收塔吸收参与氨后，惰性气体放空。

2. 汽提法

在水溶液全循环法中将中压分解气冷凝回收为甲铵的水溶液返回合成塔。由于冷凝温度较低，因此甲铵的生成热和冷凝热不但不能利用，而且还要消耗大量冷却水去冷却，这在能量利用上是不合理的。如果在与合成相等的压力下分解合成液中的甲铵，并利用压差返回系统，这样不但可以利用甲铵的生成热和冷凝热来产生蒸汽，同时还省去了甲铵泵，并减少了低压循环系统的处理量。因此，蒸汽、冷却水与电的消耗定额都可以降低，但是在采用高压分解时，就要求较高的分解温度，如选用 14MPa 分解压力，则分解温度必须超过 200℃以上，这样高的温度和压力，对设备材料提出了苛刻的要求。

所谓汽提，就是在加热的同时，使一种气体通过甲铵液，从而降低其气相中 NH_3 和 CO_2 分压，破坏溶液的气液相平衡，以促使甲铵分解，汽提气可以是 NH_3 也可以是 CO_2 或其他任何惰性气体。操作压力为 4.5～7.0MPa 的汽提联尿流程则是惰性气体汽提一种特殊形式，它是利用合成氨变换气中大量惰性气体对合成塔出来的熔融液进行了汽提，从而十分合理地把合成氨生产中变换气的脱碳过程与尿素生产联合起来，也就是说变换气中的 CO_2 被尿素生产过程中的氨水所吸收，且以碳铵水溶液的状态经泵送入合成塔，这样就省去了原来的 CO_2 压缩机，也省去了尿素熔融液的低压分解回收系统，因而降低了基建投资与生产成本，是比较先进的流程之一。采用 NH_3 或 CO_2 汽提的方法已在工业上实现，但两者比较起来，以 CO_2 作为汽提更加有利。因 NH_3 在尿素水溶液中的溶解度很大，会使汽提后的溶液处理过程比较复杂。而 CO_2 难溶于尿素水溶液中，因此比较合适，目前已实现的尿素生产方法中，有在低压下用 CO_2 汽提的日本改良 C 法，也有在高压或与合成操作压力等压力下用 CO_2 汽提的合成尿素流程。斯塔米卡帮流程采用与合成反应等压的 CO_2 汽提尿素熔融物，分解压力为 14.0MPa，分解温度 165～183℃，尿素熔融物经过汽提后，NH_3 和 CO_2 分解率均为 80%左右。

四、未反应物的分离与回收操作控制要点

水溶液全循环法采用两段减压加热分离与回收，其中中压分解与回收的量约占未反应物总量的 85%～90%，因此，中压分解与吸收的好坏将影响全系统的回收效率及经济技术指标。在中压分解与回收系统中，中压吸收塔是系统的关键设备，中压分解气中的二氧化碳全部由该设备吸收返回合成塔，因此该设备操作的好坏，直接影响尿素消耗和整个系统的稳定运行。

1. 中压吸收系统

(1) 操作压力的控制　氨与二氧化碳的吸收过程，不仅是一个气体在液体中溶解的物理吸收过程，而且也是一个还伴有氨基甲酸铵的生成的化学反应过程。因此，增加压力，不仅对物理吸收有利，还有利于甲铵生成反应的平衡；另外经中压吸收塔吸收后的气体送氨冷凝器冷凝，此时中压吸收塔的操作压力除了应满足吸收液平衡蒸汽压外，还应大于氨冷凝器中使氨冷凝的最低压力，后者主要取决于氨冷凝器中冷却水的温度，因为气氨约在 40℃下冷凝，对应的饱和蒸汽压为 1.585MPa，加上惰性气体的存在，气氨冷凝条件要求中压吸收压力为 1.7～1.8MPa；由于中压吸收与中压分解组成了中压循环回收系统，所以在中压吸收压力选择上必须考虑中压分解条件，而压力大并不利于甲铵的分解，故在满足吸收和氨冷凝所必须的压力前提下，应选择较低的压力。综合以上的因素，中压吸收操作压力选择在 1.7MPa 左右。

(2) 操作温度的控制　因为 NH_3 与 CO_2 在吸收塔中的溶解和生成甲铵的反应都放出热量，所以操作温度低对吸收有利。因系统操作压力已固定，溶液中的水碳比受系统水平衡条件的限制而不能任意改变，所以溶液中的温度就决定中压吸收系统的状态，而溶液中的温度又决定了溶液中的氨碳比，氨碳比高温度低时，气液平衡时气相中二氧化碳含量低，吸收情况好。如果中压吸收塔溶液温度维持 100℃时，精洗段中部温度将达到 70℃左右，塔顶气相

出口二氧化碳将会增高很多，中压吸收塔鼓泡段温度正常情况下一般控制在 $90\sim95℃$。鼓泡段的温度控制可分为直接与间接两种，直接控制就是通过调节回流氨量与塔底加热器来控制，间接控制是通过调整中压分解塔一段蒸发系统的操作指标来进行调节。正常情况下通过改变回流氨量就能很好地调节，不正常时灵活采用这两种调节手段，才能稳定操作。

（3）水碳比的控制 中压吸收塔溶液中的水碳比影响了合成塔进料中的水碳比，因此吸收溶液中的水碳比降低，对提高合成塔 CO_2 的转化率有利，当吸收溶液中水碳比增加时，有两种控制方法。①为避免造成系统的恶性循环，此时只有减少未反应物的回收量，将多余的中压吸收液排至系统外以调整系统达到新的平衡。②在可能的情况下提高中压吸收液浓度，降低甲铵液的水碳比，也可以使合成塔转化率又重新上升，使系统达到新的平衡。此时甲铵熔点升高，不饱和度降低，溶液中易析出甲铵结晶，因此需要适当提高吸收温度，将造成气相中二氧化碳含量升高，吸收情况不好。

（4）氨水、回流氨的控制 中压吸收塔塔顶与塔底回流氨的分配比例一般是顶部占80%、底部占20%，实际情况可随负荷变化而适当调整。在低负荷时，塔底回流氨可不加，顶部回流氨量应使中压吸收塔顶部进料中氨水浓度维持在 90%～95%，顶部加氨过少，氨浓度过低，则出塔气体温度升高，出口气相中水蒸气与二氧化碳含量升高，加氨过多，氨浓度过高，溶解二氧化碳能力下降，易析出结晶，因此顶部回流氨量不可随意改变，在维持顶部适宜氨量的基础上，其余的回流氨应从底部回流，底部回流氨直接进鼓泡段，便于及时调节温度。

（5）加水量的控制 中压吸收塔鼓泡段为不饱和甲铵溶液，当溶液温度与吸收压力固定后，其溶液状态就由溶液中的水碳比来决定，当温度压力及合成负荷一定时，甲铵溶液的组分可以由加入中压吸收塔的水量来调节，进入中压吸收塔的水量由三部分组成。第一部分由中压分解器带入，这部分水在操作过程中是不能直接控制的，第二部分水是由低压吸收塔第一吸收冷凝器甲铵液带入的，甲铵液带入的水量也基本固定；第三部分水是由低压吸收第二冷凝器的氨水经惰性气体洗涤器进入中压吸收塔顶部带入的，这部分水受到低压两个吸收冷凝器中氨的分配与第二吸收冷凝器加水量的影响。它既要保证中压吸收塔内甲铵液的浓度，又要保证精洗段的洗涤效果，同时还要保证低压吸收氨的合理分配。因此当系统负荷一定时，这三部分水量是互相对应的，以构成系统水平衡的条件。一般情况下第一部分水量每吨尿素约为 160kg，第二部分水量每吨尿素约为 80kg，第三部分水量每吨尿素在 40～60kg 之间可调。

水溶液全循环法中为了最大限度地回收氨和二氧化碳，应该合理控制中压吸收塔的操作温度、压力，控制吸收塔的水碳比及加水量，控制吸收塔回流氨的比例，从而使系统达到高产低耗、安全、长周期稳定运行的目的。

2. 工艺冷凝液的解吸

解吸系统的任务是将蒸发冷凝液中所含的 NH_3 和 CO_2 解吸出来，使之返回吸收系统。根据氨在不同的温度和压力条件下在水中具有不同溶解度的原理，利用解吸塔将氨从氨水中解吸出来。解吸过程的基本要求是：①解吸后塔底排出的解吸液应不含 NH_3，以减少 NH_3 耗；②从塔顶排出的解吸气含水量尽可能减少，以降低返回系统的水量，有利于尿素合成的水平衡。为满足第一个要求，塔底出口液体基本上不含 NH_3，如操作压力为 0.3MPa，则此处的温度应等于水在该压力下的沸点133℃，排出的解吸液几乎不含 NH_3，达到解吸的目的。因此只要解吸塔的操作压力已定，就可以找出对应的解吸塔底温度，即该压力下的饱和蒸汽温度。塔顶温度受到三个条件的影响：一是塔底加入的蒸汽量，二是加入塔顶的氨水温度，三是氨水的浓度。

任务三 尿素溶液的加工

一、尿素溶液加工工艺条件分析与选择

1. 尿素溶液蒸发的原理

经过两次减压、加热分解（或汽提）和闪蒸工序后，将尿素合成反应液中未反应物分离之后，得到温度为 95℃、浓度为 70%～75% 的尿素溶液（其中氨与二氧化碳总量小于 1.0%）贮存于尿素贮槽中。此尿液经进一步蒸发浓缩到水分含量小于 0.3%，然后加工成固体尿素。

尿素溶液蒸发过程中存在两个问题：一是尿素的热稳定性较差，随着尿液的不断蒸浓，其沸点也随之升高；二是尿液蒸发温度超过 130℃时，由于尿液蒸发中存在较少的游离氨，因此尿素的水解和缩合等有害副反应将加剧。

从表 7-5 可以看出，在同一温度下，尿素蒸发的操作压力越低，相应的尿液饱和浓度就越高。因此，通过分段减压，对尿液进行真空蒸发是有利的。

表 7-5 不同温度和压力下尿素饱和水溶液的浓度

温度/℃	110	115	120	125	130
0.1MPa	59%	69%	76%	82%	86%
0.05MPa	86%	88%	91%	93%	94.5%

（1）$CO(NH_2)_2$-H_2O 体系相图分析 图 7-14 是 $CO(NH_2)_2$-H_2O 二元体系的平衡相图。

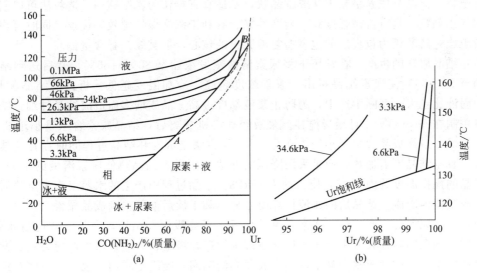

图 7-14 $CO(NH_2)_2$-H_2O 三元体系平衡相图

蒸发的目的是将 70%～75% 的尿素溶液浓缩到 99.7% 的熔融液，使得水分含量小于 0.3%。通过对该相图的分析，便可以确定可行的蒸发工艺。图 7-14 中有两条饱和结晶线，左侧是冰的饱和线，右侧是尿素结晶的饱和线。液相中的 8 条等压线表示不同温度下不同浓度尿液上方的水蒸气平衡分压。从图中可以看出两点：①压力越高，尿液的沸点也就越高；

②当压力一定时，尿液的沸点随其浓度的增加而升高。当尿液浓度大于90％时，尿液的沸点随其浓度的升高而急剧上升。在常压下，当尿液浓度在95％时，沸点已升高到140℃以上，此时副反应将加剧进行。因此，实际生产中须采取真空蒸发工艺。

（2）蒸发工艺条件的选择　由图7-14可知，若只经一次蒸发使尿液达到99.7％以上的浓度，同时蒸发温度不超过140℃，则蒸发应采用3.3kPa（绝压）以上的真空度。在此负压下将70％～75％的尿液一次性蒸发浓缩为99.7％的熔融尿素将存在以下问题：①尿素熔融液的浓度越高其沸点也越高，因此传热推动力小，需要足够的传热面积，并且高真空度下二次蒸汽的体积也很大，需要庞大的气液分离器，经济上不合理；②从6.6kPa（绝压）的等压线上可以看出，当尿液蒸浓到65％时，溶液的组成已达到尿素结晶线，继续蒸发将会有尿素结晶析出，使蒸发操作难以为继。因此，工业生产上为了获得99.7％的熔融尿液同时抑制副反应，蒸发过程在真空下分两段进行。首先，在26.3～37kPa的绝压下，于第一段蒸发器中蒸发大量水分，使尿液浓度从75％蒸发到95％左右，温度控制在130℃。由于沸点压力线位于尿素结晶线之上，因此在此压力下蒸发不致有结晶析出，能使蒸发正常进行。然后，在温度略高于饱和温度的条件下，连续将尿液通入第二段蒸发器，在低于5.3kPa绝压下，继续蒸发尿液，此时溶液将会自动分离成固体尿素和水蒸气。只要低于6.6kPa下蒸发，沸点压力线就与尿素结晶线相交于A、B两点（双沸点），在A、B两点范围内，尿素溶液在该压力下不稳定，将会自动分离成固体尿素和水蒸气。此时尿素中的水分几乎被蒸干，从而获得了符合造粒要求的熔融尿素。为保证熔融尿素的流动性，二段蒸发温度应高于尿素的熔点，一般控制在137～140℃之间。

2. 尿素的结晶与造粒

固体尿素成品有结晶尿素和颗粒尿素两种，因此其制取方法就有结晶法和造粒法。结晶法是在母液中产生结晶的自由结晶过程；造粒法则是在没有母液存在下的强制结晶过程。结晶尿素具有纯度较高，缩二脲含量低的优点，一般多用于工业生产的原料或配制成复混肥料或混合肥料。但结晶尿素呈粉末状或细晶状，不适宜直接作为氮肥施用。造粒法可以制得均匀的球状小颗粒，具有机械强度高、耐磨性好、有利于深施保持肥效等优点，同时可作为以钙镁磷肥或过磷酸钙为包裹层的包裹型复混肥料的核心，但其缩二脲含量偏高。

（1）结晶尿素的生产　在常压下将尿素溶液蒸发浓缩至80％～85％，然后送到结晶器中冷却至50～65℃使尿素结晶析出。尿素浓度越高，冷却温度越低，析出的结晶就越多，母液中固液比越大。实际生产中，为防止浆液黏度过高、晶族增多而造成结晶过细，结晶温度一般控制在60～65℃，且缓慢搅拌。浆液经离心机分离后，结晶尿素含水量小于2.5％。再进行干燥，最终成品含水量小于1.0％。另一类方法是蒸发和结晶过程同时在真空结晶器中进行，真空结晶不需加热，而是采用降压的办法利用尿素结晶热使尿素溶液的水分蒸发。真空结晶的操作温度约为60℃，压力约为10kPa。结晶过程中产生的水蒸气由真空喷射器抽到真空冷凝器内冷凝，结晶后的尿液再经离心分离和干燥后便可得到成品尿素。

（2）粒状尿素的生产　粒状尿素的流动性好，不易吸湿和结块，便于散装运输和贮存，施用方便。现在国内外大、中型尿素厂一般都采用造粒塔造粒。造粒塔生产能力大、操作简单、生产成本低。粒状尿素产品呈球形，表面光洁圆润，能满足农用，也适合于家畜饲料及其他方面利用。入塔的尿液浓度大于99.7％，140℃的尿素溶液在塔内快速熔融，通过喷淋装置均匀喷洒在塔内，从塔顶自上而下被塔内上升的冷空气冷却而固化成粒，出塔的粒状尿素温度约为60℃。

影响造粒塔运行的主要因素有：处理量、熔融液的浓度和温度、空气的温度和通风量等。如熔融液的浓度低于99.7％，就会有发生粘壁和结块的危险。一般通风量为8000～

10000m³/t尿素装置，增大通风量可以延长颗粒下落的时间，强化颗粒的冷却，从而可降低塔高。但是，通风量过大，也会使塔顶逸出的空气中夹带过多的尿素粉尘。若在塔底设置一个沸腾床冷却段则可强化冷却过程，因为沸腾床中空气对颗粒的给热系数比颗粒在空气流中自然降落时的给热系数大得多，使颗粒继续冷却的效果好。但因采用强制通风，尿素粉尘损失较大，需在塔顶设粉尘洗涤回收装置，用稀尿液洗涤回收粉尘。回收粉尘可采用水喷淋式或水喷淋和过滤相结合的方式。前者效果较差，后者排风阻力较大。此外尿素造粒新技术还有采用晶种造粒，采用晶种造粒可以改进产品质量，提高尿素颗粒的粒度、均匀度和冲击强度，还可使尿素中含水量降低0.03%~0.05%。晶种加入量约为15kg/h，晶种粒子要求小于2mm。为防止造粒过程结块，可往尿液中添加甲醛，甲醛在蒸发工序前后加入均可，其数量要保证最终产品中含量不超过0.2%。

造粒塔喷淋装置有固定式和旋转式两种，固定式喷头靠静压头将熔融尿素向下喷出，其喷洒能力及喷洒半径较小，因此塔顶需装设多个喷头，以适应装置的生产能力。旋转式喷头转速约300r/min，生产能力大，每塔仅用一个喷头，大型尿素厂普遍采用旋转式喷头。

二、尿素溶液加工工艺流程的组织

图7-15为水溶液全循环法粒状尿素的加工工艺流程图。低压分解来的尿液，经自动减压阀减压为常压，进入闪蒸槽，闪蒸槽内压力为0.06MPa，其出口气体管道与一段蒸发分离器连接在一起，真空由蒸汽喷射泵17产生。由于减压，部分水分和残余氨、二氧化碳气化吸热，使尿液温度下降至105~110℃。出闪蒸槽尿液质量分数为74%左右，进入尿液缓冲槽，槽内有蒸汽加热保温管道。然后尿液经尿液泵打入尿液过滤器除去杂质，送入一段蒸发加热器。在一段蒸发加热器内管外采用蒸汽加热，使尿液升温至130℃左右。由于减压加热，部分水分气化后进入一段蒸发分离器，一段蒸发分离器内压力约为0.0263~0.0333MPa，该压力由蒸汽喷射泵17产生。气液分离后，尿液质量分数为95%~96%进

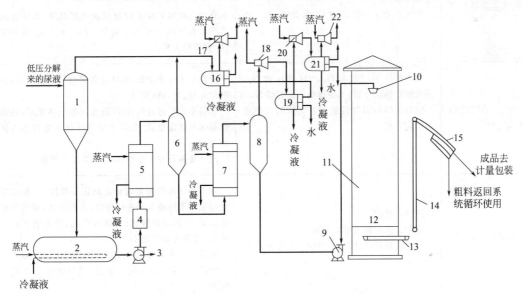

图7-15　水溶液全循环法粒状尿素加工工艺流程图

1—闪蒸槽；2—缓冲槽；3—尿液泵；4—过滤器；5—一段蒸发加热器；6—一段蒸发分离器；7—二段蒸发加热器；8—二段蒸发分离器；9—熔融尿素泵；10—造粒喷头；11—造粒塔；12—刮料机；13—皮带输送机；14—斗式提升机；15—振动筛；16,19,21——段蒸发冷凝器；17,20,22—喷射泵；18—二段蒸发升压泵

二段蒸发加热器，用蒸汽加热至130℃左右，压力维持在0.0033MPa。由于减压加热，残余水分气化后进入二段蒸发分离器进行气液分离。二段蒸发加热器的真空度依靠蒸汽喷射泵（18、20、22）产生。二段蒸发分离器出来的尿液质量分数为99.7%，进入熔融尿素泵，打入造粒塔。造粒喷头将熔融尿素喷洒成液滴，液滴靠重力作用下降，与塔底进入的空气逆流接触冷却至50~60℃，固化成尿素颗粒。颗粒由刮料机刮入皮带输送机，送出塔外。

闪蒸槽和一段蒸发分离器出来的气体，进一段蒸发冷凝器16，用二段蒸发冷凝器来的冷却水冷却，未冷凝的气体去喷射泵17放空，冷凝液去收集槽。二段蒸发分离器出来的气体经升压泵，进二段蒸发冷凝器18部分冷凝，不凝气去二段蒸发冷凝器喷射泵20，再打入中间冷凝器21，用水冷却，未凝气由中间冷凝器喷射泵22排空。二段蒸发冷凝器和中间冷凝器的冷凝液去循环分解系统。

三、尿素生产过程常见故障及其排除方法

见表7-6。

表7-6 尿素生产过程常见故障及其排除方法

故障名称	原　因	排除方法
缩二脲超标	反应温度高 停留时间长 游离氨含量低	采用真空蒸发以维持低限蒸发温度 采取贮罐液位低限操作,缩短尿液停留时间 提高氨碳比
尿素颗粒强度低、粉尘含量高	喷头转速低,生产负荷高 喷头预热不够,尿液凝结堵塞喷孔 尿液喷出时分布不均匀,密度过大的地方冷却不够 产品水分含量高,强度低、易破碎	喷头转速必须与生产负荷相匹配 喷头要预热到133℃ 尿液喷出时分布必须均匀 调节百叶窗开度来控制尿素出塔温度,以防止尿素吸湿而导致产品水分超标,冬季可关闭、雨天关小、夏季晴天开大
放空尾气的爆炸与防爆	放空尾气中均含有 H_2、NH_3、O_2 和 N_2,形成爆炸性混合物,摩擦静电可引起爆炸 绝热压缩后温度可能高于气体的自燃点而引起自燃	提高员工安全意识,做好设备保全与维修工作,及时消除跑、冒、滴、漏 保持室内厂房通风良好,防止可燃气体积聚,在易燃易爆气体浓度高、危险大的场所可设置可燃气体测报仪 尾气要保证经常放空,防止在系统中积聚
氨碳比失调	操作不精心 氨和二氧化碳流量表不准 压缩机各段安全阀、放空阀及氨泵出口安全阀漏等	在不能立即判断氨碳比是高还是低时,一般应先增加入系统的液氨量进行观察,若有好转,则说明氨碳比低,需调高氨碳比;若继续恶化,则说明氨碳比过高,需调低氨碳比 调节校准流量表,适当开大高压洗涤器放空阀 杜绝安全阀、放空阀的泄漏,适当降低低压蒸汽压力
水碳比超标	合成工艺条件波动造成尿素转化率下降,需要循环回收的未反应物增多,返回合成系统的稀甲铵液增多	将部分稀甲铵液排放,严格控制返回合成系统的水量,使尿素转化率逐步提高到正常水平,降低循环回收负荷,是控制水碳比的根本措施

思考与练习

1. 尿素合成分为几个步骤？哪一步为控制步骤？
2. 影响尿素合成反应有哪些因素？
3. 如何控制尿素生产过程中副反应的发生？
4. 如何选择尿素合成的工艺条件？
5. 简述水溶液全循环法尿素合成工序的工艺流程。
6. 尿素未反应物分离与回收工艺中，为什么采用多段分解与多段吸收工艺？
7. 尿素合成塔的操作控制要点有哪些？
8. 尿素溶液蒸发浓缩采用多段真空蒸发的理由是什么？
9. 二氧化碳汽提法工艺采用氨碳比 α 为 2.85，CO_2 转化率为 57%，试计算生产 1mol 尿素过剩氨循环量。
10. 以每生产 1t 尿素合成塔进料总量为 3200kg 计，反应产物密度为 1100kg/m³，反应停留时间为 0.8h，试计算该合成塔的生产强度。
11. 请设计一个水溶液全循环法尿素合成塔防腐蚀施工工艺。
12. 每生产 1t 尿素将产生包含副产物和工艺冷凝液在内约 0.5t 废水。请设计一个废水解吸处理的工艺流程。

拓展知识之七

大颗粒尿素生产技术

由于传统的尿素成粒过程中大多采用塔式造粒，尿素的粒度普遍小于 2.5mm。我国绝大多数企业采用喷淋塔造粒技术生产尿素颗粒，通过喷头甩出的尿素液滴在下落过程中冷却固化，先形成外壳后冷却核心，由于尿素冷却前后密度变化造成颗粒内部积蓄应力，在下落和储、装、运、施等过程中很容易破碎，肥效利用率低于 35%，施肥过程中细粉黏附叶片容易造成烧苗，缺乏市场竞争力。由于粒度小、强度低，在运输、储存及施肥过程中极易部分粉化，因而施入土壤后迅速溶于水中，氮流失量大、肥效不易长久保持，而且对环境不利。如何改进生产工艺，直接制备成颗粒较大的尿素是提高尿素产品质量的重要途径，成为今后尿素生产技术改造的方向。

大颗粒尿素具有较高的强度，不易粉化，播散在土壤里可保存较长时间，养分可以缓慢释放。大颗粒尿素在其含氮量方面与普通尿素相当，在内在质量方面，其缩二脲含量低、水含量低。大颗粒尿素深施比表施更有利于提高氮的利用率，增产效果更好。此外，大颗粒尿素的抗碎强度比普通尿素高 2 倍以上，不易粉碎、不易吸潮结块，适合于长距离散装运输和存储。既降低了尿素的包装、运输和存储成本，也给商家和用户带来了极大的方便。并且大颗粒尿素有利于二次加工成掺混肥或包覆肥，与其他肥料配合使用。与小颗粒尿素相比，大颗粒尿素具有很大的优势，在发达国家获得了广泛的应用。因此探讨大颗粒尿素制备机理与技术，以及根据不同的机理发展相应的制造设备很有必要。

一、国内大颗粒尿素生产现状

目前国内大颗粒尿素在引进国外先进生产技术的基础上发展很快。1994 年海油富岛采用 Hydro 流化床造粒工艺生产大颗粒尿素，设计产能为 52×10^4 t/a，装置于 1996 年 10 月建成投产，成为我国第一家生产大颗粒尿素的大型化肥厂。由于大颗粒尿素销售市场比较好，2003 年 10 月该公司又建设完成 80×10^4 t/a 大颗粒尿素，使海油富岛总产能达到 140×10^4 t/a。1997 年 6 月宁夏石化采用 TEC 喷流床造粒工艺，设计规模为产尿素 1740t/d，成为我国第二家生产大颗粒尿素的大型化肥厂。

国内目前主要生产大颗粒尿素的公司是海油富岛、赤天化、泸天化、云天化、川化、宁夏石化、湖北宜化、天脊中化、山东华鲁恒升、山西丰喜等。据中国化肥工业协会统计，2008 年国内大颗粒尿素的年生产能力达到 991×10^4 t 左右，占全国尿素总产能的 16.8%，加上即将建成的塔里木石化 80×10^4 t/a 大颗粒尿素，国内产能约为 11×10^6 t/a。

二、大颗粒尿素的造粒技术

目前，大颗粒尿素的生产工艺有三种，主要区别在于造粒过程颗粒长大的机理。这三种机理分别为：团粒机理、累积机理和层化机理。团粒机理是指在颗粒之间的表面张力作用下，通过造粒使各颗粒直接粘接形成一个大粒子。按照这一机理成粒时，生长速度快，但粒度不均匀，并且由于颗粒之间的结合力较弱，生成的颗粒强度不大，表面光洁度较差。一般来讲，在大颗粒尿素造粒过程中，应尽量避免团粒机理的发生。累积机理是指大量微小液滴在晶种表面进行连续蒸发和固化而使晶种长大成为一个大颗粒，这是一个连续长大和干燥的过程，颗粒的长大是逐渐的、均匀的。累积机理形成的颗粒结构均匀紧密，强度较高。层化机理与累积机理的过程较相似，不同之处是利用层化机制造粒时，颗粒的包覆是喷淋液在晶种四周逐层反复包涂-冷却的过程，因此形成的大颗粒有明显的层状结构。

1. 流化床造粒技术

这是唯一采用累积机理进行造粒的技术，以挪威 Hydro 公司为代表。尿素晶种从卧式流化床的左侧床层上部加入，流化空气从流化床底部鼓入，使流化床内的尿素颗粒处于流化状态。熔融的尿素溶液和雾化气从流化床的左侧底部进入流化床，经双流式喷嘴喷成雾状小液滴，与流化床内的尿素晶种接触进行包覆造粒。特有的分布板结构可以使尿素颗粒往右侧移动，产品从排出口排出完成造粒过程。从造粒器出来的尿素颗粒进入冷却器，降温到 $40{}^{\circ}\mathrm{C}$ 左右再由斗式提升机运至振动筛进行筛分，粒径合格的作为产品。工艺返料比为 $0.5:1$，尿素溶液的浓度约为 96%。流化床造粒的优点是产品中缩二脲含量低，颗粒的强度大，圆整性好，工艺操作简单，返料比小，运转稳定，产品的粒度大小可控制在 $3.5\sim8\mathrm{mm}$ 之间。

2. 喷流床造粒技术

该技术以 Tec 公司的技术为代表，采用的工艺过程与 Hydro 公司基本相同，不同之处在于颗粒在喷流床内处于喷动流化状态，呈有规律的上下环流运动，因此是累积机理和层化机理共同作用下的造粒过程。进入造粒器的尿素溶液浓度为 98.5%。造粒所用的雾化空气压力较低，仅为 $0.005\mathrm{MPa}$ 表压，而 Hydro 公司雾化空气压力为 $0.245\mathrm{MPa}$。Tec 公司的造粒器内物料高度为 $0.3\sim0.4\mathrm{m}$，而 Hydro 公司工艺中物料高度约为 $1\mathrm{m}$。因此，该技术的能耗要比 Hydro 公司的低。

3. 转鼓流化床造粒技术-FDG

该技术是利用层化机理造粒的典型技术，以 Kaltenbach-Thuring 公司的转鼓流化床技术最为成熟。其核心是卧式筒形造粒转鼓，转鼓内装有特殊的防止堵塞的提升抄板。与一般转鼓造粒机不同，其主要特征是内部有一流化床。流化床是一稍微倾斜的多孔板，通过板上的孔鼓入流化空气。造粒晶种可任意选择颗粒过小的返料、喷淋成的小颗粒尿素或过大颗粒粉碎后的物料。在转鼓旋转过程中尿素晶种被抄板输送到流化床上，在此进行充分冷却或干燥后自然下落，形成均匀且有一定厚度的料帘。尿素溶液经流化床下部的喷嘴喷成雾状，与尿素料帘接触进行包覆造粒。包覆后的颗粒被抄板抄起，抛到流化床上进行冷却，在此过程中新的表面因冷却或干燥而固化，然后进行新一轮的循环造粒过程，循环次数依据产品的颗粒大小要求而定。改变流化气量和转鼓出口端的溢流堰高度可以控制颗粒在转鼓内的停留时间，从而实现对包覆颗粒大小的控制。其余辅助设施同流化床造粒基本一致。FDG 技术的优点是工艺简单，造粒、冷却和干燥过程在同一设备内完成，无需采用专用添加剂就能生成坚硬的颗粒产品，颗粒质量好。缺点是返料比稍大为 $0.8:1$。

4. 帘幕涂布法

该技术也是采用层化机理进行造粒的技术，以美国 TVA 的技术为代表，我国上海化工研究院也有类似的技术。其基本过程与 Kaltenbach-Thuring 公司的转鼓流化床相似，不同之处在于 TVA 的转鼓内用集料盘代替了流化床，用冷却水喷嘴喷出的水雾代替部分冷却用气。转鼓内的抄板和集料盘使颗粒在转鼓的一侧形成料帘，98% 的尿素溶液升压后经压力式喷嘴雾化，雾化后的尿素溶液均匀喷涂在料帘的细粒子表面，涂布后的细颗粒随转鼓滚动不断长大至所需颗粒大小，然后从转鼓的另一端排出。出口物料经冷却后降温到 $60{}^{\circ}\mathrm{C}$，筛分后合格粒径的作为产品。此技术的优缺点同转鼓流化床基本一致，每套装置的生产能力一般在 10 万吨/年以下。

5. 大颗粒尿素喷射流化床造粒工艺技术

日本东洋工程公司的该技术特点主要包括以下各点。①工艺流程及设备比较简单。该工艺造粒机分流化成粒和冷却两部分，造粒喷嘴采用一般压力式喷嘴，结构简单、单台能力大，粉尘洗涤塔与造粒机顶部相连接，简化流程和减少设备。②造粒时间短、造粒效率高。③造粒机流化床床层高度较低：在 $50\%\sim100\%$ 负荷范围内床层高仅 400mm，流化床阻力小，流化空气的风机压头低，耗电省。④生产操作灵活方便：可调节返料比，其生产控制方案可靠，负荷变化时，调节喷嘴简单。⑤采用 95% 的尿液作原料：可简化液加工工序，节省尿液浓缩的能耗。⑥粉尘回收系统采取集中收尘和高效的湿式洗涤吸收，放空尾气中尿素粉尘含量小。

6. 新型喷动床转鼓造粒技术

清华大学开发出的该技术的转鼓结构与 FDG 技术相似，不同之处在于：①转鼓内用喷动床代替了流化床，喷动床内没有流化气，装置简单；②采用颗粒与喷雾液滴的逆流接触，避免了尿素溶液对转鼓壁的粘接；③大颗粒物料在喷动床内的停留时间比小颗粒的短，有利于尿素颗粒的均匀包覆，可进一步减小返料比；④能耗低，除了没有流化床压降外，在放大时可直接用一段蒸发的尿素水溶液造粒；⑤粉尘少，有利于环境保护。转鼓抄板将尿素颗粒送入喷动床，从双流式喷嘴喷出的尿素溶液与颗粒逆流接触，进行包覆造粒。包覆后的尿素颗粒从喷动床落下后，被抄板抄起，进行新一轮的造粒过程。转鼓出口颗粒经冷却筛分后，得到粒径合格的产品。冷却空气从转鼓一端进入，在流动过程中与尿素颗粒进行高效率的换热。夹带着细颗粒的冷却空气从转鼓另一端出来后进入喷淋造粒塔。喷淋造粒得到的细粒尿素直接作为喷动床造粒晶种，可以有效地利用原有的喷淋造粒设备。

采用该技术生产大颗粒尿素，产品圆润洁白，外形美观，强度高，造粒过程中不产生缩二脲，比普通颗粒尿素肥效至少高 10%，质量好、强度高，产品和技术各项指标均达到和超过国外引进技术。该技术不仅生产 $3\sim5$mm 粒度的大颗粒尿素，且可生产粒度 $6\sim8$mm 的优质缓释大颗粒尿素和直径 $10\sim15$mm 的超大颗粒林场用尿素。对于相同生产能力，采用该造粒技术的建设成本、生产成本远低于国外引进技术，操作过程容易，全部设备国产化。

三、大颗粒尿素在我国的应用前景

当今尿素市场竞争剧烈，与普通粒径的尿素相比，大颗粒尿素具有良好特性，因此，改产大颗粒尿素，开拓产品市场、提高工厂经济效益具有重大意义。目前世界上经济发达国家和地区的农用尿素绝大部分是大颗粒尿素。在北美包括加拿大尿素总产量的 95% 为流化床造粒。在欧洲，使用喷淋造粒和流化床造粒的厂家各占一半，其中意大利有 80% 的尿素是大颗粒产品。我国若要达到世界上大颗粒尿素所占 45% 的比例，至少还需增加 17×10^6 t/a 产能。根据中国氮肥工业协会分析预测，预计到 2015 年大颗粒尿素产量达到 18×10^6 t/a，大颗粒尿素所占比例增加到 25%，而大颗粒尿素需求达到 23×10^6 t/a，缺口达 5×10^6 t/a。因此，大颗粒尿素产品在国内市场仍具有较大的发展空间。

大颗粒尿素的使用已成为提高肥效、降低尿素实际使用成本的必然途径。相比之下，我国氮肥产量虽居世界第一位，但目前我国尿素产品大多为喷淋塔造粒，大颗粒尿素生产所占比重极小，尽快发展我国的大颗粒尿素技术并进行规模化生产有深远的意义。

磷肥生产

项目导言

磷肥依据生产方法不同有酸法磷肥（也称湿法磷肥）和热法磷肥之分，另有磷复合肥（如磷酸铵）。依据磷肥中磷化合物的溶解性不同又分为水溶性、枸溶性和难溶性三类。酸法磷肥包括普通过磷酸钙、重过磷酸钙、富过磷酸钙、沉淀磷酸钙等，热法磷肥又包括钙镁磷肥、钢渣磷肥、脱氟磷肥、偏磷酸钙、钙钠磷肥等，本项目主要介绍了酸法磷肥中产量较大应用广泛的普通过磷酸钙和重过磷酸钙，以及热法磷肥的钙镁磷肥和脱氟磷肥的生产技术。

能力目标

1. 能依据湿法磷肥、热法磷肥的化学反应原理，分析湿法磷肥、热法磷肥的影响因素，并进一步分析其生产工艺条件；

2. 能依据生产条件分析实施相应的工艺条件所配备的设备结构；

3. 能依据生产条件分析实施相应的工艺条件所设置的生产流程及工艺改进方向；

4. 能依据生产特点分析实际生产过程中的操作要点；

5. 能依据原料的特性，分析生产条件的调整方案。

一、磷肥生产概述

磷肥是三大营养元素肥料之一，磷元素参与作物碳水化合物的形成、转化作用，磷是组成原生质、核细胞的重要元素，磷肥能促进作物根系发达，增强抗寒抗旱能力，还能促进作物提早成熟，穗粒增多，籽粒饱满。作物吸收的养分必须是溶解态的，磷元素通常以 $H_2PO_4^-$、HPO_4^{2-}、PO_4^{3-} 和 $P_2O_7^{4-}$ 四种形式存在。农业常用的磷肥主要是磷酸盐。如磷矿粉、钙镁磷肥（主要成分磷酸钙和磷酸镁）、过磷酸钙、重过磷酸钙等热法磷肥，此外，还有含磷复合肥，如磷酸一铵、磷酸二铵等。建设磷肥工业需要具备以下条件：要有合成氨工业、硫酸工业和化学矿开采工业与之配套，要有能源工业、机械工业、材料工业、运输业及其他工业部门与之配套，需要有较大的建设资金，要有训练有素的科技人员、管理人员和操作工人。

酸法磷肥和热法磷肥的主要品种如表 8-1 和表 8-2 所示。

表 8-1　主要酸法磷肥比较

序号	酸法磷肥名称		分解酸	产品主要组成	产品含磷量/有效 P_2O_5 %
	全称	简称			
1	普通过磷酸钙	普钙,过磷酸钙	H_2SO_4	$Ca(H_2PO_4)_2 \cdot H_2O + CaSO_4$	12~20
2	重过磷酸钙	重钙	H_3PO_4	$Ca(H_2PO_4)_2 \cdot H_2O$	40~50
3	富过磷酸钙	富钙	$H_2SO_4 + H_3PO_4$	$Ca(H_2PO_4)_2 \cdot H_2O + CaSO_4$	25~35
4	沉淀磷酸钙（磷酸二钙）	沉钙(氢钙、二钙)	$H_2SO_4 + HCl$	$CaHPO_4 \cdot 2H_2O$	36~38
5	氨化过磷酸钙	—	H_2SO_4	$Ca(H_2PO_4)_2 \cdot H_2O + NH_4H_2PO_4$	14~20 2~3N%

表 8-2　主要热法磷肥比较

序号	名称	代号	主要有效组分	化学性质	有效 P_2O_5 %	有效磷提取液
1	钙镁磷肥	FMP	$\alpha\text{-}Ca_3(PO_4)_2$	碱性	12~18	2%柠檬酸
2	钢渣磷肥	—	$Ca_4P_2O_9 \cdot CaSiO_3$	碱性	14~18	2%柠檬酸
3	钙钠磷肥	—	$CaNaPO_4$	碱性	23~29	中性柠檬酸铵
4	脱氟磷肥	DFP	$\alpha\text{-}Ca_3(PO_4)_2$	碱性	20~42	中性柠檬酸铵
5	偏磷酸钙	CMP	$Ca(PO_4)_n$	碱性	64~68	中性柠檬酸铵

二、磷肥生产原料简介

磷矿石是生产磷酸、磷肥的主要原料。天然磷矿石可分为磷灰石和磷块岩两大类，它们的主要成分均是氟磷酸钙 $Ca_5F(PO_4)_3$。

磷灰石是火山成岩，由熔融的岩浆冷却结晶而成，具有六方双锥晶型结构，不含结晶水，颜色有灰白色、灰绿色、紫色或咖啡色。纯的磷灰石含 P_2O_5 为 42.24%。磷灰石分散在矿石中，高品位的磷灰石在自然界中不多，但磷灰石结晶完整，颗粒较粗，易于用浮现方法富集。

磷块岩是水成岩，主要由海水中的磷酸钙沉积而成，常与石灰岩、矿岩、页岩等共生在一起，其含磷矿物主要以微细的磷灰石颗粒分散在矿石中。磷块岩一般为非晶形或隐晶形，常含有结晶水或与碳酸盐构成复合物，其结构式通常可表示为 $Ca_5F(PO_4) \cdot nCaCO_3 \cdot mH_2O$。

磷矿的品位是依照 P_2O_5 的含量来划分的，一般将含量高于 30% 的为高品位磷矿，低于 20% 的为低品位磷矿，介于二者之间的为中品位磷矿。磷肥生产对磷矿中的 P_2O_5 的含量有一定要求，高品位磷矿可直接加工成磷肥，中低品位磷矿一般须经选矿富集后才能加以利用。

磷矿的富集常用浮选法。浮选是根据磷矿中有用矿物磷灰石与脉石（如石英）对水润湿性的不同而将它们分离的。磷灰石常以 0.2mm 左右的颗粒以星状分散于矿石中。选矿时，将矿石粉碎并加水磨成矿浆，添加浮选剂以提高磷灰石的憎水性或脉石的亲水性，向矿浆中鼓入空气，磷灰石附在气泡上浮在矿浆表面，形成稳定的泡沫层，分出并脱水而得磷精矿，脉石则成尾矿。

磷矿中含有多种杂质，其中对生产影响最大的是铁、铝、镁 3 种，其次是碳酸盐、有机物、分散性泥质和氟等。

1. 磷矿中 CaO 含量（以 CaO/P_2O_5 比值反映）

CaO/P_2O_5 比值决定了生产单位质量 P_2O_5 所消耗的硫酸量。其 CaO 含量直接影响生产湿法磷酸的生产成本，在磷矿 P_2O_5 含量一定的情况下，CaO 含量越高，其硫酸消耗量越大，磷石膏生成量增大，过滤负荷相应增大，过滤设备的生产能力降低，故生产中要求 CaO/P_2O_5 比值接近纯磷灰石 $Ca_5F(PO_4)_3$ 中的 CaO/P_2O_5 的理论比值（质量比 1.31，摩尔比 3.33）。超过此值，易造成额外的硫酸消耗，故除去磷矿中多余的 CaO 是湿法磷酸生产中急需解决的问题。

2. 磷矿中的倍半氧化物 R_2O_3（Fe_2O_3、Al_2O_3）的含量

铁、铝主要来自黏土，通过筛选、磁选可除去大部分的倍半氧化物杂质。湿法磷酸生产中，它们不仅干扰硫酸钙结晶的成长，还与磷酸形成淤渣，尤其在磷酸浓缩阶段更为严重，形成沉淀或随石膏排出，都将降低 P_2O_5 的收率，另生成铁、铝的复杂的磷酸盐微细结晶，增加溶液和料浆黏度的同时，还将使过滤负荷增加，以及在磷酸的运输和再加工利用中带来不良的后果。

3. 磷矿中 MgO 的含量

磷矿中的镁盐（以 MgO 计）经一系列的化学反应后，一般会全部溶解于磷酸中，浓缩时也不易析出，给磷酸生产带来非常不利影响。例如 $Mg(H_2PO_4)_2$ 使磷酸黏度急剧增大，造成酸解过程中离子扩散困难和局部浓度不一致，影响硫酸钙结晶的均匀成长，进而增加过滤和料浆浓缩的负荷；镁的存在需要增加硫酸的用量，同时也增大 SO_4^{2-} 浓度，造成硫酸消

耗增加和硫酸钙结晶困难。所以在磷矿进入酸解之前要控制好磷矿中 MgO 的含量，故磷矿中 MgO 的含量已成为酸法加工评价磷矿质量的重要指标之一。

4. 硅及酸不溶物的含量

适量 SiO_2 的存在，不仅可以消耗有毒的 HF，且可减轻对设备的腐蚀；但过量是有害的，因为呈胶状的硅酸会影响磷石膏的过滤和增加磷矿的硬度，降低磨机的生产能力，增加磨机的磨损。

5. 有机物和碳酸盐的含量

有机物和碳酸盐的存在，会增加酸解过程中气泡的生成量，这会降低酸解槽的利用率，同时还给磷矿的反应、料浆的输送及料浆的过滤带来不利的影响。

6. 其他组分

氟的存在主要是对设备的腐蚀加剧，所以在湿法磷酸生产中要注意氟的含量，作为设备材料选择的依据。对于磷矿中的稀有元素应注意对人体的伤害。

任务一　酸法磷肥生产过程的组织

用无机酸分解磷矿制造出的磷肥统称为酸法磷肥（或称湿法磷肥），酸法磷肥包括普通过磷酸钙、重过磷酸钙、富过磷酸钙和磷酸氢钙以及氨化过磷酸钙等多种。本任务主要介绍普通过磷酸钙、重过磷酸钙的生产过程的组织。

一、普通过磷酸钙生产

普通过磷酸钙是一种工业化最早、使用最广泛的磷肥，一般简称过磷酸钙，亦称普钙。过磷酸钙是一种灰白色、灰黑色或淡黄色的疏松粉末，其主要成分是水合磷酸二氢钙 $[Ca(H_2PO_4)_2 \cdot H_2O$，亦称磷酸一钙] 和难溶的无水硫酸钙，还有少量的游离磷酸、游离水分、磷酸铁铝、磷酸一氢钙（即磷酸二钙）、磷酸二氢镁、磷酸一氢镁、二氧化硅和未分解的磷矿粉等。

过磷酸钙质量的高低由所含植物能吸收的有效磷（以 P_2O_5 表示）的多少来决定，有效磷包括水溶性磷和枸溶性磷两部分。水溶性磷包括 $Ca(H_2PO_4)_2 \cdot H_2O$ 和游离磷酸以及 $Mg(H_2PO_4)_2 \cdot H_2O$，枸溶性磷包括 $CaH_2PO_4 \cdot 2H_2O$、$MgH_2PO_4 \cdot 3H_2O$ 以及 $FePO_4$ 和 $AlPO_4$。过磷酸钙的质量标准如表 8-3 所示。

表 8-3　过磷酸钙质量标准（HG 2740—95）

指标名称	指　　标			
	优等品	一等品	合格品	
			I	II
有效 P_2O_5 含量/% ≥	18.0	16.0	14.0	12.0
游离 P_2O_5 含量/% ≤	5.0	5.5	5.5	5.6
水分含量/%	12.0	14.0	14.0	15.0

过磷酸钙因其工艺简单、成本低，又含有作物需要的磷、硫养分，尽管其有效成分低，但其总产量并未降低。

1. 制造普通过磷酸钙的化学反应

制造过磷酸钙是用硫酸分解磷矿粉，经混合、化成、熟化工序完成。其主要化学反应为：

$$2Ca_5(PO_4)_3F + 7H_2SO_4 + 3H_2O \longrightarrow 3Ca(H_2PO_4)_2 \cdot H_2O + 7CaSO_4 + 2HF\uparrow$$

实际上，上述反应是分两个阶段进行的。第一阶段是硫酸分解磷矿生成磷酸和半水硫酸钙，该反应在化成室中完成的。

$$Ca_5(PO_4)_3F + 5H_2SO_4 + 2.5H_2O \longrightarrow 3H_3PO_4 + 5CaSO_4 \cdot 0.5H_2O + HF\uparrow$$

这是一个快速的放热反应，一般在半个小时或更短时间即可完成，反应物料温度迅速升高到 100℃ 以上，随着反应的进行，磷矿不断被分解，硫酸逐渐减少，CO_2、SiF_4 和水蒸气等气体不断逸出，固体硫酸钙结晶大量生成，使反应料浆在几分钟内就可以变稠，离开混合器进入化成室后，便很快固化。

"化成"作用是使浆状物料转化成一种表面干燥、疏松多孔、物理性质良好的固体状物料（也称鲜肥）。固化过程进行的好坏，主要取决于所生成的硫酸钙结晶的类型、大小和数量，在正常生产条件下，料浆中首先析出的是细长针状或棒状的半水硫酸钙结晶，它们交叉生长，堆积成"骨架"，使大量液相包裹在晶间空隙中，形成固体状物料。在反应条件下，半水硫酸钙结晶会很快转化为无水硫酸钙：

$$2CaSO_4 \cdot 0.5H_2O \longrightarrow 2CaSO_4 + H_2O$$

无水硫酸钙是一种细小致密的结晶，不能形成普钙固化的骨架，而且脱出的水分会使料浆变稀，更不利于固化。因此要选择合适的反应条件，使 $CaSO_4 \cdot 0.5H_2O$ 能保持较长的稳定时间，以保证反应物料形成完好的固体结构。磷矿中含有的硅酸盐是有利于料浆的固化的，这是因为它们在反应后可以从料浆中析出形成网状的硅凝胶，便于形成骨架。

第二阶段是当硫酸完全消耗以后，生成的磷酸继续分解磷矿而形成磷酸一钙：

$$Ca_5(PO_4)_3F + 7H_3PO_4 + 5H_2O \longrightarrow 5Ca(H_2PO_4)_2 \cdot H_2O + HF\uparrow$$

在化成室的后期随着分解反应的进行，从溶液中不断析出 $Ca(H_2PO_4)_2 \cdot H_2O$ 结晶。接着还要在仓库堆放 7~15 天（称为"熟化"），达到规定标准后才能作为产品出厂。

磷矿中的碳酸盐（Ca，Mg）、倍半氧化物（Fe，Al）、氟化物和有机物存在时，均与硫酸作用，而消耗一定量的硫酸。

$$(Ca,Mg)CO_3 + H_2SO_4 \longrightarrow (Ca,Mg)SO_4 + H_2O + CO_2\uparrow$$

$$(Fe,Al)_2O_3 + 3H_2SO_4 + 3Ca(H_2PO_4)_2 \longrightarrow 3CaSO_4 + (Fe,Al)(H_2PO_4)_3 + 3H_2O$$

随着第二阶段反应的进行和液相中 P_2O_5 浓度的降低，铁、铝的酸式磷酸盐转变为难溶的中性磷酸盐：

$$(Fe,Al)(H_2PO_4)_3 + 2H_2O \longrightarrow (Fe,Al)PO_4 \cdot 2H_2O + 2H_3PO_4$$

$FePO_4 \cdot 2H_2O$ 和 $AlPO_4 \cdot 2H_2O$ 均为难溶性磷酸盐，此反应发生了水溶性的 P_2O_5 转化成难溶性的 P_2O_5，即有效的 P_2O_5 发生了退化作用。故要减少普钙产品中水溶性 P_2O_5 的退化现象，就必须控制磷矿中的铁、铝的含量。

2. 过磷酸钙的生产条件分析

过磷酸钙制造的第一阶段，都是用硫酸分解磷矿生成硫酸钙和磷酸。随着分解反应的进行，生成大量细小硫酸钙结晶的同时，料浆不断稠厚，最后固化成为固体粉末状。正常固化的产品内含液相、疏松多孔而表面干燥的普钙产品。

一般来说，硫酸分解磷矿的反应速率是很快的，磷矿石的分解速率由反应产物由界面层向溶液主体的扩散速率决定的。在生产过程中，磷矿颗粒与溶液的界面层形成了过饱和度很高的硫酸钙溶液，这导致生成大量细小的硫酸钙结晶，沉积于磷矿颗粒表面上，形成的薄膜将磷矿颗粒包裹起来，增大扩散阻力，在不同程度上阻碍了反应的进行。包裹的程度与硫酸钙结晶的形状、大小有关。结晶颗粒越细小，其固体膜的可透性越差，为减轻致密固体膜对反应速率的影响，应尽可能使硫酸钙生成粗大的结晶。

硫酸钙结晶的形状、大小以及对磷矿颗粒的包裹程度等与硫酸的用量、浓度、温度及矿粉粒度、搅拌强度、液相杂质含量均有关。

(1) 硫酸的用量　是指每分解 100 份质量的磷矿所需质量分数为 100% 的硫酸分数。依据磷矿中各组分的化学组成，按化学反应方程式即可计算出理论硫酸用量。

由硫酸分解磷矿生成硫酸钙与 $Ca(H_2PO_4)_2 \cdot H_2O$ 的反应式可以看出，每 3mol P_2O_5 需消耗 7mol H_2SO_4，所以每份 P_2O_5 消耗 H_2SO_4 量为：

$$7 \times 98/(3 \times 142) = 1.61 \text{ 份}$$

同样可计算出，每份 CO_2 消耗 H_2SO_4 量为 98/44＝2.23 份；每份 Fe_2O_3 消耗 H_2SO_4 量为 98/159.7＝0.61 份；每份 Al_2O_3 消耗 H_2SO_4 量为 98/101.96＝0.96 份。

综合所述，每份磷矿的理论耗硫酸量为磷矿中所含的 P_2O_5、CO_2、Fe_2O_3、Al_2O_3 消耗硫酸的总和。即分解磷矿的理论硫酸用量：

$$W = 1.61 \times P_2O_5\% + 2.23 \times CO_2\% + 0.61 \times Fe_2O_3\% + 0.96 \times Al_2O_3\%。$$

增加硫酸用量，可以增加磷矿颗粒与硫酸的接触机会，加快分解反应的速率，提高分解率，同时还可以提高第二阶段的反应速率；但过高的硫酸用量，会使料浆难于固化，产品中游离酸含量增加，使产品成本增加，实际生产中硫酸用量一般为理论用量的 1.03～1.05 倍。

(2) 硫酸的浓度　硫酸浓度高可以加快反应速率，减少液相量，又能加剧水分的蒸发，使磷酸浓度提高，有利于磷酸一钙的生成和结晶，缩短熟化时间；另外也可以提高氟的逸出率。但硫酸浓度过高，会使反应过快，半水硫酸钙迅速脱水，形成细小的无水硫酸钙，从而既形成不了固化骨架，又包裹了未分解的磷矿颗粒，降低了磷矿的分解率，使反应不完全，水分蒸发少，还会使产品产生黏结，甚至发生料浆不固化而影响产品物性。反之，硫酸浓度过低，反应缓慢、液相过多，也使产品物性变坏。实际生产中，一般采用硫酸浓度为 60%～75%；其具体浓度与磷矿活性、矿粉细度和季节有关。冬天的硫酸浓度要略高于夏天。

(3) 硫酸的温度　硫酸的温度对磷矿粉的分解速率、转化率、料浆固化速率以及产品质量和产品物理性能的影响都很大。硫酸分解磷矿是放热反应，反应热使料浆温度升高。温度升高时，反应速率增加，并促进水分的蒸发和含氟气体的逸出，从而改善产品的物理性能。但当硫酸温度过高时，又会出现与硫酸浓度过高时一样的不良后果，即矿粒反应表面被包裹"钝化"；温度过低时，则会降低磷矿的分解速率，使化成室中的过磷酸钙不够坚实，以致卸料时容易崩塌。实际生产过程中硫酸温度常为 55～70℃，夏季比冬季低 5℃左右。

(4) 磷矿粉的颗粒度　矿粉颗粒度越细，反应越快、越完全，可大大缩短混合、化成和熟化时间，并可获得较高的转化率。但过高的矿粉细度必将降低粉碎设备的生产能力，增加矿耗和生产成本，一般要求矿粉 90%～95% 通过 100 目筛。对磷矿粉颗粒细度的要求与磷矿石分解的难易程度有关，矿粉细度高时，可适当提高酸的浓度和温度。

(5) 搅拌强度和混合时间　搅拌的作用是促进液固相反应，减少扩散阻力，降低矿粉表面溶液的过饱和度，使颗粒表面形成较易渗透的薄膜，因此要有足够的搅拌强度。但是如果搅拌强度过大，将破坏半水硫酸钙形成的固化骨架，同时还使桨叶机械磨损加剧，当硫酸浓度和温度条件不合适时，单纯依靠强烈搅拌也不能加速磷矿的分解。一般地立式混合器的搅拌叶末端线速度采用 3～12m/s，卧式混合器的搅拌叶末端线速度采用 10～20m/s。

搅拌混合时间视磷矿性质不同而不同，对易分解的磷矿可短些，对难分解的磷矿可长些。混合时间还与前述各影响反应的因素有关，当磷矿粉较粗、硫酸用量较少、硫酸浓度和温度稍低时，混合时间可长一些；反之，时间则应短一些。但应注意时间太短，矿粉分解速率低，料浆不易固化；时间太长，料浆过于稠厚，操作困难，还可能使物料固化在混合器内。一般搅拌时间为 2~6min。

3. 普通过磷酸钙的生产工艺流程

普通过磷酸钙生产方法有稀酸矿粉法和浓酸矿浆法两种。稀酸矿粉法是世界上常用的工艺，硫酸浓度为 60%~75%；浓酸矿浆法是我国开发的一种工艺，硫酸浓度为 93%~98%，它是将磷矿湿磨成矿浆后再加入混合器中。

过磷酸钙的生产主要由以下几个工序组成：①硫酸与矿粉（或矿浆）混合；②料浆在化成室内固化（化成）；③过磷酸钙在仓库内熟化；④从含氟废气中回收氟。其生产方法依据酸的浓度分为：稀酸法和浓酸法；依据化成室结构不同分为：回转化成流程法和皮带化成流程法。图 8-1 为稀酸矿粉法、立式混合器、回转化成室生产过磷酸钙的工艺流程。

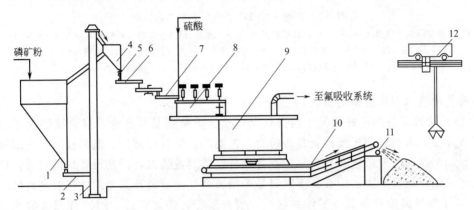

图 8-1　普钙（稀酸矿粉法、立式混合器、回转化成室）生产工艺流程
1—矿贮槽；2—螺旋输送机；3—斗式提升机；4—进料机；5—下料机；6—螺旋调料机；7—螺旋加料机；8—立式混合器；9—回转化成室；10—皮带输送机；11—撒扬器；12—桥式吊车

若熟化后期游离酸浓度超标，因其具有腐蚀性，会给运输、贮存、施肥带来困难。故在产品出厂前要进行中和游离酸的处理。其处理方法有：添加能与普钙中的磷酸迅速作用的固体物料（如石灰石、骨粉、磷矿石等），或用气氨、铵盐处理普钙。中和后的普钙物性得到改善，可以减少结块性和吸湿性，但必须控制好氨化程度。若加入过多的中和物料，会使产品中的水溶性 P_2O_5 转化成不溶性的 P_2O_5，从而导致产品的退化。

生产中的含氟废气引入氟吸收室用水吸收，以避免污染环境。在氟吸收室得到的氟硅酸溶液用钠盐处理可制得氟硅酸钠、氟化钠、氟化铝或冰晶石（Na_3AlF_6）等副产品，可供冶金、搪瓷、医药及建筑材料工业使用。

图 8-2 为浓酸矿浆法生产普钙的工艺流程图。粗碎后的磷矿经斗式提升机、贮斗圆盘加料机与由流量计计量后的清水一起进入球磨机。湿磨好的矿浆经振动筛流入带搅拌的矿浆池，再经矿浆泵与 H_2SO_4 一起加入混合器中。出混合器料浆进入回转化成室（或皮带化成室），由胶带输送机送至设置有桥式吊车的熟化仓库。由混合器与化成室排出的含氟废气经氟吸收室后放空。吸收制得的 H_2SiF_6 溶液在复盐反应器与 $NaCl$ 反应后生成 Na_3AlF_6 结晶，经离心机分离和干燥机干燥后，得到 Na_3AlF_6 副产品。

4. 普通过磷酸钙生产-混化岗位安全操作规程

① 操作人员要严格按照本岗位工艺指标：鲜肥硫酸根含量要求范围 36%~38%、料浆游离酸控制在 12%~18%（混合器出料口取料点）、料浆温度 120~130℃，鲜钙转化率控制在 ≥80%（化成室出口取样点）以充分利用原矿磷为原则等要求将浓硫酸和矿浆充分混合，

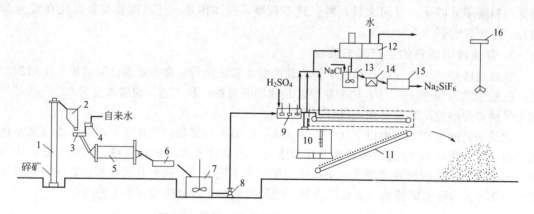

图 8-2 普钙（浓酸矿浆法）生产工艺流程

1—斗式提升机；2—碎矿贮斗；3—圆盘喂料机；4—自来水流量计；5—磨机；6—振动筛；7—矿浆池；
8—矿浆泵；9—立式混合器；10—回转化成室；11—皮带化成室；12—氟吸收室；
13—氟盐反应器；14—离心机；15—干燥机；16—桥式吊车

然后经过化成室后制成合格的鲜钙。

② 检查所属设备的完好状况、润滑状况以及防护装置是否齐全、混合锅要盘车检查有无卡死或异常，下料口闸板要检查是否符合工艺要求，是否有破损、漏料现象。化成室要清除筒体和切削器内部的杂质和积料，检查各设备连锁倒置装置，严禁设备反向运转，检查各部件的连接螺栓是否牢固。检查各下料口是否畅通，气体管道及罩壳的通畅及密封性。

③ 要了解各岗位开车准备工作的状况，检查酸管、矿浆管道、阀门有无堵漏现象，了解熟化库占库情况，加强各岗位联系。

④ 检查完毕，确定可开车后作短时空负荷试车，并按照工艺指标设定小时酸耗、小时矿浆耗用量、酸矿比等参数，并通知各岗位投料生产。

⑤ 开车时要按：开启撒扬机→鲜钙胶带输送机开启切削器→开启回转化成室传动装置按 1 号、2 号、3 号、4 号顺序启动混合锅→开启浓酸泵（投料运行应先小后大，直至转入正常）撒扬机和鲜钙皮带要在切削器所有物料卸下时开启。停车与开车顺序相反，停车时应尽量将矿浆管道内的矿浆用完，回转化成室中、鲜钙皮带上不得存有物料。

⑥ 长期停车需要注意的事项 停车前需用完 浓酸高位槽内的酸；把设备内的物料运完；按照停车顺序停车；彻底清除混合器及化成室的物料。

⑦ 紧急停车时，先停磷矿浆泵后停浓酸泵。

⑧ 正常生产中，密切观察各设备仪表波动情况，做好检查工作，注意各设备的运转是否正常，要特别注意鲜钙的物理性能。料浆、物料性能发生变化时，及时调整酸矿比，防止物料过干咬死混合锅和化成室，防止物料跑稀满出化成室。生产中，需注意化成室物料堆积高度要适度。

⑨ 各电机应保持通风良好，并防止尘土、矿石、油类滴入，每班清擦，定期加油。电机不准超负荷运行，外壳温升不得超过规定值。随时观察其他设备运行情况，发现异常及时调整或检查，处理后再开车，不准强行开车。经常检查各轴承及设备的润滑情况，发现缺油要及时补充。加油须正确、清洁、加油量要适量，减速箱每班检查一次，保持正常油位。

⑩ 操作人员上班时必须集中精力，注意安全生产。在清理混合器、化成室等设备时，应据不同情况，佩戴好防毒面具、口罩、防护服、手套、耐酸胶鞋、防护眼镜等防护用品，并在清理设备时，要有一人在设备外观看和联系，以确保人身安全。

⑪ 每班工作完毕，应进行全面检查清理，并搞好周围环境卫生后再交班。

⑫ 严禁睡岗、串岗、脱岗、认真搞好操作和记录。

⑬ 遵守厂规厂纪，遵守劳动纪律，穿戴好劳保用品。

二、重过磷酸钙的生产

重过磷酸钙简称重钙。重过磷酸钙的主要成分是一水磷酸一钙，此外还含有一些游离磷酸。其有效磷为 40%～50%，比普通过磷酸钙高 2～3 倍，有粒状和粉状两种形式。

1. 重钙生产的主要化学反应

重过磷酸钙是由磷酸分解磷矿中的氟磷灰石而得到的产物，其化学反应式为：

$$Ca_5(PO_4)_3F + 7H_3PO_4 + 5H_2O \longrightarrow 5Ca(H_2PO_4)_2 \cdot H_2O + HF\uparrow$$

同时发生生成少量的磷酸氢钙的副反应：

$$Ca_5(PO_4)_3F + 2H_3PO_4 + 10H_2O \longrightarrow 5CaHPO_4 \cdot 2H_2O + HF\uparrow$$

铁、铝氧化物分解，生产难溶性磷酸盐。

$$(Fe,Al)_2O_3 + 2H_3PO_4 + H_2O \longrightarrow (Fe,Al)PO_4 \cdot 2H_2O$$

另外，还有碳酸盐的分解：

$$(Ca,Mg)CO_3 + 2H_3PO_4 \longrightarrow (Ca,Mg)(H_2PO_4)_2 \cdot H_2O + CO_2\uparrow$$

磷矿中的酸溶性硅酸盐分解成硅酸，硅酸又与氟化氢作用生成四氟化硅和氟硅酸，而氟硅酸又转化为氟硅酸盐，四氟化硅呈气态逸出。

2. 重钙生产的工艺条件

磷酸分解磷矿主要受扩散控制，影响分解反应的因素有：磷酸浓度、反应温度、混合强度和磷矿粉颗粒度等。

(1) 磷酸浓度 提高磷酸浓度实际提高了氢离子的浓度，可加快反应速率，降低产品的含水量，缩短熟化时间，减轻干燥负荷，提高了产品质量。高磷酸浓度的不利之处在于：①液固比低，使液、固不易混合均匀；②磷酸黏度高，使磷酸通过反应层的扩散阻力增大，降低了反应速率；③使磷酸离解度减小，氢离子浓度减少，反应速率降低。磷酸浓度在 26%～46% P_2O_5 范围内，磷矿分解率随磷酸浓度增加而增加，但达到某一临界值时，因磷酸黏度的急剧增大导致磷矿分解率迅速下降。在有化成室的浓酸熟化法中，还应注意磷酸浓度对料浆固化的影响，磷酸浓度过低、过高均会使料浆不能固化。另外磷酸浓度的确定还与磷矿的性质有关，对于易分解的磷矿可采用较低浓度的磷酸，否则要采用高浓度的磷酸。

(2) 磷酸温度（反应温度） 磷酸温度主要影响初始的磷矿分解率。磷酸浓度低时，采用较高的磷酸温度有利于磷矿的分解；磷酸浓度高时，以采用较低的磷酸温度较好。提高磷酸温度，降低了磷酸黏度和增加了磷酸二氢钙的过饱和度，但结晶速度也相应加快，析出过多的细小的磷酸二氢钙结晶，不利于磷矿的继续分解。

(3) 混合强度和混合时间 磷酸和磷矿粉混合时，其物料形态变化依次为流动期、塑性期、固态期。流动期内，反应物为均匀的料浆，混合效果好；塑性期反应物渐趋黏稠，混合略有困难，塑性期结束时混合消耗功率最大；固态期反应物已固化，较干燥，也易粉碎。流动期和塑性期的长短与矿种、磷矿品位、磷酸用量、反应温度、矿粉粒度和混合强度等有关。由于料浆的流动性与搅拌强度有关，强烈的搅拌可延长流动期，而适当增加流动期可使酸矿充分反应，同时可改善产品物性并提高设备的生产能力。降低磷酸浓度、磷酸温度和使用较粗颗粒的矿粉都能使混合和化成时间延长，使磷矿分解率提高。

(4) 磷矿粉颗粒度 重钙所用矿粉细度比普钙大，一般要求通过 200 目的粒度占 50%

以上，但矿粉也不能过细，否则会增加动力消耗，缩短混合的流动期，从而导致磷矿的前期分解率高而后期分解速率缓慢。

3. 重钙生产工艺过程

重钙生产有化成室法（也称浓酸熟化法，如图 8-3 所示）和无化成室法（也称稀酸返料法，如图 8-4 所示）。

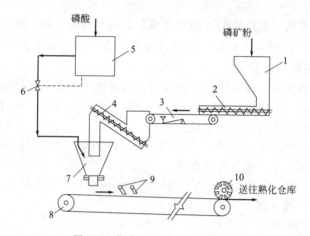

图 8-3　化成室法制重钙工艺流程

1—磷矿粉贮斗；2,4—螺旋输送机；3—加料机；5—转子流量计；6—自动控制阀；
7—锥形混合器；8—皮带化成室；9—切条机；10—鼠笼式切碎机

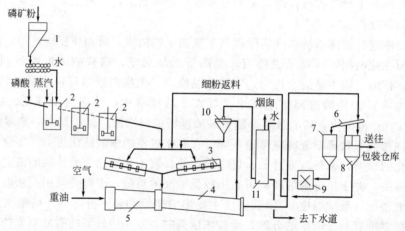

图 8-4　无化成室法制重钙的工艺流程

1—矿粉贮斗；2—搅拌反应器；3—双轴卧式造粒机；4—回转干燥炉；5—燃烧室；6—振动筛；
7—大颗粒贮斗；8—粉状产品贮斗；9—破碎机；10—旋风除尘器；11—洗涤塔

如图 8-3 所示，45%～55% P_2O_5 的浓磷酸在圆锥形混合器中与磷矿粉混合，酸经计量后分四路通过喷嘴、按切线方向进入混合器。矿粉经中心管下流与旋流的磷酸相遇，经过 2～3s 的剧烈混合后，料浆流入皮带化成室。重钙在短时间内就能固化。刚固化的重钙被刀切成窄条，然后通过鼠笼切碎机切碎，送往仓库堆置熟化。

图 8-4 所示，磷矿粉与稀磷酸在搅拌反应器内混合，反应器内通入蒸汽控制温度在 80～100℃之间，从反应器流出的料浆与返回的干燥细粉在双辊卧式造粒机内进行混合并造粒，得到湿的颗粒状物料进入回转干燥炉，用从燃烧室来的与物料并流的热气体加热，使尚未分

解的磷矿粉进一步充分反应。干燥炉温度控制使出料温度为 $95\sim100℃$ 之间，干燥后成品含水量为 $2\%\sim3\%$。

无化成室流程，需要 $4.5\sim10$ 倍成品作为返料，增加了动力消耗和设备容积。此外，对于某些难于分解的磷矿，采用较稀的磷酸，磷矿的分解率较低，制得的产品物理性质欠佳。但因为流程比较简单，可用稀磷酸生产，且不需要庞大的熟化仓库而得到广泛应用。

三、磷肥生产过程常见故障及其排除方法

见表 8-4。

表 8-4　磷肥生产过程常见故障及其排除方法

内容	常见故障	故障原因	排除方法
普钙生产	化成过程料浆不固化	硫酸浓度过高 硫酸温度过高 硫酸用量过多 搅拌强度过高 混合停留时间短	适当降低硫酸浓度 采用较低温度的硫酸 依据硫酸浓度调节硫酸用量 适当降低搅拌速度 适当延长停留时间
	熟化过程出现坍塌	熟化温度过高 料浆含液过多	适当控制熟化温度及降温速度 适当延长化成时间
重钙生产	料浆不固化或固化困难	磷酸含量过高或过低 磷酸温度过低或干燥造粒温度低 产品中磷酸含量高	控制适宜的磷酸浓度 提高磷酸温度或增加蒸汽量/温度 控制磷酸用量
	产品结块或吸潮	熟化仓库不通风或潮湿	强化熟化仓库通风

任务二　热法磷肥生产过程的组织

热法磷肥是指在高温（1000℃ 以上）下加入（或不加入）某些配料分解磷矿制得的磷肥。此类肥料均为非水溶性的缓效肥料，但肥效持续时间长，不易被土壤固定或流失，故肥料的总效果及利用率比较高，所以在一些硫资源缺乏、能源充足的地方，发展不需要硫酸的热法磷肥是非常合适的。热法磷肥的生产方法有熔融法和烧结法两种，主要品种有：钙镁磷肥、脱氟磷肥、烧结钙钠磷肥、偏磷酸钙及钢渣磷肥等。本任务主要介绍钙镁磷肥和脱氟磷肥的生产工艺过程。

一、钙镁磷肥生产

钙镁磷肥是以磷矿为原料，加入助熔剂（如白云石 $CaCO_3 \cdot MgCO_3$、硅石 SiO_2、蛇纹石 $3MgO \cdot 2SiO_2 \cdot 2H_2O$ 等），在温度高于 1400℃ 下熔融，然后将熔融体在水中迅速冷却并烘干、磨细而得到的一种玻璃体粉末状枸溶性肥料。

钙镁磷肥具有农作物所需的 $12\%\sim20\%$ 有效 P_2O_5，$8\%\sim18\%$ MgO，$20\%\sim30\%$ SiO_2，$25\%\sim30\%$ CaO 以及 $0.5\%\sim5\%$ K_2O、FeO、MnO 等，它具有物理性质好、不易吸潮、不含游离酸、不结块的特点。

钙镁磷肥生产按所用能源不同分为：高炉法（以焦炭或无烟煤为燃料）、电炉法（以电力为能源）、平炉法（以燃油为能源）。我国主要是以高炉法生产钙镁磷肥。

钙镁磷肥生产的最主要的问题是确定合适的配料比。配料的原则是：①产品有效 P_2O_5

含量高；②炉料有较低的熔融温度及良好的流动性。配料的关键是控制好氧化物的摩尔比，如镁硅比 MgO/SiO_2、镁磷比 MgO/P_2O_5、余钙碱度 $(CaO+MgO-3P_2O_5)/SiO_2$ 等。常用的配料比为：$CaO:MgO:SiO_2:P_2O_5=(3.5\sim3.7):(2.7\sim3.5):(2.5\sim2.8):1$，其中 $MgO/SiO_2=0.98\sim1.36$，余钙碱度控制在 $0.8\sim1.3$ 之间。

如图 8-5 为典型的高炉法生产钙镁磷肥的工艺流程。磷矿石、蛇纹石（或白云石）和焦炭经破碎到一定大小，并按一定比例配好装入料车，用卷扬机入高炉。从热风炉来的热风经风嘴喷入高炉。焦炭迅速燃烧而产生高温，使高温区温度达 1500℃以上。物料在炉内充分熔融后，自出料口放出熔融体，并用 0.2MPa 以上的水喷射（水量约为 20m³/t 物料），使其急冷而凝固并破碎成细小的粒子流入水淬池中。这样的骤然冷却，可以使熔融物的玻璃体结构固定下来，防止氟磷灰石结晶，水淬后的湿料送入回转干燥机干燥。干燥后的半成品一般含水 0.5%以下，再送入球磨机磨细，要求细度有 80%以上通过 80 目筛。具有一定细度的钙镁磷肥才能更快地溶于土壤的弱酸溶液或作物分泌的根酸中而被作物吸收。

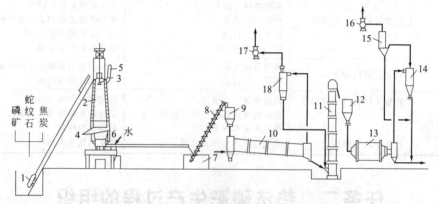

图 8-5 高炉法生产钙镁磷肥的工艺流程

1—卷扬机；2—高炉；3—加料罩；4—风嘴；5—炉气出口管；6—出料口；7—水淬池；8—沥水式提升机；
9,12—贮斗；10—回转干燥机；11—斗式提升机；13—球磨机；14—旋风分离器；
15—袋滤器；16,17—抽风机；18—料尘捕集器

一般钙镁磷肥含有效磷 P_2O_5 14%～20%，SiO_2 20%～28%，CaO 25%～30%，MgO 10%～18%；在炉料配料中若加入难溶性低品位钾矿（如钾长石）则含有枸溶性钾，还含有随矿石配料带入的硼、锰、锌、铜、钴钼、铁等微量元素。钙镁磷肥的质量标准如表 8-5 所示。

表 8-5　钙镁磷肥的质量标准

指标名称		指　　标		
		优等品	一等品	合格品
有效五氧化二磷(P_2O_5)含量/%	≥	18.0	18.0	12.0
水分含量/%	≤	0.5	0.5	0.5
碱分(以 CaO 计)含量/%	≥	45.0	45.0	—
可溶性硅(SiO_2)含量/%	≥	20.0	20.0	—
有效镁(MgO)含量/%	≥	12.0	12.0	—
细度:通过 250μm 标准筛/%	≥	80	80	80

二、脱氟磷肥生产

依据氟磷灰石中氟离子 F^- 可被离子半径相近的 OH^- 同晶取代生成羟基磷灰石的原理，

在天然磷矿中添加适量的硅砂、无水芒硝等添加剂，在水蒸气存在下，于 1350℃ 以上的高温，使氟磷灰石转变为可被植物吸收的 α-磷酸三钙或硅磷酸钙可变组成体。因生产方法不同，脱氟磷肥的生产方法有烧结法和熔融法两种。

烧结脱氟磷肥是一种中性或微碱性（pH＝7～8）的枸溶性磷肥，粉状产品呈灰色或浅灰色，不吸湿、不结块。大部分产品含氟量很低（约 0.05%～0.4%）。氟与 P_2O_5 含量之比低于 1% 的产品不仅可作为肥料，还可以用作家禽的饲料添加剂，而成本比沉淀磷酸钙低得多。

烧结脱氟过程可在回转窑中进行，也可在沸腾炉中进行，回转窑烧结技术成熟，能量和动力消耗较低。其回转窑法制烧结脱氟磷肥（芒硝-磷酸法）的工艺流程见图 8-6 所示。

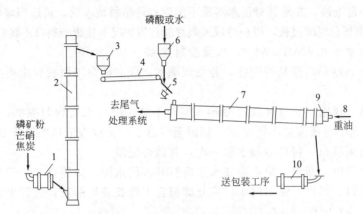

图 8-6　回转窑法制烧结脱氟磷肥的工艺流程

1—混料机；2—斗式提升机；3—混料贮斗；4—皮带计量器；5—盘式造粒机；
6—高位槽；7—回转窑；8—重油喷嘴；9—冷却筒；10—球磨机

生产烧结脱氟磷肥依据配料不同有多种方法，主要有：低硅法、高硅法和芒硝-磷酸法。生产过程中因配料不同，其发生的化学反应和要求的操作条件（特别是温度）亦不相同。适宜的炉料烧结温度应略高于炉料开始软化的温度，但又不能过分接近炉料的熔融温度，避免产生炉料粘结或粘壁现象的发生，以保证过程的正常进行。在适宜的炉料烧结温度下，各种化学反应进行得最好，其转化率也达到最高。故对炉料的要求是烧结温度尽可能低，熔融温度尽可能高，只有当两者的差别足够大时，才能在较大的操作温度范围内进行生产，其烧结温度也易于控制。

高硅法和低硅法共同的缺点是烧结温度高；芒硝-磷酸法因配料中添加芒硝，在反应过程中因生成 Na_2O 而降低烧结脱氟过程的反应温度，因添加磷酸而提高了磷肥产品中的有效 P_2O_5 含量。

熔融脱氟磷肥的生产方法和钙镁磷肥相似，包括炉料熔融和熔体水淬骤冷两个主要工序。熔融脱氟磷肥是选用熔点较低（≤1400℃）的磷矿，不添加熔剂，使磷矿在高温熔融条件下与水蒸气接触进行脱氟，发生的化学反应与低硅法烧结脱氟磷肥基本相同，熔体经水淬骤冷后形成含部分高温型磷酸三钙玻璃质肥料，因没加熔剂使产品含有效 P_2O_5 的含量较高。

熔融脱氟磷肥的生产过程可以在竖炉或旋风炉中进行，因在竖炉中存在炉壁腐蚀和结料，且脱氟率和转化率均不高的问题，而旋风炉则因具有其优越性而得到推广。

三、钙镁磷肥生产正常操作要点

1. 炉前岗位

（1）铁口

① 在工段长或炉前班长的直接指挥下每 1.5h 出铁一次。

② 出铁前应清理好铁水沟泥砂。要求颗粒均匀,不准有大块东西混在砂中,严禁沟中有积水,清好篦渣器,每次出铁应将渣铁出净并稍为喷吹,但喷吹时间可根据炉况来定。一般不应太长。以喷出煤气火焰为止。

③ 出铁前班长须检查铁口泥的质量,禁止使用太硬或太软的堵泥。

④ 堵口应快、准、深、牢,若遇堵不上,应先拨净铁口渣再堵;禁止重叠堵口,若实在堵不上,应立即拉风堵口。

⑤ 严禁干渣入水淬槽影响粗肥转化率。

(2) 料口

① 应保持一定流段,并使其对正水淬槽不偏流;待熔料放净后,可适当堵口贮料,以便启口后形成流股,但切忌时间过长,以免造成风眼灌渣;当炉况不佳影响料口不畅时,应多喷吹。

② 保持水淬水压 0.25MPa 左右,水温控制在 40~50℃ 以下。

③ 经常注意观察料口套是否完好,若发现漏水,应立即向工段长提出更换。

(3) 看水

① 保证喷淋、风眼、料口和铁口冷却水畅流不堵,喷淋水要均匀喷洒,确保炉壳冷却有足够水量,做到不得偏流更不得堵塞。每班至少自上至下检查清理喷淋冷却水二次。

② 每半小时测风口、料口冷却水温一次,并做好记录。

③ 如遇突然停电、断水,负责通知水泵房打开备用水源,以免烧红炉壳与烧坏风口。

④ 若发现风口、料口、铁口漏水,应立即报告工段长或炉前班长进行更换。

(4) 拉铁

① 镍铁印成模后过磅,严格按工段堆放。并按指定方块叠高 1m。

② 负责制造铁口堵泥,并保质保量完成。

③ 拉铁车应负责交班,并保证其完整无损。白班应负责补胎充气。

2. 卷扬岗位

① 严格按料线进行加料,如料线定 2200m/m,允许料层高度变化 ±200m/m,具体即按 2200m/m 料线加料,但料线不能 2000m/m 或 2400m/m。

② 遇料线失灵,可暂按高炉炉顶温度加料。

③ 正常炉况下,可保持规定料柱以下加料,炉顶温度可控制在 200℃ 左右。这样加料既可增加产量又能保住风温。

④ 吊料前,应先检查一下斗中料有否倒错,若发现倒错了,应立即给予纠正并报告工段长。

⑤ 在正常情况下,炉顶温度应控制在 200℃ 左右。

⑥ 如实记好料速料批与设备运行等情况。

⑦ 每班对本职责设备范围大小料车、上料提升机、探料尺的开关电器、钢丝索、滑轮等至少巡视二次,并将情况记入原始记录。

3. 鼓风岗位

① 鼓风工应切实做好加、减、排、复风、停、开机工作。

② 精心调剂,确保电压、电流、风压稳定。

③ 测好马达温升与风机运行情况,发现异常应及时报告工段长,以便及时处理。

④ 鼓风房内一切电器、阀门及系统管道指示仪表与工具的安全使用、保管、维护与损耗等,鼓风工应完全负责。

⑤ 认真负责如实地搞好原始记录,每月终交车间存档。

4. 热风岗位

① 确保煤气系统畅通无堵,便于煤气除尘净化,为热风炉提供良好燃烧条件。

② 采用勤观察、勤分析、勤调剂的操作办法，确保热风温度稳定，铸铁接管、热风炉应特别注意做好保温工作，以免热胀冷缩而使管道破裂。

③ 要与卷扬工配合，共同控制好高炉炉顶温度在200℃左右，确保CO％＞13％保证热风炉燃烧良好。

④ 对热风煤气系统的阀门、管道、电器设备与工具、仪表的安全使用，热风岗位操作工应负完全责任。

⑤ 炉灰一律上皮带机，违者酌情扣发奖金直至工资。

⑥ 除氟塔、脱水器，每班至少冲水两次，每次5min。

⑦ 每班应清重力除尘器干灰一次，以清到清灰口无灰下来为准。

⑧ 认真细致搞好原始记录与环境卫生。

5. 行车岗位

① 按照粗肥有效磷含量高低与其磨成成品的"耗磷量"，使用荷花抓斗进行中间控制粗肥质量，使钙镁磷肥成品达到质量国家规定指标。

② 抓料掌握原则为先选择含磷量低（针对某一级产品而言）再选择含磷量高的；先抓干燥粗肥后抓潮湿粗肥，这样可以留有余地平衡质量，另可节省成品烘干煤耗。

③ 从水淬池里捞上来的粗肥，应严格按班堆放，严禁混放。

④ 每班负责将当班有效磷含量填入配料板，并将原堆成分留存，以供配料参考。

⑤ 若因失职造成料池粗肥溢出，应追究责任，严肃处理。

⑥ 接班后应在堆放粗肥的平面图上标明当班堆放方位，以便为化验室指明取样堆位。

⑦ 如实做好原始记录，包括本班用料、编号、堆放位置、当班堆含磷量及设备运行等情况、故障与存在问题等。

⑧ 严格按指定堆位配比进行抓料，若未经同意擅自乱抓乱放而造成成品不合格者，应由违章者负完全责任。

⑨ 堆场较宽敞时晒场只允许堆放四堆。

思考与练习

1. 酸法磷肥生产过程中应注意那几个问题？

2. 普钙生产过程中出现的最常见事故有哪些？如何解决？

3. 热法磷酸的生产方法可分为哪几种？分类的依据是什么？

4. 热法磷肥最常用的生产方法是什么？

5. 依据普钙生产原理 $2Ca_5(PO_4)_3F + 7H_2SO_4 + 3H_2O \longrightarrow 3Ca(H_2PO_4)_2 \cdot H_2O + 7CaSO_4 + 2HF\uparrow$，若磷矿组成为：$P_2O_5$ 26.84％；CaO 40.23％；Fe_2O_3 2.70％；Al_2O_3 4.03％；MgO1.50％；F 2.65％；$CO_2$5.78％；其他11.43％。计算生产100t普钙消耗硫酸的量是多少？

6. 依据磷矿石的特性，生产磷肥其目的是将磷矿石中的不溶于水的 P_2O_5 转化为易溶或微溶于水的 P_2O_5，请根据所学知识设计几种转化方案。

拓展知识之八

湿法磷酸生产与湿法磷肥生产之间的联系与区别

湿法磷酸是用强无机酸（硫酸、硝酸、盐酸等）分解磷矿制得的磷酸统称为湿法磷酸（也叫酸法磷酸或萃取磷酸），其中用硫酸分解磷矿制取磷酸的方法是湿法磷酸中最主要的方法。 湿法磷酸的生产是用硫酸处理天然磷矿，使其中的磷酸盐全部分解，生成磷酸溶液及难溶性的硫酸钙沉淀。

$$Ca_5(PO_4)_3F+5H_2SO_4+5nH_2O \xrightarrow{\quad\quad} 3H_3PO_4+5CaSO_4 \cdot nH_2O\downarrow+HF\uparrow$$

因反应条件不同，反应生成的磷酸钙可以是二水硫酸钙（$CaSO_4 \cdot 2H_2O$）、半水硫酸钙（$CaSO_4 \cdot 1/2H_2O$）或无水硫酸钙（$CaSO_4$）。 依据硫酸钙含结晶水的类型，其湿法磷酸生产的基本方法有：二水物法、半水物法和无水物法。

要保证湿法磷酸的生产安全、经济进行，在生产过程中就必须关注两个方面的问题：即是磷矿的分解速度和磷石膏的结晶颗粒度，以保证高的磷的萃取率。 湿法磷酸是用硫酸分解磷矿制成硫酸钙和磷酸，以及将硫酸钙晶体分离和洗净两个主要过程组成。 其生产工艺指标主要是保证达到最大的 P_2O_5 回收率和最低的硫酸消耗量，这就要求在分解磷矿时硫酸耗量要低，磷矿分解率要高，并应尽量减少由于磷矿颗粒被包裹和 HPO_4^{2-} 取代了 SO_4^{2-} 所造成的 P_2O_5 损失。 在分离部分则要求硫酸钙晶体粗大、均匀、稳定，过滤强度高和洗涤效率高，尽量减少水溶性 P_2O_5 损失。 湿法磷酸的生产过程包括酸解反应、粗磷酸与磷石膏的分离及粗磷酸的浓缩加工，得到需要的磷酸产品。

湿法磷肥是用无机酸（硫酸、盐酸、磷酸等）分解磷矿制造出的磷肥。 湿法磷肥依据所采用的无机酸不同，得到的磷肥组分也不一样，但这些磷肥的生产具有共同的特点就是酸解磷矿石得到的混合物无需分离，其生产过程只需无机酸与磷矿的混合（酸解反应）、化成及酸解反应物的熟化过程。 为满足产品的质量及安全生产，在生产过程中最关注的是在熟化时半成品的含水量及料浆固化时间等。

可见，湿法磷酸和湿法磷肥最大的共同点是都以磷矿粉为原料，都是与强无机酸进行分解反应，其分解反应是相同的。 两者最大的区别在于，湿法磷酸的生产在于磷矿粉需要全部分解，且所得磷酸溶液要与磷石膏等固体杂质分离得到产品磷酸；而湿法磷肥的生产在于磷矿粉只需与强无机酸进行部分分解反应，其所得磷酸只是一个中间产品，该磷酸需要继续与剩余的磷矿粉进行分解反应，最终得到过磷酸钙产品也无需与磷石膏等杂质分离。

项目 九

钾肥生产

项目导言

钾肥生产包括氯化钾、硫酸钾、硝铵钾肥、窑灰钾、钾钙肥等，目前我国大量使用的钾肥品种主要有氯化钾、硫酸钾、硫酸钾镁肥。我国以盐湖含钾矿物资源为原料生产氯化钾的工艺主要有浮选工艺、兑卤盐析工艺和热溶冷结晶工艺。硫酸钾生产领域业已形成规模生产能力的生产方法主要有硫酸盐-氯化钾转化法、曼海姆法和浮选转化法。本项目主要分析了浮选法、溶解结晶法氯化钾生产工艺和复分解法硫酸钾生产工艺，并展望了其发展趋势。

能力目标

1. 能够掌握采用不同原料生产氯化钾的生产方法；
2. 能够确定氯化钾生产工艺条件，组织工艺流程；
3. 能够掌握采用不同原料生产硫酸钾的生产方法；
4. 能够确定硫酸钾生产工艺条件，组织工艺流程。

钾肥（Potash fertilizer）全称钾素肥料，是以钾为主要养分的肥料，钾是植物所需三大营养元素之一。钾肥肥效的大小决定于其氧化钾含量。钾肥大都能溶于水，肥效快，并能被土壤吸收，不易流失。根据钾肥的化学组成可分为含氯钾肥和不含氯钾肥，钾在土壤中有水溶性钾、代换性钾和不溶性钾三种形态。代换性钾是指被土壤复合体所吸附而又能被其他阳离子所交换的钾；不溶性钾是一些难于被作物直接吸收的含钾硅铝酸盐。不溶性钾经过风化也可以转化为水溶性钾，但转化速度太慢，不能满足植物的需求。

氮磷钾对农作物生长所起的作用，不仅不能互相代替，而且彼此之间还有着相互联系、相互制约与相互配合的密切关系。钾几乎存在于植物所有的器官和组织中，并较多地存在于作物茎叶里，尤其积集在幼芽、嫩叶、根尖等处。钾在农作物体内的作用机能与氮磷不同，钾虽不能直接参与合成有机化合物，但能加强农作物的光合作用，促进碳水化合物和蛋白质的形成，在缺钾的土壤中施用钾肥，还会大大增强作物对氮磷等营养成分的吸收能力。

钾元素能促进植物体内各种糖类的代谢及蛋白质和脂肪的形成，钾肥施用适量时能促进开花结果，提高作物抗逆性，如增强植物抗寒、抗旱、抗病虫害侵袭和抗倒伏等性能，以此增加农作物的成活率、产量和提高农作物质量。钾元素常被称为"品质元素"，对作物产品质量的作用主要有：①能促使作物较好地利用氮，增加蛋白质的含量，并能促进糖分和淀粉的生成；②使核仁、种子、水果和块茎、块根增大，形状和色泽美观；③提高油料作物的含油量，增加果实中维生素C的含量；④加速水果、蔬菜和其他作物的成熟，使成熟期趋于一致；⑤增强产品抗碰伤和自然腐烂能力，延长贮运期限；⑥增加棉花、麻类作物纤维的强度、长度和细度，色泽纯度。

任务一　氯化钾生产

氯化钾是一种白色或无色立方晶体或结晶粉末，相对密度1.984，熔点770℃，沸点1420℃，加热至1500℃升华。易溶于水，水溶性340g/L（20℃），在水中的溶解度随温度的升高而迅速增加。微溶于乙醇，稍溶于甘油，不溶于浓盐酸、丙酮，有吸湿性，易结块。

工业氯化钾产品质量执行国家标准GB 6549—1996（表9-1）。

表9-1　工业氯化钾产品质量执行国家标准 GB 6549—1996

指标名称		I类	II类			III类		
			优等品	一等品	合格品	优等品	一等品	合格品
氯化钾(K_2O)/%	≥	62	60	59	57	60	57	54
水分(H_2O)/%	≤	2	2	4	6	6	6	6
钙镁($Ca+Mg$)/%	≤	0.2	0.4	—	—	—	—	—
钙(Ca)/%	≤	—	—	0.5	0.8	—	—	—
镁(Mg)/%	≤	—	—	0.4	0.6	—	—	—
氯化钠($NaCl$)/%	≤	1.2	2.0	—	—	—	—	—
水不溶物/%	≤	0.1	0.3	—	—	—	—	—

钾肥生产是以自然界的含钾矿物作为原料。表9-2列出了主要含钾矿物，含钾矿物又分为水溶性和不溶性矿物两大类，前者具有较大的工业意义。

表9-2　各种含钾矿物

矿物名称	矿物英文名	水溶性	化学组成	密度/(g/cm³)	硬度	理论K_2O含量/%
钾岩盐	sylvite	可溶	KCl	1.687	2.2	63.2
钾石盐	sylvine	可溶	KCl和NaCl的混合物	—	—	不定
光卤石	carnallite	可溶	$KCl \cdot MgCl_2 \cdot 6H_2O$	1.618	1~2	17.0

续表

矿物名称	矿物英文名	水溶性	化学组成	密度/(g/cm³)	硬度	理论K₂O含量/%
硫酸钾石	arcanite	可溶	K_2SO_4	2.070~2.59	2~3	54.0
钾盐镁矾	kainite	可溶	$KCl \cdot MgSO_4 \cdot 3H_2O$	2.082~2.138	2.5~3	18.9
无水钾镁矾钾镁矾	Lanbeinite	可溶	$K_2SO_4 \cdot 2MgSO_4$	2.86	3~4	22.7
		可溶	$K_2SO_4 \cdot MgSO_4 \cdot 4H_2O$	2.35	2.7	25.7
软钾镁矾	Leonite	可溶	$K_2SO_4 \cdot MgSO_4 \cdot 6H_2O$	2.697	2.5~3	23.4
钾芒硝	Picromerito	可溶	$K_2SO_4 \cdot Na_2SO_4$		3.0	30.5
杂卤石	glaserite	不溶		2.72		—
霞石	Polyhalite	不溶	$K_2SO_4 \cdot MgSO_4 \cdot 2CaSO_4 \cdot 2H_2O$	2.58~2.64	5~6	15.6
钾长石	Nepheline	不溶	$K_2O \cdot Al_2O_3 \cdot 2SiO_2$	2.57	5.5~6.0	30.1
白榴子石	Potash feldspar	不溶	$K_2O \cdot Al_2O_3 \cdot 6SiO_2$	2.45~2.50		16.9
明矾石		不溶	$K_2O \cdot Al_2O_3 \cdot 4SiO_2$	2.56~2.75	3.5~4	22.0
	alunits		$K_2O \cdot 3Al_2O_3 \cdot 4SO_3 \cdot 6H_2O$			11.4

一、氯化钾生产方法选择

1. 由钾石盐生产氯化钾

钾石盐是氯化钾和氯化钠的混合物，矿石多呈橘红色，间有白色、青灰色等。氯化钾含量可在 10%~60% 范围内波动，主要杂质是氯化钠、光卤石（$KCl \cdot MgCl_2 \cdot 6H_2O$）、硬石膏（$CaSO_4$）和黏土等物质。钾石盐是最重要的可溶性钾矿，一般认为用于生产的钾石盐 KCl 含量必须在 20% 以上。

（1）溶解结晶法制取氯化钾

① 溶解结晶法原理　KCl 的溶解度与多数盐类相似，随着温度上升而迅速增加，而 NaCl 在高温时的溶解度只略高于低温。若有 KCl 存在，NaCl 的溶解度随着温度升高而略有减少。溶解结晶法就是根据 NaCl 和 KCl 在水中的溶解度随温度变化规律的不同而将两者分开的一种分离方法。

② 溶解度图　图 9-1 是 KCl-NaCl-H₂O 系统在 25℃、100℃下的溶解度图。

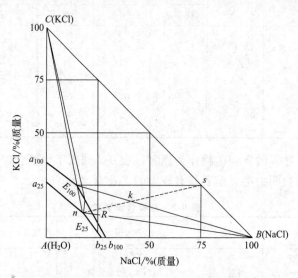

图 9-1　25℃和100℃ KCl-NaCl-H₂O 系统溶解度图

设 s 为钾石盐的组成点（视钾石盐仅由 KCl、NaCl 组成），由图可见，100℃ 时的共饱和溶液 E_{100}，冷却到 25℃ 时处于 KCl 结晶区内，有 KCl 固相析出，液相位于 CE_{100} 的延长线与 $a_{25}E_{25}$ 的交点 n 处。将 KCl 结晶过滤除去后，重新把溶液 n 加热到 100℃，与钾石盐 s 混合成系统 R。因为 R 点位于 100℃ 的 NaCl 结晶区，KCl 不饱和而溶解，NaCl 固相析出，过滤除去 NaCl 后将共饱和溶液 E_{100} 重新冷却，开始新的循环过程。

（2）工艺流程　根据相图分析，溶解结晶法工艺流程由 4 个部分组成（图 9-2）。

① 矿石溶浸用已加热的并已分离出氯化钾固体的母液去溶浸经破碎到一定粒度的钾石盐矿石，使其中的 KCl 转入溶液，而 NaCl 几乎全部残留在不溶性残渣中。

② 残渣分离将热溶浸液中的食盐、黏土等残渣分离去，并使之澄清。

③ 氯化钾结晶通过冷却澄清的热浸取液，将氯化钾结晶出来。

④ 氯化钾分离分离出的氯化钾结晶，经洗净、干燥后即可出售。母液加热后返回系统，用来溶浸新矿石。

溶解结晶法的优点为钾的收率较高，成品结晶颗粒大而均匀、纯度较高。缺点是浸溶温度较高、消耗较大、设备腐蚀严重。

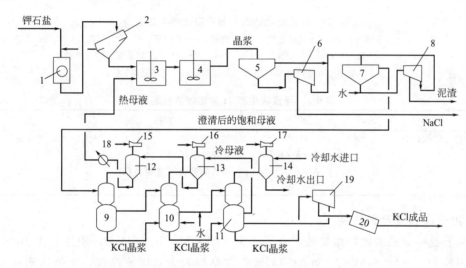

图 9-2　溶解结晶法从钾石盐制取氯化钾工艺流程

1—破碎机；2—振动筛；3,4—溶解槽；5,7—沉降槽；6,8,19—离心机；9～11—结晶器；
12～14—冷凝器；15～17—蒸汽喷射器；18—加热器；20—干燥机

2. 浮选法制取氯化钾

利用氯化钠和氯化钾对某些捕收剂的吸附能力不同，从而出现的被水润湿程度的差异而分离出氯化钾的一种方法。捕收剂一般是一种表面活性剂，以使某些矿物表面生成一层憎水膜并使其与气体泡沫结合而使矿物上浮的物质。钾石盐浮选时，捕收剂为碱金属的烷基硫酸盐（如十二烷基硫酸钠）和碳原子数为 16～20 的盐酸脂肪族胺或醋酸脂肪族胺（如盐酸十八胺和醋酸十八胺），起泡剂为丁醇、松油等。在浮选过程中，分粗选和精选两步，KC 晶体卷入泡沫中，经真空过滤机或离心机过滤，母液重新用于浮选，而 NaCl 则随泥渣进入废砂中。得到的精矿含 KCl 90% 以上，KCl 总收率大于 90%。图 9-3 是该法的工艺流程。

浮选法生产 1t 氯化钾（KCl＞95%）的消耗定额如表 9-3 所示。与溶解结晶法相比，该法燃料消耗大大下降，因此，该法应用较普遍。

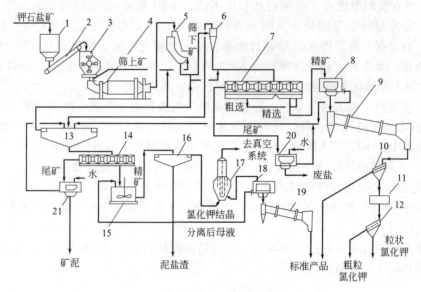

图 9-3　浮选法由钾石盐制造氯化钾工艺流程

1—矿石贮斗；2—皮带输送机；3—锤式破碎机；4—棒磨机；5—弧形筛；6—水力旋流器；7,14—浮选机；
8,18,20,21—离心机；9,19—干燥机；10,12—振动筛；11—压紧系统；13—增稠器；
15—加热溶解器；16—保温增稠器；17—结晶器

表 9-3　浮选法生产 1t 氯化钾消耗定额

物质	消耗	物质	消耗
钾石盐（按 22％KCl 计）	5.2t	胺类捕收剂	225g
电	85kW·h	矿泥捕收剂	1200g
水	4m³	聚丙烯酰胺（矿泥絮凝剂）	120g
重油	9.5kg	煤油（添加剂）	1100g

3. 用光卤石生产氯化钾

光卤石是钾镁的氯化物型复盐，分子式为 $KCl \cdot MgCl_2 \cdot 6H_2O$，理论上含 26.8％KCl（16.95％$K_2O$），34.3％$MgCl_2$ 和 38.9％水。它是假六方双锥形晶体，无色透明或呈乳白色，因有赤铁矿存在而带红色。一般认为，有工业开采价值的光卤石的平均组成应是 KCl 19.3％、NaCl 24.4％、$MgCl_2$ 24.0％、H_2O 29.9％、不溶物 2.4％。

（1）生产工艺原理　根据相图 9-4 可见，在不同温度下，光卤石及光卤石、水氯镁石存在两个共饱点。把光卤石加入水中即开始全部溶解，溶液中 KCl 和 $MgCl_2$ 的浓度逐渐增大，当达到 KCl 饱和曲线，即 KCl 在溶液中饱和时，继续加入光卤石，出现不相称溶解，即加适量水使其中的 $MgCl_2$ 全部转入溶液而增大部分 KCl 保留在固相中。在相图上，结晶析出 KCl，溶液组成沿 KCl 等温饱和线向氯化钾、光卤石共饱点方向移动，直至到达该点。

（2）完全溶解法　完全溶解法就是通过把光卤石完全溶解，再结晶出氯化钾的方法来分离出氯化钾。从图 9-5 呈饱和时的 KCl-$MgCl_2$-H_2O 系统溶解图可以看出，先将一部分 25℃下 KCl、$KCl \cdot MgCl_2 \cdot 6H_2O$ 和 NaCl 的三盐共饱液 P_{25} 加水配制成溶液 Q，然后加热到 100℃去溶解光卤石（Car 为光卤石组成点），得到 100℃下的饱和溶液 L。过滤除去泥渣后，再将溶液冷却到 25℃，大部分氯化钾结晶出来（其中含有 NaCl 杂质），溶液又回落到三盐共饱点 P_{25} 上。将 KCl 结晶分离后，母液 P_{25} 大部分返回循环，小部分在 25℃下等温蒸发到

S 点（S 点在 $CarE_{25}$ 联线上），析出光卤石（称为人造光卤石，以区别于天然光卤石），此光卤石和天然光卤石一样，可以用作提取氯化钾的原料。母液 E_{25} 的组成为 $MgCl_2$ 35.34%，$NaCl$ 0.33%，KCl 0.11%，经脱水后用于制造金属镁的原料。完全溶解法工艺流程如图 9-6 所示，该法用沉降法除去不溶物，成品氯化钾纯度高，并可用低品位矿石进行加工。主要问题是腐蚀严重，需消耗热能。

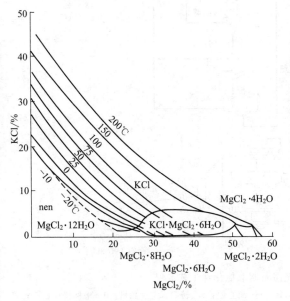

图 9-4 KCl-$MgCl_2$-H_2O 系统多温溶解度

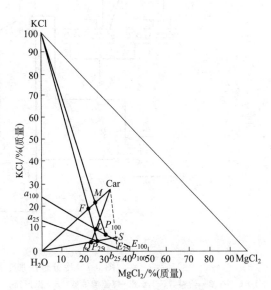

图 9-5 $NaCl$ 呈饱和时的 KCl-$MgCl_2$-H_2O 体系相图

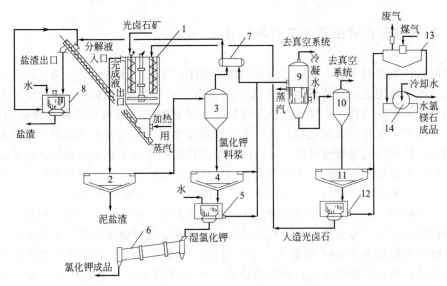

图 9-6 完全溶解法加工光卤石制取氯化钾工艺流程

1—立式螺旋溶解槽；2,4,11—增稠器；3,10—真空结晶器；5,8,12—离心机；6—转筒干燥器；
7—热交换器；9—真空蒸发器；13—浸没燃烧蒸发器；14—冷轧机

（3）冷分解法 在常温下分解光卤石法称为冷分解法，冷分解法的工艺流程如图 9-7 所示。冷分解法操作简单，能耗低，在常温下操作设备腐蚀较轻，设备材料可采用普通碳钢，缺点是产品纯度和钾的收率较低。

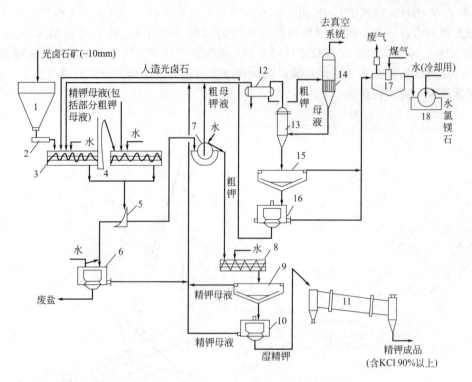

图 9-7 冷分解法加工光卤石制取氯化钾工艺流程

1—贮斗；2—给料器；3,4,8—螺旋溶解器；5—弧形筛；6,10,16—离心机；7—转筒真空过滤机；9—增稠器；11—转筒干燥机；12—冷凝器；13—真空结晶器；14—真空蒸发器；15—增稠器；17—浸没燃烧蒸发器；18—冷轧机

二、国内外氯化钾生产工艺分析比较

钾肥的生产工艺有多种，浮选法是其中的主要生产工艺。浮选法又分为正浮选与反浮选两种工艺。按浮选理论，正浮选是指浮选产品为有用矿物，反浮选是指浮选产品为脉石矿物。对于氯化钾产品而言，正浮选是指浮选精矿为氯化钾，反浮选是指浮选精矿为氯化钠。其基本原理是根据氯化钾或氯化钠所具有表面物理化学特性，借助于捕收剂、起泡剂等浮选药剂的加入，使其表面具有疏水性，从而能够形成稳定的浮选泡沫，达到与其他矿物的分离目的。例如，对氯化钾而言，由于其氯离子容易进入溶液而使晶体表面带正电荷，加入胺类捕收剂时，捕收剂以电中性偶极子 $RNH_3^+Cl^-$ 形式存在，偶极子中的 Cl^- 是 RNH_3Cl 分子中带负电性较强的一端，它可和氯化钾晶体表面的电荷发生相互吸引作用。同时 Cl^- 又属于氯化钾晶格同名离子，容易进入晶格相互嵌合，从而使氯化钾疏水易浮。正浮选法生产氯化钾工艺的整个流程称为冷分解-浮选法。生产过程分为光卤石的加水分解和用浮选法分离氯化钾和氯化钠，得到粗钾产品以及粗钾的洗涤。冷分解-浮选法工艺是较早开发的氯化钾生产工艺。原青海钾肥厂一选厂自 20 世纪 70 年代起就用此工艺生产氯化钾，先后建成了年产4 万吨、3 万吨氯化钾的生产装置。

1. 正浮选生产氯化钾工艺的主要优点与不足

（1）正浮选生产氯化钾工艺的主要优点

① 工艺可靠 由于该工艺的开发与研究较早，经过多年来的不断完善，工艺流程已趋于成熟。在察尔汗盐湖已有多家加工厂采用此工艺进行氯化钾的生产。就浮选本身而言，作

为氯化钾的捕收剂，胺类捕收剂的性能良好，选别效果明显。

② 工艺流程简单 如前所述，冷分解-正浮选工艺可以分主要两步：一是光卤石的冷分解，二是分解料浆的浮选。以十八胺作捕收剂，2号油作起泡剂浮选出氯化钾，实现氯化钾与氯化钠的分离，所得粗钾产品经再浆洗涤即得氯化钾成品。

（2）正浮选法生产氯化钾工艺的主要缺点 系统回收率较低，产品质量不易提高。生产实践证明，采用冷分解-浮选法工艺，氯化钾回收率在40％～50％之间。氯化钾最高品位在90％～92％之间，该工艺对原矿性质的稳定性要求较高，对工艺操作控制要求严格，操作控制的失误易造成回收率和产品质量的降低。

具体表现如下。①给矿的控制、原矿性质的变化、给矿量大小的波动对于分解及浮选作业的影响很大，从而导致回收率和产品质量的下降。例如，当原矿中氯化钠含量偏高（大于16％）时，或大颗粒氯化钠含量高，增加浮选浓度，恶化浮选作业；或细粒级氯化钠夹带于泡沫，使产品质量和收率明显下降。原矿中水不溶物含量大于1％时，大量水不溶物随氯化钾泡沫刮出，使氯化钾质量下降。②分解水量的控制既影响光卤石的分解率，同时也影响到浮选作业指标。特别是当水量偏小时，将恶化整个浮选过程，严重影响氯化钾收率和质量指标。③浮选操作必须要严格控制浮选液面，特别是扫选、精选作业的液面控制十分重要，液面控制对于收率和质量指标影响很大。④浮选捕收剂的浓度、使用温度、添加量直接影响着浮选作业的收率和质量指标。⑤洗涤水量的控制对氯化钾收率和质量有一定的影响。⑥产品粒度细，不易干燥。

2. 反浮选法生产氯化钾工艺的主要优点与不足

反浮选法生产氯化钾工艺流程为反浮选-冷结晶工艺，该工艺是目前国内外较为先进的氯化钾生产工艺。青海盐湖集团公司自1984年起开始该工艺的研究，1996年取得了2万吨试验装置的试车成功。青海盐湖集团一期工程20万吨加工厂原生产工艺为冷分解-正浮选生产工艺，由于在设计方面的不足及冷分解-正浮选工艺自身存在的收率低、产品质量不易提高等缺陷，使该厂自1992年投产以来，一直未能达到设计指标。1996年采用反浮选-冷分解工艺对该厂进行工艺改造并取得了一次试车成功，氯化钾质量和收率指标均有较大幅度的提高。反浮选-冷结晶工艺主要分为：反浮选除去光卤石中的部分氯化钠，得到低钠光卤石；低钠光卤石再经冷分解结晶得到粗钾，粗钾经再浆洗涤得到氯化钾成品。

（1）反浮选-冷结晶工艺的主要优点 提高了氯化钾回收率和氯化钾质量，由于该工艺首先浮选出光卤石原矿中的细粒级氯化钠，生产出低钠光卤石，同时在浮选过程中也能选出部分水不溶物，这就克服了冷分解-正浮选工艺中所存在的细粒级氯化钠和水不溶物对氯化钾质量产生影响这一缺陷，经结晶器分解结晶后，借助筛分手段筛出浮选过程中不能浮游的大颗粒氯化钠，再经洗涤作业就完全保证氯化钾的质量。氯化钾可稳定控制在KCl≥90％，最高可达KCl≥95％，在整个生产系统中，控制好浮选作业中的扫选液面及结晶器的加水量，减少跑冒滴漏，即可取得满意的收率指标。氯化钾粒度增大，易于干燥，由于低钠光卤石采用控速分解方式，使氯化钾晶体长大，平均粒径为0.2mm，干燥水分可控制在4％～6％。

（2）反浮选-冷结晶工艺的缺点 该工艺流程较为复杂，较冷分解-浮选法工艺，系统中增加了较多的浓缩设备，增加筛分设备，增加物料的输送设备，浮选系统尚待进一步完善。由于此工艺需浮选出低钠光卤石，保证低钠光卤石的氯化钠含量小于6％，对于捕收剂性能的要求高，捕收剂不仅要对氯化钠具有良好的捕收性能，而且还能捕收水不溶物，这就需要不断研制新型的捕收剂。另外，反浮选氯化钠实际上属于粗粒浮选，要保证低钠光卤石的质量，除浮选出细粒级氯化钠外，如能浮选出部分粗粒氯化钠，就能得到更为满意的浮选效果，这就需要改进浮选设备。国外粗粒浮选方面已广泛应用振动浮选机等设备，选别粒度可达 0.8～3mm 范围。

任务二 硫酸钾生产

硫酸钾（Potassium sulphate），化学式 K_2SO_4，相对分子质量 174.27，是一种无色或白色六方形或斜方晶系结晶或颗粒状粉末，相对密度 2.662，熔点 1069℃，沸点 1689℃，溶于水，不溶于醇、丙酮和二硫化碳，具有苦卤味。硫酸钾理论含钾（折算 K_2O）54%，一般为 51%，还含有硫约 18%，硫也是作物必需的营养元素。硫酸钾的制取可用钾盐矿石，或氯化钾的转化，或由盐湖卤水等资源。常用水盐体系工艺从盐湖卤水中物理提取，如新疆罗布泊地下卤水，钾矿占中国 51% 的储量。硫酸钾是无色结晶体，吸湿性小，不易结块，物理性状良好，施用方便，是很好的水溶性钾肥。

硫酸钾是化学中性、生理酸性肥料。在不同土壤中的反应和应注意的事项。第一，在酸性土壤中，多余的硫酸根会使土壤酸性加重，甚至加剧土壤中活性铝、铁对作物的毒害。在淹水条件下，过多的硫酸根会被还原生成硫化氢，使到根受害变黑。所以，长期使用硫酸钾要与农家肥、碱性磷肥和石灰配合，降低酸性，在实践中还应结合排水晒田措施，改善通气。第二，在石灰性土壤中，硫酸根与土壤中钙离子生成不易溶解的硫酸钙。硫酸钙过多会造成土壤板结，此时应重视增施农家肥。第三，在忌氯作物上重点使用，如烟草、茶树、葡萄、甘蔗、甜菜、西瓜、薯类等增施硫酸钾不但产量提高，还能改善品质。硫酸钾价格比氯化钾贵，货源少，应重点用在对氯敏感及喜硫喜钾的经济作物上，效益会更好。

世界硫酸钾产量中，约 50% 来自开采的天然钾盐矿石，包括硫酸钾石、无水钾镁矾（$K_2SO_4 \cdot 2MgSO_4$）、钾盐镁矾（$KCl \cdot MgSO_4 \cdot 3H_2O$）、钾镁矾（$K_2SO_4 \cdot MgSO_4 \cdot 4H_2O$）和软钾镁矾（$K_2SO_4 \cdot MgSO_4 \cdot 6H_2O$）等；37% 是用成品 KCl 转化，其余 13% 来自盐湖卤水和其他资源。

工业硫酸钾执行国家标准 GB 20406—2006（表 9-4）。

表 9-4　工业硫酸钾执行国家标准 GB 20406—2006

指标名称		优等品	一等品	合格品	优等品	一等品	合格品
外观		结晶状粉末	结晶状粉末	结晶状粉末	颗粒状	颗粒状	颗粒状
氧化钾(K_2O)/%	≥	50.0	50.0	45.0	50.0	50.0	40.0
氯离子/%	≤	1.0	1.5	2.0	1.0	1.5	2.0
水分(H_2O)/%	≤	0.5	1.5	3.0	0.5	1.5	3.0
游离酸(H_2SO_4)/%	≤	1.0	1.5	2.0	1.0	1.5	2.0
粒径(1.00～4.75mm)/%		—	—	—	90	90	90

一、复分解法生产硫酸钾

常用芒硝（Na_2SO_4）、无水钾镁矾（$K_2SO_4 \cdot 2MgSO_4$）、泻利盐（$MgSO_4 \cdot 7H_2O$）和氯化钾复分解制取 K_2SO_4，现以无水钾镁矾和泻利盐为原料生产 K_2SO_4 为例说明其生产工艺。

1. 无水钾镁矾生产硫酸钾

无水钾镁矾常与 NaCl 一起形成混合物，由于 NaCl 在水中的溶解速度要比无水钾镁矾快得多，因此可用水洗涤将 NaCl 从混合物中除去大部分。无水钾镁矾和氯化钾的复分解反应如下：

$$K_2SO_4 \cdot 2MgSO_4 + 4KCl \longrightarrow 3K_2SO_4 + 2MgCl_2$$

图 9-8 为 K^+、$Mg^{2+}//Cl^-$、SO_4^{2-}-H_2O 系统 25℃时的相图，图中 L 为无水钾镁矾（$K_2SO_4 \cdot 2MgSO_4$）、S 为钾镁矾（$K_2SO_4 \cdot MgSO_4 \cdot 4H_2O$）及软钾镁矾（$K_2SO_4 \cdot MgSO_4 \cdot 6H_2O$）、$K$ 为钾盐镁矾（$KCl \cdot MgSO_4 \cdot 3H_2O$）的组成点。如果将无水钾镁矾 L 与氯化钾 B 混合成溶液 a，当水量适合时，可使系统落在 K_2SO_4 结晶区内，析出 K_2SO_4 而得溶液 P，过滤出 K_2SO_4 固体后，在高温下蒸发溶液 P，液相点组成沿着 PE 共饱线向 E 移动，先后析出钾镁矾、钾盐镁矾和氯化钾结晶，将固体分离出后返回复分解，母液 E 排弃掉。

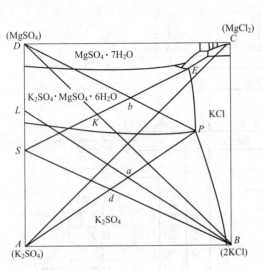

图 9-8 K^+、$Mg^{2+}//Cl^-$、SO_4^{2-}-H_2O
系统 25℃时的相图

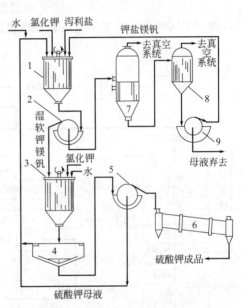

图 9-9 由泻利盐和氯化钾制取硫酸钾的工艺流程
1,3—转化槽；2,5,9—转筒真空过滤机；4—增稠器；
6—转筒干燥剂；7—真空蒸发器；8—真空结晶器

用泻利盐（$MgSO_4 \cdot 7H_2O$）和氯化钾复分解制取转钾镁矾。在 25℃下，将氯化钾 B 和泻利盐 D 混合成系统 K 点，此时，若调整各自用量，系统点将落在软钾镁矾结晶区内，析出软钾镁矾 S 并得母液 E。E 落在钾盐镁矾结晶区内，蒸发时析出钾盐镁矾，分离后继续将钾盐镁矾返回复分解，而得到的软钾镁矾可直接作为肥料。

用泻利盐和氯化钾复分解制硫酸钾分两步。第一步在 25℃下，用软钾镁矾、氯化钾和硫酸钾的共饱和液 P 和固体 $MgSO_4$ 混合成 b，析出软钾镁矾 S 得到溶液 E；第二步：固液分离后将软钾镁矾 S 于氯化钾 B 混合成 d 并加少量水使其发生复分解反应，则析出 $K_2SO_4 A$ 而得到母液 P，P 返回到第一步中，分离出的 K_2SO_4 即为产品，第一过程中产生的母液 E 弃去，生产工艺流程见图 9-9。

2. 以明矾石生产硫酸钾

明矾的化学分子式是 $K_2SO_4 \cdot Al_2(SO_4)_3 \cdot 2Al_2O_3 \cdot 6H_2O$，不溶于水，也不溶于盐酸、硝酸和氢氟酸，但能与氢氧化钠（钾）溶液或浓热的硫酸、高氯酸反应而溶解。在加压、加热下，亦能与氨水反应而使钾、硫组分进入溶液。

（1）热解法 许多加工利用明矾石的流程中，首先要煅烧明矾石以脱除结合水，提高其

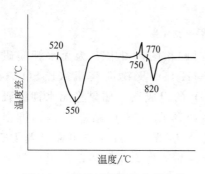

图 9-10 明矾石的差热分析曲线

反应活性，然后再用各种溶剂进行混法加工。明矾石煅烧机理可以从差热分析曲线和重热曲线得到分析，图9-10是明矾石的差热分析曲线。从图中可以看出，自室温至 520℃ 以前几乎没有什么变化，在 520～550℃ 之煅烧的明矾石有氧化铝相存在，用饱和热水处理时，可以重新脱水反应，继续加热，将分解得到产品 K_2SO_4。

（2）氨浸法　氨浸法加工明矾石有两种具体方法，即氨碱法和氨酸法，两者都是将明矾石的脱水熟料用氨水进行浸取的。明矾石氨浸法的工艺流程如图9-11所示，在图中同时表示出了氨碱法和氨酸法两种生产过程。

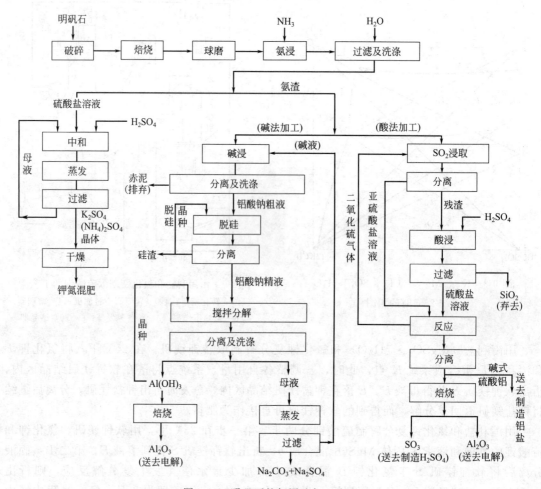

图 9-11 明矾石的氨浸法加工流程

二、国内外硫酸钾的生产方法

1. 石膏法

石膏（$CaSO_4 \cdot 2H_2O$）是一种自然界中普遍存在的矿物资源，也是工业生产湿法磷酸的副产物，价格低廉，来源丰富。石膏法生产硫酸钾有两种工艺：一步转化法和两步转化法。

一步转化法以氨为催化剂，在氨的饱和溶液中石膏和氯化钾直接进行反应来制取硫酸钾；两步转化法以碳酸氢铵与石膏反应生成碳酸钙和硫酸铵，硫酸铵与氯化钾进行复分解反应来制取硫酸钾。采用石膏法生产硫酸钾具有投资少、能耗低等特点，最突出的优势是原料来源广泛。目前，采用磷石膏生产硫酸钾的企业较多，但总生产能力不足 200kt/a。

2. 曼海姆法

（1）曼海姆法工艺流程　曼海姆法是用 98% 的浓硫酸在高温下与氯化钾在曼海姆炉中直接反应，首先在较低温度下，硫酸与氯化钾反应，生成硫酸氢钾，然后在较高温度下，硫酸氢钾与氯化钾反应生成硫酸钾，反应所需的热量来自燃烧重油或煤气。从炉膛反应室出来的产品温度较高，必须冷却，产品中还有一部分未反应的 $KHSO_4$ 和 H_2SO_4，故需用$CaCO_3$ 或 CaO 进行中和。该法的优点是产品硫酸钾品位高，$w(K_2O)$ 为 50%～51%，钾几乎无损失，收率较高。缺点是由于反应处在高温强酸的条件下，设备腐蚀严重、维修量大、扩大单炉生产能力困难、原材料费用高（占总成本的 60%～70%），且大量的副产盐酸的贮存、销路及用户市场是一个不易解决的问题。该方法是制取硫酸钾工艺技术最成熟的生产方法，技术可靠，工艺过程较为简单，主要设备是曼海姆炉。目前中国有 20 多家企业采用曼海姆法生产硫酸钾，总生产能力近 500kt/a。

（2）曼海姆炉　曼海姆炉是由高温耐火砖，重质、轻质保温砖，普通红砖砌筑而成。整台炉以钢结构为支架，以砖为实体，以保温材料为关键。炉子由燃烧室（加热室）、反应室、烟道、搅拌耙、燃烧器（两个）、进料器、出料口等组成。反应室在燃烧室下方，烟道在反应室下方，燃烧室产生的热量辐射给反应室中物料，烟道余热被反应物料充分吸收。硫酸钾的生产是以氯化钾和硫酸为原料，经过炉体加热和搅拌生成硫酸钾，同时副产氯化氢气体。新砌筑的炉必须经过严格的烘炉程序方能投入使用，因为砌筑过程中材料带水，过量的水气会损害炉的使用寿命，烘炉就是为了去除炉体水分，以及材质中的结构水，使炉体中砌筑材料达到统一的晶格，从而延长炉子的使用寿命。

曼海姆炉硫酸钾的生产是简单的无机复分解反应。反应需要一定的温度，理论上温度越高，反应速度越快，但是反应原料硫酸在超过 580℃ 时会分解。实践表明，反应温度控制在550℃ 左右时，反应基本能够完全彻底，硫酸分解也很少。反应过程需要搅拌和出料，搅拌耙既可以达到搅拌目的，也可以使反应好的物料连续由炉内推出，从而达到连续生产的目的。

（3）生产中存在的问题及解决方法

① 炉子偏火　两个加热室火势不均造成偏炉现象，温度不均造成反应不均衡，结果产品质量不合格；由于炉体受热不均，材料膨胀不一致，炉体受损。解决问题的办法是调节烧嘴燃气加入量和风量。

② 炉底漏酸　反应炉经过一段时间的运行，由于反应温度高，加上硫酸的强腐蚀性，还有砌筑方面的原因，造成炉底漏硫酸。处理方法：停料、灭火、降温，排除炉内物料，查找泄漏点，如可修补，以水玻璃和耐酸胶泥堵住即可；如泄漏点较多，面积较大，就需要全面清理床面砖，检查床基；如床基无问题，重新砌筑炉床砖即可，如有问题，就需要清到炉底后重新砌筑。

③ 炉顶漏火　补救办法有两种，漏洞较小以耐火高温毡掩盖，漏洞较大重新砌筑。

（4）曼海姆炉的改造　砌实下烟道，以解决炉底泄漏问题。这样改造的结果也有负面作用，争议较大，那就是反应所需热量只能由燃烧室辐射提供，需要进一步提高燃气加入量，以供反应所需。

3. 芒硝法

芒硝法是用芒硝与氯化钾复分解反应生成硫酸钾，副产氯化钠。反应通过两步来完成，第一步在 25℃ 下反应得到复盐钾芒硝；第二步在 60～100℃ 下钾芒硝与氯化钾反应得到硫酸钾，副产氯化钠。该法工艺简单，对原料质量要求不高，投资省，能耗低，无污染，装置易于大型化。但由于复盐不能充分分解，产品质量有待提高。中国芒硝资源丰富的地区，采用该法生产具有较大优势。目前我国很多企业采用芒硝法生产硫酸钾，总生产能力近 800kt/a。

4. 缔置法

在氯化钾溶液里，用不溶于水的有机缔合剂与硫酸缔合，氯离子将缔合剂上的硫酸根离子置换下来，与溶液中的钾离子结合生成硫酸钾。为了缔合剂的循环使用，需要用氨解缔，在缔合剂上使氨与氯结合为氯化铵，然后根据溶解度不同分别把硫酸钾与氯化铵结晶分离。

该工艺特点：常压操作、易控制，反应温度低，设备腐蚀小、寿命长，投资少、产品成本低，无污染，副产品氯化铵是较好农用肥料。但缔合剂在生产中容易出现中毒现象，需进一步研究开发。目前，采用该工艺生产的企业较少，产量及规模较小。

5. 硫酸铵法

利用硫酸铵与氯化钾在溶液中的复分解反应，因反应产物的溶解度有差异，控制浓度和温度，分离硫酸钾和氯化铵。该法技术较成熟，但生产装置普遍规模较小，产品硫酸钾质量差、收率低，因此成本较高，另外在生产中氯化铵结晶效果不很理想。目前，用硫酸铵法生产的企业较少，生产能力约 100kt/a。

此外，采用其他硫酸盐，如 $MgSO_4$、$FeSO_4$ 等，与 KCl 反应制取硫酸钾的方法生产效果很好，产品质量高，副产品市场前景广阔，又充分利用了工业废弃原料，是一种很有前途的新工艺。海洋化工行业综合利用制盐苦卤，采用先进的物理分离法生产硫酸钾技术，对于发展海洋化工、提高资源利用率、增加经济效益具有广泛的推广价值。另外，还有硫酸-碳铵法、杂卤石法、无水钾镁矾法、复杂硫酸盐矿法等。

思考与练习

1. 写出钾石盐、光卤石的主要成分及其特性。
2. 土壤中钾的存在形态有几种？它们之间如何转化？
3. 钾石盐制氯化钾主要有哪些方法？其原理是什么？
4. 试述钾石盐溶解结晶法制氯化钾的工艺流程。
5. 光卤石生产氯化钾的原理是什么？主要有几种方法？有何区别？
6. 试述复分解法生产硫酸钾的基本原理。
7. 曼海姆炉在砌筑过程中材料带入的大量游离水和结合水会缩短炉子的使用寿命。根据此情况，试设计一个烘炉技术方案以延长曼海姆炉的使用寿命。

项目 十

复合肥料与复混肥料

项目导言

复合肥按生产工艺分有化学合成复合肥、物理合成混配肥；按用途分有通用型复合肥、专用型复合肥；按养分形态分有尿基复合肥、硝基复合肥、硫基复合肥、氯基复合肥；按养分配比分有高氮型复合肥、高磷型复合肥、高钾型复合肥、氮钾型复合肥、氮磷型复合肥、均衡型复合肥；按肥效长短分有速效肥、缓释肥、控释肥；按浓度分有高浓度、中浓度、低浓度。目前复合（混）肥的发展有三大趋势：第一是多种专用化，不同的作物有不同的复合（混）肥；第二是多功能药用化，将农药和化肥结合到一起，可起到多重效果；第三是高浓度长效化，这种类型肥料的应用减少了施肥用量，可提高肥料的利用率，省工、省力、省时，提质增效。

能力目标

1. 能依据磷铵生产过程的化学反应特点及磷铵的性质，分析磷铵生产条件及控制方案；

2. 能根据磷铵生产要求的条件设置相应的生产流程，并完成生产条件的控制，并达到产品质量的要求；

3. 能依据复混肥料的生产原理，分析其生产方法和生产过程的组织方案；

4. 能依据生产原理、方法，分析并处理生产过程中出现的问题。

一、复合肥料概述

复合肥料是指含有氮、磷、钾三大营养元素中任意两张或两种以上的肥料，具有营养全面，包装和运输成本低，施肥方便的特点而得到大力发展。复合肥料一般以 N-P_2O_5-K_2O 的含量来表示其所含有的营养元素的百分含量，若还含有其他营养元素，则可接在 K_2O 后面标注其含量，并加注括号注明该元素的符号。如 10-10-10-5（MgO)-0.5（ZnO）表明该肥料含 10%N、10% P_2O_5、10%K_2O、5% MgO、0.5% ZnO。

复合肥料是用化学加工方法制得的肥料，复合肥料中最具代表性的是磷酸铵、硝酸磷肥和磷酸二氢钾，在此重点介绍磷酸铵的制备。

二、复混肥料概述

复混肥料是用两种或两种以上基础肥料通过混合等伴有物理或化学反应过程所得到的肥料，在氮、磷、钾三种养分中，至少有两种标明量的养分，并且通常由物理方法加工制成颗粒状。制颗粒状肥料的方法有：干粉混合造粒、料浆造粒和熔融造粒等。制取复混粒状肥料实际是与化肥的二次加工紧密联系的，二次加工通常是把两种或几种肥料进行混合、造粒、干燥、筛分等简单的再加工，生产出符合各种要求的复混肥料品种。依据我国各地土壤类型及土壤肥力的不同，必须制得各种不同成分的复混肥料。用作复混肥料的原料有固态、液态和气态，依据不同产品的要求，采用不同的物料进行组合以制备不同氮、磷、钾配比的复混肥料。在此基础上还可以添加硫、镁等中量元素及锌、硼等微量元素，以增加肥效。固态原料有尿素、氯化铵、硝酸铵、磷酸铵、普钙、重钙、钙镁磷肥、氯化钾和硫酸钾等；液态原料有硫酸、湿法磷酸等；气态原料有气氨。制造粒状肥料时，有时还要配加黏土等做黏结剂或填料。

复混肥料的品种有很多，其规格也多种多样，产量约占肥料总量的 60%～70%。我国已形成总养分（N+P_2O_5+K_2O）大于 40% 的高含量，大于 30% 的中含量和大于 25% 或 20% 的低含量的系列复混肥料。

任务一　磷酸铵生产

磷酸铵包括磷酸一铵（简称 MAP）、磷酸二铵（简称 DAP）和磷酸三铵（简称 TPP）3

种，是含有氮、磷两种营养元素的复合肥料。其中 MAP 和 DAP 是复合肥料中最主要的品种。它们的脱水产物聚磷酸铵（APP）也是磷铵类肥料；尿磷铵、硫磷铵和硝磷铵是磷铵分别与尿素、硫铵或硝铵形成的复合肥料，它们还能与钾盐形成 NPK 三元复合肥料。

纯净的磷酸铵盐是白色的结晶状物质，磷酸一铵最稳定，磷酸二铵次之，磷酸三铵最不稳定，在常温常压下磷酸三铵即可放出氨而变成磷酸二铵。工业上制得的磷酸铵盐肥料通常是磷酸一铵和磷酸二铵的混合物，以磷酸一铵为主的称为磷酸一铵类肥料（12-52-0），以磷酸二铵为主的称为磷酸二铵类肥料（18-46-0）。

磷酸一铵与硫酸铵、硫酸钾、磷酸二氢钾、磷酸一钙和磷酸二钙混合时有较好的相互混合性；磷酸二铵与氯化钾、硫酸铵、硝酸铵、过磷酸钙和重过磷酸钙混合时，所得肥料有较好的物理性能。

一、磷酸铵生产基本原理

磷铵生产的化学反应如下。

磷铵是用氨中和磷酸而得到的产物。生产中以料浆的中和度来控制反应的程度，磷酸第一个氢离子被氨中和时，其中和度为 1，此时生成磷酸一铵；当中和度为 2 时生成磷酸二铵。料浆中和度实质上是料浆中 NH_3 和 H_3PO_4 的摩尔比。其反应如下：

$$NH_3(g) + H_3PO_4(l) \longrightarrow NH_4H_2PO_4(s) \qquad \Delta H_{298} = -126kJ$$

$$2NH_3(g) + H_3PO_4(l) \longrightarrow (NH_4)_2HPO_4(s) \qquad \Delta H_{298} = -203kJ$$

以湿法磷酸为原料，则存在以下副反应：

$$H_2SO_4(l) + 2NH_3(g) \longrightarrow (NH_4)_2SO_4(s) \qquad \Delta H = -265.3kJ$$

$$H_2SiF_6(l) + 2NH_3(g) \longrightarrow (NH_4)_2SiF_6(s) \qquad \Delta H = -184.5kJ$$

$$CaSO_4 \cdot 2H_2O + H_3PO_4 + 2NH_3 \longrightarrow CaHPO_4 \cdot 2H_2O + (NH_4)_2SO_4$$

$$Fe_2(SO_4)_3(g) + 2H_3PO_4(l) + 6NH_3(g) \longrightarrow 2FePO_4(s) + 3(NH_4)_2SO_4(s) \qquad \Delta H = -586.5kJ$$

$$Al_2(SO_4)_3(g) + 2H_3PO_4(l) + 6NH_3(g) \longrightarrow 2AlPO_4(s) + 3(NH_4)_2SO_4(s) \qquad \Delta H = -586.5kJ$$

$$MgSO_4 + H_3PO_4 + 2NH_3 + 3H_2O \longrightarrow MgHPO_4 \cdot 3H_2O + (NH_4)_2SO_4 \quad (pH<4)$$

$$MgSO_4 + H_3PO_4 + 3NH_3 + 6H_2O \longrightarrow MgNH_4PO_4 \cdot 6H_2O + (NH_4)_2SO_4 \quad (pH>4)$$

由上述反应可知，磷酸氨化过程放出大量的反应热，在生产中会蒸去一部分水；另外湿法磷酸带入的杂质在氨化过程中生成多种复杂的化合物。两者一起作用影响料浆的黏度以及磷铵产品的组成、物性和 P_2O_5 的溶解性。

二、磷铵生产工艺条件的分析与选择

1. 磷酸铵盐的性质

磷酸铵盐的主要性质如表 10-1 所示。

表 10-1　磷酸铵盐的性质

项目	$NH_4H_2PO_4$	$(NH_4)_2HPO_4$	$(NH_4)_3PO_4$
结晶形态	正方晶系	单斜晶系	斜方晶系
N/%	12.2	21.2	28.6
P_2O_5/%	61.8	53.8	48.3
$N:P_2O_5$	1:5.1	1:2.5	1:1.7
密度(19℃)/(kg/m³)	1803	1619	—
C_p(25℃)/[J/(mol·K)]	0.1424	0.1821	0.2301
熔融温度/℃	190.5	分解	分解

项目	$NH_4H_2PO_4$	$(NH_4)_2HPO_4$	$(NH_4)_3PO_4$
生成热 ΔH_{298}/(kJ/mol)	−1451	−1574	−1673
熔解热 ΔH_{sol}/(kJ/mol)	16	14	—
熔融热 ΔH_1/(kJ/mol)	35.6	—	—
临界相对湿度(30℃)/%	91.6	82.5	—
(0.1mol/L)溶液 pH	4.4	8.0	9.0

磷酸一铵热稳定性好，不易吸潮，在水中溶解度大，即使加热到100℃时，仍能保持稳定。固体磷酸一铵的氨和水蒸气平衡压力见表10-2所示，溶解度见图10-1所示。

表10-2　固体磷酸一铵的氨和水蒸气平衡压力

温度/℃	p_{NH_3}/Pa	p_{H_2O}/Pa	温度/℃	p_{NH_3}/Pa	p_{H_2O}/Pa
125.1	9.5	60.6	179.1	1823	9093
135.0	13.7	537	199.0	5517	2.05×10^4
144.9	40.2	617	219.5	6803	1.93×10^4
150.9	99.3	1000	299.5	1.82×10^4	1.70×10^4
160.7	164	1023	349.4	2.09×10^4	3.37×10^4
170.0	1350	5138			

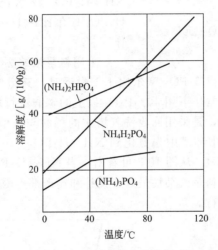

图 10-1　磷铵在水中的溶解度

由图10-1可知，磷酸一铵在水中有较大的溶解度，且随温度升高急剧增大，而水溶液的氨平衡分压却很低。

磷酸二铵的稳定性较磷酸一铵差，其平衡分压见表10-3所示。从表中可知：常压下高于80℃时进行干燥，氨逸出量增大明显。

表10-3　固体磷酸二铵的平衡氨分压

温度/℃	p_{NH_3}/Pa	温度/℃	p_{NH_3}/Pa
50	26.7	100	1200
60	66.7	110	2139
70	147	120	3667
80	307	124	4510
90	760	130	6360

由上述磷酸一铵和磷酸二铵的性质及在水中溶解度、氨平衡分压等的比较，工业生产、

运输及施用过程中，MAP 较 DAP 有较大的优势。

2. 湿法磷酸氨化料浆的性质

（1）NH_3-H_3PO_4-H_2O 三元体系相图　图 10-2 中 *GDCEF* 是 75℃的液固饱和曲线。曲

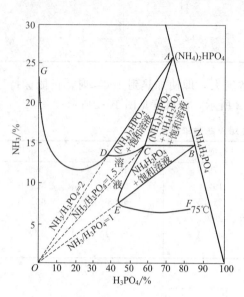

图 10-2　NH_3-H_3PO_4-H_2O 三元体系
溶解度图（75℃）

线下方是不饱和溶液，上方是含固相的饱和溶液。当一定浓度的磷酸被氨中和后的组成点落在曲线下方时，表明物系在此温度下尚未饱和；若落在曲线上方，则有可能析出磷铵固体。图中 *ACD* 为 DAP 结晶区；*BCE* 为 MAP 结晶区；*ACB* 是 MAP 和 DAP 共结晶区。若中和料浆组成点落在 *BCE* 区，则析出 MAP，与之平衡的液相组成点落在 *CE* 线上；若中和料浆组成点落在 *ADC* 区，则析出 DAP，与之平衡的液相组成点落在 *CD* 线上；若中和料浆组成点落在 *ABC* 区，则析出 MAP 和 DAP 混合物，与之平衡的液相组成保持 *C* 点处对应组成不变，直到完全干涸。

OB 线上 NH_3/H_3PO_4 摩尔比是 1；*OA* 线上 NH_3/H_3PO_4 摩尔比是 2；两线之间的 NH_3/H_3PO_4 摩尔比在 1～2 之间，这是磷铵生产的工作区。

采用料浆浓缩法生产磷铵时使用的是未经浓缩的稀磷酸，当中和到 NH_3/H_3PO_4 摩尔比 1.1 附近时，其组成点处于不饱和区，料浆的搅拌和输送都没有困难；若常压下用 40%P_2O_5 以上的磷酸进行氨化，则会因料浆过稠而难于操作。所以常规磷铵生产，是采用回收洗气塔来的稀酸与浓酸混合得 40%P_2O_5，再进行氨化。生产 MAP 时，在预中和槽中先氨化到 NH_3/H_3PO_4=0.5～0.7；生产 DAP 时先氨化到 NH_3/H_3PO_4=1.3～1.4。从图 10-3 可看出，当 NH_3/H_3PO_4=0.6 或 1.4 附近时，磷铵的溶解度最大，这时氨化料浆流动性最好，搅拌和输送都不困难，进一步氨化到产品要求的氨化度，则在造粒机中进行。

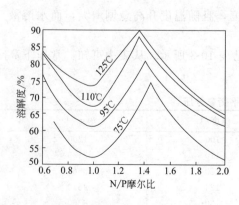

图 10-3　磷铵在水中的溶解度与
温度和 N/P 摩尔比的关系

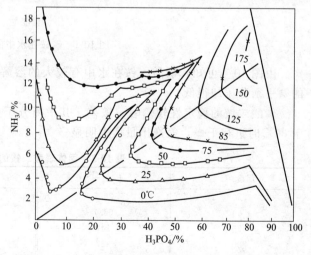

图 10-4　NH_3-H_3PO_4-H_2O 三元
体系溶解度多温图

浓磷酸在加压升温的条件下进行氨化也可获得流动性好的料浆。从图 10-3 和图 10-4可知：磷铵溶解度随温度升高增加很快。含 40％P$_2$O$_5$ 以上的磷酸在加压中和反应器或管式反应器中氨化，其中和反应热将料浆温度升至 150℃ 以上，相应蒸汽压为 0.2MPa，还可以借助该压力将料浆直接喷入造粒机或喷雾塔中生产粒状或粉状磷铵产品。

(2) 磷酸氨化溶液的蒸气压　磷酸溶液的氨蒸气压与它在氨化、造粒和干燥加工过程中的氨逸出有关，影响溶液的氨分压的主要因素有 NH$_3$/H$_3$PO$_4$ 比（即中和度）和操作温度。

由图 10-5 可知，氨分压随 NH$_3$/H$_3$PO$_4$ 比和温度的增加而增大显著。而从图 10-6 可知，当温度为 124℃，NH$_3$/H$_3$PO$_4$ 低于 1.4 时，氨分压仍很小，但当 NH$_3$/H$_3$PO$_4$ 超过 1.7 时，氨分压急剧增大，即在生产 MAP 时氨逸出少，而生产 DAP 时氨逸出多，所以生产 DAP 时需在较低温度和较理论值小的 NH$_3$/H$_3$PO$_4$ 比下进行。另从图 10-6 还可看出，水分分压随 NH$_3$/H$_3$PO$_4$ 比的增大而增加，这有利于 DAP 的干燥。

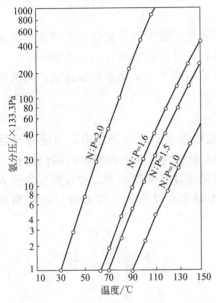

图 10-5　氨在磷酸氨化饱和溶液上面的分压

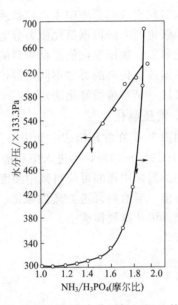

图 10-6　124℃时氨和水分压与 N/P 比的关系

综上所述，磷酸铵生产过程中，为了使生产顺利进行并保证磷铵产品的质量，需要综合考虑磷铵的性质及磷酸氨化过程中物相的变化（即保持料浆有较好的流动性）、磷铵产品在干燥过程中稳定性好和氨损失要少等。故磷铵生产需要控制的条件有：氨化温度、操作压力、中和度（即 NH$_3$/H$_3$PO$_4$ 摩尔比）。这些条件还因操作压力不同，具体的条件亦有所区别（表 10-4）。

表 10-4　MAP 与 DAP 区别

产品类型	NH$_3$/H$_3$PO$_4$ 摩尔比（中和度）		温度/℃
MAP	常压	预中和 0.5～0.7	干燥机尾出口 70～110
		最终　1.2～1.3	
DAP	常压	预中和 1.3～1.4	干燥机尾出口低于 85
		最终　1.6～1.8	

三、磷铵生产工艺流程的组织

实践证明：纯磷酸与氨中和是瞬间可完成的快速反应，过程速率取决于气氨扩散进入磷酸的传质速率，故提高其扩散速率可加快中和速率；此外，磷酸氨化是一个强放热过程。所以磷铵生产中要解决好热量平衡问题：一方面液氨蒸发需要大量的热，另一方面磷酸氨化过程放出大量的热需要处理。

从节能角度着手：①利用废热代替蒸汽使液氨气化，如充分利用造粒-干燥洗气塔排出的约 75℃洗涤液作热源；②在液氨进入氨蒸发器之前先进行节流制冷，然后通过热交换器降低进入磷铵产品冷却器的空气温度。

实际生产中采用管式反应器和快速氨化反应器进行磷酸氨化可使反应时间缩至 1s；利用水的气化带走大量的反应热。在控制反应时间及移走反应热的同时，一定要注意物料的流动性。生产过程中常用预热过的浓磷酸快速氨化，既可实现高温脱水，还可保证料浆处于高温和压力下，使磷铵的溶解度增大，料浆黏度变小，流动性增加；也可借助该压力将料浆直接喷入造粒机或喷雾塔中生产粒状或粉状磷铵。

磷铵生产方法依据氨化压力分为常压氨化和加压氨化。常压氨化又分为有槽式中和和快速氨化蒸发；加压氨化依据反应器的结构又分为加压氨化反应器法和管式反应器法。

依据浓缩物料的类型不同，磷铵生产方法分为浓缩磷酸法（又称浓酸氨化法）和浓缩氨化料浆法（又称稀酸氨化法）。

1. 常压氨化

如图 10-7 在常压槽式中和法工艺流程中，磷酸先经干燥机尾气洗涤塔，与洗涤液混合至 P_2O_5 20%～25%，再进入中和槽，与液氨蒸发站送来的气氨在中和槽内的强烈搅拌下进行反应。因采用稀酸可使料浆中和度到 1.1 左右仍能保持良好的流动性。中和料浆溢流入蒸发给料槽，经给料泵送去蒸发浓缩。中和槽逸出的主要是水蒸气，并含有微量的氨和氟化物，经风机从排气筒放空。

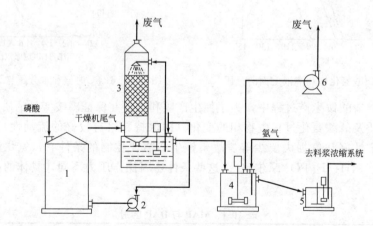

图 10-7　常压槽式中和（氨化）工艺流程

1—磷酸贮槽；2—磷酸泵；3—洗涤塔；4—中和槽；5—蒸发给料槽；6—排气风机

槽式中和法具有缓冲性好，容易操作控制，产品质量稳定。但所用设备大，耗材高；所用磷酸浓度不能过高，否则会因料浆流动性差而影响氨化操作和料浆输送；因料浆浓度低，造粒返料比大，干燥能耗高；反应物在中和槽内停留时间长，易发生副反应而造成磷的损失。该流程适用于小型的料浆浓缩法生产磷铵的流程和管式反应器前的预中和。

图 10-8 是常压快速氨化蒸发生产磷铵的工艺过程。此生产工艺因采用快速氨化蒸发器而具有显著的优点：停留时间短（2～3min），生产强度高，氨损失小，无机械搅拌装置，可回收利用二次蒸汽。

2. 加压氨化反应器

为了采用高浓度磷酸生产磷铵以降低干燥能耗，必须在更高的温度和压力下进行氨化，提高磷铵的溶解度，以保持料浆良好的流动性。在此基础上发展了加压氨化反应器及加压氨化生产工艺。加压氨化反应器依据结构不同，分为加压氨化反应器和管式氨化反应器两类，其结构分别如图 10-9 和图 10-10 所示。

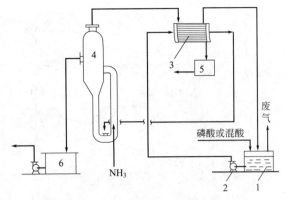

图 10-8　常压快速氨化蒸发生产磷铵流程
1—原料酸贮槽；2—离心泵；3—热交换器；4—快速氨化蒸发器；5—冷凝液贮槽；6—料浆贮槽

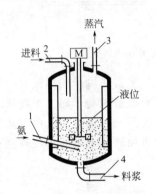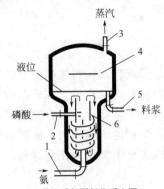

(a) 加压氨化反应器　　　　　(b) 导流式加压氨化反应器
1—喷氨管；2—进料口；3—蒸汽　1—喷氨管；2—磷酸切向入口；3—蒸汽排
排出口；4—料浆出口　　　　　出口；4—挡板；5—料浆出口；6—套管

图 10-9　加压氨化反应器和导流式加压氨化反应器

从图 10-9 分析可看出：两者均在充分利用反应热来提高反应物料温度的同时，蒸发了部分水分；在保证料浆良好的流动性的同时，也使料浆得到部分提浓，降低了干燥耗能；并借助反应器的压力将料浆直接喷入造粒塔或造粒机中生产磷铵。

图 10-10 是 TVA 型管式反应器结构及附件图。氨从伸入管中心的小管引入，磷酸和硫酸分别从主管相对两侧支管引入，反应物料在管内停留时间短（1～2s），反应热使物料温度升到约 150℃，产生背压 0.2～0.25MPa，生成的高温料浆借助自身压力将其送至造粒机喷出。

3. 磷铵生产工艺过程

（1）料浆浓缩流程　如图 10-11 为双效料浆浓缩制磷铵流程。中和料浆由贮槽送入二效蒸发器闪蒸室，随即由循环泵送入二效加热器。然后进入闪蒸室蒸发出一部分水分。经初步浓缩的料浆由过料泵送入一效蒸发器闪蒸室，进一步浓缩至指定浓度后，借助蒸发器内的压力进入料浆缓冲槽，再经料浆泵送至喷浆造粒干燥机造粒。

（2）料浆造粒流程　如图 10-12 为喷浆造粒流程图。磷铵料浆泵将浓缩料浆送入喷浆造粒干燥机的喷枪，并由压缩空气使之雾化。雾化料浆从水平方向喷出，随着干燥机的转动，

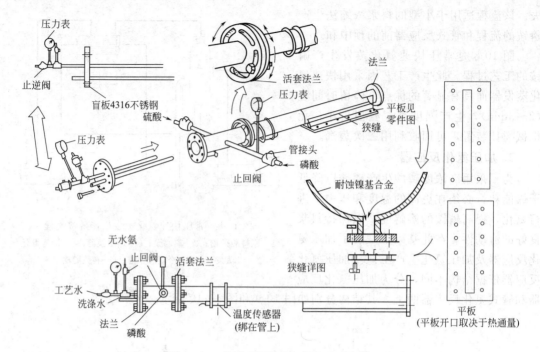

图 10-10　美国 TVA 型十字管式反应器

筒内抄板将物料扬起形成料罩，料浆喷射在料罩上。来自热风炉的烟道气与颗粒物料并流通过转筒，二者进行物料和热量交换。在转筒内同时完成造粒和干燥。干物料从机尾排出，经斗式提升机送至双层振动筛筛分，符合颗粒要求的大部分作为产品，由成品皮带运输机，经风冷后送去包装。大颗粒送至破碎机，破碎后的物料和筛分下来的小颗粒物料及部分产品物料经返料皮带运输机送至干燥机头作为返料。

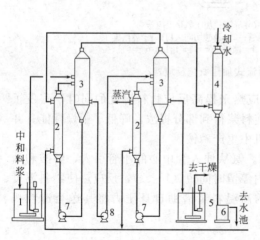

图 10-11　双效料浆浓缩制磷铵流程

1—蒸发给料槽；2—加热器；3—闪蒸室；
4—混合冷凝器；5—料浆缓冲槽；6—液
封槽；7—料浆循环泵；8—过料泵

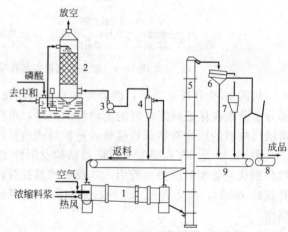

图 10-12　喷浆造粒流程

1—喷浆造粒干燥机；2—洗涤塔；3—尾气风机；4—旋风
分离器；5—斗式提升机；6—振动筛；7—破碎机；
8—成品皮带运输机；9—返料皮带运输机

（3）其他磷铵生产流程　除上述介绍的磷铵生产流程外，还有转鼓氨化生产磷酸二铵的工艺流程和预中和-转鼓氨化造粒生产磷酸二铵的工艺流程，在此不一一详解。

四、磷酸铵生产操作控制要点

磷铵生产操作主要包括磷酸氨化（中和）、造粒、筛分、热风炉及空压机几个岗位的操作。在磷铵生产中，依据各岗位的任务不同，其操作均不一样。

1. 中和岗位

（1）中和岗位任务　在规范化的操作时，制备出满足造粒需求的料浆供造粒使用，同时，提高氨利用率，减少氨损耗，并负责所属设备正常运转。

（2）中和岗位正常操作要点　定时取样分析料浆中和度及水分情况，及时通知造粒岗位，并根据分析结果调整氨/酸比值和洗涤水加入量，确保中和度和水分在指标范围内；控制好操作温度和压力；随时注意料浆变化情况，对中和物料的氨比值，沉淀和颜色做到心中有数并及时联系，便于下一岗位操作。

2. 造粒岗位

（1）造粒岗位任务　对喷浆造粒干燥机的整个工艺过程进行规范和控制，以优化操作工况，制造符合质量要求的产品，稳定均衡生产；负责所属设备正常运转。

（2）正常操作要点　经常观察造粒机内料浆雾化情况及料幕的分布情况，发现异常及时处理；观察干燥机头负压是否处于正常状态，若呈正压马上与尾气洗涤岗位联系，调节风机。也可调整热风机进口阀，使负压正常，清理尾气洗涤装置；经常观察造粒机排出物料的干湿情况，粒度组成结构是否正常，同时观察绞龙返料情况，成品粒度组成情况，根据以上三部分调整喷浆造粒工况；造粒机停车后，如果机内装物料每隔一定时间须盘车一次，防止筒体变形。

3. 筛分岗位

（1）筛分岗位任务　对筛分岗位操作进行规范控制，确保设备的正常运行，各下料管道的畅通，向成品包装岗位输送经过冷却降温的粒状复合肥。

（2）正常操作要点　注意巡回检查；观察皮带上物料情况，防止分筛不清；观察各设备电流变化，防止设备负载过重跳闸；观察回转筛分情况，检查振打是否完好。

4. 热风炉岗位

（1）热风炉岗位任务　对热风炉岗位的工艺过程操作进行规范和控制，确保向造粒岗位输送符合要求的热风，同时，提高煤燃烧率，降低煤耗；负责所属设备正常运行。

（2）正常操作要点　调整好热风机抽风量，保持热风炉负压操作；随时往煤仓内加煤，做到不断煤；经常观察炉内燃烧情况，控制好炉膛温度，和出炉烟道气温度；定时活动两个阀门，保证两个阀门的调节灵敏度。

任务二　复混肥料生产

一、复混肥料生产基本原理

复混肥料的品种很多，不管以何种原料混配，在进入复混肥料造粒系统之前，必须考虑各原料的水分、粒度和物理化学性质的相配性。了解其各原料之间是否存在化学反应，这些反应可能出现在造粒前的物料混合时，也可能出现在造粒过程当中或造粒之后，甚至还可延伸到成品贮存的全过程当中。通常反应过程当中会伴随有放热、释放水分，这对造粒、干燥和贮存均发生不利的影响，故应非常注意原料的可配性并作必要的控制。依据制得的复混肥料是否存在有效养分的损失、物理性质变坏，将原料肥料的相互配合分为"可配性"、"不可配性"和"有限可配性"三种。

表 10-5 是常见肥料之间的可配性情况一览表。

表 10-5　肥料配混表

原料肥料	硫铵	硝铵	氯化铵	石灰氮	尿素	普钙	钙镁磷肥	重钙	氯化钾	硫酸钾	磷酸一铵	磷酸二铵	消石灰	碳酸钙
硫铵		△	○	×	○	○	△	○	○	○	○	○	×	△
硝铵	△		△	×	×	○	×	○	○	○	○	○	×	△
氯化铵	○	△		×	△	○	○	○	○	○	○	○	×	○
石灰氮	×	×	×		△	○	○	○	○	○	○	○	○	○
尿素	○	×	△	△		△	△	△	△	△	○	○	△	○
普钙	○	○	○	○	△		△	○	○	○	○	○	○	○
钙镁磷肥	△	×	○	○	△	△		○	○	○	○	○	○	×
重钙	○	○	○	○	△	○	○		○	○	○	○	○	○
氯化钾	○	○	○	○	△	○	○	○		○	○	○	×	○
硫酸钾	○	○	○	○	△	○	○	○	○		○	○	○	○
磷酸一铵	○	○	○	○	○	○	○	○	○	○		○	○	○
磷酸二铵	○	○	○	○	○	○	○	○	○	○	○		×	○
消石灰	×	×	×	○	△	○	○	○	×	○	○	×		○
碳酸钙	△	△	○	○	○	○	×	○	○	○	○	○	○	

注：○—可配混；△—有限混配；×—不可混配。

在制造复混肥料时，要首先选择具有"可配性"的肥料原料进行混合造粒；其次，对于"有限可配性"的原料进行组合，可在一定的配比范围内或经过适当处理后再使用，"不可配"的肥料一般是不能同时使用的。

1. 具有"可配性"的肥料

具有"可配性"的肥料在混合时物理化学性质不发生变化或混合后物料的性质比混合前得到改善，其有效成分也不会发生损失。如硫酸铵与普钙或重钙混合时，其临界相对湿度比硫酸铵高，混合后的物料变得疏松、干燥、容易破碎。其化学反应式为：

$$(NH_4)_2SO_4 + CaH_2PO_4 \cdot H_2O + H_2O \Longrightarrow NH_4H_2PO_4 + CaSO_4 \cdot 2H_2O$$

$$(NH_4)_2SO_4 + CaSO_4 + H_2O \Longrightarrow (NH_4)_2SO_4 \cdot CaSO_4 \cdot H_2O$$

反应时游离水变成了结合水，使混合肥料产品的物性得到了改善，对造粒也有利。

2. 具有"不可配性"的肥料

具有"不可配性"的肥料在混配时通常表现为：①混合物吸湿点很低，具有明显的吸湿性和结块性，物料的物理性质严重变坏，如尿素与硝铵的混合；②几种物料混合时，所发生的化学反应使有效养分产生变化，如普钙和碳酸钙混合时，会使普钙中的水溶性 P_2O_5 变成枸溶性或者难溶性 P_2O_5；③肥料原料混合时发生的化学反应导致有效养分的损失，如硫酸铵与消石灰混合时，氮以氨气的形式进入大气，造成氮的损失。

3. 具有"有限可配性"的肥料

具有"有限可配性"的肥料常用于生产复混肥料的原料中，它们之间的混合或经过处理或需掌握好一定的配比，以避开某种不适宜的配比而使制得的复混肥料更加安全。

如普钙与尿素不能混配的，但如果在混配前，将普钙进行氨化就能避免二者混配后使物料变稀而无法进行造粒；碳铵与过磷酸钙的混合最好采用 10 份碳铵 100 份过磷酸钙相混合比较适宜，否则会造成氮的严重损失和有效 P_2O_5 的严重退化；对于磷酸盐、硝酸铵和氯化钾的混合则要控制配比，避免复混肥料落在无焰燃烧区内（产生无焰燃烧区域的 $N:P_2O_5:K_2O$ 比分别为：$1:1:1.5$、$1.5:1:2$、$2:1:3$、$1:0:1$ 和 $3:0:2$）。另外产品送入仓库贮存之前必须进行充分的冷却，并在仓库内采用降温（<40℃）贮存以保证安全。复混肥料的质量要求如表 10-6 所示。

表 10-6　复混肥料（包括掺混肥料及各种专用肥料）技术要求（1994-12-01 实施）

项目		高浓度	中浓度	低浓度	
				三元	二元
总养分(N+P_2O_5+K_2O)含量/%	≥	40.0	30.0	25.0	20.0
水溶性磷占有效磷的百分数/%	≥	50	50	40	40
水分(游离水)/%	≤	2.0	2.5	5.0	5.0
粒度　球状(1.00~4.75mm)/%	≥	90	90	80	80
条状(2.00~5.60mm)/%	≥				
颗粒平均　球状(2.00~2.80mm)/N	≥	12	10	6	6
抗压碎力　条状(3.35~5.60mm)/N	≥				

注：1. 总养分含量除应符合表中要求外，组成该复混肥料的单一养分不得低于 4.0%。

2. 以钙镁磷肥为单元肥料，配入氨和（或）钾制成的复混肥料可不控制"水溶性磷占有效磷百分率"的指标，但必须在包装袋上注明为枸溶性磷。

3. 冠以各种名称的以氮、磷、钾为主体的三元或二元的固体肥料，均应符合本标准的要求。

二、复混肥料生产方法选择

复混肥料通常制成粒状和粉状两种形式，成粒后可减轻或避免结块、便于机械化施肥、减少土壤中的淋溶损失或被土壤固定，方便包装和贮运。其常见的造粒方法有以下 4 种。

1. 挤压法

挤压法是属于干态物料混合造粒，是用挤压机械将混合物直接挤压成颗粒产品，或挤压成片状、条状，然后再破碎或切割成小粒。该法通常在物料中喷入热水（或蒸汽）增加物料的液相量并提高造粒物料的温度，使之易加工成粒状。在加工过程中，一般先将固体物料压成坯料，然后破碎成粒状。

该法的主要优点是节能。原因是在加工过程中，物料始终保持干燥状态，可省去干燥和冷却工序，从而降低了投资费用和生产成本；更换产品规格简单、快速、微量元素加入十分方便，但易造成环境污染。

该法适用于有尿素、碳铵、氯化铵等热敏性物料参与的复混肥料的制备。

2. 添加部分液体的团粒法

在混合物料造粒时，在造粒机中导入硫酸、磷酸或硝酸，并补加入水、饱和蒸汽或黏结剂，通入气氨以中和加入的酸，或中和固体物料中的酸性组分；依靠中和反应热、饱和水蒸气带入的热量，导入液相，促成团聚成粒。造粒过程中会发生有限的化学反应。

尿素-磷酸铵-氯化钾系、氯化铵-磷酸铵-氯化钾系物料的造粒通常采用此法进行。

3. 涂层造粒法（或包裹法）

涂层法制颗粒肥料有两种方法。其一种是将熔融的物料喷涂在小颗粒表面上，干燥冷却后形成表皮，如此反复进行，直至颗粒规格达到合格品要求；另一种是将粉状物料通过黏结剂一层层地包裹在作为核心的颗粒肥料上制成包裹型肥料。该法成型的先决条件是预先有一种可以作为核心的较大的肥料颗粒存在。在此法中，一般要将成品筛分中的小颗粒筛分出来作为返粒加入造粒系统并且作为造粒过程的初始核心。经涂层的颗粒进行干燥、蒸发水分，可得到坚硬和具有良好流动性的粒状产品。

此法主要适用于磷铵肥料造粒或以磷铵料浆为基础的氮磷钾复混肥料的造粒。

4. 熔融物喷淋造粒法

将溶液、料浆或熔融物料通过喷嘴喷淋成小液滴，经干燥、冷却制成合格的产品颗粒。喷淋操作一般是是在造粒塔中进行，喷出的液滴在下降的过程中和上升的气流逆向相遇并同时进行传质和传热，液滴通过干燥和冷却形成固体颗粒。

三、复混肥料生产工艺流程组织

上述复混肥料的生产方法有多种，但在具体生产流程中，除因原料、产品和使用的设备有所不同之外，一般来说生产过程大多由下列 7 个工序组成：①原料工序；②配料工序；③原料的混合造粒工序；④物料的干燥工序；⑤物料的筛分、返料工序；⑥成品的冷却、包装和贮运工序；⑦尾气的处理工序。如图 10-13 所示是复混肥料典型的生产工艺流程。

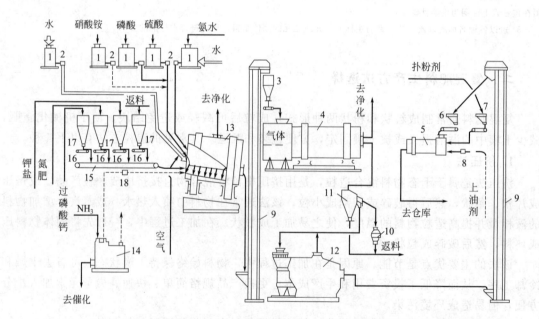

图 10-13 复混肥料典型的生产工艺流程

1—贮槽；2—定量加料器；3—料斗；4—干燥转筒；5—转筒式调理器；6—成品料斗；7—扑粉剂料斗；
8—涂油剂定量加料器；9—提升机；10—碾碎机；11—振动筛；12—沸腾层冷却器；13—转鼓造粒机；
14—氨蒸发器；15—皮带运输机；16—带式称量加料器；17—料斗；18—氨调节器

在此基础上，可以依据原料或黏结剂的不同，对工艺过程进行修改；也可以依据原料的特点（即产品的要求）对造粒、干燥、冷却设备作相应的变换。

四、复混肥料生产过程常见故障及其排除方法

见表 10-7。

表 10-7　复混肥料生产过程常见故障及其排除方法

常见故障	故障原因	排除方法
产品结块	复混时原料配比不合理 复混温度超标或水分含量高	依据原料性质调整配比 控制复混温度范围，降低水分含量
产品粉化	复混时原料配比不合理 复混温度超标	依据原料性质调整配比 控制好复混时的操作温度
混合时吸潮	肥料复混时生成水，如未经氨化的普钙与尿素复混	控制复混温度范围 改变复混方法，此时采用氨化后普钙与尿素混合

思考与练习

1. 磷酸铵复合肥生产操作控制的主要的操作指标有哪些？实际过程中是如何控制的？

2. 采用稀磷酸氨化制磷酸二铵肥料时，如何利用氨化反应热的？

3. 磷酸二铵料浆造粒常用造粒方法有哪些？简要说明物料、能量综合利用的方法。

4. 复混肥料的生产最关键应注意哪几个问题？

5. 磷矿中含有碳酸盐、倍半氧化物等杂质，因其在酸解时会随酸进入磷酸，若该酸直接用于制备磷酸铵会对安全生产引起哪些不利？请设计一较合理的方案避免杂质对生产的影响。

6. 用于生产磷酸铵的湿法磷酸的组成是：P_2O_5 23.0%；MgO 1.65%；SO_3 2.3%；Fe_2O_3 1.2%；Al_2O_3 0.8%；F 1.65%。要求产品中的磷酸铵有 90% 以 MAP 形式，10% 以 DAP 形式存在。计算：①每吨产品的理论氨耗量；②按干基计的磷酸铵产品组成；③磷酸铵产品中总 P_2O_5、水溶性 P_2O_5 和 N 量；④氨化料浆含水量。（提示以 1t 湿法磷酸为基准计算）

拓展知识之九

具有鲜明"个性化"特点的复混肥料

复混肥料与单元肥料和化学复合肥相比有许多优点，在国内外复混肥料的发展都非常迅猛。复混肥料因养分种类多、含量高，能同时供应作物需要的多种速效养分，充分发挥肥料各种营养元素间的相互促进作用，改变目前施肥中氮肥用量过大，磷、钾肥和其他元素肥料使用不足的盲目施肥现状，以提高肥效，促进农业再发展。

因各种农作物所需氮、磷、钾及其他各种养分的需求不甚相同，而不同品种的肥料，其特点也各异。根据农作物的吸肥特点及土壤性质合理搭配施用化肥，不仅能充分发挥肥效，而且可降低生产成本，获得高产。

1. 不同作物对氮肥的需求不同

如为减少氮素化肥的淋失，栽培水稻宜选用铵态氮化肥，尤以氯化铵、尿素效果较好。玉米、小麦等禾谷类作物施用铵态氮化肥（如碳铵、硫铵、氯铵、尿素）或硝态氮化肥（如硝酸铵）同样有效。马铃薯、甘薯也宜用铵态氮化肥。硝酸铵能改善烟草的品质，其中的铵态氮能有助烟草的燃烧性。而含氯的化肥（如氯化铵）却降低烟草的燃烧性，应避免使用。此外，不同作物对氮素的要求不同，叶菜类、茶叶等以叶片为收获对象的作物需较多的氮肥，而豆科作物只需在生育初期，根瘤尚未起作用时，施用少量氮肥。

2. 不同作物对磷的需求不同

豆科作物（大豆、花生）、糖料作物（甜菜、甘蔗）、纤维作物、薯类作物（马铃薯、甘薯）以及瓜类、果树需磷较多，增施磷肥有较好的肥效。普通过磷酸钙、重过磷酸钙均为水溶性磷肥，易被作物吸收利用。"重钙"有效磷含量较高，是"普钙"的 2～3 倍，其施用量可参照"普钙"用量酌减。

3. 不同作物对钾的需求不同

凡含碳水化合物较多的农作物，如烟草、马铃薯、甘薯、甜菜、西瓜、果树等需钾量均较大，故称喜钾作物。 但这些喜钾作物都忌氯，假若把氯化钾施到这些喜钾忌氯作物上，氯离子必然导致产量及品质下降。 氯化钾也不宜在盐碱地上长期施用，在非忌氯作物上可做基肥、追肥，但不宜做种肥。 而硫酸钾适用于各种土壤、作物，可用做基肥、种肥、追肥及根外追肥。

依据上述作物对不同养分的需求，则可以混配出多种复混肥料，以减少施用过程中不合理的施用方法，于是化肥生产者可根据作物的喜好混配出养分比例适宜的复混肥料，直接供使用者使用。 复混肥料是一种科技含量很高的技术产品，生产复混肥料必须进行土壤测试，了解土壤性质、养分含量和供肥状况，根据土壤特点和作物不同阶段的需肥规律，找出适宜比例与最佳用量。

4. 不同作物对硫、钠、氯、钼、硼等微量养分的需求

马铃薯、大豆、花生、油菜也是喜硫作物，使用普钙的效果好于"重钙"，因为"重钙"中不含硫酸钙。 甜菜是喜钠作物，硝酸钠是甜菜的好肥料。 氯化铵含氯高达 61%，忌氯作物（烟叶、薯类、甘蔗、甜菜、瓜果、茶、柑橘、葡萄等）禁用，但适用于棉、麻等作物，因氯能增加纤维的韧性及拉力。钼肥对豆科作物和花椰菜、油菜等十字花科作物肥效显著。 油菜及棉花、花生、果树等属于喜硼作物，对硼元素十分敏感，缺硼将会导致花而不实，严重影响作物产量。

5. 烟草专用复合肥的配制与使用要点

下面以烟草专用复合肥为例，说明复合肥在农业生产中的重要作用。 烟草专用复合肥可采用硝酸铵、磷酸铵或普钙、硫酸钾或硝酸钾等进行混配。 一般情况下，烟草对钾素的需求量大于氮、磷元素，钾肥能明显提高烟草的品质。 烟草施用磷、钾肥适当过量，对品质影响不明显，最难掌握的是氮肥施用。 烟草早期氮素不足，不利于烟草早产快发；成熟期吸氮过多，叶片粗糙肥厚，烟碱含量过高，且叶片含氮超过 1% 时，会造成叶片燃烧不良，严重时出现熄火。 所以应以用氮量为准，确定烟草生长的不同阶段肥料中氮、磷、钾的比例。 试验资料表明，烟草氮、磷、钾化肥适宜比例，在北方地区，$N:P_2O_5:K_2O$ 为 $1:1:1$，南方地区为 $1:0.75:1.5$。 专用复合肥用量方面通常为每亩 $21\sim$30kg，北方一般比南方土壤供肥能力强，氮肥利用率也略高，可取下限；而南方所需氮多和农家肥较少，可取上限。 烟草在不同阶段的施肥分别叫基肥和追肥，一般基肥约占 60% 左右，且为一次施入，同时可伴随一些农家肥。 而追肥约占 40% 左右，追肥可分 2 次进行。 这种基肥多于追肥的施肥方式可避免出现早期氮素不足，后期氮素过剩的情况，这符合烟草"少时富，老来穷"的需肥规律，有利于烟草正常落黄，容易烘烤，燃烧性好。

依据上述作物对不同养分的需求，则可以混配出多种复混肥料，以减少施用过程中不合理的施用方法，于是化肥生产者根据作物的喜好混配好复混肥料各养分的比例直接供使用者使用。 复混肥料是一种科技含量很高的技术产品，生产复混肥料必须进行测试土壤，了解土壤性质、养分含量和供肥状况，根据土壤特点和作物不同阶段的需肥规律，找出适宜比例与最佳用量。

硫酸与硝酸生产

硫酸与硝酸工业概貌

1. 硫酸工业概貌

2004 年我国硫酸产量达到 3995 万吨，首次超过美国位居世界第一位，2012 年中国硫酸产量 8403 万吨，已占世界产量的 36％。据不完全统计，到 2012 年底，全国规模以上硫酸生产企业产能已达到 1.06 万吨。预计到 2015 年产能将达到 1.2 万吨。

我国硫酸工业的原料格局也发生了深刻变化，从硫铁矿占统治地位，逐步形成了"硫黄-冶炼烟气-硫铁矿"三大原料三足鼎立的格局，并且硫黄和冶炼烟气制酸所占比例越来越大。2012 年我国硫黄制酸 3904 万吨，同比增 1.6％，占总量的 46.5％；烟气制酸 2386 万吨，同比增长 12％，占总量的 28.4％；硫铁矿制酸 2061 万吨，同比增长 4.7％，占总量 24.5％。

今后中国硫酸工业的发展趋势是：①装置进一步大型化，产业集约化程度继续提高；②全方位提升技术装备水平，加大节能减排力度；③提高废热回收利用率，走循环经济的发展道路，实现可持续发展。

2. 硝酸工业概貌

2000～2011 年，我国硝酸工业获得快速发展，稀硝酸生产能力 2012 年已达到 1368 万吨，成为世界硝酸生产第一大国。近年来，由于硝基复合肥、硝酸铵钙等 NPK 多元复合肥发展，MDI、TDI、己二酸等使用硝酸为原料的产品快速增长，拉动了硝酸产能的持续增长。预计到 2015 年稀硝酸生产能力可达 2084 万吨。

我国硝酸工业从常压法开始，20 世纪 50 年代的综合法，70 年代的中压法，80 年代的高压法，90 年代至今发展双加压法。由于双加压法主机"四合一"机组成功实现国产化，加快了双加压法的发展，压缩了其他生产方法的市场份额。2012 年，双加压法产能达 970 万吨，占总产能的 70.9％。预计到 2015 年双加压法产能可达 1820 万吨，约占总产能的 87.3％。

随着我国经济的发展、能源的紧缺以及环保要求的提高，中压法和高压法都将面临被改造或淘汰的局面，双加压法生产工艺将进入飞速发展期。今后我国硝酸工业发展趋势是：①不断扩大生产装置规模；②进一步降低尾气中 NO_x 含量，提高硝酸浓度；③进一步提高双加压法"四合一机组"的性能。

硫酸生产

项目导言

　　硫酸的工业生产方法主要有两种方法，即亚硝基法和接触法。接触法是目前广泛采用的方法，接触法硫酸生产过程分为三步：①二氧化硫气体的制备；②二氧化硫的催化氧化；③三氧化硫的吸收。硫黄、硫铁矿和冶炼烟气是制取硫酸的最主要三种原材料，本项目主要介绍用硫黄和硫铁矿制取硫酸的生产技术，冶炼烟气制硫酸技术放在了拓展知识。

专业能力目标

　　1. 能依据硫酸生产原料的特性，并根据制酸生产要求选择合适的原料；

　　2. 能依据硫铁矿焙烧原理及硫磺焚烧原理的分析，确定硫铁矿焙烧及硫黄焚烧的条件；

　　3. 能依据 SO_2 炉气中杂质类型及净化要求，分析确定净化方法及净化流程；

　　4. 能根据 SO_2 催化氧化原理、催化剂的特性及氧化要求，分析确定催化氧化的条件；

　　5. 能依据成品酸浓度及尾气净化要求，分析确定 SO_3 吸收流程及尾气净化方法。

任务一　硫酸生产方法与原料的选择

一、硫酸的性质与用途

1. 物理性质

　　硫酸俗称"矾油"，油状液体，密度：$1.84 \sim 1.86 g/ml$，浓度 98% 时沸点为 330℃。硫酸易溶于水，能以任意比与水混溶，工业品有浓硫酸和发烟硫酸之分。纯硫酸：$SO_3 : H_2O = 1 : 1$（摩尔比）。发烟硫酸：$SO_3 : H_2O > 1$（摩尔比）（SO_3 溶于纯硫酸），工厂习惯将 20% 发烟硫酸称之为 105 酸。

　　硫酸的凝固点随其浓度的升高而提高，如 98% 硫酸的凝固点约为 -0.25℃，而 93% 硫酸的凝固点约为 -35℃。所以，我国北方硫酸厂夏季可生产 98% 的硫酸，冬季只能生产浓度 92% 的硫酸，以防止硫酸结晶堵塞生产设备及运输设备的事故发生。

2. 化学性质

　　稀硫酸具有酸的通性，浓硫酸具有三大特性：吸湿性、脱水性和强氧化性。吸湿是指浓硫酸分子跟水分子强烈结合，生成一系列稳定的水合物，并放出大量热量。脱水指浓硫酸脱去非游离态水分子或按照水的氢氧原子组成比脱去有机物中氢氧元素的过程。

3. 硫酸的用途

　　硫酸最主要的用途是生产化学肥料，在中国约 60% 的硫酸是用于生产磷肥和复合肥，如生产磷铵、重过磷酸钙、硫铵等。在化学工业中，硫酸是生产各种硫酸盐的主要原料，是塑料、人造纤维、染料、油漆、药物等生产中不可缺少的原料。在石油工业中，硫酸作为洗涤剂用于石油精炼，以除去石油产品中的不饱和烃和硫化物等杂质，每吨原油精炼需要硫酸约 24kg，每吨柴油精炼需要硫酸约 31kg。在冶金工业中，硫酸作为清洗液用于钢材的加工和酸洗，作为电解液的主要组成用于铜、锌、镉、镍的精炼等，某些贵金属的精炼，也需要硫酸来溶解去夹杂的其他金属。在农业生产中，越来越多地采用硫酸改良高 pH 值的石灰质土壤，许多农药如除草剂、农药、杀鼠剂的生产中也需要硫酸作为原料。在国防工业中，浓硫酸用于制取硝化甘油、硝化纤维、三硝基甲苯等炸药。原子能工业中核燃料以及用于制造火箭、超声速喷气飞机和人造卫星的钛合金材料，在生产过程中也需用到硫酸。

二、硫酸的生产方法简介

生产硫酸最古老的方法是用绿矾为原料，放在蒸馏釜中锻烧而制得硫酸。在锻烧过程中，绿矾发生分解，放出二氧化硫和三氧化硫，其中三氧化硫与水蒸气同时冷凝，便可得到硫酸。二氧化硫氧化成三氧化硫是制硫酸的关键，但是，这一反应在通常情况下很难进行。后来人们发现，借助于催化剂的作用，可以使二氧化硫氧化成三氧化硫，然后用水吸收，即制成硫酸。根据使用催化剂的不同，硫酸的工业制法可分为硝化法和接触法。

硝化法（包括铅室法和塔式法）是借助于氮的氧化物使二氧化硫氧化制成硫酸。铅室法始于 18 世纪，因设备庞大，生产强度低而被淘汰；塔式法是在铅室法的基础上发展起来的，也因与铅室法一样，制备的硫酸浓度低、杂质含量高的原因被接触法取代。

接触法是目前广泛采用的方法，它创始于 1831 年，接触法中二氧化硫在固体催化剂表面跟氧反应，结合成三氧化硫，然后用浓硫酸或发烟硫酸吸收为成品酸。接触法硫酸生产过程分为 3 个过程，以硫铁矿为原料制硫酸的主要化学反应：

$$4FeS_2 + 11O_2 \longrightarrow 2Fe_2O_3 + 8SO_2$$
$$2SO_2 + O_2 \longrightarrow 2SO_3$$
$$SO_3 + H_2O \longrightarrow H_2SO_4$$

本书主要介绍接触法制硫酸工艺。

三、硫酸生产原料简介

目前世界各国生产硫酸的原料主要有硫黄、硫铁矿、冶炼烟气及其他含硫原料。

1. 硫黄

硫黄在常温下为固体，结晶硫是多分子的变形体，最稳定的是八原子硫，通常有 α、β、γ 三种同素异形体，α 为正交晶系，在 95.35℃ 下较为稳定，95.4℃ 开始转变为 β、γ 型。

世界上主要用硫黄作原料制硫酸，其杂质含量低，在制酸过程中无需炉气的净化过程，只需在焚硫制气之前除杂纯化即可，焚硫后经降温至 420℃ 便可进入转化系统，故该流程短，可节省大量的投资及避免了大量的三废污染环境而得到推广。我国由于硫黄矿产资源较少，主要从石油、天然气、煤气脱硫回收获得硫黄。

2. 硫铁矿

硫铁矿是国内当前硫酸生产最主要的原料之一，其主要成分是 FeS_2，理论含硫量 53.45%，含铁 46.55%。实际上，根据不同的矿产区，硫铁矿可能含有铜、锌、铅、锑、钴等有色金属。一般富矿含硫 30%～48%，贫矿含硫在 25% 以下。

中国的硫铁矿资源在世界上的丰富程度居首位，除单独的硫铁矿、伴生硫铁矿外，煤系中的硫资源也主要是以硫铁矿的形式存在。硫铁矿按来源不同可分为普通硫铁矿、浮选硫铁矿和含煤硫铁矿。

3. 冶炼烟气

冶炼烟气主要是金属冶炼过程中副产含二氧化硫的废气，若回收制酸，对保护环境非常有利，同时为节约资源提供了新的途径。随着有色金属的快速发展，冶炼烟气制硫酸产量已占到国内总产量的 1/3。

国内制酸的冶炼烟气主要来自铜、镍、铅、锌、黄金 5 类金属的冶炼过程，根据目前有色金属冶炼技术的发展状况，大型冶炼烟气制酸装置主要集中在铜冶炼企业，特别是采用闪速炉熔炼工艺的冶炼企业。

4. 硫酸盐

自然界存在的硫酸盐主要以石膏储量最为丰富而作为制备硫酸的原料，天然石膏有 3 种形式：无水石膏、雪花石膏和纤维石膏，尤其是无水石膏在世界各国均有丰富分储量。

我国石膏储量也极其丰富，分布极广，如加以综合利用，在制酸的同时联产水泥，对发展我国的硫酸和水泥工业均有重要的意义。

任务二　制取二氧化硫炉气

一、制取二氧化硫炉气的基本原理

1. 硫铁矿焙烧原理

硫铁矿的焙烧主要是矿石中的 FeS_2 与空气中的氧反应，生成 SO_2 炉气，该反应通常需在 $600℃$ 以上的温度进行。焙烧反应是分两步进行的：

（1）FeS_2 受热分解为 FeS 和硫黄蒸气

$$2FeS_2 \Longrightarrow 2FeS + S_2 \qquad \Delta H_{298}^{\ominus} = 295.68kJ$$

该反应为吸热反应，温度越高，对硫铁矿的热分解越有利。从表 11-1 也可以看出，随反应温度升高，其硫黄平衡蒸气压增大，说明高温对硫铁矿的热分解有利。硫铁矿释放出硫黄后，开始形成多孔形的 FeS。

表 11-1　硫黄平衡蒸气压与温度的关系

温度/℃	580	600	620	650	680	700
平衡蒸气压/Pa	166.67	733.33	2879.9	15133	66799	261331

（2）生成的 FeS 和单质硫与氧反应

$$S + O_2 \longrightarrow SO_2 \uparrow \qquad \Delta H_{298}^{\ominus} = -296.83kJ$$

$$4FeS + 7O_2 \longrightarrow 2Fe_2O_3 + 4SO_2 \uparrow \qquad \Delta H_{298}^{\ominus} = -2453.3kJ$$

$$3FeS + 5O_2 \longrightarrow Fe_3O_4 + 3SO_2 \uparrow \qquad \Delta H_{298}^{\ominus} = -1723.79kJ$$

其硫铁矿焙烧总反应式为：

$$4FeS_2 + 11O_2 \longrightarrow 2Fe_2O_3 + 8SO_2 \uparrow \qquad \Delta H_{298}^{\ominus} = -3310.08kJ$$

$$3FeS_2 + 8O_2 \longrightarrow Fe_3O_4 + 6SO_2 \uparrow \qquad \Delta H_{298}^{\ominus} = -2366.28kJ$$

2. 硫磺焚烧原理

硫磺焚烧的反应式为：

$$S + O_2 \longrightarrow SO_2 \uparrow \qquad \Delta H_{298}^{\ominus} = -296.83kJ$$

实际生产中，该反应是先将硫黄熔融成液态后经喷嘴雾化进入焚烧炉，后在接近1100℃下完成焚烧反应的。

二、硫铁矿焙烧工艺条件的分析与选择

硫铁矿的焙烧是气-固非均相反应过程，反应是在气固两相的接触表面上进行，整个反应过程由一系列反应步骤组成：FeS_2的分解；氧向硫铁矿表面扩散；氧与FeS反应；生成的SO_2由矿粒表面向气流主体扩散。另外还存在着硫黄蒸气向外扩散及氧与硫的反应等。

前述硫铁矿的焙烧反应分两步完成，其焙烧过程速率取决于过程的扩散阻力和化学反应速率。实践证明，如图11-1所示，随氧化过程的进行，其FeS_2的氧化速度远大于FeS的氧化速度，故FeS氧化反应是整个焙烧反应的控制步骤。另如图11-2、图11-3所示，随着反应温度的升高，其FeS_2和FeS在空气中的氧化速度均增大，且FeS_2的氧化速度在高温下才有较大提高，属于动力学控制；而FeS的氧化速度随温度变化不明显，属于扩散控制，故要提高FeS的氧化速度，需要增加气固相际接触面积，即减小颗粒粒度。

随着反应温度的升高，氧化反应速度的增长远远超过扩散速度，故在高温时，硫铁矿的焙烧会转化为扩散控制；实践证明提高氧的浓度会加快焙烧过程的总速率，因考虑焙烧的经济性，实际生产中仍采用空气焙烧硫铁矿。

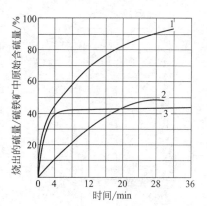

图 11-1　氧化时间与硫烧出率的关系
1—FeS_2 在空气中的燃烧；2—FeS 在空气中的燃烧；3—FeS_2 在氮气中的加热

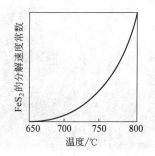

图 11-2　硫铁矿分解速度与温度的关系

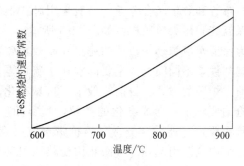

图 11-3　FeS 燃烧速度与温度的关系

综上所述，硫铁矿焙烧的条件有：反应温度尽可能高，一般控制在800～900℃；采用小颗粒的矿料粒度，以提高扩散速率；提高入口氧气含量，以增加氧的扩散速率和增大气流与颗粒之间的相对运动。

三、沸腾焙烧炉、硫磺焚烧炉的结构确定

1. 沸腾焙烧炉的结构分析

由硫铁矿焙烧速率及反应原理可知，为提高硫铁矿的焙烧强度和硫的烧出率，应强化氧的扩散速率、增大矿粒与空气的接触面积、提高反应温度。

硫铁矿的沸腾焙烧是采用流态化技术，让流体以一定的流速通过一定颗粒度的颗粒床

层，使颗粒悬浮起来，保证固体颗粒与流体的充分接触。保持颗粒在炉中处于流态化状态取决于硫铁矿颗粒平均直径的大小、矿料的物理性能及与之相适应的气流速度。对沸腾焙烧而言，必须保持气流速度在沸腾临界速度和颗粒吹出速度之间。

采用沸腾焙烧与常规焙烧，沸腾焙烧具有以下优点：①焙烧强度高；②矿渣残硫低；③可以焙烧低品位矿；④炉气中二氧化硫浓度高、三氧化硫含量少；⑤可以较多地回收热能产生中压蒸汽，焙烧过程产生的蒸汽通常有 35％～45％ 是通过沸腾层中的冷却管获得；⑥炉床温度均匀；⑦结构简单，无转动部件，且投资省，维修费用少；⑧操作人员少，自动化程度高，操作费用低；⑨开车迅速而方便，停车引起的空气污染少。但沸腾炉炉气带矿尘较多，空气鼓风机动力消耗较大。

如图 11-4 是典型的沸腾焙烧炉的结构。沸腾炉炉体为钢壳，内衬保温砖再衬耐火砖。为防止冷凝酸腐蚀，钢壳外面有保温层。该炉上部为扩大段，中部为炉膛，下部为空气分布室。分布板上安排有许多风帽。空气由鼓风机引入风室，经风帽均匀分布向炉膛喷出。炉膛下部有加料室，矿料由此进入炉膛空间。为避免因温度过高导致炉料熔结，通常在炉膛或炉壁周围安装水箱或冷却器以带走热量，保护炉体。炉后设有废热锅炉，用于产生蒸汽。

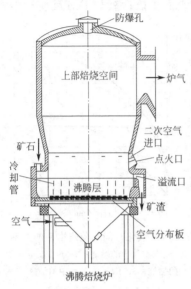

图 11-4　沸腾焙烧炉的结构

2. 焚烧炉的结构分析

焚硫炉是硫黄在其内燃烧生成二氧化硫的重要设备。要保证液硫在炉内完全燃烧以杜绝升华硫对废热锅炉、催化剂及后续设备的损害，炉子的容积、形状和结构必须与空气进气分布装置的结构以及硫黄枪的布置和效果联合考虑。一般采用卧式钢制圆筒内衬保温砖和耐火砖结构，如图 11-5 所示。

为保证焚硫炉燃烧硫黄的完全和高效，硫黄喷枪是关键部件，不同喷枪的主要区别在于硫黄雾化的方式及喷入炉膛的方式。目前一般采用机械雾化。对硫黄喷枪的要求是：形成雾化的微粒，喷雾角度要大，雾化行程要短且能均匀分散。喷枪带蒸汽夹套保护，以防止炉内高温引起损坏和防止因受热而引起硫黄黏度上升。近年来，国内对硫黄喷枪的开发研制进行了许多工作，掌握了喷枪压力与流量的关系、喷雾角度

图 11-5　硫黄焚烧炉的外形图

与雾化行程的关系，喷嘴高温材料的研制和选择等关键技术都有所突破。国产硫黄喷枪的性能能满足超大型硫黄制酸装置的基本要求。燃烧器包括稳燃器、油枪、点火枪及火焰检测器等。燃油雾化和合理配风是燃油燃烧完全的关键，同时油枪流量的调节范围要大。

四、开、停车及正常操作要点

1. 沸腾炉开车

（1）开车前的准备与检查

① 新炉应经过烤炉，烤炉完毕，炉膛清理干净；

② 检查风帽是否完好，眼子是否捣通，眼子距离火泥尺寸是否合适，风室里有无杂物和积灰，锅炉管是否完好，各个阀门是否处于开车需要位置；

③ 试测风帽阻力，炉内画好铺灰高度横线；

④ 准备好点火材料 35～40t，含水在 3.0% 以下，含硫 15%～18%，通过 4mm 筛网过筛；

⑤ 运转设备试车：皮带机，园盘，风机等；

⑥ 准备好点火工具：棉纱、柴油，联系要压缩空气，架好油枪，关闭出渣口插板，联系关闭电收尘器入口闸门；

⑦ 铺灰：利用人工或开风铺灰，铺灰高度为 550～600mm，铺好后砌炉门；

⑧ 铺灰后，开风做冷沸试验，同时观察沸腾情况，记录最佳条件时的电流，孔板流量计的压差和炉底压力数据；

⑨ 与锅炉工联系，做好开车准备，并配合开车做好升温、升压。

(2) 开车

① 开车用油枪点火，调节油量和压缩空气量，使火焰呈亮黄色布满炉膛；

② 适当调节放空烟囱盖板开度，使炉内呈微负压；

③ 移动油枪，使火焰接近矿层表面，开动鼓风机，使矿层微沸腾，中层温度到 500℃ 时，可开风翻动 2～5min，并反复进行，以利提高底层温度；

④ 底层温度到 500℃ 以上时，停油、检查炉内是否平整，有无油疤，必要时可用钢筋探测；

⑤ 关闭点火孔，开大防空烟囱盖板，开风投矿，逐渐提高炉温个炉底压力至正常；

⑥ 炉子点好后，根据班长要求，决定通气或暂时停炉保温备用。

2. 沸腾炉的停车

(1) 紧急停车

① 停止加料，停鼓风机（打开放空盖板）；

② 与转化锅炉岗位联系，报告班长；

③ 关闭出渣口插板；

④ 等待开车通知。

(2) 短期停车

① 减轻炉子投矿量，炉温控制在 900℃ 以下，炉底压力维持 1000～1050mm 水柱，关闭出渣口插板，记下炉温、压力、风量；

② 通知转化岗位，关小主鼓风机，停止投矿，停炉子风机；

③ 通知收尘工打开放空盖板，关闭收尘器入口闸门；

④ 炉底层温度低于 500℃ 时，需进行保温，保温到 800℃ 时停炉；

⑤ 联系锅炉工，做停车处理。

(3) 长期停车

① 停炉前通知转化、电收尘，锅炉岗位配合停车操作；

② 停止加矿，打开出渣口插板，开大放空盖板，关闭电收尘器入口闸阀，开大风机，尽量把炉内积渣排除；

③ 停风机，打开炉门，用风力或人工将炉膛清理干净。

3. 沸腾炉正常操作要点

① 随时注意炉温，炉底压力变化，严格按指标操作。

② 随时观察入炉矿水分，粒度变化。牢记矿料干、细、含硫均匀，炉子能正常运行。

③ 要连续排渣，灰渣呈棕色为佳。

④ 进气要稳定，烟道无堵塞，无漏气，放灰管通畅。

任务三　炉气净化与干燥工艺

硫铁矿焙烧后的 SO_2 炉气中含有一定的有害杂质，在进入转化工序之前必须经过净化与干燥。

一、炉气净化及干燥的基本原理

1. 炉气净化的基本原理

（1）炉气中的有害杂质及其危害　炉气的组成： SO_2 、 O_2 、 SO_3 、 As_2O_3 、 SeO_2 、 HF、 H_2O 、粉尘等。 SO_2 、 O_2 为转化反应物，尽可能在净化时不损失。矿尘不仅会堵塞设备与管道，而且会造成后续工序催化剂失活；砷和硒则是催化剂的毒物；炉气中的水分和 SO_3 极易形成酸雾，不仅对设备产生严重腐蚀，而且很难被吸收除去。故炉气在送入转化之前，必须先对炉气进行净化，使之达到净化指标。

（2）净化要求　砷 $< 1mg/m^3$ ；酸雾 $< 0.03mg/m^3$ ；水分 $< 0.1mg/m^3$ ；氟 $< 0.5mg/m^3$ 。

（3）净化方法

① 矿尘的清除　对炉气中的矿尘清除，需了解矿尘的粒度大小，采用相应的净化方法来清除。依据矿粒由大到小可一次采用自由沉降（如降尘室）或旋风分离（如旋风分离器）、电除尘（ $0.1\sim10\mu m$ ）、湿法除尘（ $<0.05\mu m$ ，泡沫洗涤塔）。

② 砷、硒的清除　砷、硒在焙烧过程中分别形成氧化物 As_2O_3 、 SeO_2 ，它们在气体中的饱和含量随着温度降低而迅速下降。实践证明，当温度低于 $50℃$ 时，气体中的砷、硒的氧化物已降至规定的指标值以下。若采用湿法净化炉气工艺，用水或稀硫酸洗涤炉气，即可将炉气降到 $50℃$ 以下，大部分砷、硒氧化物被洗涤液带走，使炉气中砷、硒氧化物的含量降至很低。

③ 酸雾的清除　酸雾是利用水或稀硫酸洗涤炉气时，洗液中的水蒸气进入气相，使炉气中的水蒸气的含量增加，造成水蒸气与 SO_3 结合成硫酸蒸气。实践证明：温度越高，气相中硫酸蒸汽分压越小；反之，温度越低，气相中硫酸蒸气分压越高。故在湿法炉气净化的过程中，会因炉气温度缓慢降低的同时，水蒸气和 SO_3 会首先生成硫酸蒸气，然后冷凝成液体。

酸雾的形成与蒸气本身的特性、温度以及气相中是否存在冷凝中心（如前述没有清除干净的砷、硒固体微粒）有关。气体的冷却速度越快，蒸气的过饱和度越高，越易达到饱和形成酸雾。故为防止酸雾的形成，必须控制一定的冷却速度，使整个洗涤过程中硫酸蒸气的过饱和度低于临界值。

酸雾的清除采用在电除雾器中完成。为了提高除雾效果，采用逐级增大粒径、逐级分离的方法。一是逐级降低洗涤酸的浓度，从而使气体被增湿，酸雾因吸收水分而增大粒径；二是逐级冷却气体，使酸雾也被冷却，气体中的水分在酸雾的表面亦被冷凝，同样可以增大酸雾的粒径。

2. 炉气干燥的基本原理

（1）炉气干燥的原因　炉气经洗涤降温和除雾后，虽然除去了砷、硒、氟和酸雾、矿尘，但炉气却被水蒸气所饱和。若不经处理直接进入 SO_2 转化器，会与生成的 SO_3 再次形成酸雾，且会造成对钒催化剂的破坏，同时腐蚀设备及管道。故炉气在进入转化器之前还必须进行严格的干燥，使炉气中的水分含量 $<0.1g/m^3$（炉气）。

（2）炉气干燥的原理　炉气常用浓硫酸做干燥剂。在同一温度下，硫酸的浓度越高，其液面上水蒸气的平衡分压越小。当炉气中的水蒸气分压大于硫酸液面上的水蒸气分压时，炉气即被干燥。

二、炉气净化与干燥工艺条件的分析与选择

炉气净化与干燥的目的是除去炉气中的杂质，保证进转化器的气体达到规定的指标，保护催化剂的正常使用。为此必须选择好除尘级数，湿法除尘时控制好炉气降温速度及炉气出系统的温度、喷淋液的种类和干燥条件。

1. 炉气出口温度

湿法除尘时必须要控制好炉气出口温度，以便大部分的砷、硒氧化物能以气溶胶的形式被吸收液带走。实践证明，其洗涤温度控制在 50℃ 以下。

2. 液体喷淋量（即喷淋密度）

湿法除尘时，液体喷淋量大，则炉气降温速度过快，易形成大量酸雾；液体喷淋量小，则无法达到净化要求。一般以喷淋洗涤剂时形成酸雾少为标准。

3. 干燥条件

炉气干燥通常利用浓硫酸进行干燥，为了达到干燥效果，必须控制好喷淋酸的浓度、温度及喷淋量和炉气进干燥塔的温度。

（1）喷淋酸的浓度　由表 11-2 分析可知：喷林酸浓度越大，相同温度下硫酸液面上水蒸气分压越小，其干燥效果越好。但随着酸的浓度增大，硫酸蒸气分压相应增高，易生成酸雾；硫酸的浓度增大，酸中溶解的 SO_2 的量增多，造成 SO_2 的损失；且高浓度硫酸的结晶温度高，若控制不好操作温度易造成酸的冻结。故常用 $93\%\sim95\%$ 的硫酸做干燥剂。

表 11-2　硫酸液面上的水蒸气分压　　　　　　　　　　　　　单位：Pa

温度/℃　硫酸质量分数/%	20	40	60	80
90	5.33×10^{-1}	2.93	13.3	52.0
94	3.20×10^{-2}	2.13×10^{-1}	1.20	5.33
96	5.33×10^{-3}	4.00×10^{-2}	2.53×10^{-1}	1.27
98.3	—	4.00×10^{-3}	2.67×10^{-2}	1.60×10^{-1}
100	—	—	1.33×10^{-3}	1.07×10^{-1}

（2）喷淋酸的温度　喷淋酸的温度高，可减少炉气中 SO_2 的溶解损失，但同时增加了酸雾生成量，降低了干燥效果，加剧对设备管道的腐蚀。实际生产过程中，喷淋酸的入塔温度取决于冷却水的温度，一般选在 20～40℃ 之间，夏天不超过 45℃。

（3）喷淋酸的密度　干燥过程中，喷淋酸在吸收炉气中的水分时会放出大量的稀释热。若喷淋量太少，会导致温度显著升高、酸的浓度显著降低，从而使干燥效果下降，并且会加剧酸雾的形成。若喷淋酸的量过大，则会增加塔内流动阻力和动力消耗。实际生产中常选择喷淋密度为 $12\sim15m^3/(m^2\cdot h)$。保证塔内酸的温度和浓度变化范围控制在 $0.2\%\sim0.5\%$ 之内。

（4）炉气温度　从吸收原理及干燥效果看，进塔气体温度越低越好。温度越低，气体带

入塔内的水分就越少，干燥效率就越高。一般气体入塔温度控制在 30℃ 左右，夏季不超过 37℃。

三、炉气净化工艺流程的组织

净化工序由除尘设备、洗涤设备、除雾设备和除热降温设备组成。这 4 类设备依据炉气的组成特点及净化要求，采用不同的设备组合，构成不同的净化流程。净化流程依据是否采用吸收剂分为干法和湿法两大类，目前常采用湿法净化流程。湿法又分为酸洗和水洗两种。由于水洗流程污水排放量大，对环境影响严重，故现以酸洗流程为主。典型的酸洗流程有二文一器一电酸洗、三塔两电酸洗流程（图 11-6）。

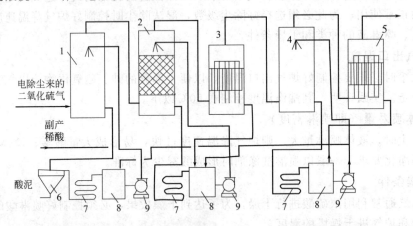

图 11-6　典型的酸洗流程有二文一器一电酸洗、三塔两电酸洗流程

1—第一洗涤器；2—第二洗涤塔；3—第一段电除雾器；4—增湿器；5—第二段
电除雾器；6—沉淀槽；7—冷却器；8—循环槽；9—循环酸泵

在上述传统流程的基础上，现在开发了一系列具代表性的酸洗流程有绝热增湿酸洗流程、稀酸洗涤流程和动力波三级洗涤净化流程。绝热增湿酸洗流程如图 11-7。

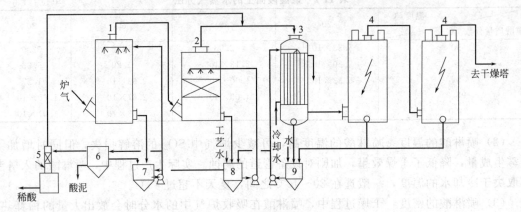

图 11-7　绝热增湿酸洗流程

1—冷却塔；2—洗涤塔；3—间接冷凝器；4—电除雾器；5—SO_2 脱吸塔；
6—沉降槽；7—冷却塔循环槽；8—洗涤塔循环槽；9—间接冷凝器酸贮槽

较传统的湿法净化流程，有其自身的特点。

① 采用绝热蒸发降低炉气温度。洗涤塔循环系统不设酸冷却器，高温炉气与循环酸直

接接触，温度下降，湿度增加，构成绝热冷却过程。因循环酸的温度较高，砷化物的溶解度大，且因不设循环酸冷却器，故对净化含砷和含尘高的炉气有较好的适应性。

② 采用间接冷凝器除去炉气热量。在间接冷凝器中，炉气显热由冷却水带走；同时，炉气中水蒸气不仅在器壁冷凝，同时也在酸雾表面冷凝，使雾滴增大。

如图 11-8 所示的稀酸净化流程。

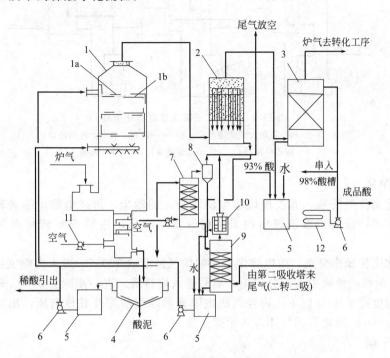

图 11-8　稀酸净化流程

1—皮博迪洗涤塔；1a—挡板；1b—筛板；2—电除雾器；3—干燥塔；4—浓密机；

5—循环酸槽；6—循环酸泵；7—空冷塔；8—复挡除沫器；9—尾冷塔；

10—纤维除雾器；11—空气鼓风机；12—酸冷却器

因三塔一体的皮博迪塔而使其具有很多其他流程不具备的优点。

① 皮博迪塔能处理含尘量高的炉气，并具有很好的除尘效率，且设备结构紧凑，耗材少，投资省。

② 稀酸温度高，SO_2 脱吸效果好，对含砷适应性强，在空塔部分主要采用绝热增湿操作，其降温增湿效果好。

③ 副产稀酸量少，便于处理和综合利用。但皮博迪塔安装要求高，维修较困难。

如图 11-9 所示为动力波三级洗涤器净化流程。该流程的特点是采用了"动力波"洗涤器。该洗涤器没有雾化喷头及活动件，故运行可靠，维修费用低。动力波洗涤器一般有逆喷型和泡沫塔型两种，用于制酸炉气净化。逆喷型洗涤器通常可以替代文氏管或空塔。多级"动力波"洗涤器组成的净化装置不仅降温和除尘、硒、氟的效率高，而且除雾效率也高于传统气体净化系统，还可减少电除雾器的尺寸。

四、炉气净化与干燥过程操作控制要点

以硫铁矿为原料制取 SO_2 炉气的净化与干燥过程通常包括干法除尘（旋风除尘和电除尘）、湿法除尘（水洗或酸洗和电除雾）以及干燥等过程。

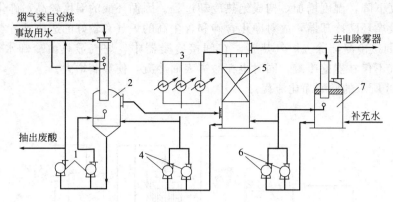

图 11-9　动力波三级洗涤器净化流程

1,6——一级和二级动力波洗涤器泵；2,7——一级和二级动力波洗涤器；

3——板式冷却器；4——气体冷却塔泵；5——气体冷却塔

1. 炉气净化

（1）净化岗位的任务　通过旋风除尘清除较大的粉尘，再经电除尘除去较小颗粒的尘粒，最后在泡沫塔或动力波洗涤塔内采用稀酸洗涤净化，达到 SO_2 转化对颗粒和杂质的要求。

（2）净化岗位操作要点　由电除尘器来的炉气温度约 320℃，进入内喷文氏管，用浓度约 3%～15% 的稀硫酸除去大部分矿尘，然后进入填料塔，进一步除去矿尘、砷、氟等有害物质。气体温度降至 40℃ 以下，再经两级电除雾器除去酸雾及其他杂质，出口气体中酸雾含量 $<0.005g/m^3$。净化后的气体进入干燥工段。

2. 炉气干燥

（1）干燥岗位任务　利用浓硫酸吸收来自电除雾器炉气中的水分，必须使炉气中 H_2O 含量低于 $0.1kg/m^3$。

（2）干燥岗位操作要点　来自电除雾器的炉气以一定的流速 $[15～20m^3/(m^2 \cdot h)]$ 自干燥塔底进入，自下而上与塔顶喷淋而下的浓度约为 93%～95%，温度为 40～50℃ 的硫酸逆向接触，炉气中水分被浓硫酸吸收而干燥，喷淋酸经冷却后经泵循环使用，当到达一定浓度后取出一部分送至硫酸成品槽。

任务四　二氧化硫的催化氧化

二氧化硫氧化为三氧化硫，只有在催化剂的作用下才能有效地进行。要从理论上研究氧化反应的规律，需从化学平衡、反应动力学等反方面综合考虑。

一、二氧化硫催化氧化的基本原理

1. 化学平衡

二氧化硫氧化为三氧化硫的反应式为：

$$SO_2 + 0.5O_2 \Longrightarrow SO_3 \qquad \Delta H_{298}^{\ominus} = -96.25kJ/mol$$

这是一个体积缩小的、可逆放热的、气固相催化反应。其平衡常数为：

$$K_p = \frac{p_{(SO_3)}^*}{p_{(SO_2)}^* p_{(O_2)}^{*0.5}}$$

式中，$p^*_{(SO_3)}$、$p^*_{(SO_2)}$、$p^*_{(O_2)}$ 分别是 SO_3、SO_2、O_2 的平衡分压。

在 400～700℃ 范围内，平衡常数与温度的关系由下式表示：

$$\lg K_p = \frac{4905.5}{T} - 4.6455$$

由上式可知：平衡常数 K_p 随温度降低而增大。K_p 越大，SO_2 的平衡转化率就越高。平衡转化率 x_T 则反映在一定温度下，反应可以进行的极限程度，其表示为：

$$x_T = \frac{p^*_{(SO_3)}}{p^*_{(SO_2)} + p^*_{(SO_3)}}$$

由上述两式不难推出

$$x_T = \frac{K_p}{K_p + \dfrac{1}{\sqrt{p^*_{(O_2)}}}} = \frac{K_p}{K_p + \sqrt{\dfrac{100 - 0.5ax_T}{(b - 0.5ax_t)p}}}$$

式中，a、b 分别为混合气体中 SO_2、O_2 的初始体积或摩尔含量；p 为系统总压力。当 $a = 7.5\%$，$b = 10.5\%$ 时，不同温度、压力下的平衡转化率如表 11-3 所示。

表 11-3 平衡转化率与温度、压力的关系

温度/℃	压力(绝)/MPa					
	0.1	0.5	1.0	2.5	5.0	10.0
400	99.20	99.60	99.70	99.87	99.88	99.90
450	97.50	98.20	99.20	99.50	99.60	99.70
500	93.50	96.50	97.80	98.60	99.00	99.30
550	85.60	92.90	94.90	96.70	97.70	98.30
600	73.70	85.80	89.50	93.30	95.00	96.40

从表 11-3 可知：当温度一定时，随着压力提高，其转化率略有增加；当压力一定时，随着温度升高，其平衡转化率降低。故提高反应压力，降低反应温度，有利于平衡向生成 SO_3 的方向进行。

2. 催化剂

目前硫酸工业中 SO_2 催化氧化反应所用催化剂主要是钒催化剂，也称钒触媒。钒催化剂以 V_2O_5 为主要活性组分，以碱金属（主要是钾）硫酸盐为助催化剂，以硅胶、硅藻土、硅酸铝等作载体。钒催化剂的化学组成一般为：V_2O_5 6%～8.6%，K_2O 9%～13%，Na_2O 1%～5% SO_3 10%～20%，SiO_2 50%～70%，并含有少量 Fe_2O_3、Al_2O_3、CaO、MgO 及水分等。产品形状有圆柱状、球状和环状。

SO_2 催化氧化催化剂有很多型号。如我国的钒催化剂主要有：S101、S106、S107、S108、S109 等型号。S101 为中温催化剂，操作温度 425～600℃，各段均可使用，寿命达 10 年以上，活性达到国际先进水平；S105、S107、S108 为低温催化剂，起活温度 380～390℃，操作温度 400～550℃，一般装在一段上部和最后一段，以使反应能在低温下进行，这样不仅能提高总转化率和减小换热面积，还允许提高转化器入口气体中 SO_2 含量。

钒催化剂的毒物有砷、氟、酸雾和水分等。除了矿尘覆盖催化剂表面降低钒催化剂活性外，其他三种毒物都是以化学中毒形式使催化剂活性降低或丧失。

3. 反应动力学

SO_2 在催化剂表面进行的氧化反应属于气-固相催化反应，其反应包括以下几步：①O_2 分子从气相主体扩散到催化剂表面；②O_2 分子被催化剂表面吸附；③O_2 分子化学键断裂，形成活化态氧原子；④SO_2 被催化剂表面吸附；⑤催化剂表面吸附态的 SO_2 与氧原子在催化剂表面进行电子重排，形成 SO_3；⑥SO_3 气体从催化剂表面脱附并扩散进入气相主体。

实践证明：上述步骤中以氧的吸附速度最慢，是整个催化氧化过程的控制步骤。

其反应速率因使用的催化剂不同各有不同的表达式。下面是我国针对 S101 型钒催化剂在 500℃ 左右的反应动力学方程为：

$$r = kc_{O_2}^{0.5}(c_{SO_2} - c_{SO_2}^*)^{0.5}$$

式中　c_{SO_2}、c_{O_2}——气体混合物中 SO_2、O_2 的浓度；

　　　　$c_{SO_2}^*$——平衡时 SO_2 的浓度；

　　　　k——反应速率常数；

　　　　r——反应速率。

动力学方程用混合气体的原始组成及转化率的关系表示为：

$$r = \frac{273p}{273+t} \cdot k' \left[\frac{(x_T - x)(b - 0.5ax)}{a} \right]^{0.5}$$

可见，反应速率与 k'、x、x_T 以及 a、b 等因素有关。在气体组成不变时，k' 和 x_T 与温度有关。影响反应速率的因素有：反应温度、催化剂的类型及影响扩散速率的因素。

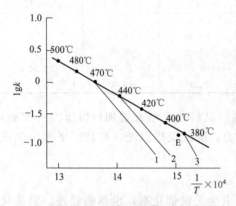

图 11-10　钒催化剂的 k 与反应温度的关系
1—$x < 0.60$；2—$x = 0.75$；3—$x = 0.95$
（x 为转化率）

以钒为催化剂时，温度与反应速率的关系如图 11-10 所示。对于钒催化剂，在一定温度范围内有两个反应速率常数（如图中出现折点）和相应的活化能数值，这是有别于其它催化剂的一个特点。在用阿雷尼乌斯方程表示的反应速率常数与温度的关系曲线图中出现折点，这是因为在低温下，析出了无活性的四价钒，使催化剂的活性降低。但从图中也可以看出折点与气体组成及催化剂中 K_2O/V_2O_5 比值有关。随着 K_2O/V_2O_5 比值及转化率提高，折点向低温方向移动。设计反应器时必须考虑这些因素。

因为 SO_2 的催化氧化是气固相催化氧化反应，氧的扩散是整个反应的控制步骤，而扩散过程包括外扩散和内扩散。实际生产中，外扩散可通过提高气体通过催化剂床层速度即可达到，而内扩散速度则取决于催化剂颗粒大小和空隙结构。

二、二氧化硫催化氧化工艺条件分析与选择

1. 最适宜反应温度

SO_2 催化氧化是一个可逆放热反应，故存在最适宜温度，且最适宜温度随气体起始组成和转化率而变。对于 S 型钒催化剂，若已知混合气中 SO_2 和 O_2 的含量，即可利用下式求得最佳适宜温度。

$$T_m = \frac{4905}{\lg\left[\dfrac{x}{(1-x)\sqrt{\dfrac{b - 0.5ax}{100 - 0.5ax}}} \right] + 4.937}$$

如图 11-11 所示为不同转化率下，反应速率与温度关系曲线图；再利用温度与平衡常数的关系式求出平衡常数 K_p，将计算出来的最适宜温度和平衡温度绘在 t-x 图上，即得最适宜温度曲线 CD 和平衡温度曲线 AB，如图 11-12 所示。

实际生产中，操作温度还必须与催化剂的活性温度范围保持一致，只有在催化剂活性温度范围内的最适宜温度才有工业实际意义。

2. 最适宜的 SO_2 起始含量

SO_2 起始含量的高低，与转化工序设备的生产能力，催化剂的用量及硫酸生产总费用等均有关系。

（1）SO_2 起始含量对催化剂用量的影响　在用空气焙烧含硫原料时，随着 SO_2 含量增加，O_2 含量则相应地下降，使反应速率相应地下降，从而使达到一定转化率所使用的催化剂用量将增加。

（2）SO_2 起始含量对设备生产能力的影响　SO_2 起始含量低，催化剂用量减少，但却使生产单位质量硫酸所需处理的气体体积增加。而气体体积的增加受到鼓风机能力的限制，这将导致转化器的生产能力下降。故确定 SO_2 含量应该从给定的转化器截面上流体阻力一定时，以及最终转化率较高的

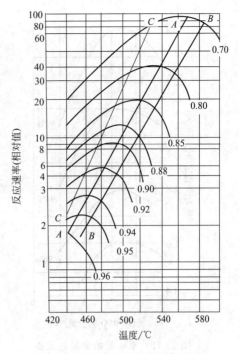

图 11-11　反应速率与温度的关系
AA—最佳温度线；BB—反应温度高于最佳温度时，反应速率为 0.5 倍最大反应速率点连线；CC—反应温度低于最佳温度时反应速率为 0.5 倍最大反应速率点连线

情况下，达到最高生产能力来确定。如图 11-13 所示为一定转化率下，SO_2 起始含量与设备生产能力的关系曲线，由图可知，各曲线最高点对应的 SO_2 含量在 $6.8\%\sim8\%$ 之间。

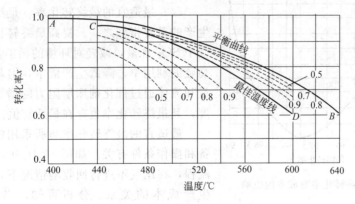

图 11-12　转化率与温度的关系

（3）SO_2 起始含量对硫酸生产总费用的影响　影响硫酸生产总费用的因素有很多，其中最主要的有设备折旧费和催化剂的费用。如图 11-14 所示为 SO_2 起始含量对生产成本的影响。图中曲线 1 表明随着 SO_2 含量增加，其设备生产能力增加，相应的设备折旧费减少；曲线 2 表明随着 SO_2 含量的增加，达到一定最终转化率所需要的催化剂费用增加；曲线 3 表明随着 SO_2 含量增加，其生产成本存在一最低值，由图可知，当最终转化率为 97.5% 时，成本最低时对应的 SO_2 含量为 7.2%。

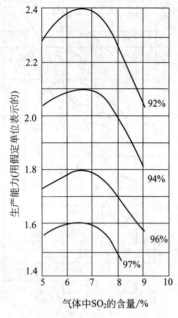

图 11-13　SO_2 起始含量与设备
生产能力的关系曲线

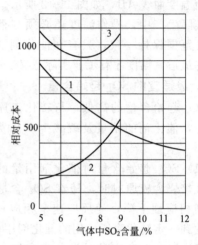

图 11-14　SO_2 起始含量与硫酸生产总费用的关系
1—设备折旧费与二氧化硫起始含量的关系；2—最终转
化率为 97.5%，催化剂用量与二氧化硫起始含量的
关系；3—系统生产总费用与二氧化硫起始含量的关系

需要注意的是，当原料改变或生产条件、生产过程发生改变时，最低生产成本对应的 SO_2 起始含量也会有所改变的。进入转化器的 SO_2 最适宜含量，必须根据转化流程和原料的具体情况进行经济效果比较后才能确定。

（4）最适宜的最终转化率　最终转化率是硫酸生产的重要指标之一。提高最终转化率可以减少废气中 SO_2 含量，减轻对环境的污染，同时也可以提高硫的利用率，降低生产成本，但却导致催化剂用量和流体通过催化剂床层阻力的增加，故从经济角度，其最终转化率也存在最适宜值。

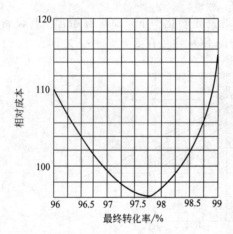

图 11-15　最终转化率对成本的影响

最适宜的最终转化率与所采用的工艺流程、设备和操作条件有关。如图 11-15 所示，为一转一吸流程，在尾气不进行回收的情况下，最终转化率与生产成本的关系。分析可知，当最终转化率为 97%～98%时，硫酸生产的相对成本最低。若采用两转两吸流程，SO_2 起始含量可提高至 9%～10%，最终转化率可提高到 99.5%以上，而催化剂用量基本保持不变。

三、二氧化硫催化氧化工艺流程的组织

转化工艺流程最终目的是提高转化率，节省单位产品催化剂用量，降低基建投资和系统阻力。为此必须使 SO_2 催化氧化过程实现最佳化。

1. 转化器的类型

为了使转化器中的 SO_2 催化氧化过程尽可能按最适宜温度曲线进行，随着转化率的提高，必须从反应系统中移除多余的热量，使温度相应的降低，目前多采用多段转化器。

转化器依据换热方式不同分为：间接换热式、直接换热式（即冷激式）和冷激与间接换热组合式（部分冷激式）。如图 11-16 所示。内部间接换热式转化器，结构紧凑，系统阻力小，热损失少，但结构复杂，不利于检修，尤其不利于生产的大型化；外部换热式转化器结构简单，但系统管线长，阻力及热损失都会增加，且易于生产大型化。目前国内大中型硫酸厂广泛采用外部换热式转化器。

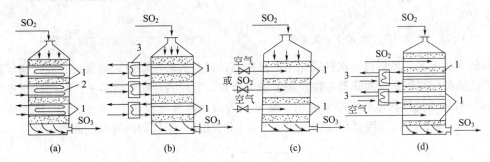

图 11-16　多段中间换热式转化器

(a) 内部间接换热式；(b) 外部间接换热式；(c) 冷激式；(d) 部分冷激式

多段间接换热式转化器中 SO_2 氧化过程的温度（T）与转化率（x）的关系如图 11-17 所示。可见，第一段绝热操作线偏离最适宜温度线较远。这是因为此时 SO_2、O_2 含量均较高，采用较低进口温度，仍能保证较快的反应速率和较高的转化率，而催化剂的用量不会因温度低而增加很多。实际操作中，使一段进口温度尽可能低，使其接近催化剂的起始温度，以获得高的转化率，减少转化段数。当催化剂使用到晚期时，可适当提高进口温度，以保持其活性。

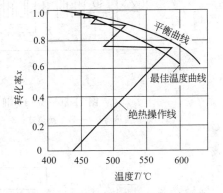

图 11-17　多段反应过程的 T-x 关系图

图 11-18 为炉气冷激过程温度与转化率的关系曲线图。与前面间接换热式不同的是，冷却线不是水平线而是斜线。因为炉气被冷激时，新鲜炉气加入使 SO_2 转化率有所下降。另外，炉气冷激与间接换热相比，要达到相同的转化率，催化剂用量要有所增加，且最终转化率越高，催化剂用量增加越多。综合两者特点，工业上一般采用部分冷激操作。

图 11-19 为空气冷激过程温度与转化率的关系曲线图。空气冷却线仍是水平线，这是因为添加空气并不影响 SO_2 的转化率。但加入空气后，进入下段催化床气体混合物中的 SO_2 含量比上一段有所降低，而 O_2 含量有所增加，故每添加一次空气，过程的平衡曲线、最适宜温度曲线及绝热操作线都会发生相应的改变。采用空气冷激，可达到更高的转化率。但空气冷激只有当进入转化器的气体不需预热且含有较高 SO_2 时才能使用。对于硫铁矿焙烧生产 SO_2 炉气的转化工艺，因新鲜原料气温度低，需预热，只能采用部分空气冷激方式。

2. 工艺流程的组织

为了得到更高的 SO_2 最终转化率，在不增加转化的段数和催化剂用量的同时，并能降低尾气中的 SO_2 含量，现常用"两转两吸"工艺。

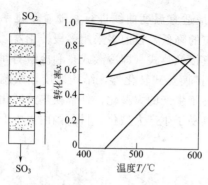

图 11-18　四段炉气冷激式 T-x 关系图

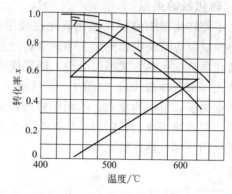

图 11-19　空气冷激式 T-x 关系图

两转两吸工艺，虽然每一次的转化率不是很高，但总的转化率能达到很高的值。这样单位产品消耗的催化剂用量反而降低，在经济上更为合算。流程的特征可用第一、第二转化段数和含有 SO_2 气体通过换热器的次序来表示。最典型的两转两吸流程如图 11-20、图 11-21 所示分别为：3+1，Ⅲ、Ⅰ-Ⅳ、Ⅱ组合形式和 2+2，Ⅳ、Ⅰ-Ⅲ、Ⅱ组合形式的两转两吸流程。

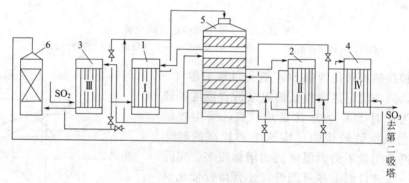

图 11-20　3+1，Ⅲ、Ⅰ-Ⅳ、Ⅱ组合形式的两转两吸流程
1—第一换热器；2—第二换热器；3—第三换热器；4—第四换热器；5—转化器；6—中间吸收塔

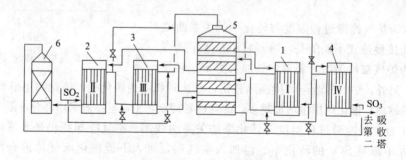

图 11-21　2+2，Ⅳ、Ⅰ-Ⅲ、Ⅱ组合形式的两转两吸流程
1—第一换热器；2—第二换热器；3—第三换热器；4—第四换热器；5—转化器；6—第一吸收塔

四、二氧化硫转化器的操作控制要点

1. 转化岗位操作的目的
将 SO_2 烟气通过转化器进行二次转化，将 SO_2 转化成 SO_3。

2. 操作指标

一次转化率≥90%，总转化率≥99%，各段的入口温度如表 11-4。

表 11-4 转化器各段的入口温度

一段入口温度/℃	二段入口温度/℃	三段入口温/℃	四段入口温度/℃
448±10	455±10	445±10	430±10

3. 转化岗位操作要点

调节进转化器的干燥空气量，按 30~50℃/h 的速度对转化器升温；转化器每段出口气体温度达到 150~200℃时，间断蓄热升温结束。同时，密切关注净化岗位来气质量，并根据系统负荷的变动及时调节各有阀门的开度，使转化器各段进口温度稳定在指标范围内，调节的幅度要小、要勤，一定要看清温度的趋势进行调节。

4. 转化岗位常见故障及其排除方法（见表 11-5）

表 11-5 转化岗位常见故障及其排除方法

不正常现象	原因判断	处理办法
转化一段入口温度偏高或偏低	炉气预热器蒸汽流量和 SO₂ 浓度有波动	调节锅炉副线阀或炉气预热器蒸汽流量
二段入口温度偏高或偏低	过热蒸汽有温度波动	调节蒸汽流量
转化三段入口温度偏高或偏低	二段出口温度波动	调节预热器蒸汽流量及冷激气的流量
转化四段入口温度偏高或偏低	二、三段出口温度波动	调节预热器蒸汽流量及冷激气的流量
电机电流过大	1. 负荷太大 2. 设备有问题 3. 仪表故障	1. 调整负荷 2. 检修设备 3. 更换仪表

任务五　三氧化硫的吸收及尾气的处理

SO_2 经催化氧化后，转化气中约含有 7% 的 SO_3 和 0.2% 的 SO_2，其余为 O_2 和 N_2。在实际生产中，一般采用大量的循环酸来吸收 SO_3，将硫酸生成热引出吸收系统，而循环酸的浓度在循环过程中不断增大，需要不断取出产品硫酸和发烟硫酸。

一、吸收的工艺条件分析与选择

若吸收系统生产发烟硫酸，首先须将净化转化气送往发烟硫酸吸收塔，经产品浓度相近的发烟硫酸喷淋吸收，再用浓硫酸进一步吸收，其影响吸收过程的因素有吸收酸的浓度和吸收酸的温度，如图 11-22 所示为硫酸吸收 SO_3 的吸收率与温度的关系。

若吸收系统生产浓硫酸，因其吸收过程是一个伴有化学反应的吸收过程，且为气膜扩散控制。影响吸收速率的因素有：喷淋酸的浓度、喷淋酸的温度、气体温度、喷淋酸用量、气速和吸收塔的结构等。下面以生产浓硫酸为产品的吸收条件来进行选择分析。

1. 吸收酸浓度

吸收操作中，为了使 SO_3 能被吸收完全并尽可能减少酸雾，要求吸收酸液面上的 SO_3 与水蒸气分压要尽可能低。如图 11-23 所示，在任何温度下浓度为 98.3% 的硫酸液面上总蒸汽压为最小，故选择浓度为 98.3% 的硫酸作为吸收液比较合适。若吸收酸浓度太低，因水蒸气分压增高易形成酸雾；但若吸收酸浓度太高，则液面上 SO_3 分压较高，难以保证吸收率达到 99.9%。

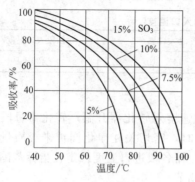

图 11-22　硫酸吸收 SO_3 的
吸收率与温度的关系

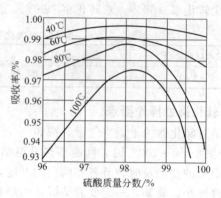

图 11-23　吸收率与硫酸
浓度和温度的关系

实际生产过程中，SO_3 吸收是与 SO_2 炉气干燥结合起来考虑，一般吸收酸浓度选择 98% 的硫酸做吸收剂。

2. 吸收酸的温度

从吸收角度讲，温度越高越不利于吸收操作。因为酸温度越高，吸收酸液面 SO_3 和水蒸气分压也越高，易形成酸雾，导致吸收率下降，且易造成 SO_3 损失；酸温升高还会加剧对设备、管道的腐蚀。低温虽然有利于吸收，但当温度在 60℃ 左右时，其吸收率已超过 99%，再降低温度，对提高吸收率的意义不大，另吸收酸温度过低，还会增加酸冷却器的冷却面积，不利于回收低温余热，且可能造成酸的结晶而堵塞管路。

在吸收 SO_3 的过程中放出热量，使吸收酸的温度升高，对吸收不利。为了减小吸收过程中的温度变化，生产中采用增大吸收酸的用量的办法来解决，使吸收酸的浓度变化为 0.3%～0.5%，温度变化一般不超过 20～30℃。

所以综合考虑上述各种影响因素，实际生产中，控制吸收酸温度一般不高于 50℃，出塔酸温度不高于 70℃。

3. 吸收塔的气体温度

吸收操作中，进塔气体温度较低有利于吸收。但在吸收 SO_3 时，并不是气体温度越低越好。因转化气温度过低，易形成酸雾，尤其在炉气干燥不佳时越甚。当炉气含水量为 $0.1g/m^3$（标准状态）时，其露点为 112℃，如表 11-6 所示。故控制进入吸收塔的气体温度一般不高于 120℃，以减少酸雾的形成。若炉气干燥程度较差时，则还应适当提高进气温度。

表 11-6　水蒸气含量与转化气露点的关系

水蒸气含量/(g/m^3)	0.1	0.2	0.3	0.4	0.5	0.6	0.7
转化气的露点	112	121	127	131	135	138	141

4. 循环酸的用量（喷淋密度）

为较完全地吸收 SO_3，循环酸量的大小亦很重要。若酸量不足，酸在塔的进口浓度、温度增长幅度较大，当超过规定指标后，吸收率下降。吸收设备为填料塔时，酸量不足，填料的润湿率降低，传质面积减少，吸收率降低；相反，循环酸量亦不能过多，过多对提高吸收率意义不大，还会增加气体阻力，增加动力消耗，严重时还会造成气体夹带酸沫和液泛。实际生产中一般控制喷淋密度在 $15 \sim 25 m^3/(m^2 \cdot h)$。

二、吸收工艺流程的组织

干燥系统和吸收系统是硫酸生产过程中两个互相连贯的工序（简称干吸工序），由于在两个系统中均以浓硫酸作为吸收剂，彼此需进行串酸维持调节各自的浓度，而且采用的设备相似，故在设计和生产上把两者连在一起考虑。

因干燥 SO_2、吸收 SO_3 均为放热过程，随着过程的进行，吸收酸温度随之升高，为使循环酸温度保持在一定的范围，必须设置冷却装置。另外每个塔必须配置各自的循环酸贮槽及输送酸液的泵和冷却器。典型的吸收制发烟硫酸和浓硫酸的流程如图 11-24 所示。

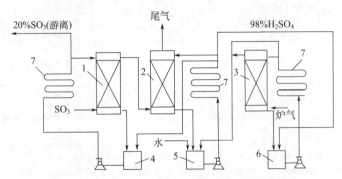

图 11-24　吸收制发烟硫酸和浓硫酸的工艺流程
1—发烟硫酸吸收塔；2—98.3％硫酸吸收塔；3—干燥塔；4—发烟硫酸贮槽；
5—98.3％硫酸贮槽；6—干燥酸贮槽；7—喷淋式冷却器

三、吸收工艺流程的操作控制

转化气经 SO_3 冷却器冷却到 120℃左右，先经过发烟硫酸吸收塔，再经过 98.3％浓硫酸吸收塔，气体经吸收后送入尾气回收工序。发烟硫酸吸收塔用 18.5％～20％（游离 SO_3）的发烟硫酸喷淋，吸收 SO_3 后，其浓度和温度均有所升高。发烟硫酸吸收塔流出的发烟硫酸，在贮槽中与来自贮槽 5 的 98.3％硫酸混合，以保持发烟硫酸的浓度。混合后的发烟硫酸经冷却器冷却后，取出一部分作为标准发烟硫酸成品，大部分送入发烟硫酸吸收塔循环使用。98.3％硫酸吸收塔用 98.3％硫酸喷淋，塔底排出酸的浓度升至 98.8％左右，送至贮槽中，与来自干燥塔的 93％的硫酸混合，以保持 98.3％硫酸浓度，经冷却后的 98.3％硫酸一部分送往发烟硫酸贮槽以稀释发烟硫酸，另一部分送往干燥酸贮槽以保持干燥酸的浓度，大部分送至 98.3％硫酸吸收塔循环使用，同时可抽出部分作为成品浓硫酸。

含水分的净化气从干燥塔底部进入，与塔顶喷淋下来的 93％浓硫酸逆流接触，气相中水分被硫酸吸收。干燥后的气体再经塔顶高速型纤维捕沫层，将夹带的酸沫分离掉，送至转化工序。喷淋酸吸收水分的同时温度升高，由塔底出来后进入贮槽，再经酸泵送至冷却器，循环使用。喷淋酸吸收水分后，浓度稍有降低，为了保持一定酸的浓度，必须从 SO_3 吸收塔连续送来的 98.3％硫酸加入酸贮槽，与干燥塔流出的酸混合。喷淋酸由于吸收水分和增加 98.3％硫酸后，酸量增多，应连续将多余的酸送至吸收塔或作为成品酸送入酸库。

四、干燥吸收岗位常见故障及其排除方法

见表 11-7。

表 11-7　干燥吸收岗位的常见故障及其排除方法

不正常现象	原因判断	处理办法
烟囱冒大烟	1. 塔内分酸不均匀 2. 酸槽液位过低 3. 酸浓忽高忽低 4. 气温或酸温过高 5. 串酸量过大	1. 检修分酸装置 2. 提酸槽液位 3. 稳定酸浓 4. 降气温或酸温 5. 减少串酸量,增加上塔量
烟囱突然冒大烟	1. 磺枪蒸汽漏 2. 锅炉漏水 3. 硫槽蒸汽泄漏 4. 酸泵跳停	1. 停车更换 2. 停车处理 3. 熔硫岗位处理 4. 启动酸泵
干燥酸浓过高或低	1. 加水过多或过少 2. 98%串酸过多或过少 3. 仪表失灵	1. 调节加水量 2. 调节串酸 3. 检修仪表
吸收酸浓过高或低	1. 加大过多或过少 2. 干燥串酸过多或少 3. SO_3 浓度过高或过低 4. 仪表失灵	1. 调节加水量 2. 调节串酸 3. 联系焚转岗位处理 4. 检修仪表
产量忽高忽低	1. SO_2 浓度波动 2. 产酸波动 3. 漏酸 4. 液位计失灵	1. 稳定气浓 2. 稳定操作 3. 查漏 4. 检修仪表
酸泵打不上酸	1. 液位不够 2. 叶轮坏	1. 尽快提液位 2. 停车换叶轮
管道冻结	1. 酸温低 2. 系统停车管内有 98%酸	1. 提酸温 2. 停止循环时降至 91%左右

五、尾气的处理工艺

经过尾气吸收工序的尾气中,除含有大量无害的 N_2、O_2 外,仍含有少量 SO_2 及部分 SO_3,其含量视其转化和吸收工艺不同而略有差别,一转一吸流程排出尾气中含 SO_2 0.2%~0.3%,含酸雾 45mg/m^3;两转两吸流程排出尾气中含 SO_2 0.04%~0.05%,酸雾与一转一吸相近。对尾气中的 SO_2 及 SO_3 必须加以回收,以减少对环境的污染,降低硫酸生产的消耗定额。

尾气脱硫方法依据脱硫剂的状态不同分为湿法、干法两类。湿法是采用液体吸收剂与尾气接触并将 SO_2 与尾气中无害气体分离的方法;干法是采用固体吸收剂(或吸附剂)与尾气接触并将 SO_2 与尾气中无害气体分离的方法。因湿法技术成熟、脱硫率高而得到广泛使用,目前广泛使用的氨-酸法处理尾气。

1. 氨-酸法脱硫技术原理

氨酸法脱硫技术是以液氨或氨水等碱性液体为原料的一种湿法脱硫技术。主要包括吸收、再生、分解、中和 4 个过程。

(1) 吸收过程　利用氨水吸收尾气中的 SO_2 和 SO_3 得到亚硫酸铵和硫酸氢铵,反应式如下:

$$2NH_3 + SO_2 + H_2O \Longrightarrow (NH_4)_2SO_3$$
$$(NH_4)_2SO_3 + SO_2 + H_2O \Longrightarrow 2NH_4HSO_3$$
$$2(NH_4)_2SO_3 + SO_3 + H_2O \Longrightarrow 2NH_4HSO_3 + (NH_4)_2SO_4$$
$$2NH_3 + SO_3 + H_2O \Longrightarrow (NH_4)_2SO_4$$

在吸收液中起吸收作用的主要是亚硫酸铵,所以它的含量将影响到吸收率。

(2)再生过程 随着反应的进行,吸收液中的亚硫酸铵含量降低,而亚硫酸氢铵含量升高,吸收能力将会下降。故应在循环槽内连续加入氨或氨水,以调节吸收液中$(NH_4)_2SO_3/NH_4HSO_3$浓度比例,使吸收液再生得以循环使用,反应式如下:

$$NH_3 + NH_4HSO_3 =\!=\!= (NH_4)_2SO_3$$

(3)分解过程 用浓硫酸分解亚硫酸铵-亚硫酸氢铵溶液,得到二氧化硫气体和硫铵溶液,反应式如下:

$$(NH_4)_2SO_3 + H_2SO_4 =\!=\!= (NH_4)_2SO_4 + SO_2$$
$$2NH_4HSO_3 + H_2SO_4 =\!=\!= (NH_4)_2SO_4 + 2SO_2 + H_2O$$

为了使亚硫酸盐完全分解,硫酸加入量一般要求过量$30\% \sim 50\%$,过量的硫酸则在中和槽内用氨或氨水中和。

(4)中和过程 用氨或氨水按下列反应中和过量的硫酸,反应式如下:

$$2NH_3 + H_2SO_4 =\!=\!= (NH_4)_2SO_4$$

氨或氨水加入量比理论值大,一般要使中和液的碱度在$2 \sim 5$滴度。硫铵溶液经过蒸发结晶,干燥分离后加工成固体硫铵。

2. 氨-酸法脱硫工艺流程

如图11-25即为典型的氨-酸法除尾气中SO_2的流程,主要包括净化吸收、再生、分解、中和、蒸发结晶、干燥分离等过程,具有简单、设备体积小、能耗低等优点。

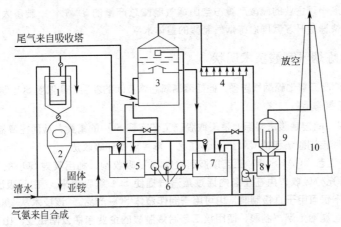

图 11-25 氨-酸法除尾气 SO_2 工艺流程

1—冷却结晶器;2—分离机;3—尾气吸收塔;4—复喷;5—下塔母液循环槽;6—母液循环泵;

7—上塔母液循环槽;8—三级母液循环槽;9—复挡器;10—尾气烟囱

思考与练习

1. 接触法制硫酸的工序有哪些工序?
2. 简述硫铁矿焙烧制 SO_2 炉气的原理,并说明制气过程中反应热的利用途径。
3. 为达到转化要求,简要分析 SO_2 炉气净化流程设置理由。
4. 为提高 SO_2 转化率,实际生产中是如何实施的?
5. 简要说明用 98% 浓硫酸吸收 SO_3 制浓硫酸的理由。
6. 简述硫铁矿制酸和硫黄、烟气制酸的区别。
7. 硫铁矿焙烧条件确定的依据有哪些?试简述之。
8. SO_2 催化氧化的温度需控制适宜,实际生产中是如何实施的?

9. 在某温度时，$2SO_2 + O_2 \rightleftharpoons 2SO_3$ 已达平衡，各物质的浓度分别为：$c(SO_2) = 0.1\text{mol/L}$，$c(O_2) = 0.05\text{mol/L}$，$c(SO_3) = 0.9\text{mol/L}$。如果温度保持不变，而将混合物的总体积缩小一半，试通过计算说明平衡移动方向。

10. 请绘出段间分别采取 SO_2 炉气冷激、间接冷却、空气冷激的 SO_2 催化氧化四段转化反应器流程示意图及反应过程的 t-x（温度-转化率）关系示意图。

11. 已知硫黄纯度为 97%，转化工序总转化率为 99.4%，吸收率为 99.96%，求生产 1t 98% 硫酸所需硫黄量。

拓展知识之十

我国冶炼烟气制酸技术进展

我国有色冶炼烟气制酸通过几代人的不懈努力，经过短短 40 年的发展，装备水平已跃居世界前列。随着有色金属的快速发展，冶炼烟气制酸在我国硫酸总产量中已是三分天下有其一，在三大制酸原料中仅次于硫黄制酸。

1985 年，冶炼烟气制酸总产量约 113 万吨；2008 年，烟气制酸产量 1516 万吨，占全国硫酸产量的 28.2%；2012 年，产量达到 1778.5 万吨，冶炼烟气制酸占 26.2%。烟气制酸超过百万吨的企业有三家，铜陵有色、金川公司、江铜贵溪冶炼厂，超过 50 万吨的企业有葫芦岛有色金属集团、大冶有色金属公司、云南铜业股份有限公司、白银有色集团有限公司、豫光金铅集团公司、阳谷祥光铜业有限公司、韶关冶炼厂，这十家企业的硫酸产量占全国烟气制酸总产量的 54.3%。装备大型化、先进技术和优质材料的应用，快速提升了我国冶炼烟气制酸的整体水平。

一、我国冶炼烟气制酸技术现状

冶炼烟气以低浓度二氧化硫烟气居多，但随着富氧冶炼技术的发展，高浓度 SO_2 制酸企业越来越多。

1. 低浓度烟气制酸

（1）间接制酸 间接制酸法实际上是采取脱硫工艺实现 SO_2 的富集，从而提高制酸的效率。目前在国内使用较多的间接制酸法包括 CANSOLV 工艺、离子液循环吸收法。

① CANSOLV 工艺 CANSOLV 工艺以胺溶液为 SO_2 吸收剂，利用其对 SO_2 的选择吸收性，在吸收塔内对 SO_2 进行充分吸收，再在生塔内通过蒸汽汽提使 SO_2 解吸出来。由于吸出的 SO_2 浓度高达 99.9%（干基），不仅可用于直接制酸，也可用于制作液体 SO_2 产品。该技术从 2001 年商业化至今，已广泛应用于有色金属冶炼烟气制酸，使用该工艺冶炼制酸的企业包括云南锡业、山东阳谷铜业、贵州铝厂、云南锡业、宏达钼铜等多家。

② 离子液循环吸收法 离子液循环吸收法为成都华西化工研究所首创，这种方法采用有机阳离子和无机阴离子组合并配以少量活化剂、抗氧化剂、缓蚀剂，制成吸收 SO_2 的离子液，与 SO_2 发生如下反应：由于上述反应过程可逆，因此离子液吸收剂具有良好的吸收和解吸能力。该方法最早于 2008 年 7 月内蒙古巴彦淖尔锌冶炼项目，用于改造原厂一期制酸系统，改造使得该厂 SO_2 排放量减少 3387.2t/a，硫酸增产 5186.65t/a，创造了极高的价值。

（2）直接制酸 直接制酸法通常是使用催化剂的原理，将低浓度的 SO_2 直接氧化成 SO_3，从而进一步转化为硫酸。在我国使用较多的低浓度直接制酸法包括 WSA 工艺和非稳态转化工艺。

① WSA 工艺 在 WSA 工艺中，烟气首先被加热至 400℃ 左右，进入催化转化器。在催化转化器内，SO_2 被催化氧化成 SO_3，转出的烟气被冷却到 300℃，在酸雾控制器内混入硅油燃料形成的凝聚核心，再进入 WSA 冷凝器，和垂直的玻璃管内的水合成硫酸，最后汇集在冷凝器底部，得到 97%～98% 的硫酸。目前，该工艺用于烟气制酸在我国已有多家实例，如株洲冶炼、洛阳钼业等。

② 非稳态转化工艺 在非稳态转化工艺中，非稳态转化器中的催化剂层先被热空气加热到 420～450℃，然后通入冷 SO_2 烟气，在催化剂层中吸热发生反应，放出的热使催化剂层升温并达到一定值

时，即改变冷 SO_2 烟气进入催化剂层的方向，使催化剂层高温热力区转移，如此反复，可在催化剂层两端形成换热区，中部形成稳定的热力区，实现低浓度 SO_2 烟气的自热平衡转化。由于该工艺已由华东理工大学取得自主专利，因此较 WSA 工艺应用更早、应用更广，在 2005 年即有 8 套装置投入运行。

2. 高浓度烟气制酸

（1）LUREC 工艺　LUREC 工艺为芬兰奥图泰公司研发，其将催化氧化后生成的少量 SO_2 烟气代替常规转化工艺中的稀释空气，与高浓度 SO_2 冶炼烟气混合，一方面稀释了进入第一段催化剂层的 SO_2 浓度，另一方用 SO_2 抑制 SO_3 的转化，避免了第一段催化剂层超温的情况。该工艺已于阳谷祥光在全球范围内首次应用，实践证明，其与常规技术比较，从根本上降低了装置的投资费用和操作成本，又达到了较高的热能回收率与较低的 SO_2 排放浓度。

（2）预转化工艺　预转化工艺主要是实现对高浓度 SO_2 烟气的稀释，再进行常规的制酸工艺。通常是抽出一定比例的（SO_2）＞14％干燥烟气进行预转化吸收，预吸收后的烟气分 2 路，一路返回预转化顶吸收系统与高浓度 SO_2 烟气混合，调节预转化烟气 SO_2 浓度与氧硫比；另一路进入主转化系统，使混合后烟气流量与 SO_2 浓度与原设计相同，再进行后续常规制酸。

二、我国冶炼烟气制酸技术发展趋势

1. 产业集中化、装置大型化趋势将会进一步显现

企业竞争主要是综合实力的竞争，经济全球化是世界经济发展的必由之路，而加入 WTO 后意味着中国企业面临着在同一规则下与国外企业参与市场竞争，大量缺乏核心竞争力的中小企业被逐步淘汰出局是必然的。大型企业出于自身发展的需要以及当地政府的鼓励将不断强做大，兼并重组小型企业是大企业保障原料、优化资源、降低成本的最基本的扩张策略。目前像江西铜业、铜陵有色、金川集团、云南铜业等大型有色企业都有兼并重组小型冶炼、矿山企业的举动，随之而来的是大型企业所占市场份额将进一步加大，同时，先进冶炼技术的应用也将带来制酸装置的大型化的发展。事实上这种趋势已经显现出来，近几年国内单系列 600～700kt/a 的冶炼烟气制酸装置已屡见不鲜，预计更大规模的装置将会不断涌现。大型冶炼烟气制酸装置将主要出现在铜冶炼企业，预计今后 5 年内国内铜产能 400～700kt/a 的大型冶炼企业将会有 4～5 家。

2. 更加重视环境保护

今后我国的各项环保法规将逐步与国际接轨，污染物排放标准的制定及执行会更加严格。国外许多地区的 SO_2 最高允许排放浓度约 $300mg/m^3$，某些特殊地区只有 $100mg/m^3$ 甚至更低。为满足日益严格的环保要求，在现有硫酸系统后增加尾气脱硫装置或采用高性能催化剂提高转化率是两种可行的办法。增加尾气脱硫装置的投入与产出不成比例，经济上不太合理，因此，尽可能提高 SO_2 转化率是更可取的选择。目前，国产催化剂与进口催化剂相比，性能尚有差距，但进口催化剂价格太高限制了其使用，因此开发价格低、性能好的国产催化剂，并加强催化剂的反应动力学研究将是今后一段时间内国内硫酸行业的一个重要课题。污酸（污水）处理方面，应加紧开发新的投资省、运行费用低的处理工艺，在传统工艺流程的基础上完善膜处理技术并降低其运行成本是近期国内开发的一个重点。另外一些特殊污染物（如汞、砷和重金属离子等）的处理及回收也将会得到进一步的重视。

3. 废热回收利用有较大发展空间

能源紧缺正成为制约我国经济持续稳定发展的瓶颈，随着国民经济的快速发展，能源供需矛盾的进一步加剧，制酸厂同时成为能源工厂必将成为中国硫酸工业发展的一个新的热点。有色冶炼企业中温位废热回收大有潜力可挖，而且对现有转化系统进行局部改造也很容易做到。近两年贵溪冶炼厂对 2 套硫酸系统的转化部分进行改造，加设了热管锅炉回收转化系统多余热量，现可产 1.25MPa 低压蒸汽约 20t/h，取得了明显的经济效益。国内冶炼烟气制酸装置大量低温废热未得到回收利用的关键是低温废热回收系统的技术均需引进，无论是孟莫克公司的 HRS 系统还是奥托昆普技术公司的 HEROS 系统都价格不菲，国内有些企业如贵溪冶炼厂、金隆铜业有限公司等都曾有意回收该部分废热，并进行了相应的前期论证和考察工作，结论是采用低温废热回收系统经济上是十分合理的，可望在几年内回收投资，但最终因一次性投资太高而未能实施。

4. 超高浓度 SO₂ 转化技术将得到越来越多的应用

随着有色冶金富氧冶炼技术的发展，烟气 φ（SO₂）在 20% 以上已成为现实，从目前冶炼技术使用情况看，超高浓度 SO₂ 烟气主要产生于铜冶炼的特定工艺，如山东祥光铜业有限公司采用的闪速炉熔炼加闪速炉吹炼冶炼工艺，其 φ（SO₂）高达 22%～25%，如采用常规转化工艺，需将 SO₂ 烟气稀释至 φ（SO₂）12% 左右，气量增大致使制酸装置投资及运行费用增加，体现不出该冶炼工艺的优越性。 而随着冶炼技术的发展，其它有色金属冶炼完全有可能出现超高浓度 SO₂ 烟气的情况，由于高浓度 SO₂ 制酸装置投资及运行费用将大幅度降低，热回收效率更高，因此今后将有可能出现更多的超高浓度 SO₂ 制酸装置。 国内可就超高浓度 SO₂ 转化工艺及低温高活性催化剂的应用进行相应的研究。 国内曾提出三转三吸转化流程适应超高浓度 SO₂ 的思路，今后应用于工业生产也是完全有可能的。

项目 十二

硝酸生产

项目导言

硝酸生产的工业方法在历史上共有三种，第一种是早在 17 世纪就使用的硝石法，它是利用钠硝石跟浓硫酸共热而得硝酸；第二种是电弧法，它是利用电弧使空气中的氮气和氧气直接化合而成 NO。前者因硝石资源紧缺、需要消耗大量硫酸而早已被淘汰，第二种方法因能耗高、产率低也已经被淘汰；第三种是氨的催化氧化法，以氨为原材料，成本低，产率高，消耗电能少，现已成为硝酸行业唯一的生产工艺方法。本项目主要介绍了双加压法和中压法的稀硝酸生产工艺，以及硝酸镁法浓缩稀硝酸生产浓硝酸工艺流程和住友法直接合成生产浓硝酸工艺流程。

能力目标

1. 能够掌握稀硝酸、浓硝酸生产制备反应的基本原理合理选择生产硝酸的工艺路线。

2. 能够掌握典型稀硝酸、浓硝酸的生产工艺流程及特点进行硝酸生产工艺流程的组织和工艺条件的分析优化。

3. 能够了解岗位操作控制要点、开停车操作及异常现象和故障的排除等。

任务一 稀硝酸生产

一、稀硝酸生产工艺条件分析与选择

目前工业稀硝酸的生产均以氨为原料，采用催化氧化法，可制得 45%～60% 的稀硝酸。其总反应式为：

$$NH_3 + 2O_2 \Longleftrightarrow HNO_3 + H_2O$$

此反应可分为氨的催化氧化、一氧化氮氧化为二氧化氮、二氧化氮的吸收等三个基本的分步反应。三个分步反应式如下：

$$4NH_3 + 5O_2 \Longleftrightarrow 4NO + 6H_2O$$

$$2NO+O_2 \rightleftharpoons 2NO_2$$

$$3NO_2+H_2O \rightleftharpoons 2HNO_3+NO$$

1. 氨的催化氧化

（1）氨催化氧化的基本原理　氨和氧可以进行下列三个反应：

$$4NH_3+5O_2 \rightleftharpoons 4NO+6H_2O \qquad \Delta H=-907.2kJ \qquad (12\text{-}1)$$

$$2NH_3+2O_2 \rightleftharpoons N_2O+3H_2O \qquad \Delta H=-1104.9kJ \qquad (12\text{-}2)$$

$$4NH_3+3O_2 \rightleftharpoons 2N_2+6H_2O \qquad \Delta H=-1269.02kJ \qquad (12\text{-}3)$$

除此之外，还有可能发生下列副反应：

$$2NH_3 \rightleftharpoons N_2+2H_2 \qquad \Delta H=91.69kJ \qquad (12\text{-}4)$$

$$2NO \rightleftharpoons N_2+O_2 \qquad \Delta H=-180.6kJ \qquad (12\text{-}5)$$

$$4NH_3+6NO \rightleftharpoons 5N_2+6H_2O \qquad \Delta H=-1810.8kJ \qquad (12\text{-}6)$$

从硝酸生产来看，反应（12-1）是主反应，其余反应是有害副反应，需尽量避免。为此，首先研究在什么条件下有利于反应（12-1）的平衡。不同温度下，反应式（12-1）、式（12-2）、式（12-3）的平衡常数见表12-1。

表 12-1　不同温度下氨氧化反应的平衡常数（标准大气压下）

温度/K	K_{p1}	K_{p2}	K_{p3}
300	6.4×10^{41}	7.3×10^{47}	7.3×10^{56}
500	1.1×10^{26}	4.4×10^{28}	7.1×10^{34}
700	2.1×10^{19}	2.7×10^{20}	2.6×10^{25}
900	3.8×10^{15}	7.4×10^{15}	1.5×10^{20}
1100	3.4×10^{11}	9.1×10^{12}	6.7×10^{16}
1300	1.5×10^{11}	8.9×10^{10}	3.2×10^{14}
1500	2.0×10^{10}	3.0×10^{9}	6.2×10^{12}

从表12-1可知，在一定温度下，三个反应的平衡常数都很大，可视为不可逆反应，其中以式（12-3）的平衡常数最大。如果在反应的过程中不加以任何控制而任其自然反应的话，氨氧化的最终产物是以氮气为主，而不是所需的NO。欲获得所要求的产物NO，不可能从热力学去角度改变化学平衡来达到目的，而只能从反应动力学方面去努力。即要寻求一种选择性良好的催化剂，加速反应式（12-1），而同时抑制其他反应进行。长期的实验研究证明，铂系催化剂是最适宜的选择性良好的催化剂。

氨催化氧化反应为气固相催化反应，包括反应组分从气相主体向固体催化剂外表面上传递、反应组分从外表面向催化剂的内表面传递、反应组分在催化剂表面的活性中心上吸附、在催化剂表面上进行反应、反应产物在催化剂表面上的解吸、反应产物从催化剂的内表面向外表面传递、反应产物从催化剂的外表面向气相主体传递七个阶段。据研究表明，气相中反应组分氨向铂系催化剂外表面上传递是七个过程中最慢的一步，即整个过程的控制步骤。故诸多学者认为氨的催化氧化反应速度是外扩散控制。该反应速度极快，生产条件下，在$10^{-4}s$时间内即可完成，是高速化学反应之一。

（2）氨氧化催化剂　目前，氨氧化用催化剂有两大类：一类是以金属铂为主体的铂系催化剂，另一类是以其他金属如铁、钴为主体的非铂系催化剂。非铂系催化剂虽然价格低廉，但相对于铂系催化剂节省下的费用往往抵消不了由于氨氧化率低造成的氨消耗，因而非铂系催化剂未能在工业上大规模使用。故仅介绍工业用铂系催化剂。

① 化学组成　纯铂即具有较好的催化能力，但其机械强度较差，在高温下受到气体撞击后，会使表面变得松弛，铂微粒很容易被气体带走造成损失，因此工业上一般采用铂合

金。即在铂中加入10%左右的铑，不仅能使机械强度增加，铂的损失减少，而且活性较纯铂要高。但由于铑价格更昂贵，有时也采用铂铑钯三元合金，其常见的组成为铂93%、铑3%、钯4%。也有采用铂铱合金，铂99%、铱1%，其活性也很高。铂系催化剂中即使含有少量杂质（如铜、银、铅，尤其是铁），都会使氧化率降低，因此，用来制造催化剂的铂必须很纯净。

② 物理形状　铂系催化剂不用载体，因为用了载体后，铂难以回收。为了使催化剂具有更大的接触面积，工业上将其做成丝网状。通常所使用的铂丝直径为0.04～0.10mm，铂网规格有直径1.6m、2.0m、2.4m、2.8m、3.0m等。

③ 铂网的活化、中毒和再生　新铂网表面为光滑面且具有弹性，活性较小。为了提高铂网的活性，在使用之前需进行"活化"处理，其方法是用氢气火焰进行烘烤，使之变得松疏，粗糙，增大接触表面积。

铂与其他催化剂一样，气体中许多杂质会降低其活性。空气中的灰尘（各种金属氧化物）和氨气中可能夹带的铁粉和油污等杂质，遮盖在铂网表面，都会造成暂时中毒；H_2S也会使铂网暂时中毒，但水蒸气对铂网无毒害，仅会降低铂网的温度。为了保护铂催化剂，气体必须经过严格净化。虽然如此，铂网还是会随着时间的增长而逐渐中毒，因而一般在使用3～6个月后就应进行再生处理。

再生的方法是把铂网从氧化炉中取出，先浸在10%～15%盐酸溶液中，加热到60～70℃，并在这个温度下保持1～2h，然后将网取出用蒸馏水洗涤到水呈中性为止，再将网干燥并在氢气火焰中加以灼烧。再生后的铂网，活性可恢复到正常。

④ 铂的损失与回收　铂网在使用中受到高温和气流的冲刷，表面会发生物理变化，细粒极易被气流带走，造成铂的损失。铂的损失量与反应温度、压力、网径、气流方向以及作用时间等因素有关。一般认为，当温度超过880℃，铂的损失会急剧增加。在常压下氨氧化时铂网温度通常取800℃左右，加压下取880℃左右。铂网的使用期限一般约为2年。

目前工业上常用机械过滤法、捕集网法和大理石不锈钢筐法将其回收降低损耗。机械过滤法是采用玻璃纤维作为过滤介质，将过滤器放置在废热锅炉之后，缺点是压力降较大。也可以用ZrO_2、Al_2O_3、硅胶、白云石或沸石等混合物压制成5～8mm片层，共4层，置于铂网之后回收铂的微粒；捕集网法是采用与铂网直径相同的一张或数张钯-金网（含钯80%，金20%），作为捕集网置于铂网之后。在750～850℃下被气流带出的铂微粒通过捕集网时，铂被钯置换。铂的回收率与捕集网数、氨氧化的操作压力和生产负荷有关。常压时，用一张捕集网可回收60%～70%的铂；加压氧化时，用二张网可回收60%～70%的铂。大理石不锈钢筐法是将盛有3～5mm大理石的不锈钢筐置于铂网下，由于大理石（$CaCO_3$）在600℃下可分解成氧化钙，氧化钙在750～850℃能吸收铂微粒而形成淡绿色的$CaO \cdot PtO$，此法铂的回收率可达80%～97%。

（3）氨催化氧化的工艺条件　氨催化氧化的程度，用氨氧化率来表示，即指氧化生成NO的耗氨量与进入系统总氨量的百分比率。

在确定氨催化氧化工艺条件时首先应保证高的氧化率，因为硝酸成本中原料氨所占比重很大，提高氧化率对降低氨的消耗非常重要。以前常压氨氧化率一般为96%左右，随着技术的进步，常压下可达97%～98.5%，加压可达96%～98%。其次，应有尽可能大的生产强度。此外还必须保证铂网的损失少，最大限度地提高铂网的工作时间，保证生产的高稳定性和安全性。

① 温度　在不同温度下，氨氧化后的产物也不同。低温时，主要生成的是氮气；650℃时，氧化反应速率加快，氨氧化率达90%；700～1000℃时，氨氧化率为95%～

98%；当温度高于1000℃时，一氧化氮分解增多，氨氧化率反而下降。在650~1000℃范围内，温度升高，反应速率加快，氨氧化率提高。但是温度过高，铂的损失量增大，同时对氧化炉的材料要求也更高。因此一般常压氧化温度取750~850℃，加压氧化温度取870~900℃为宜。

② 压力　由于氨催化氧化生成一氧化氮的反应是不可逆的，因此改变压力不会改变一氧化氮的平衡产率。在工业生产条件下，加压时氨氧化率比常压时氨氧化率低1%~2%。如果要提高加压时的氨氧化率，必须同时提高反应温度和铂网层数。铂网层数由常压氧化用的3~4层提高到加压氧化用16~20层，氨氧化率可达到96%~98%，与常压氧化时接近。同时，氨催化氧化压力的提高，还会使混合气体体积减小，增大气体处理量，提高催化剂生产强度。此外，加压氧化比常压氧化设备紧凑，投资费用少。

但加压氧化气流速度较大，气流对铂网的冲击加剧，加之铂网的温度较高，会使铂网的机械损失增大；一般加压氧化比常压氧化铂的机械损失大4~5倍。故实际生产中，常压和加压氧化均有采用，加压氧化常用0.3~0.5MPa压力，但也有采用更高压力的，国内目前氧化压力有的高达0.9MPa。

③ 接触时间　接触时间时间太短，氨气体来不及氧化，致使氨氧化率降低；但若接触时间太长，氨在铂网前高温区停留过久，容易被分解为氮气，同样也会使氨氧化率降低。但最佳接触时间一般不因压力而改变，一般接触时间在10^{-4}s左右。为了避免氨过早氧化，常压下气体在接触网区内的流速不低于0.3m/s；加压操作时，由于反应温度较高，为了避免氨过早分解，宜采用大于常压时的气速，故在加压时增加网数的原因就在于此。

另外，催化剂的生产强度与接触时间有关。在其他条件一定时，铂催化剂的生产强度与接触时间成反比，与气流速度成正比。从提高设备的生产能力考虑，采用较大的气速是适宜的。尽管此时氨氧化率比最佳气流速度（一定温度、压力、催化剂及起始组成条件下，氧化率最大时所对应的气速）时稍有减小，但从总的经济效果衡量是有利的。如图12-1，在900℃，氧氨比为2.0，不同初始氨浓度时，氨氧化率与催化剂生产强度的关系。由图可见，对应不同氨浓度时，都存在着一个氨氧化率最大时的催化剂生产强度。通常工业上选取的催化剂生产强度要偏大一些，一般多控制在600~800kg NH$_3$/(m^2·d)。

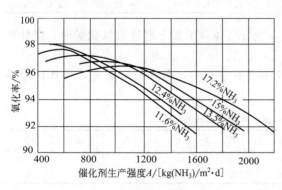

图12-1　氧化率与催化剂生产
强度、氨含量的关系

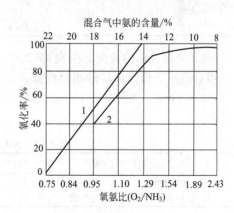

图12-2　氧化率与氧氨比的关系
1—理想情况；2—实际情况

④ 混合气体的组成　选择混合气体的组成时，最主要是氨的初始含量。从提高催化剂生产强度出发，增加氨浓度是有利的，但由于空气中氧含量的限制，限制了氨浓度的提高。

由式(12-1)可知，氨氧化生成一氧化氮反应理论上的氧氨比为1.25。采用氨和空气混合，则混合气体中氨含量为：

$$NH_3\% = \frac{\dfrac{21}{1.25}}{100+\dfrac{21}{1.25}} \times 100\% = 14.4\%$$

研究结果表明，当氧氨比为 1.25 时（即氨含量为 14.4%时），氨氧化率只有 80%左右，而且有发生爆炸的危险。而增加混合气体中氧含量，则加入空气量增多，带入氮气也增多，使混合气体中氨浓度下降，炉温下降，生产能力降低，动力消耗增加。当氧氨比比值在 1.7～2.0 范围内，氨氧化率最高，此时混合气体中氨浓度为 9.5%～11.5%。

混合气体组成对氨氧化率的影响见图 12-2。氨氧化率与氧氨比的关系曲线是根据 900℃所得的数据绘制而成。由图可见，当氧氨比小于 1.7 时，随着氧氨比增大，氨氧化率急剧上升。氧氨比大于 2.0 时，氨氧化率随氧氨比增大而增加变化很小。

考虑到后段 NO 还要进一步氧化生成 NO_2，并用水吸收制成 HNO_3。则理论上需氧量可由式(12-1)确定，即氧氨比为 2.0，则此时混合气体中氨含量为 9.5%，这说明当混合气体中氨含量超过 9.5%时，透平压缩机入口或吸收塔入口必须补充二次空气。故在氮氧化物混合气体中必须要有足够的氧气，一般在透平压缩机或吸收塔入口补充二次空气。若吸收后尾气中含氧保持 3%～5%，则氨氧化率吸收率最高。这说明控制氨空气混合气体中的组成，不仅考虑到氨氧化，而且还应考虑到硝酸生产的后续工序。

⑤ 爆炸及其防止　当氨的浓度在一定范围内，氨和空气的混合气体能着火爆炸。当氨和空气混合气体中氨浓度大于 14%，温度在 800℃以上时具有爆炸危险。综合影响爆炸的因素有以下几个方面。

a. 反应温度　由表 12-2 可知，随温度的增高，混合气体的爆炸极限变宽，爆炸危险性增大。

表 12-2　氨和空气混合气体的爆炸极限

气体火焰方向	混合气体爆炸极限（氨含量）/%				
	18℃	140℃	250℃	350℃	450℃
向上	16.1～26.6	15～28.7	14～30.4	13～32.2	12.3～33.9
水平	18.2～25.6	17～27.5	15.9～29.6	14.7～31.1	13.5～33.1
向下	不爆炸	19.9～26.3	17.8～28.2	16～30	13.4～32.0

b. 混合气体的流向　由表 12-2 可以看出，混合气体自上而下通过氨氧化炉时，爆炸极限相对较窄，爆炸危险性相对较低。

c. 氧含量　由表 12-3 可以看出，混合气体含氧量越多，爆炸极限越宽，爆炸危险性越大。

表 12-3　NH_3-O_2-N_2 混合气体的爆炸极限

O_2+N_2 混合气体中氧含量/%		20	30	40	50	60	80	100
混合气体爆炸	下限	22	17	18	19	19	18	13.5
极限（氨含量）/%	上限	31	46	57	64	69	77	82

d. 操作压力　一般氨氧混合气体的压力越高，爆炸极限越窄。但对于氨和空气混合气体，操作压力对爆炸极限影响不大。在 0.1～1MPa 之间，爆炸极限下限均为 15%。

e. 容器的表面积与容积之比　该比值越大，散热速率越快，爆炸危险性越低。

f. 可燃性气体的存在　可燃性气体的存在会增大爆炸危险性，例如氨和空气混合气体中有 2.2%的氢气，便会使混合气体中氨的爆炸极限下限从 16.1%降至 6.8%，增大爆炸危险性。

g. 水蒸气的存在　当混合气体中有大量水蒸气存在时，氨的爆炸极限会变窄。因此在氨和空气混合气体中加入一定量水蒸气可减少气体的爆炸危险性。

综上所述，为防止混合气体发生爆炸，在生产过程中应严格控制操作条件，在设计上应保证氨氧化炉结构合理，使气流均匀通过铂网。

（4）氨氧化炉　氨氧化炉是氨催化氧化过程的主要设备，其结构如图 12-3 所示。其基本要求是：氨和空气混合气体能均匀通过催化剂层；为了减少热量损失，应在保证最大接触面积条件下尽可能缩小反应体积；结构简单，便于拆卸、检修。为了满足氨催化氧化过程的各项要求，现多采用氧化炉-废热锅炉联合机组。该装置的优点是生产能力大，铂网生产强度高，设备余热回收利用好，锅炉部分阻力小，操作方便。该联合机组共包括三部分：上段为氧化段，中段为过热段，下段为列管换热器。氧化段的炉体近似于球形，网上部设置的填料层主要是为了使气流分布均匀。网的支承托架用不锈钢管，炉内设置有电点火器及氢气盘管。在氧化炉的顶部设有防爆板，当氧化炉内部压力高于防爆板的极限时，防爆板先爆破，保护氧化炉。

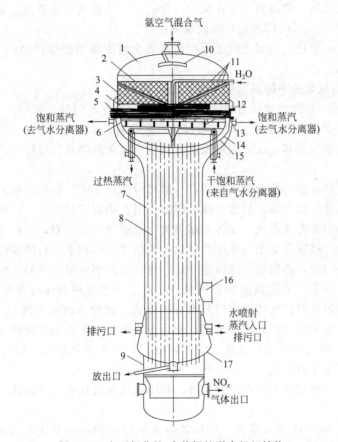

图 12-3　大型氧化炉-废热锅炉联合机组结构

1—炉头；2—铝环；3—不锈钢环；4—铂-铑-钯网；5—纯铂网；6—石英管托网架；7—换热器；
8—列管；9—底；10—气体分布板；11—花板；12—蒸汽加热器（过滤器）；13—法兰；
14—隔热板；15—上管板（凹形）；16—人孔；17—下管板（凹形）

氨和空气混合气由顶部进入，经气体分布板、铝环和不锈钢环，在铂网上进行反应。反应后混合气体经蒸汽过热段、下部列管换热器，本身温度降至 240℃ 左右，从底部出去。氧化炉直径为 3.0m，采用 5 张铂-铑-钯网和 1 张纯铂网，网丝直径 0.6mm，每平方厘米孔数为 1024。在 0.35MPa 下操作，氨氧化率达 98%。

2. 一氧化氮的氧化和吸收

经催化氧化得到的一氧化氮需进一步氧化，才可得到氮的高价氧化物 NO_2、N_2O_3、N_2O_4。反应方程式如下：

$$2NO + O_2 \Longleftrightarrow 2NO_2 \qquad \Delta H = -112.6kJ \tag{12-7}$$

$$NO + NO_2 \Longleftrightarrow N_2O_3 \qquad \Delta H = -40.2kJ \tag{12-8}$$

$$2NO_2 \Longleftrightarrow N_2O_4 \qquad \Delta H = -56.9kJ \tag{12-9}$$

上述三个反应都是气体体积数减少的可逆放热反应。所以，从平衡角度上，降低反应温度，提高操作压力，有利于一氧化氮氧化反应的进行。

反应式(12-8) 和式(12-9) 的反应速度较快。生成 N_2O_3 的反应在 0.1s 内便可达到平衡；而 N_2O_4 速度更快，在 10^{-4}s 内便可达到平衡。氨氧化成一氧化氮是硝酸生产中重要的反应之一，与其他反应比较，它是硝酸生产过程中最慢的一个反应，因此一氧化氮氧化为二氧化氮的反应就决定了整个过程进行的速度。同时考虑到用水吸收二氧化氮生成硝酸的过程中，还要放出一氧化氮，则没有必要在吸收过程前将一氧化氮完全氧化，通常控制一氧化氮的氧化度达到 70%~80%时即可进行吸收制酸操作。

如何既要提高一氧化氮的氧化度又要提高其氧化速率是硝酸生产中一个很重要的问题。经实验证明以下几点。

① 一氧化氮的氧化速率随其氧化度增大而减慢。

② 当其他条件不变而增加压力时，可大大加快一氧化氮的氧化速率。

③ 当其他条件不变而降低温度时，可加快一氧化氮的氧化速率。

综上可知，操作压力高，反应温度低是有利于一氧化氮的氧化进行，这也是吸收所需的良好条件。

氮氧化物在氨氧化部分经余热回收后，一般可冷却至 200℃左右，为了使一氧化氮进一步氧化，需将气体进一步冷却，且温度越低越好。但在降温的过程中，一氧化氮就会不断的氧化。又由于气体中含有水蒸气，在达到露点时，水蒸气开始冷凝，会有部分氮氧化物溶解在水中形成冷凝酸。这样降低了气体中氮氧化物的浓度，不利于以后的吸收操作。

为了解决这一问题，必须将气体快速冷却，使其中的水分很快冷凝。同时，使一氧化氮来不及充分氧化，减少二氧化氮的溶解损失。工业上一般采用快速冷却器冷却氮氧化物气体。经快速冷却器后，混合气体中大部分水分被除去。此时，就可以进行一氧化氮的氧化。一氧化氮的氧化方法根据反应介质的不同可分为干法氧化和湿法氧化两种。

① 干法氧化　将气体送入氧化塔，使气体在氧化塔中有足够的停留时间，从而达到一定的氧化度。一氧化氮的氧化是一个放热过程，为了强化氧化反应，可采用冷却除去热量，亦可在室温下进行。也有的工厂不设氧化塔，利用输送氮氧化物气体的管道充当一氧化氮氧化的设备。

② 湿法氧化　将气体送入塔内，塔顶喷淋较浓的硝酸，一氧化氮与氧气在气相空间，液相内和气液界面均能进行氧化反应，大量的喷淋酸可以移走氧化放出的热量，从而加快了氧化速率。

当一氧化氮的氧化度达到 70%~80%时，即可进行吸收制酸操作。在吸收过程中主要发生反应是

$$3NO_2 + H_2O \Longleftrightarrow 2HNO_3 + NO \qquad \Delta H = -136.2kJ \tag{12-10}$$

由此可见，用水吸收二氧化氮时，只有 2/3 的二氧化氮转化为硝酸，而 1/3 的二氧化氮

转化为一氧化氮。工业生产中，需将这部一氧化氮重新氧化和吸收。因此，在氮氧化物的吸收过程中，二氧化氮的吸收和一氧化氮的氧化是交叉进行。

二氧化氮的吸收是一个可逆、放热、气体体积数减少的反应，提高压力、降低温度对提高平衡转化有利。反应中放出的大量热，可采用直接或间接冷却方式除去。在吸收系统的前部，反应热较多，此处要求较大的冷却面积；在吸收系统的后部，反应热较少，相应的冷却设备面积可以小些，以至于在最后可以利用自然冷却来清除热量。

用水吸收氮氧化物制造稀硝酸，分为加压吸收和常压吸收两种流程。加压吸收，一般选用 1～2 个吸收塔，可制得浓度不超过 70% 的稀硝酸；常压吸收则要用 6～8 个吸收塔，以保证获得一定浓度的稀硝酸，一般可制得浓度不超过 50% 的稀硝酸。

生产中，成品酸浓度越高，氮氧化物溶解量越大，酸呈现黄色。为了减少酸中氮氧化物损失及提高成品酸的质量，需要在成品酸被送往酸库之前，将酸中溶解的氮氧化物解吸出来，这一工序称为"漂白"。

3. 硝酸尾气的处理

酸吸收后，尾气中仍含有残余的氮氧化物，如果将其直接放空势必会造成氮氧化物的损失和氨耗的增加，而且还污染厂区环境。

因此，尾气放空之前必须经过严格的处理。随着全球生态环境恶化，国际上对硝酸尾气排放标准日趋严格，一般要求 NO_x 排放浓度不得大于 $200mg/m^3$。经过对治理硝酸尾气的大量研究，开发了多种治理方法，归纳起来有三类，即碱液吸收法、固体吸附法和催化还原法。

（1）**碱液吸收法** 吸收所用的碱液一般多为碳酸钠溶液。此法简单易行，处理量大，适用于含氮氧化物含量较多的尾气处理。且碳酸钠价廉易得，吸收后制得的硝酸钠和亚硝酸钠是工业上广泛应用的一种化工原料，具有一定的经济效益。但当尾气中氮氧化物浓度不是很高时，二氧化氮氧化比较缓慢，影响吸收效果。

$$Na_2CO_3 + 2NO_2 \Longrightarrow NaNO_2 + NaNO_3 + CO_2$$

$$Na_2CO_3 + N_2O_3 \Longrightarrow 2NaNO_2 + CO_2$$

（2）**固体吸附法** 这种方法是以分子筛、硅胶、活性炭和离子交换树脂等固体物质作吸附剂。其中活性炭的吸附容量最高，分子筛次之，硅胶最低。但分子筛基本上不吸附一氧化氮，只在有氧存在的条件下将一氧化氮催化氧化成二氧化氮而后加以吸附。当吸附剂失效后，可用热空气或蒸汽再生。此法的优点是净化度高，同时又能回收氮氧化物。缺点是固体吸附剂的容量低。当尾气中氮氧化物含量高时，需要吸附剂量大，而且吸附再生周期短。因此，该方法在工业上未能得到广泛应用。

（3）**催化还原法** 催化还原法是在有催化剂条件下使氮氧化物变为氮气和水。催化还原法的特点是装置紧凑、操作方便、脱除氮氧化物效率高，气体在加压时，还可以采用尾气膨胀透平回收能量，是目前国内外硝酸厂进行尾气治理所普遍采用的一种方法。催化还原法根据还原气体的不同，可分为非选择性催化还原法和选择性催化还原法两种。

非选择性催化还原法是在催化剂存在的条件下，利用还原性气体将尾气中的氮氧化物和氧气一同除去。非选择性催化还原法最好的催化剂是铂与钯。还原性气体可以是含烃的天然气、炼厂气，富氢的合成氨放气，含甲烷、氢气和一氧化碳的焦炉气等。以氢气为例，其反应如下：

$$2H_2 + O_2 \Longrightarrow 2H_2O$$

$$H_2 + NO_2 \Longrightarrow NO + H_2O$$

$$2H_2 + 2NO \Longrightarrow N_2 + 2H_2O$$

选择性催化还原法通常采用氨作还原剂，铂作催化剂，将尾气中氮氧化物还原为氮气。此法的缺点是消耗了有用氨。其反应如下：

$$8NH_3 + 6NO_2 \rightleftharpoons 7N_2 + 12H_2O$$
$$4NH_3 + 6NO \rightleftharpoons 5N_2 + 6H_2O$$

二、稀硝酸生产工艺流程的组织

目前生产稀硝酸生产工艺流程因操作压力不同可分为常压法、中压法、高压法、综合法和双加压法 5 种类型。

（1）常压法 氨的氧化和氮氧化物的吸收均在常压下进行。该法压力低，氨氧化率高，铂消耗低，设备结构简单，吸收塔除可采用不锈钢外，也可采用花岗石、耐酸砖或塑料。缺点是成品稀硝酸浓度低，尾气中氮氧化物浓度高需经处理才能放空，吸收容积大，占地面积大，投资大。

（2）中压法 氨的氧化和氮氧化物的吸收均在中压（0.2～0.5MPa）下进行。该法吸收率高，成品酸浓度高，尾气中氮氧化物浓度低，吸收容积小，能量回收率高。但在中压条件下氨氧化率略低，铂损失较高。

（3）高压法 氨的氧化和氮氧化物的吸收均在高压（0.7～1.2MPa）下进行。该法较中压法吸收率更高，吸收容积更小，能量回收率更高。但在高压条件下氨氧化率低，氨耗高，铂耗高，且尾气中氮氧化物浓度也高需经处理才能放空。

（4）综合法 该法氨的氧化与氮氧化物的吸收在两个不同压力下进行，即常压氧化，中压（0.2～0.5MPa）吸收。此法集中了常压法和中压法的优点。氨消耗、铂消耗低于高压法，不锈钢用量低于中压法，吸收容积则小于常压法。

（5）双加压法 该法氨的氧化在中压条件（0.2～0.5MPa）下进行，氮氧化物的吸收则在高压条件（0.7～1.2MPa）下进行。采用较高的吸收压力和较低的吸收温度，成品酸浓度一般可达 60%，尾气中氮氧化物含量低于 0.02%，可不经处理即能直接放空。

稀硝酸生产流程多种多样，选用时应根据具体条件的不同（如规模、成品酸浓度要求、原料氨成本及公用工程费用等）而采用不同流程。如在我国早期多采用常压法，20 世纪 60 年代开始建成了一批 0.35MPa 压力的综合法装置，其后又建设了一批 0.35MPa 压力的中压法装置。从 1980～2007 年，我国又投运 GP、伍德等双加压法制稀硝酸工艺 18 套，大大提高了国内的稀硝酸生产能力。美国由于氨的价格便宜，大多采用高压法以减少设备的投资来补偿由于氨与铂消耗较高而增加的费用。而欧洲国家因氨的价格高，则多采用综合法。本书仅介绍国内目前使用较多的双加压法和中压法。

1. 双加压法生产稀硝酸的工艺流程

双加压 GP 法生产稀硝酸的工艺流程如图 12-4 所示。

由合成氨系统来的液氨经氨蒸发器后变成 0.52MPa 的氨气，氨气经氨过热器加热升温至 100℃，进入氨过滤器，除去油和其他杂质，经氨空比调节系统进入氨-空气混合器与空气混合，控制混合气中氨浓度为 9.5%。

空气经空气过滤器后进入空气压缩机，加压至 0.45MPa（236℃），分一次空气和二次空气进入系统。一次空气进氨-空混合器混合后进入氨氧化炉，二次空气送至漂白塔用于成品酸的漂白。

氨空混合气经氨氧化炉顶部的气体分布器均匀分布在铂网上进行氨的氧化反应，反应温度为 860℃，反应后含氮氧化物的混合气体经蒸汽过热器、废热锅炉、高温气-气换热器、

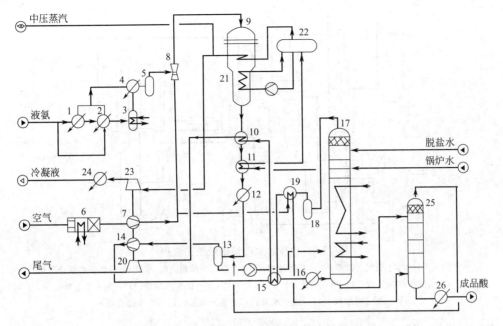

图 12-4　双加压 GP 法生产稀硝酸的工艺流程

1,2—氨蒸发器 A、B；3—辅助氨蒸发器；4—氨过热器；5—氨过滤器；6—空气过滤器；
7—空气压缩机；8—氨空混合器；9—氨氧化炉；10—高温气-气换热器；11—省煤器；12—低压
水冷器；13—NO$_x$ 分离器；14—NO$_x$ 压缩机；15—尾气预热器；16—高压水冷器；
17—吸收塔；18—尾气分离器；19—二次空气冷却器；20—尾气透平；21—废热锅炉；
22—汽包；23—蒸汽透平；24—冷凝器；25—漂白塔；26—酸冷器

省煤器回收热量后，再经低压水冷凝器，气体温度降至 45℃，并生成一定数量的稀硝酸。酸-气混合物进入氮氧化物分离器将稀硝酸分离，用泵将稀硝酸送入吸收塔相应塔板。氮氧化物气体与漂白塔来的二次空气混合进入氮氧化物压缩机，加压至 1.1MPa（194℃），经尾气预热器回收热量、高压水冷器冷却至 45℃，进入吸收塔底部，氮氧化物气体在塔中被水吸收生成稀硝酸。从塔底出来的浓度为 60% 的稀硝酸经漂白塔吹除溶解的氮氧化物气体后，经酸冷器送至成品酸贮槽。

　　由吸收塔顶部出来的尾气，经尾气分离器、二次空气冷却器、尾气预热器、高温气-气换热器，逐渐加热升温至 360℃ 左右进入尾气膨胀机，做功后的尾气经尾气排气筒排入大气，气体中氮氧化物含量小于 200×10^{-6}。

　　锅炉给水在除氧器热力除氧后，经省煤器、废热锅炉、汽包后产生 4.3MPa 的饱和蒸汽，经蒸汽过热器加热至 440℃，大部分蒸汽供蒸汽透平使用，多余部分外送至蒸汽管网。

　　该流程的优点是：氨利用率高、铂耗低、成品稀硝酸浓度高、尾气氮氧化物含量低、能耗低、运行费用低，被认为是最先进的稀硝酸生产工艺方法。

2. 中压法生产稀硝酸的工艺流程

中压法生产稀硝酸的工艺流程如图 12-5 所示。

　　空气经空气过滤器由空气压缩机加压到 0.35～0.4MPa，再经素瓷过滤器进一步净化后，大部分在文氏管式氨空混合器与经氨气预热器升温后的氨气混合，混合后气体温度控制在 150℃ 左右；另少部分空气供第一吸收塔下部漂白区脱除成品酸中的氮氧化物用。调节氨和空气的混合比，使混合气体中氨含量维持在 10%～11%，进入氧化炉-废热锅炉联合装置

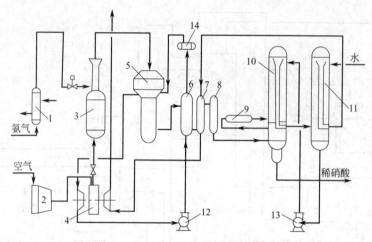

图 12-5　中压法生产稀硝酸工艺流程

1—氨气预热器；2—空气过滤器；3—素瓷过滤器；4—空气压缩机；5—氧化炉-废热锅炉联合装置；
6—锅炉给水加热器；7—尾气预热器；8—水冷却器；9—快速冷却器；10—第一吸收塔；
11—第二吸收塔；12—锅炉水泵；13—稀硝酸泵；14—汽水分离器

的上部。在氧化炉铂网层发生氨的催化氧化，氧化后的气体经废热锅炉降至 240℃ 左右。废热锅炉副产的水蒸气作为空气透平压缩机的动力加以回收。

由废热锅炉出来的氮氧化物气体依次经过锅炉给水加热器、尾气预热器和水冷却器冷却，除去大部分反应水，并降温至 40～50℃。冷却后的氮氧化物气体进入第一吸收塔下部的氧化段，使一氧化氮氧化成二氧化氮，再经快速冷却器冷却至 40℃ 左右。冷却后的二氧化氮气体先进入第一吸收塔的吸收段与自第二吸收塔来的 10%～11% 稀硝酸逆流接触，生成 45%～55% 的稀硝酸。然后进入第二吸收塔与塔顶进入的水逆流接触，生成 10%～11% 稀硝酸，吸收后的气体经尾气预热器换热后送至尾气透平回收能量，然后经排气筒可直接放空。

该流程的特点是：空气过滤器中装填有泡沫塑料，二次净化再用素瓷过滤器，空气净化度高；采用大型氧化炉-废热锅炉联合装置，可副产 1.4MPa 的饱和水蒸气和 2.5MPa 的过热水蒸气；采用快速冷却器使二氧化氮气体迅速冷却到 40℃，再返回吸收塔，氮氧化物的吸收率可达 99% 以上。

三、稀硝酸生产操作控制要点

1. 氨氧化炉的点火

① 在值班工长直接指挥下，进行氨氧化炉的点火。点火时由工长或工长指定他人协助。

② 配空气量：透平压缩机开车正常以后，联系透平和中控岗位，挂上氨空比高限连锁、氧化炉温连锁和透平压缩机连锁，调整氨氧化炉压力为 0.3～0.35MPa，空气流量为 25000m³/h，检查系统没有泄漏。

③ 联系吸收岗位输送合格的氨气。控制氨气压力为 0.6MPa，温度在 40～60℃。

④ 打开气封空气。

⑤ 过热盘管预热，缓慢打开过热器预热蒸汽入口阀，蒸汽由过热器放空管放空。

⑥ 开启脱氧装置，打开高压水泵至脱氧槽回流阀，依照开泵方法开泵进行循环，备用泵处于备用状态，挂上连锁门打开控制调节阀前后手动阀，联系中控室控制汽水分离器

液面。

⑦ 氧化炉氢气点火。在整个点火过程中严格控制氢气压力在 0.4MPa。

⑧ 氧化炉通氨点火。此时串级调节的主调与副调均处于手动位置，副调阀位开度 30% 左右，由现场手动阀控制加氨量。当调节气氨流量为 2500m³/h，氨空比为 8%～10%，炉温升至 400℃ 以上并继续上升时，则认为氧化炉点火成功。

2. 氨氧化炉点火后的工艺调整

① 氧化炉点火以后逐步调整工艺之正常状态。30min 左右将炉温调至 800～830℃，开始可用氨主管手动调节阀提高炉温，当手动调节阀变化效果不大时即可切换至中空调节，此时中控可将炉温串级调节器投入自动。

② 开车正常后，联系各工长及岗位进行加量，加量的原则是先加空气，氨气自动跟踪，每次增加的氨量以 250m³/h 为宜。

③ 点火正常后，吸收岗位要开启氨蒸发器，并要注意氨气压力和温度的变化。

④ 锅炉升压及过热蒸汽输送。随着点火正常后，汽水分离器的压力也慢慢上升，当压力升至 2.0MPa 时，缓慢打开蒸汽出口阀，将饱和蒸汽导入过热盘管，相应的关小过热蒸汽放空阀，在调节过程中尽量保持锅炉压力的平稳。

⑤ 当汽水分离器蒸汽出口阀全部打开后，关闭高压预热阀，利用放空阀调节锅炉系统压力。

⑥ 调节过热蒸汽的温度，控制在 390～420℃。

四、硝酸生产过程常见故障及排除

硝酸生产过程常见故障及排除见表 12-4。

表 12-4　硝酸生产过程常见故障及排除

序号	问题	原因	处理方法
1	氧化炉温度过高	a. 自动调节器失灵； b. 有少量液氨带入； c. 因某种原因造成气氨浓度升高； d. 仪表失灵	a. 关小氨手动阀，联系中控仪表维修； b. 关小氨手动阀，联系中控吸收处理； c. 关小氨手动阀，针对具体原因酌情处理； d. 联系仪表维修。当以上各条严重时均采取紧急停车处理
2	氧化率下降	a. 铂网中毒； b. 铂网破裂、掉边或黑斑不消失； c. 氧化炉温度过低； d. 氨、空气纯度不够； e. 处理量过大或过小； f. 分析误差	a. 消除铂网中毒或活化铂网； b. 根据具体情况停车处理； c. 提高炉温； d. 提高净化度； e. 调节气体处理量； f. 提高分析的准确度
3	成品酸浓度低	a. 第二吸收塔加水量过大； b. 快冷酸量过多或液位面过高； c. 尾气中含氧量过低； d. 第二吸收塔液面不稳； e. 第一吸收塔冷却盘管有泄漏	a. 调控好第二吸收塔加水量； b. 降低快冷器液面，如快冷器泄漏严重可停车检修； c. 增加二次空气进气量； d. 停车检修； e. 调控好第二吸收塔液面稳定
4	过热盘管泄漏	a. 过热蒸汽温度急剧变化或超过规定； b. 水质差或加水过多，结构太严重，阻力不均造成局部过热烧坏； c. 制造或检修质量不良	a. 严格控制温度，酌情停车检修； b. 提高水质，加强操作，清洗过热器； c. 提高制造和检修质量

任务二　浓硝酸生产

浓硝酸（HNO₃浓度高于96%）的工业生产方法有三种：一是有脱水剂存在的情况下，将稀硝酸蒸馏得浓硝酸的间接法；二是将四氧化二氮、氧气和水直接合成的浓硝酸的直接法；三是包括氨氧化，超共沸酸（HNO₃浓度75%～80%）生产和精馏得浓硝酸的直接法。

一、浓硝酸生产工艺路线分析与选择

1. 从稀硝酸制造浓硝酸

浓硝酸不能由稀硝酸直接蒸馏制取，因为HNO₃和H₂O会形成二元共沸物。在开始蒸馏时，硝酸溶液沸点随着浓度的增加而升高，但到一定浓度时，沸点却随着浓度的增加而下降，其关系见表12-5和图12-6。

表 12-5　硝酸水溶液的沸点及气液相平衡组成（标准大气压下）

沸点/℃	HNO₃含量/%（质量）		沸点/℃	HNO₃含量/%（质量）	
	液相中	气相中		液相中	气相中
100.0	0	0	120.05	68.4	68.4
104.0	18.5	1.25	116.1	76.8	90.4
107.8	31.8	5.06	113.4	79.1	93.7
111.8	42.5	13.4	110.8	81.0	95.3
114.8	50.4	25.6	96.1	90.0	99.2
117.5	57.3	40.0	88.4	94.0	99.9
119.9	67.6	67.0	83.4	100	100

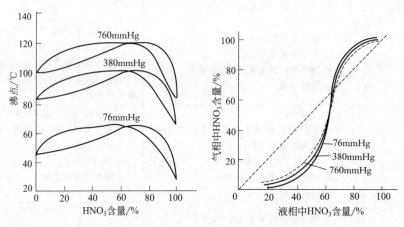

图 12-6　HNO₃-H₂O溶液的沸点、组成与压力关系

由表12-5和图12-6可知，在标准大气压下，硝酸水溶液的共沸点温度为120.05℃，相对应的硝酸浓度为68.4%。也就是说，采用直接蒸馏稀硝酸的方法，最高只能得到68.4%的硝酸。欲制取得到96%以上的浓硝酸，必须借助于脱水剂以形成硝酸-水-脱水剂三元混合物，从而破坏硝酸与水的共沸组成，然后蒸馏才能得到浓硝酸。

对脱水剂的要求是：能显著降低硝酸液面上的水蒸气分压，而自身蒸气分压极小；热稳定性好，加热时不会分解；不与硝酸发生反应，且易与硝酸分离，以便于循环使用；对设备腐蚀性小；来源广泛，价格便宜。

工业上常用的脱水剂有浓硫酸和碱土金属的硝酸盐。其中以硝酸镁的使用最为普通。将硝酸镁溶液加入稀硝酸中，生成硝酸-水-硝酸镁的三元混合物，硝酸镁吸收稀硝酸中的水分，使水蒸气分压大大降低。加热此三元混合物蒸馏可制得浓硝酸。

2. 直接合成法制浓硝酸

在工业生产上，直接合成法在技术上和经济上是较为完善的一种方法，它是利用液态四氧化二氮、氧气和水直接反应生产浓硝酸。其反应方程式为：

$$2N_2O_4(l)+O_2(g)+2H_2O(l)\Longleftrightarrow 4HNO_3(l) \qquad \Delta H=-78.9kJ \qquad (12-11)$$

其生产过程包括以下 5 个基本工艺步骤。

氨的催化氧化、氮氧化物气体的冷却和过量水分的除去、一氧化氮的氧化、液态四氧化二氮的制备、液态四氧化二氮直接合成浓硝酸。其中前三步与稀硝酸生产过程是基本相同的，后两步的工艺过程如下。

(1) 液态四氧化二氮的制备　由于氮氧化物混合气体中二氧化氮浓度只有 10% 左右，其分压很低。在加压下直接冷凝制液态四氧化二氮，不仅冷凝效果差，而且能量消耗也高。采用的方法是先提高混合气体中二氧化氮浓度再冷凝得四氧化二氮液体。

① 浓硝酸的吸收　利用二氧化氮低温时在浓硝酸中有较大的溶解度。在工业生产中，用浓硝酸在低温将二氧化氮吸收制得发烟硝酸。

② 发烟硝酸中二氧化氮的解吸　将发烟硝酸加热到沸点，溶解在硝酸溶液中的二氧化氮就会被解吸出来。

③ 二氧化氮冷凝成液态四氧化二氮　将解吸出来的二氧化氮气体依次经过冷却水和低温盐水降温后，送入高压反应器，便可得到液态四氧化二氮。

(2) 液态四氧化二氮直接合成浓硝酸　直接合成浓硝酸的反应并不是像式(12-11) 所示的那样简单，实际上由以下几个步骤组成：

$$N_2O_4 \Longleftrightarrow 2NO_2$$
$$2NO_2+H_2O \Longleftrightarrow HNO_3+HNO_2$$
$$3HNO_2 \Longleftrightarrow HNO_3+H_2O+2NO$$
$$2HNO_2+O_2 \Longleftrightarrow 2HNO_3$$
$$2NO+O_2 \Longleftrightarrow 2NO_2 \Longleftrightarrow N_2O_4$$

要使整个反应向有利于生成硝酸方向进行，则提高压力，降低温度有利于二氧化氮的吸收；提高温度和加强搅拌有利于亚硝酸的分解；提高压力，增加氧浓度和降低温度有利于亚硝酸和一氧化氮的氧化。综上所述，有利于直接合成浓硝酸反应的条件是提高反应压力，控制一定温度，采用过量四氧化二氮及高纯度的氧，并充分搅拌。

3. 超共沸酸精馏制取浓硝酸

此方法的生产过程主要包括氨的氧化、超共沸酸的制造和超共沸酸的精馏 3 个部分，而与其他方法不同的主要之处是超共沸酸的制造，其特点如下。

① 用氨和空气生产浓硝酸（80%～99% HNO_3），氨在常压下氧化，氮氧化物的吸收则在加压（0.6～1.3MPa）条件下进行，吸收后的尾气中 NO_x 含量可降低到 $200×10^{-6}$ 以下。

② 在不需要氧气、冷冻量和脱水剂的条件下即可同时生产任意比例和任意浓度的浓硝酸和稀硝酸。

③ 与传统直硝法相比，原料费用基本相同，但投资费用低，公用工程费用低。

二、浓硝酸生产工艺流程的组织

1. 硝酸镁法浓缩稀硝酸生产浓硝酸工艺流程

工艺流程示意如图 12-7 所示。

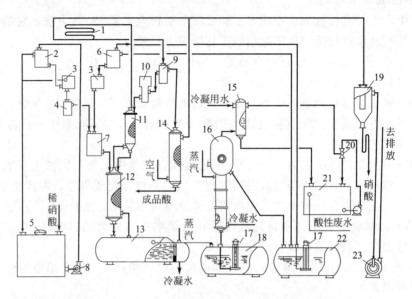

图 12-7　硝酸镁法浓缩稀硝酸生产浓硝酸工艺流程

1—硝酸冷凝器；2—稀硝酸高位槽；3—流量计；4—液封；5—稀硝酸贮槽；6—浓硝酸镁高位槽；
7—混合器；8—离心泵；9—酸分配器；10—回流酸流量计；11—精馏塔；12—提馏塔；
13—加热器；14—漂白塔；15—大气冷凝器；16—蒸发器；17—液下泵；18—稀硝酸
镁贮槽；19—集雾器；20—水喷射泵；21—循环水池；22—浓硝酸镁贮槽；23—风机

用硝酸镁法浓缩稀硝酸的操作，一般都在填料塔中进行。72%～76%的浓硝酸镁溶液和要浓缩的稀硝酸分别经高位槽 6 和 2、流量计，调控以 (4～6)：1 的比例流至混合器中。然后自提馏塔顶部加入，蒸馏过程所需要的热量由加热器供给。控制温度为 115～130℃，含量 80%～90% 的 HNO_3 蒸气从提馏塔塔顶蒸出进入精馏塔中，并与精馏塔塔顶入的回流酸进行换热并进一步蒸浓，温度为 80～90℃ 的 98% 以上 HNO_3 蒸气引入冷凝器中冷凝。冷却后的浓硝酸，流入酸分配器。2/3 作为精馏塔的回流酸，1/3 去漂白塔赶出其中溶解的氮氧化物后即得成品酸。冷凝器和漂白塔中未冷凝的 HNO_3 蒸气，经集雾器由风机抽出送去吸收或放空。

稀硝酸镁溶液由提馏塔底部流出，进入加热器，加热器用 1.3MPa 水蒸气间接加热，温度维持在 174～177℃ 并在此脱硝后，其浓度为 62%～67%，含硝 0.1%，进入稀硝酸镁贮槽中，由液下泵打入膜式蒸发器中进行蒸发。用水蒸气间接加热，使稀硝酸镁浓度提升到 72%～76% 流入浓硝酸镁贮槽中循环使用。膜式蒸发器出来的蒸汽进入大气冷凝器加水进行冷凝，冷凝水流至循环水池供水喷射泵循环使用。整个蒸发过程控制在真空度 60～93kPa 下进行，由水喷射泵维持真空度。

一般，每制造 1t 浓硝酸需硝酸（折合 100% HNO_3）1.01～1.015t，氧化镁 1～1.5kg。

2. 住友法直接合成生产浓硝酸工艺流程

该法是日本住友化学公司用氨气和空气直接合成生产浓硝酸（98% HNO_3）和稀硝酸（70% HNO_3）的一种联合生产方法。主要过程是氨先被空气氧化成一氧化氮，除去过量的水分后，进一步氧化成二氧化氮。然后将二氧化氮在吸收塔中用浓度为 $80\%\sim90\%$ 的硝酸吸收，并在漂白塔内用空气汽提。浓的氮氧化物气体和空气、稀硝酸进入反应器，在较低的温度、压力下生成浓度为 $80\%\sim90\%$ 的硝酸，再在浓硝酸精馏塔 12 内进一步浓缩成浓度为 98% 以上的浓硝酸。工艺流程示意如图 12-8 所示。

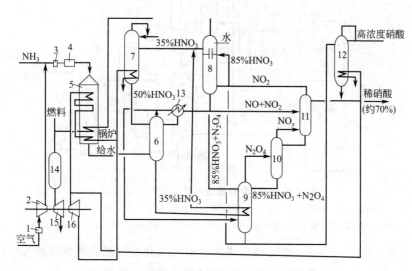

图 12-8　住友法直接合成生产浓硝酸工艺流程

1,3—过滤器；2—空气压缩机；4—氨燃烧器；5—废热锅炉；6—分解冷凝塔；7—稀硝酸精
馏塔；8—二氧化氮吸收塔；9—漂白塔；10—反应器；11—尾气吸收塔；12—浓硝酸精馏塔；
13—冷凝器；14—尾气燃烧器；15—尾气透平；16—蒸汽透平

该流程的优点如下。

① 传统的生产浓硝酸流程要在 5MPa 压力下合成，且需要氧化，而此法是将氮氧化物气体、空气和稀硝酸在 $0.7\sim0.9$MPa 压力和 $45\sim65℃$ 温度下合成浓度为 85% 中等程度的硝酸，既不用氧化，又可省去高压泵及压缩机。由于操作压力低，腐蚀问题容易解决。

② 采用带有搅拌器的釜式反应器，气液接触剧烈，大大提高了合成反应的速度，从而加大生产强度。

③ 设有二氧化氮吸收塔，用 $80\%\sim90\%$ 的硝酸吸收二氧化氮制成发烟硝酸，然后在漂白塔中利用空气汽提，由于吸收和汽提是在相同压力下进行，故循环吸收过程所需的动力消耗较低。

④ 此外，流程中还设有分解冷凝塔，将浓度 50% HNO_3 与温度为 $125\sim150℃$ 的氮氧化物气体相接触，使稀硝酸分解产生一氧化氮和二氧化氮，与此同时氮氧化物气体中水分冷凝，将酸稀释为 35% HNO_3 的硝酸，将其送入稀硝酸精馏塔进行浓缩。这样既可提高氮氧化物气体浓度，又能除去过量的反应水，达到多产浓硝酸的目的。

3. 超共沸酸精馏生产浓硝酸工艺流程

工艺流程示意如图 12-9 所示。氨与空气在常压下进行氧化，反应生成的氮氧化物气体被冷却，控制冷凝酸浓度尽量低于 2%。氮氧化物气体进入氧化塔与 60% 硝酸逆流接触，发生如下反应：

$$2HNO_3 + NO \Longrightarrow 3NO_2 + H_2O$$

使一氧化氮氧化生成二氧化氮，而硝酸则还原为二氧化氮，从而增加了混合气体中二氧化氮的浓度。然后在氮氧化物气体中加入含二氧化氮的二次空气，并加压到 $0.6\sim1.3$MPa。这时氮氧化物气体分压较高，在第一吸收塔用共沸酸进行吸收，生成浓度为 80% HNO_3 的超共沸酸。氮氧化物气体经第一吸收塔吸收后，残余的二氧化氮经第二吸收塔进一步吸收，

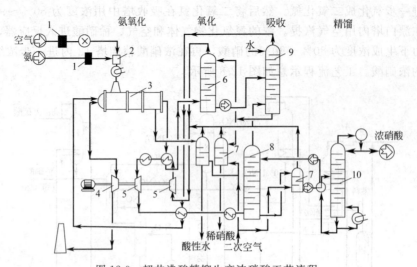

图 12-9　超共沸酸精馏生产浓硝酸工艺流程

1—过滤器；2—氨空气混合器；3—接触氧化器和废热锅炉；4—膨胀机；5—压缩机；

6—氧化塔；7—解析塔；8—第一吸收塔；9—第二吸收塔；10—超共沸酸精馏塔

经预热回收能量后排出。由第二吸收塔出来的含有二氧化氮的稀硝酸进入解吸塔，二氧化氮在此被二次空气吹出。超共沸酸用二次空气在解吸塔脱除二氧化氮后，送入精馏塔，在塔顶部得到浓硝酸，底部为近似共沸酸浓度的硝酸，此酸被循环再浓缩。

思考与练习

1. 氨催化氧化过程的反应有哪些，为何要采用催化？

2. 氨催化氧化催化剂有哪些种类？铂催化剂的成分一般有哪些？为何不采用纯铂？

3. 氨催化氧化的温度、压力、接触时间及气体组成是如何确定的？

4. 影响氨-空气混合气体爆炸极限的因素有哪些？如何影响？

5. 对氨氧化炉设计有何要求？

6. 一氧化氮氧化的反应有哪几个？什么条件有利于一氧化氮的氧化？

7. 氮氧化物吸收的反应有哪几个？什么条件有利于氮氧化物的吸收？

8. 生产稀硝酸吸收的尾气为何要进行处理后才能放空？有哪些方法？

9. 试述双加压法和中压法生产稀硝酸的工艺流程及各自优点。

10. 浓硝酸的生产有哪几种方法？

11. 由稀硝酸制造浓硝酸时需添加脱水剂，对脱水剂有何要求？

12. 超共沸酸精馏生产浓硝酸生产过程包括哪几个部分？

13. 试述硝酸镁法浓缩稀硝酸生产浓硝酸工艺流程。

14. 住友法直接合成生产浓硝酸工艺流程有何优点？

15. 把 1t 质量分数为 96% HNO_3 的浓硝酸稀释到质量分数为 20% HNO_3 的稀硝酸以供使用，需要加水多少吨？

16. 氨催化氧化制取硝酸时，如果氨催化氧化制一氧化氮工段的产率是 96%，一氧化氮制硝酸的产率是 92%，试问 10t 液氨可以制得质量分数为 55% HNO_3 的稀硝酸多少吨？

17. 质量分数为 50% HNO_3 的稀硝酸密度是 1.42g/cm³，问 400L 这样的稀硝酸溶液中含有多少千克的 HNO_3？如用质量分数为 96% HNO_3 的浓硝酸调配需要多少千克？

18. 以氨、空气、水为原料制取浓硝酸，年产 5 万吨质量分数为 96% HNO_3 的浓硝酸至少需要消耗液氨多少吨？

拓展知识之十一

我国硝酸生产技术发展历程与趋势

1. 稀硝酸工业

我国硝酸工业生产从常压法开始，20世纪50年代发展综合法，70年代发展中压法，80年代开始引进发展高压法和双加压法，生产工艺由全套国外引进到自主研发国产化逐步提升，时至今日国产化的双加压法已是硝酸产业生产技术的主流技术。

我国首次引进的双加压法硝酸装置为山西天脊集团，采用法国GP公司双加压法硝酸专利技术，单套日产902t硝酸（100%HNO_3）的两条生产线，于1987年8月进行投料试车，主要工艺指标和消耗定额达到原设计要求。该装置为全套国外引进，"四合一"机组（由轴流压缩机、氧化氮压缩机、尾气透平、蒸汽透平组成）为德国GHH公司制造。GP双加压法硝酸工艺兼有全中压法铂耗、氨耗低的优点和全高压法吸收率高、尾气中NO_x含量低的优点，在技术上是先进的、可靠的，在经济上是合理的。其后济南化肥厂于1990年建成一套日产350t的GP双加压硝酸装置，该装置除"四合一"机组为德国GHH公司制造外，其他设备全部为国内制造，该装置自试车以来工艺稳定，运行可靠，硝酸浓度达60%，尾气中$NO_x < 200 \times 10^{-6}$，各项指标达到设计要求。2000年云峰化学工业公司建成一套日产350t的GP双加压法硝酸装置，全部设备国产化，"四合一"机组为西安陕鼓动力股份有限公司制造。该装置自试车以来，基本能达到生产要求，但还存在一些不足，主要存在压缩机压力不足，尾气中NO_x浓度偏高等问题。2002年山西天脊集团又建成该公司第三套日产902t的GP双加压法硝酸装置，采用济南化肥厂模式，除"四合一"机组为从德国GHH公司引进外，其他设备全部国产化，自2003年2月试车投产以来，各项指标均达设计要求。2007年11月，中国第一套在满负荷生产条件下实现副产蒸汽自足、还能富余外供蒸汽的国产化双加压法硝酸装置诞生，标志着中国自己研制的国产硝酸装置完全能够替代进口，中国国内硝酸工业摆脱了对进口装备的依赖。自此我国的硝酸生产不再依托国外的装备，自主研发与创新，迅速发展开来。2011年1月10日，西安陕鼓动力股份有限公司分别与四川金象集团、贵州开磷集团共同签订了国产首套36万吨/年和27万吨/年硝酸"四合一机组"购销合同。国产首套36万吨/年机组合同的签约，打破了国外跨国公司长期在大型硝酸机组上的垄断地位，标志着我国大型硝酸机组国产化时代的到来，将进一步推动中国硝酸行业向大型化方向发展。

天津华景化工新技术开发有限公司最新开发的双加压法稀硝酸装置工艺技术是在天脊引进版和国外二手版的基础上吸取了国外最新版的技术优势，对关键设备（氧化炉和吸收塔等）及工艺流程等进行了较大的调整，解决了天脊引进版和国外二手版装置存在的各种问题，水平处于国际领先地位。该套工艺技术特点和优势如下：主要设备氧化炉-废热锅炉采用"拉芒特最新锅炉设计型式"，使氧化炉-废热锅炉达到最佳运行状态；吸收塔设计由两段冷却改为四段冷却，提高成品稀硝酸浓度到68%左右，降低尾气排放浓度，使之符合国家最新排放标准；设备布置紧凑、占地面积小、管路短；自产蒸汽量大、外送蒸汽量大；系统阻力的减小，可使四合一机组的运行达到最低功耗，提高尾气透平的做功能力，减少蒸汽透平的蒸汽消耗，做到工艺和机组的合理配置。此项技术在国外大规模工业化装置中的应用已经很成熟，为我国高浓度的双加压法生产稀硝酸起到了很大的推动作用。

目前各国硝酸工业的发展趋势是随着合成氨和硝酸磷肥的生产装置大型化而采用大机组、大装置，合理提高系统压力，提高产品浓度，降低原材料及能量的消耗，降低尾气排放浓度，以减少对大气的污染。而国内自主研发的生产设备和工艺也进一步推动了硝酸行业的发展，如西安陕鼓动力股份有限公司具有独立自主知识产权的"四合一"机组、天津华景化工新技术开发有限公司最新开发、先进的双加压法稀硝酸装置工艺技术等。双加压法稀硝酸生产工艺已成为我国硝酸工业发展的主导，使我国硝酸生产水平接近或达到世界先进水平。

总结我国现在硝酸工业的发展已形成了如下的趋势：

① 生产规模大型化，目前最大装置为2000t/d；

② 装置高压化，提高吸收率使稀硝酸产品浓度达到 $65\%\sim68\%$（质量）；

③ 产品多样化，可同时生产浓硝酸、稀硝酸两种产品；

④ 降低硝酸尾气 NO_x 排放量，大型双加压装置已实现了低于 150×10^{-6} 的指标，完全满足 GB 26131 硝酸工业污染物排放标准；

⑤ 催化剂不断改良，进一步提高氨催化氧化转化率；

⑥ 能量合理回收，降低单位硝酸产量能耗；

⑦ 总体技术提升。

2. 浓硝酸工业

随着双加压法稀硝酸生产工艺在我国的稳步发展同时，也带动了双加压间硝法（双加压法制取稀硝酸＋硝镁法脱水制取浓硝酸）浓硝酸生产工艺的发展。 双加压间硝法生产浓硝酸由于技术先进、经济合理、氧化容积小、铂耗较低、吸收容积小、吸收率高已经成为达到世界先进水平的硝酸工艺。 双加压间硝法生产浓硝酸尾气排放低于 200×10^{-6}，废水排放量极少，将"三废"处理于生产过程中成为产品，既减少了污染，又提高了装置运行经济效益。

由于目前我国现有浓硝酸生产方法主要以直硝法和双加压间硝法为主，双加压法稀硝酸生产工艺只推动了双加压法间硝法浓硝酸生产工艺的发展，并还没有带动到超共沸酸精馏法制取浓硝酸生产工艺。

从目前国外现有超共沸酸精馏法制取浓硝酸与国内普遍采用的双加压间硝法浓硝酸生产方法相比，有如下几点优势。

① 生产成本低　如按年产 120kt 浓硝酸计，投资可节省 20%，吨酸可变成本可降低约 100 元。

② 单套设备生产能力大　如我国稀硝酸装置单套生产能力已达到 270kt/a、360kt/a，而双加压间硝法浓硝酸装置单套生产能力只有 $20\sim25$kt/a，两者很不匹配。 超共沸酸精馏法可实现单套稀硝酸装置配单套浓硝酸装置一条龙生产，可大大提升浓硝酸生产水平，进一步节能降耗。

近些年来，随着双加压法稀硝酸生产工艺在国内的发展及耐硝酸高硅奥氏体不锈钢 KY 系列的材料在硝酸工业生产中的广泛应用，已基本具备了引进国外超共沸酸精馏法制取浓硝酸的工艺包、国内设计院实现工程化、建设整套装置的条件。 随着硝酸产能和产量不断增加，未来我国浓硝酸的发展呈现出规模化、自动化、技术先进化和上下游一体化的趋势。

随着国内双加压法制备稀硝酸生产工艺的改进完善，双加压间硝法生产浓硝酸将在我国硝酸行业取得大的发展，而超共沸酸精馏生产浓硝酸则是以后浓硝酸生产工艺的发展方向。

纯碱与烧碱生产

模块导言

纯碱与烧碱工业概貌

1. 纯碱工业概貌

纯碱是一种重要的基础工业原材料，广泛应用于建材、化工、轻工、冶金、医药等行业。2013 年我国纯碱产量已达 2540 万吨，到 2015 年控制纯碱产能在 3000 万吨以内。

纯碱的工业生产方法主要有氨碱法、联碱法和天然碱加工法 3 种，我国是世界仅有的 3 种生产方法并存的纯碱生产国家。氨碱法主要集中在渤海湾周边靠近大型盐场及青海地区；联碱法主要集中在西南、华南等地区；天然碱加工法主要集中在河南等地的天然碱资源区。

随着我国经济的发展、能源的紧缺以及环保要求的提高，纯碱工业对节能减排、提高产品质量会有更高的要求。工业和信息化部印发的"纯碱行业准入条件"要求：氨碱法生产轻质纯碱综合能耗不高于 370kg 标准煤/t 碱，氨耗不高于 3.5kg/t 碱，盐耗不高于 1500kg/t 碱（不包括海水含盐）；联碱法生产轻质纯碱综合能耗不高于 245kg 标准煤/t 碱，氨耗不高于 340kg/t 碱，盐耗不高于 1150kg/t 碱。天然碱法生产轻质纯碱综合能耗不高于 550kg 标准煤/t 碱。

2. 烧碱工业概貌

烧碱是一种重要的基础化工原材料，大部分消费领域在轻工、纺织和化工三大行业，其次是医药、冶金、稀土金属、石油、电力、水处理及军工等行业。

2003 以来我国氯碱工业高速发展，烧碱、PVC 等主要产品的产能和消费量已跃居世界第一。2012 年底，我国烧碱生产企业 200 多家，年烧碱总产能达到 3736 万吨，约占全球的40%。我国烧碱产能主要分布在山东、江苏、河南、内蒙古、新疆和浙江六省及自治区，产能合计占总产能的 59.4%。

作为我国化学工业领域重点行业之一，氯碱行业具有能源和资源消耗多、排污量大、可持续发展能力差的特点。在能源日益短缺、资源日渐枯竭的压力下，氯碱行业的发展与资源有效利用相协调显得越发重要。循环经济发展模式则是促进氯碱行业向清洁化、绿色化生产方向发展的有效途径，是实现经济稳步增长、迈向新型工业化道路的"绿色战略"，是实现氯碱行业的可持续发展的经济发展模式。

项目 十三

氨碱法制纯碱

项目导言

氨碱法生产纯碱历史悠久、技术成熟、能大规模连续化生产、机械化自动化程度高、产品的纯度高、质量好，占我国纯碱生产的半壁江山，尤其在沿海地区具有优势。本项目从石灰石的煅烧与石灰乳的制备、饱和氨盐水的制备、氨盐水的碳酸化、重碱的过滤和煅烧、氨的回收等方面介绍了氨碱法生产技术。

能力目标

1. 能依据纯碱生产原料及产品要求，选择合适的生产方法；
2. 能根据氨碱法制纯碱的原理分析，确定各工序的工艺条件；
3. 能根据氨碱法制纯碱各工序的工艺条件，进行工艺流程组织与运行；
4. 能进行氨碱法制纯碱各岗位正常操作及异常现象排除。

任务一　石灰石的煅烧与石灰乳的制备

一、纯碱的性质与用途

1. 纯碱的性质

纯碱化学式为 Na_2CO_3，俗名纯碱，又称苏打、碱灰，通常为白色粉末，高温下易分解，易溶于水，水溶液呈碱性，微溶于无水乙醇，不溶于丙醇。纯碱在潮湿的空气里会潮解，慢慢吸收二氧化碳和水，部分变为碳酸氢钠。

碳酸钠与水生成 $Na_2CO_3 \cdot 10H_2O$，$Na_2CO_3 \cdot 7H_2O$，$Na_2CO_3 \cdot H_2O$ 三种水合物，其中 $Na_2CO_3 \cdot H_2O$ 最为稳定，且溶于水的溶解热非常小，多应用于照相行业，商品名称碳氧。$Na_2CO_3 \cdot 10H_2O$ 又称晶碱或洗涤碱，溶于水时呈吸热反应，在空气中易风化。$Na_2CO_3 \cdot 7H_2O$ 不稳定，仅在 $32.5 \sim 36℃$ 范围内才能从碳酸钠饱和溶液中析出。

2. 纯碱的用途

纯碱是一种重要的基本化工原料，其年产量在一定程度上反映一个国家化学工业的发展水平。自 2003 年起，我国纯碱工业在世界上连续 10 年稳居第一，其中纯碱生产能力和产量均已占到世界总能力和总产量的 1/3 以上。2012 年全国的产量达 2403.9 万吨，同比增长 10.39%。

纯碱绝大部分用于工业，小部分为民用。在工业生产中，纯碱主要用于轻工、建材、化学工业，约占总用量的 2/3；其次是冶金、纺织、石油、国防、医药及其他工业。玻璃工业是纯碱的最大消费部门，每吨玻璃消耗纯碱 0.2t。在化学工业中，纯碱用于制取钠盐、金属碳酸盐、漂白剂、填料、洗涤剂、催化剂及染料等。在冶金工业中，纯碱可脱除硫和磷，用于选矿及铜、铅、镍、锡、铀、铝等金属的生产。在陶瓷工业中，纯碱用于制取耐火材料和釉。此外，工业气体脱硫、工业水处理、金属去脂、纤维素和纸的生产、肥皂制造等也需要纯碱。

二、氨碱法生产方法概述

1861 年，比利时人索尔维（Ernest Solvay）完成了氨碱法制碱的工艺与设备技术的全部研究，并实现了工业化，即所谓索尔维法或氨碱法。氨碱法是当今纯碱生产的主要方法之一，采用原盐、石灰石、焦碳、氨为主要原料，其示意流程如图 13-1。生产过程先将原盐溶化成饱和盐水，去杂，然后吸收氨制成氨盐水，再进行碳化得碳酸氢钠（又称重碱），过滤后煅烧而得纯碱。过滤后的氯化铵母液加入石灰乳反应并蒸馏回收氨再循环。石灰石煅烧所得石灰和二氧化碳分别用来分解母液中的氯化铵和碳化制碱。

主要化学反应如下：

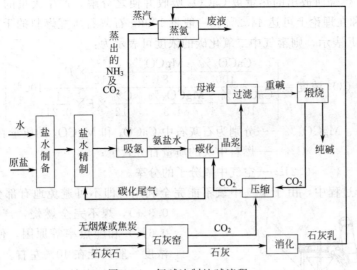

图 13-1　氨碱法制纯碱流程

$$CaCO_3 \longrightarrow CaO + CO_2 \uparrow \qquad (13-1)$$

$$CaO + H_2O \longrightarrow Ca(OH)_2 \qquad (13-2)$$

$$NaCl + NH_3 + CO_2 + H_2O \longrightarrow NaHCO_3 \downarrow + NH_4Cl \qquad (13-3)$$

$$2NaHCO_3 \longrightarrow Na_2CO_3 + CO_2(g) \uparrow + H_2O \qquad (13-4)$$

$$2NH_4Cl + Ca(OH)_2 \longrightarrow 2NH_3 + H_2O + CaCl_2 \qquad (13-5)$$

其优点是：技术成熟，设备基本定型；原料易得，价格低廉；过程中的 NH_3 循环使用，损失较少；能大规模连续化生产，机械化自动化程度高；产品的质量好，纯度高。

其缺点是：原料利用率低，主要是指 NaCl 的利用率低；废渣排放量大，污染环境严重，厂址选择有很大局限性；石灰制备和氨回收系统设备庞大，能耗较高，流程较长。

三、石灰石煅烧

氨盐水碳化过程需要大量的 CO_2，氨盐水精制和氨回收过程中又需要大量的石灰乳，因此煅烧石灰石制取 CO_2 和石灰，再用石灰消化制成石灰乳，成为氨法制纯碱中必不可少的准备工序。

1. 石灰石煅烧的基本原理

（1）反应的化学平衡与理论分解温度　石灰石的主要成分是 $CaCO_3$，来源丰富，优质石灰石的 $CaCO_3$ 含量在 95% 左右，杂质主要是 $MgCO_3$，另含少量 SiO_2、Fe_2O_3、及 Al_2O_3。石灰石经煤煅烧受热分解主要反应为：

$$CaCO_3(s) \longrightarrow CaO(s) + CO_2(g) \qquad \Delta H = 179.6 kJ/mol \qquad (13-6)$$

这是一体积增加的可逆吸热反应，温度超过 600℃时，石灰石即开始分解，但 CO_2 的分压极低；当温度达到 898℃，CO_2 分压达到 0.1MPa 时，即是 $CaCO_3$ 在 1atm 下的理论分解温度。

石灰石的分解速度从理论上与其块状的大小无关，提高温度有利于使 $CaCO_3$ 迅速分解和分解完全。但其温度也不宜过高，否则会造成石灰石烧结或过烧，部分灰渣熔结等不利影响。生产中一般控制在 950~1200℃。

（2）窑气中 CO_2 浓度的计算　石灰石煅烧后，产生的气体统称为窑气，碳酸钙分解的热量由焦碳或煤燃烧提供。首先是由燃料与空气中的氧反应生产 CO_2 和 N_2 的混合气，并放

223

出大量的热量，燃烧所放出的热量被 $CaCO_3$ 吸收并使之分解，产生大量的 CO_2，两反应所产生的 CO_2 之和在理论上可达 44.2%。一般将 100kg 石灰石所配燃料的千克数称为"配焦率"，并以符号 F 表示，则窑气中二氧化碳的浓度可表示为：

$$CO_2\text{浓度} = \left[\frac{\dfrac{CaCO_3\%}{100} + \dfrac{MgCO_3\%}{84.3} + \dfrac{C\%}{12} \times F}{\dfrac{CaCO_3\%}{100} + \dfrac{MgCO_3\%}{84.3} + \dfrac{C\%}{12} \times F \times \dfrac{1}{0.21}} 100\% \right] \tag{13-7}$$

式中　$CaCO_3\%$、$MgCO_3\%$——分别为石灰石中 $CaCO_3$ 和 $MgCO_3$ 的质量百分含量；

　　　　$C\%$——燃料中炭的质量百分含量；

　　　　0.21——空气中氧分子的分率。

　　但实际生产过程中，由于空气中氧不能完全利用，即不可避免地有部分残氧（一般约 0.3%），煤不完全燃烧，产生部分 CO（约 0.6%）和配焦率等原因，使窑气中的 CO_2 浓度一般只能在 40% 左右。

2. 石灰窑的结构

石灰窑的形式很多，目前采用最多的是连续操作的竖窑。固体燃料与石灰石一同从顶部用料斗车加入，或石灰石从顶部加入，燃气从窑外通入，前者称混料竖窑，后者称气体窑。混料竖窑具有生产能力大、上料、下灰完全机械化，窑气中 CO_2 浓度高，热利用率高，石灰产品质量好等优点，因而被广泛采用。石灰窑（竖窑）的结构如图13-2。

窑身用普通砖砌或钢板卷焊而制成，内衬耐火砖。空气由鼓风机从窑下部送入窑内。石灰石和固体燃料由窑顶装入，在窑内自上而下运动，经过预热、煅烧和冷却三个区。预热区位于窑上部的 1/4 处，由煅烧区上升的热窑气对石灰石和燃料进行预热和干燥。热窑气将自身的热量传给炉料的同时，其温度降至 150℃ 左右后从窑顶排出。煅烧区位于窑的中部，约占窑高的 1/2，为避免过烧和结瘤，该区温度不得超过 1200℃。冷

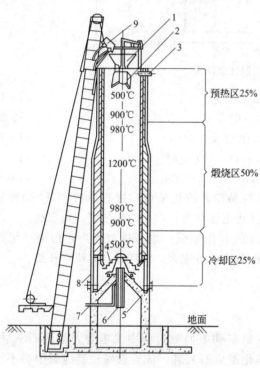

图 13-2　石灰窑的结构

1—漏斗；2—分石器；3—出气口；4—出灰转盘；

5—四周风道；6—中央风道；7—吊石罐；

8—出灰口；9—风压表接管

却区位于窑的下部，约占窑高的1/4，其主要作用是预热进窑空气，并使石灰冷却至 80℃，既回收了热能又保护了炉箅。

3. 石灰窑的工艺控制指标

石灰窑的工艺控制指标主要有生产能力、生产强度、碳酸钙分解率、热效率。

（1）石灰窑的生产能力　即石灰窑每天煅烧石灰石的质量，以 Q 表示。

$$Q = 24Br/Z(t/d) \tag{13-8}$$

式中　B——石灰石的有效容积，m^3；

　　　　r——石灰石的堆积密度，t/m^3；

　　　　Z——石灰石在窑内的停留时间，h。

（2）石灰石的生产强度 通常以石灰窑的单位截面积上每天生产石灰的质量表示。

$$W=\frac{每日投入石灰石的质量\times A}{窑的横截面积}t/(m^2\cdot d) \tag{13-9}$$

式中 A——石灰的生成率，即每千克石灰石经煅烧得到石灰的质量，kg。

（3）碳酸钙分解率 窑内碳酸钙分解为氧化钙的百分数。

$$\phi=\left[\frac{a}{56}\Big/\left(\frac{a}{56}+\frac{b}{100}\right)\right]\times100\% \tag{13-10}$$

式中 a——每 100kg 生石灰中含氧化钙的质量，kg；

b——每 100kg 生石灰中含碳酸钙的质量，kg。

通常，石灰窑内碳酸钙的分解率在 94%～96% 之间。

（4）石灰窑的热效率 用于分解碳酸钙的热量与燃料所放出的总热量之比，以 η 表示。由于热量损失，石灰窑的热效率在 75%～80% 之间。

4. 石灰窑操作控制要点

石灰窑正常操作最主要的控制要点是保持窑内温度的分布正常与稳定，同时为了避免空气进入，冲稀 CO_2 气体的浓度，分解压力取微正压即可。为了获得好的石灰质量，要求石灰石块的大小均匀，其块径在 110～180mm 之间，过小则使其通风不良，过大则不宜烧透。此外，生产中还应注意燃料配比均匀；所产窑气及时排出；烧好的石灰随时取出，以保持窑温的稳定。

石灰窑正常生产时，从窑顶排出的窑气成分一般为 40%～42% CO_2，0.2%～0.3% O_2，0.1%～0.3% CO，其余为 N_2，温度约为 150℃。窑气中还含有一定数量的固体粉尘，因此气体出窑之后经过洗涤塔洗尘降温，再入压缩机压缩后送碳化工序。

四、石灰乳的制备

1. 石灰乳制备的基本原理

把石灰窑排出的成品石灰加水进行消化得到氢氧化钙，其化学反应为：

$$CaO(s)+H_2O\longrightarrow Ca(OH)_2(aq)\quad \Delta H=-64.9kJ/mol \tag{13-11}$$

石灰消化是放热反应，消化时因加水量不同可得到消石灰，石灰膏（稠厚而不流动的膏），石灰乳和石灰水，氨碱法生产过程采用石灰乳。

2. 石灰乳制备的工艺条件分析

氢氧化钙在水中溶解度很低，且随温度升高而降低，其关系如图 13-3。石灰的消化速度与石灰石的煅烧时间，石灰所含的杂质，消化用水温度以及石灰颗粒大小等因素有关。石灰石煅烧温度过高所得过烧石灰很难消化，石灰消化时间与煅烧温度关系如图 13-4。石灰所含的杂质过多以及存放时间较长时，都会使消化速度减慢。

石灰乳较稠，对生产有利，但其粘度随稠厚程度升高而增加。太稠则易沉降和阻塞管道及设备。一般工业上制取和使用的石灰乳中含活性氧化钙约 8～11mol/L，相对密度约为 1.17～1.27。

3. 石灰乳制备的工艺流程组织及操作

石灰消化系统的工艺流程如图 13-5。

化灰机（又称消化机）为卧式回转圆筒，出口端向下倾斜。石灰和水从上端加入，互相混合反应。圆筒内装有许多螺旋形式排列的角铁，在转动过程中使石灰与水充分接触反应的同时，并呈螺旋状推动物料前进。物料从出口端流出后入两层振动筛。石灰乳从筛孔流下入石灰乳桶，剩下的未消化石灰与杂渣从筛面上流入螺旋洗砂机，经洗砂机再次洗涤后，洗水返回消化机入口，废渣（砂）排弃。

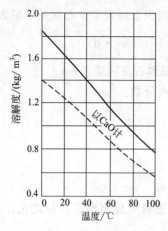

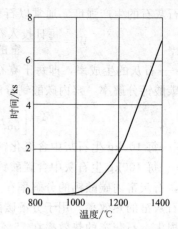

图 13-3　氢氧化钙在水中的溶解度　　　　图 13-4　石灰消化时间与煅烧温度的关系

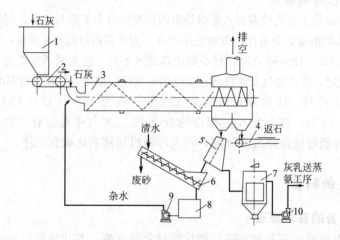

图 13-5　石灰消化系统的工艺流程

1—灰包；2—链板机；3—化灰机；4—返石皮带；5—振动筛；6—螺旋洗砂机；
7—灰乳桶；8—杂水桶；9—杂水泵；10—灰乳泵

任务二　饱和盐水的制备与精制

一、饱和盐水的制备

氨碱法用的饱和盐水可来自海盐、池盐、岩盐、井盐水和盐湖水等。NaCl 的溶解度随温度变化不大，在室温下为 $315kg/m^3$。工业上饱和盐水因含有钙镁等杂质而在 $300kg/m^3$ 左右。

制饱和盐水的化盐桶桶底有带嘴的水管，水自下而上溶解食盐成饱和盐水。从桶上部溢流而出，化盐用的水来自碱厂各处的洗涤水。

二、盐水的精制

1. 盐水精制的原理

盐水精制的主要任务是除去粗饱和盐水中的钙、镁杂质。虽然这两种杂质在原料中的含量并不大，但在纯碱生产过程中会与 NH_3 和 CO_2 生成复盐的结晶沉淀，不仅消耗了原料 NH_3 和 CO_2，沉淀物还会堵塞设备和管道。同时，这些杂质将导致产品纯度降低。因此，生产中须进行盐水精制。精制盐水的方法目前主要有两种：即石灰-碳酸铵法和石灰-纯碱法。

(1) 石灰-碳酸铵法　用石灰除去盐中的镁（Mg^{2+}），反应如下：

$$Mg^{2+} + Ca(OH)_2(s) \longrightarrow Mg(OH)_2(s) + Ca^{2+} \tag{13-12}$$

上述溶液送入除钙塔中，用碳化塔顶部尾气中的 NH_3 和 CO_2 再除去 Ca^{2+}，其化学反应为：

$$2NH_3 + CO_2 + H_2O + Ca^{2+} \longrightarrow CaCO_3(s) + 2NH_4^+ \tag{13-13}$$

(2) 石灰-纯碱法　除镁的方法与石灰-碳酸铵法相同，除钙则采用纯碱法，其反应如下：

$$Na_2CO_3 + Ca^{2+} \longrightarrow CaCO_3(s) + 2Na^+ \tag{13-14}$$

2. 盐水精制工艺流程的组织及操作控制

(1) 石灰-碳酸铵法工艺流程　石灰-碳酸铵法适合于含镁较高的海盐，由于利用了碳化尾气，成本较低。但此法具有溶液中氯化铵含量较高的缺点，并使氨耗增大，氯化钠的利用率下降，工艺流程复杂。我国氨碱法技术路线多数采用此法。其流程如图13-6。除镁时一般溶液的 pH 控制在 10~11，若需加速沉淀出 $Mg(OH)_2$ 时，也可适当加入絮凝剂。除钙塔基本构造如图13-7所示，分为两部分，均由带菌帽塔板的铸铁塔节组成。气体从塔底经菌帽齿缝后与溶液充分接触，在上部用水洗涤后排空，洗涤水送去溶盐。为了加速沉降过程，可加适当助沉剂，使形成絮状沉淀。

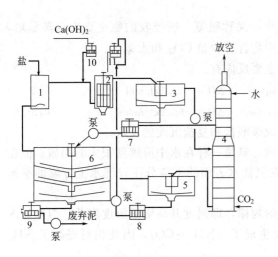

图13-6　石灰-碳酸铵法盐水精制流程

1—化盐桶；2—反应罐；3—一次澄清桶；4—除钙塔；

5—二次澄清桶；6—洗泥桶；7—一次盐泥罐；8—二次

盐泥罐；9—废泥罐；10—石灰乳桶；11—加泥罐

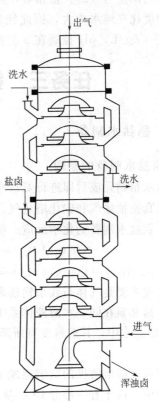

图13-7　除钙塔基本构造

（2）石灰-纯碱法工艺流程　石灰-纯碱法除钙的同时不生成铵盐而生成钠盐，因此不存在降低 NaCl 转化率的问题。该法除钙镁的沉淀过程是一次进行的。其优点是操作简单、劳动条件好、精制度高，缺点是消耗纯碱。其工艺流程如图 13-8。

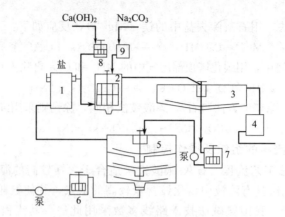

图 13-8　石灰-纯碱法盐水精制流程
1—化盐桶；2—反应罐；3—澄清桶；4—精盐水贮槽；5—洗泥桶；6—废泥罐；
7—澄清泥罐；8—灰乳贮槽；9—纯碱贮槽

石灰的用量与镁的含量相等，而纯碱的用量为钙镁含量之和。由于 $CaCO_3$ 在饱和盐水中的溶解度比在纯水中大，因此纯碱用量应稍大于理论用量，一般控制纯碱过量 0.8g/L，石灰过量 0.5g/L，pH 控制在 9 左右。

任务三　氨盐水的制备与碳酸化

一、氨盐水制备

1. 氨盐水制备的原理

在盐水精制完成后即进行氨盐水的制备工序，又称吸氨。所吸收的氨主要来自蒸氨塔，其次还有真空抽滤气和碳化塔尾气。这些气体中均含有少量 CO_2 和水蒸气。

（1）氨盐水制备的化学反应　吸氨过程的主要反应有：

$$NH_3(g) + H_2O \Longrightarrow NH_4OH(aq) \qquad \Delta H = -35.2kJ/mol \qquad (13-15)$$

$$2NH_3(g) + CO_2(g) + H_2O \Longrightarrow (NH_4)_2CO_3(aq) \qquad \Delta H = -95.2kJ/mol \qquad (13-16)$$

副反应主要是气体与残余钙镁离子反应生成碳酸盐和复盐沉淀的反应。

（2）盐和氨在同一水溶液体系中的相互影响　氨是一种在水中溶解度很大的物质，但在含 NaCl 的盐水中，其溶解度有所降低，表现在氨盐水表面的平衡分压较纯水上方氨的平衡分压大。

温度对氨的溶解度的影响遵循于一般气体的规律，即温度升高则溶解度降低。但在盐水吸氨过程中，由于有一部分 CO_2 参与了反应而生成了 $(NH_4)_2CO_3$，因此相对提高了 NH_3 在盐水中的溶解度。

（3）氨盐水制备过程中的热效应　吸氨过程中放出大量的热量，反应放热较多，每千克氨吸收成氨盐水可放热 4280kJ。其中包括 NH_3 和 CO_2 溶解于水中的溶解热，NH_3 与 CO_2 的反应热，水蒸气在吸收过程冷凝成水的显热和潜热。这些热量如果不及时移出系统，将导致溶液温度升高而影响 NH_3 的吸收,严重时会使吸收氨的过程停止。因此从某种意义上讲,吸氨过程中的工艺和设备主要是以冷却方式和效果为出发点。其冷却效果越好,则氨的吸收越完全,设备的利用率也越高。

另外,吸氨过程中,由于气氨进入液相,使溶液的体积增大,密度降低,加之气相中部分水蒸气冷凝进入液相,增加了溶液的量,稀释了饱和盐水。吸氨后溶液的体积总体表现增加 13% 左右。

2. 氨盐水制备的工艺条件优化

(1) $NH_3/NaCl$ 比的选择　为获得较高浓度的氨盐水,使设备利用和吸收效果好,原料利用率高,必须选择适当的 $NH_3/NaCl$ 比值。根据碳酸化反应过程的要求,理论上 $NH_3/NaCl$ 之比应为 1:1(摩尔)。而生产实践中 $NH_3/NaCl$ 的比为 $1.08\sim1.12$,即氨稍有过量,以补偿在碳化过程的氨损失。

(2) 温度的选择　盐水进吸氨塔之前需冷至 $25\sim30℃$,自蒸氨塔来的氨气也先经冷却后再进吸氨塔。低温有利盐水吸 NH_3,也有利于降低氨气夹带的水蒸气含量,降低对盐水的稀释程度。但温度也不宜太低,否则会生成 $(NH_4)_2CO_3\cdot H_2O$、NH_4HCO_3 等结晶堵塞管道和设备。实际生产中一般控制在 $55\sim60℃$。

(3) 吸收塔内压力　为了防止和减少吸氨系统的泄漏,加速蒸氨塔中 CO_2 和 NH_3 的蒸出,提高蒸 NH_3 效率和塔的生产能力,减少蒸汽用量,吸氨操作是在微负压条件下进行,其压力大小以不妨碍盐水下流为限。

3. 氨盐水制备工艺流程的组织

吸氨工艺流程与主要设备如图 13-9。

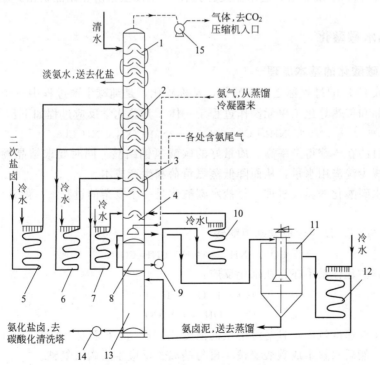

图 13-9　氨盐水制备工艺流程

净氨塔;2—洗氨塔;3—中段吸氨塔;4—下段吸氨塔;5~7,10,12—冷却排管;8—循环段贮桶;9—循环泵;11—澄清桶;13—氨盐水贮桶;14—氨盐水泵;15—真空泵

常用吸氨塔为多段铸铁单泡罩塔，氨从吸氨塔中部引入，引入处反应剧烈，如不及时移走热量，可使系统温度升高到 95℃。所以部分吸氨液要循环冷却后继续吸氨，上部各段都有溶液冷却循环以保证塔内温度使塔中部温度为 60℃，底部为 30℃。澄清桶的目的是除去少量钙镁盐沉淀，达到杂质含量少于 0.1kg/m³ 的标准。操作压力略低于大气压，减少氨损失和循环氨引入。

4. 吸氨工序的及操作控制要点

（1）开停塔的操作控制要点

① 认真观察各处温度、液面、真空的变化情况。

② 加强分析与调节，使操作尽快转入正常状态。

③ 开塔时为了防止成品氨盐水含铁量高，开塔初期氨盐水硫分应控制在指标上限。

④ 停塔时因吸收循环系统流程的改变，停循环泵必须在加二次盐水之前停止，以免成品氨盐水含氨过低。

（2）正常操作的操作控制要点

① 经常观察技术操作条件是否正常，以便及时调节，维持正常状态。

② 经常检查净氨洗水含 NH_3 情况，做到及时调节。

③ 早、中班放澄清桶氨盐泥 1 次（特殊情况可增加放泥次数）。

④ 加强有关岗位联系，相互配合，在操作中要求安全、平稳，尽量减少波动，发现问题及时处理，不要以小积大，造成大幅度波动影响生产。

⑤ 二次盐水需要大减时，要及时通知盐水工序泵房岗位减量，以免换热器、管线及泵超压。

⑥ 经常检查和调节换热器，进水温度保持在 20℃以上，防止结晶析出，堵塞设备。

二、氨盐水碳酸化

1. 氨盐水碳酸化的基本原理

氨盐水吸收 CO_2 的过程称之为碳酸化，又称碳化，是纯碱生产过程中一个重要的工序，它集吸收、结晶和传热等化工单元操作过程于一体。其总化学反应过程如下：

$$NaCl+NH_3+CO_2+H_2O \Longrightarrow NaHCO_3 \downarrow +NH_4Cl \qquad (13-17)$$

碳酸化的目的在于获得产率高、质量好的碳酸氢钠结晶。同时要求结晶颗粒大而均匀，便于分离，以减少洗涤用水量，从而降低蒸氨负荷和生产成本。

（1）氨盐水碳酸化的反应机理　氨盐水碳酸化是一个复杂的过程，一般认为其反应机理分为三步。

① 氨盐水与 CO_2 反应生成氨基甲酸铵

$$CO_2+2NH_3 \Longrightarrow NH_4^+ +NH_2COO^- \qquad (13-18)$$

在氨盐水碳酸化体系中还存在水化反应：

$$CO_2+H_2O \Longrightarrow H_2CO_3 \qquad (13-19)$$

$$CO_2+OH^- \Longrightarrow HCO_3^- \qquad (13-20)$$

由于水化反应速度较慢，且溶液中氨的浓度比 OH^- 离子浓度大很多，所以反应主要生成氨基甲酸铵。然后水解生成碳酸氢铵，再与钠离子反应生成碳酸氢钠。

② 氨基甲酸铵水解

氨基甲酸铵水解反应为：

$$NH_2COO^- +H_2O \Longrightarrow HCO_3^- +NH_3 \qquad (13-21)$$

氨基甲酸铵水解速度很慢，生成的氨可继续进行碳酸化过程。碳酸氢盐也存在下述反应：

$$HCO_3^- \rightleftharpoons H^+ + CO_3^{2-} \tag{13-22}$$

在 pH 值为 $8\sim10.5$ 时主要形成 HCO_3^-，碱性更强时主要生成 CO_3^{2-}。

③ 复分解析出碳酸氢钠结晶　当碳化过程进行到一定程度时，溶液中的 HCO_3^- 浓度积累到相当高以后，与 Na^+ 浓度乘积超过该温度下的溶度积，则有结晶产生：

$$Na^+ + HCO_3^- \rightleftharpoons NaHCO_3 \downarrow \tag{13-23}$$

（2）氨盐水碳化过程相图分析　氨盐水溶液吸收二氧化碳并使之饱和及其形成 $NaHCO_3$ 沉淀的过程所组成的系统是一个复杂的多相变化系统。该系统由 NH_4Cl、$NaCl$、NH_4HCO_3、$NaHCO_3$、$(NH_4)_2CO_3$ 等盐的溶液及结晶所组成，这一系统在碳化塔底部固液接近相平衡。因此可以采用固液体系相图的分析来判断原料的利用率。

图 13-10 是氨盐水碳化过程的四元水盐体系等温相图。图中，A、B、C、D 分别为四种单组分盐的水溶液。P_2 点为 $NaHCO_3$、$NaCl$ 和 NH_4Cl 三种盐共饱和结晶点，P_1 为 $NaHCO_3$、NH_4HCO_3、NH_4Cl 三种盐共饱和结晶点。AC 联线上任何一点即为原始液组成点，故称之为原始液组成点线。$P_2\mathrm{I}$ 为 $NaHCO_3$ 和 $NaCl$ 两种盐的共饱和线，$P_2\mathrm{II}$ 为 $NaCl$ 和 NH_4Cl 两种盐的共饱和线，P_2P_1 为 $NaHCO_3$ 和 NH_4Cl 两种盐的共饱和线，$P_1\mathrm{III}$ 为 NH_4Cl 和 NH_4HCO_3 两种盐的共饱和线，$P_1\mathrm{IV}$ 为 $NaHCO_3$ 和 NH_4HCO_3 两种盐的共饱和线。$\mathrm{I}EP_2P_1F\mathrm{IV}B\mathrm{I}$ 所构成的面为 $NaHCO_3$ 饱和面，$\mathrm{I}A\mathrm{II}P_2E\mathrm{I}$ 面为 $NaCl$ 的饱和面，$P_2P_1\mathrm{III}D\mathrm{II}P_2$ 面为 NH_4Cl 饱和面，$P_1F\mathrm{IV}C\mathrm{III}P_1$ 面为 NH_4HCO_3 饱和面。生产中只对 $NaHCO_3$ 的饱和结晶面 EP_2P_1FE 所包含的区域感兴趣，也就是说只有在此区域内讨论的结果才对生产有意义。

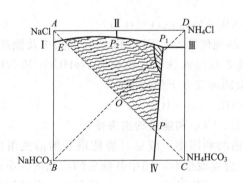

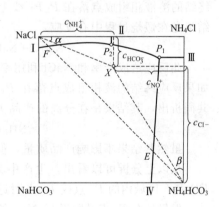

图 13-10　$Na^+ \cdot NH_4^+ /\!/ Cl^- \cdot HCO_3^- \, H_2O$ 体系等温相图　　　图 13-11　钠、氨利用率图解分析

在计算原料的利用率时，可以把 $NaCl$ 和 NH_4HCO_3 看作原料，即氯化钠和氨是原料利用率中重点讨论的物质。在实际生产和计算时，用钠的利用率表示氯化钠的利用率 $U(Na)$：

$$U(Na) = \frac{\text{生成 } NaHCO_3 \text{ 固体的量}}{\text{原料 } NaCl \text{ 的量}} \tag{13-24}$$

同理，氨的利用率表示为 $U(NH_3)$：

$$U(NH_3) = \frac{\text{生成 } NH_4Cl \text{ 固体的量}}{\text{原料 } NH_4HCO_3 \text{ 的量}} \tag{13-25}$$

用图 13-11 可对 $U(Na)$ 和 $U(NH_3)$ 进行图解分析。由于 Cl^- 的总量在整个过程中不发生变化，即可认为相当于原始 $NaCl$ 的摩尔值（当量）。而 Na^+ 大部分参加化学反应生成了 $NaHCO_3$ 并形成结晶固相，而仍留在液相中的 Na^+ 的量 $c[Na^+]$ 可认为是没有参与化学反应的 NaCl 的量。因此，氯化钠的利用率可写为：

$$U(Na) = \frac{[Cl^-] - [Na^+]}{[Cl^-]} = 1 - \frac{[Na^+]}{[Cl^-]} \qquad (13-26)$$

同理，$c[NH_4^+]$ 在溶液中从开始到结束也是不减少的（假定过程中无机械损失），则 HCO_3^- 由于不断地生成了固体 $NaHCO_3$ 而减少，在液相中留下来的 HCO_3^- 即可表示为没有参加反应的 NH_4HCO_3 的量。所以，氨的利用率可写为：

$$U(NH_3) = \frac{[NH_4^+] - [HCO_3^-]}{[NH_4^+]} = 1 - \frac{[HCO_3^-]}{[NH_4^+]} \qquad (13-27)$$

由图 13-11 还可以看出，在 $NaHCO_3$ 结晶区任意一点 X，其 $U(Na)$ 和 $U(NH_3)$ 可分别写为：

$$U(Na) = 1 - \frac{[Na^+]}{[Cl^-]} = 1 - \tan\beta \qquad (13-28)$$

$$U(NH_3) = 1 - \frac{[HCO_3^-]}{[NH_4^+]} = 1 - \tan\alpha \qquad (13-29)$$

β，α 角均小于 $45°$，所以当 β 角减少时，$\tan\beta$ 也减少，即 $U(Na)$ 值增大。在 $NaHCO_3$ 结晶区，当反应终结，溶液的组成点落在 P_1 点时，β 最小，则 $U(Na)$ 值最大；当溶液组成点落在 P_2 点时，α 最小，则 $U(NH_3)$ 最大。由此可推得：对于 $U(Na)$，$E < P_2 < P_1 < F$；对于 $U(NH_3)$，$E < P_2 > P_1 < F$。

当反应终结溶液的组成点只有落在 EP_2P_1F 区域内才有工业生产意义并保证产品质量。否则，会因反应终点不同而使产品的质量降低和原材料消耗增加。如果反应终结溶液的组成点落在 ⅠP_2 线上或越过此线，则有 NaCl 与 $NaHCO_3$ 共同析出或只有 NaCl 析出。如果反应终结的溶液相组成点落在 P_2P_1 线上或越过此线，则会有 NH_4Cl 与 $NaHCO_3$ 共同析出，其结果是在煅烧过程中有反应：

$$NH_4Cl + NaHCO_3 \Longrightarrow NH_3 + NaCl + CO_2 + H_2O \qquad (13-30)$$

此反应造成产率和 NaCl 利用率下降，产品纯度降低，NH_3 和 CO_3 的损失及能耗增加。如果反应终结的液相组成点落在 P_1Ⅳ 线上或者越过此线时，则会有 $NaHCO_3$ 和 NH_4CO_3 共同析出，其结果是在分离的产品去煅烧时会同时发生下列反应：

$$NH_4HCO_3 \Longrightarrow NH_3 + CO_2 + H_2O \qquad (13-31)$$

虽然其结果不影响产品质量，但使得 NH_3、CO_2 和能量的损失增大。

从以上分析可以看出，生产中为了提高钠的利用率，应尽可能使塔底的溶液组成落在 EP_2P_1F 区域内的 P_1 点或 P_1 点附近为最佳。温度改变时，图中各物质的结晶区大小有所变化。但仍是在 P_1 点及附近 $U(Na)$ 的值最大，P_2 点及附近 $U(NH_3)$ 值最大。实验证明，塔底温度在 $32℃$ 时是最佳操作温度，此时 $U(Na) = 84\%$，是氨碱法生产纯碱的最高钠利用率。

2. 氨盐水碳化的工艺条件

(1) 碳化度　生产中用碳化度 R 表示氨盐水吸收 CO_2 的程度，其表达式为

$$R = \frac{溶液中全部 CO_2 浓度}{总氨浓度} \qquad (13-32)$$

在碳化过程中所吸收的全部 CO_2 是指形成产品 $NaHCO_3$ 中的 CO_2 和水溶液中游离的所有 CO_2 之和。碳化度的理论值可以达到 200%。而实际生产中，由于碳化过程中所吸收的 CO_2 部分成为产品 $NaHCO_3$ 结晶析出，另一部分则留在母液中。在分析时以 c_{CO_2} 表示母液中 CO_2 的浓度，由于生成一个分子的 $NaHCO_3$ 时产生一个分子的结合氨（NH_4Cl，其浓度表示为 c_{NH_3}），可用 c_{NH_3} 表示析出产品带走的 CO_2。因此，总的碳化度为：

$$R=\frac{[c_{CO_2}]+2[c_{NH_3}]}{T_{NH_3}} \tag{13-33}$$

式中　T_{NH_3}——溶液中总氨的浓度。

在适当的氨盐水组成条件下，R 值越大，则 NH_3 转变成 NH_4HCO_3 越完全，$NaCl$ 的利用率 $U(Na)$ 越高。生产上尽量提高 R 值以达到提高 $U(Na)$ 的目的，但受多种因素和条件的限制，实际生产中的碳化度一般只能达到 $180\%\sim190\%$。

(2) 原始氨盐水溶液的理论适宜组成　所谓理论适宜组成即在一定温度和压力条件下，塔内达到固液平衡时，液相的组成点落在 P_1 点时的原始溶液组成，此时钠的利用率最高。从图 13-12 可以看出，该原始溶液组成点应在 P_1 和 B 连线与 $NaCl$ 和 NH_4HCO_3 原始溶液组成线 AC 的交叉点上，即 T 点。

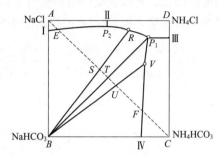

图 13-12　原始溶液适宜组成图

实际生产中，原始氨盐水的组成不可能达到最适宜的浓度，即 T 点。其原因是饱和盐水吸氨过程中被氨夹带的水稀释，相对使 $NH_3/NaCl$ 摩尔比提高；另外，生产中为防止碳化塔尾气的带氨损失，须保障 $NH_3/NaCl$ 摩尔比过量，其值为 $1.08\sim1.12$。因此，最终液相的组成点也不可能落在 P_1 点，而只能在靠近 P_1 点的 $NaHCO_3$ 结晶区内。

(3) 影响 $NaHCO_3$ 结晶的因素　$NaHCO_3$ 在碳化塔中生成并结晶成重碱。结晶的颗粒越大，则有利于过滤、洗涤，所得产品含水量低，收率高，煅烧成品纯碱的质量好。因此，碳酸氢钠结晶在纯碱生产过程中对产品的质量有决定性的意义。$NaHCO_3$ 结晶的大小、结晶的快慢与溶液的过饱和度有关，过饱和度又与温度有关。因此，温度和过饱和度成为影响 $NaHCO_3$ 结晶的重要因素。

① 温度　碳化反应是放热反应，将使进塔液沿塔下降的过程由 30℃ 逐步升高至 60～65℃。温度越高，则 $NaHCO_3$ 溶解度越大，形成的晶粒越少，而晶粒越大。当结晶析出后再逐步降温，有利于 CO_2 的吸收和提高放热反应的平衡转化率，析出更多的结晶，提高产率和钠的利用率；更重要的是可使晶体长大，产品质量得以保证。此时，降温过程特别应注意降温速度，在较高温度条件下应适当维持一段时间，以保证足够的晶核生成。时间太短则晶粒尚未生成或生成的太少，会导致过饱和度增大，出现细小晶粒，甚至在取出时不能长大。时间太长则导致后来降温速度太快，使过饱和度加快，易于生成细晶，不利于过滤。一般液体在塔内的停留时间为 $1.5\sim2h$，出塔温度约为 20～28℃。

碳化过程的温度控制：在开始时在塔的顶部液相反应温度逐步升高，中部（约塔高的 2/3 处）温度达到最高，再往下温度开始降低，但降温速度不易太快，以保持过饱和度的稳定；在塔的下部至接连底部的一段塔高内，降温速度可以稍快一些，因为此时反应速度已经很慢，其过饱度不大，降低温度可以提高产率。从保证质量、提高产量的角度出发，塔内的温度分布应为上、中、下依次为低、高、低为宜。

② 添加晶种　当碳化过程中溶液达到饱和甚至稍过饱和时，并无结晶析出，但在此时若加入少量固体杂质，就可以使溶质以固体杂质为核心，长大而析出晶体。在 $NaHCO_3$ 生产中，就是采用往饱和溶液内加晶种并使之长大的办法来提高产量和质量的。

应用此方法时应注意两点：一是加晶种的部位和时间，晶种应加在饱和或过饱和溶液中。如果加入过早，其晶种会被溶解，过迟则溶液自身已自发结晶，再加晶种失去了作用。因此晶种应适时加入，细小的先被溶解而促进溶液达到饱和，再析出的新的固体就可以生长在未溶解的晶种上，并长成大而均匀的结晶颗粒。二是加入晶种的量要适当。如果加入晶种过多，则结晶中心过多，使晶种长大的效果不明显，设备的生产能力反而下降。如果加入的量过少，则又不能起到晶种的作用，仍需溶液自身析出晶体作为结晶中心，因此质量难以提高。

另外，也有少数企业采用加入少量表面活性剂的方法使晶粒长大，效果也较好。

3. 碳酸化工艺流程的组织

（1）碳酸化的典型工艺流程　如图 13-13 所示，氨盐水经泵送往清洗塔 6a 的上部，窑气经清洗气压缩机及分离器送入清洗塔 6a 的底部，以溶解塔中的疤垢并初步对氨盐水进行碳酸化。后经气升输卤器送入制碱塔 6b 的上部。窑气经中段气压缩机及中段气冷却塔送入制碱塔中部，重碱煅烧所得炉气（又称锅气）经下段压缩机及下段冷却塔送入制碱塔下部。碳酸化后晶浆，由碳化塔下部靠塔内压力与液位自流入过滤工序碱液槽中。

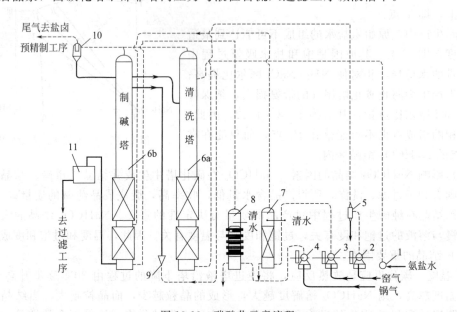

图 13-13　碳酸化示意流程

1—氨化卤泵；2—清洗气压缩机；3—中段气压缩机；4—下段气压缩机；5—分离器；6a,6b—碳酸化塔；
7—中段气冷却塔；8—下段气冷却塔；9—气升输卤器；10—尾气分离器；11—碱液槽

在大规模生产系统中，常采用"塔组"进行多塔生产与操作。每组中有一塔作为清洗塔，并将预碳化液分配给几个制碱塔碳化制碱。塔的编组有多种形式：二塔组合，三塔组合，四塔组合，最多的有八塔组合。塔组合数的多少和方法原则上应注意：清洗塔能清垢干净，换塔次数少，碳化制碱时间长。当塔的数量一定时，塔的制碱时间和清洗时间比例固定下来。例如，五塔一组时，其中四塔制碱、一塔清洗，二者的时间比为 4:1，如制碱时间为 96h，则清洗时间为 24h。至于清洗时间的长短须由具体情况而定，清洗时间长，换塔次数少，可以减少投入劳动力及因换塔带来的产量及原料损失（因为换一次塔，总有一段时间出碱不正常，转化率不高），但制碱时间太长，则易发生堵塞。多塔组合与少塔组合比较，塔数越多，制碱与清洗的时间之比就越大，对每个塔来说，制碱时间越多，塔的利用率就越高。

由于多塔组合的各塔要轮换清洗与制碱，所以在管线连接上，要求倒塔容易，各种进气体管道都应以倒 U 形高出塔顶，以免停气时塔内液体倒入压缩机内，取出液出口离地 10m 以上，借塔内液体的压力升举并排出。

（2）碳化塔的结构　碳化塔的结构如图 13-14。碳化塔所用 CO_2 气体由压缩机送来。气体进塔可分为一段和二段。一段进气是将窑气和炉气混合后进塔。其 CO_2 浓度一般在 60%

左右。为了适应生产过程和反应历程的需要，后来改为两段进气，即从塔底送入浓度 90% 以上的 CO_2 锅气，从塔的冷却段中部送入浓度 40% 左右 CO_2 的窑气。这种进气排布更符合于逆流原理，可以强化和提高吸收 CO_2 的能力，提高碳化度和钠的利用率。塔处于清洗操作时，主要是为了洗疤，用鼓泡和适当提高温度的方法促进其溶解。因此窑气从底部进入，并关闭冷却水进口及中段进气。碳化塔操作中，应注意下段进气的量与浓度。实践证明，下段不宜采用 90% 以上的纯炉气，应适当配以 40% 左右 CO_2 的窑气，使下段进气中 CO_2 的浓度在 84% 较为合适。因为进气中 CO_2 浓度降低，使进气量增大，塔板效率增加，碳化周期增长，转化率高而稳定。但下段进气量过大会使反应区下移，冷却水管结疤增多，反而缩短了碳化周期。因此维持进气中 CO_2 浓度在 84% 左右可以提高转化率，保证产量稳定。

4. 碳化工艺流程的操作控制要点

（1）开停塔的操作控制要点

① 开塔前一定要检查各塔进气阀、三段气返回阀及返回总阀确认灵活好用时，才能通知压缩工序送气，以免超压。

② 塔顶废气阀要确保处在开的状态。

③ 新开塔（包括制碱或清洗），随时注意出碱液或中和水含铁的变化，以防止出高铁碱。

④ 冷却水要缓慢开用，防止急骤冷却，破坏结晶。

（2）正常操作的操作控制要点

① 及时向吸收岗位了解氨盐比的高低、氨盐水浓度、硫分含量和氨盐水存量，以保证优质、高产和低耗。

② 因本岗位放量的大小、结晶的好坏、碱量多少以及改塔等直接影响过滤岗位的操作，因此要及时通知过滤岗位，以利于过滤岗位操作。

③ 要经常与泵房岗位联系，了解成品氨盐水泵及中和水泵的上量情况，以保证清洗塔及制碱塔塔压在指标范围内。

④ 当中段气、下段气及清洗气在气量、浓度、温度和压力发生异常时，要及时与压缩工序有关岗位联系。

⑤ 窑气来自石灰煅烧烧工序，窑气中 CO_2 浓度的高低直接影响碳化操作，因此要加强与石灰煅烧烧工序联系。

⑥ 仪表的准确度直接影响生产的操作，因此，要经常与仪表部门联系，保证各仪表运行正常。

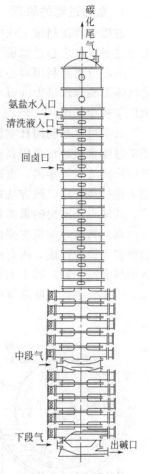

图 13-14　碳化塔结构

任务四　重碱的过滤与煅烧

一、重碱过滤

从碳化塔取出的晶浆含悬浮固体 $NaHCO_3$ 约 45%～50%（体积），生产中采用过滤的方法使其分离，分离并洗涤后的固体 $NaHCO_3$ 去煅烧，母液送氨回收系统。

1. 重碱过滤的原理

过滤分离在制碱工业中经常采用的有两类：即真空分离和离心分离，相应的设备分别为真空过滤机和离心过滤机。

离心分离是利用离心力原理使液体和固体分离。这种设备流程简单，动力消耗低，滤出的固体重碱含水量少（可小于10％），但它对重碱的粒度要求高，生产能力低，氨耗高，国内厂家较少采用。

真空过滤是利用真空使滤布两边产生压差，固体滤饼留在滤布上，滤液从滤布上抽走。真空过滤重碱通常采用真空转鼓式过滤机。运行时，转鼓内被真空机抽成负压，母液被抽入鼓内形成流股被导出，重碱固体附着在鼓面滤布上被吸干，再经洗涤挤压后由刮刀从滤布上刮下送煅烧工序。该方法的优点是能连续操作，生产能力大，适合于连续大规模自动化生产。其缺点是滤出的重碱含水量较高，一般含水在15％左右，有时高达20％。

真空转鼓过滤机主要由滤鼓、错气盘、碱液槽、压滚、刮刀、洗水槽及传动装置组成。滤鼓多为铸造而成，内有许多格子连接错气盘，鼓外有多块篦子板，板上用毛毡作滤布，鼓的两端有空心轴，轴上有齿轮与传动装置相联。转鼓转动一周时依次完成吸碱、吸干、洗涤、挤压、刮卸、吹除等过程，如图13-15所示。

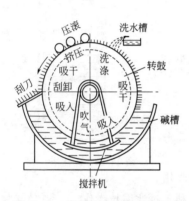

图 13-15　转鼓转动一周工作示意

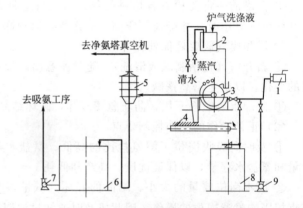

图 13-16　真空转鼓过滤的工艺流程
1—出碱液槽；2—洗水槽；3—过滤机；4—皮带运输机；5—分离器；6—母液桶；7—母液泵；8—碱液桶；9—碱液泵

2. 重碱过滤工艺流程的组织

真空转鼓过滤的工艺流程如图13-16。

碳化塔底部流出的碱液晶浆经出碱槽流入过滤机的碱槽内，滤液通过滤布的毛细孔被真空吸入滤鼓，与此同时与被吸入的空气一起进入分离器。气体与液体在此分开，滤液由分离器底部流出，进入母液贮存桶，经泵送至氨回收工序。气体由分离器上部出来进入净氨塔下部，被逆流加入的洗涤清水回收NH_3，洗水从塔底流出去淡液桶，供煅烧炉气洗涤时用，气体由塔顶出来后排空。滤布上的重碱经吸干、洗涤、挤干、刮下后送煅烧工序。

真空过滤机的操作，主要是调节真空度。真空度的大小决定过滤的生产能力、重碱的含水量及成品纯碱的质量，一般为26.7～33.3kPa。

其次是滤饼的洗涤。洗涤水的温度要适宜，温度过高则碳酸氢钠的溶解损失大，温度过低则洗涤效果差。洗涤水的用量过大，增加碳酸氢钠溶解损失，使母液体积增大，增大蒸氨负荷；洗涤水用量过小，则洗涤不彻底，难以保证重碱质量。滤饼的洗涤一般控制碳酸氢钠的溶解损失为2％～4％，所得纯碱成品中含氯化钠不应大于1％。

3. 过滤工序的操作控制要点

（1）开停车的操作控制要点

① 各润滑部位必须加油。

② 开车前，必须先进行盘车并将电磁调速电机转数调到零点。

③ 开车时，应与各有关岗位及值班长、调度部门密切联系。

④ 真空系统放空后方可停真空泵。

⑤ 吹风放空阀打开后再关各车的吹风阀。

⑥ 停车前先将电磁调频电机转数调到零点后再停车。

（2）正常操作的操作控制要点

① 接班时应了解上班的纯碱盐分情况及前 1h 的盐分控制情况。

② 注意检查真空变化情况，尤其是净氨塔汽入口真空度，及时调节净氨洗水，控制洗水含氨在规定范围。

③ 根据碳化结晶质量、碱饼厚度、烧成率高低、洗水温度及纯碱盐分情况，控制重碱盐分及调节洗水量，每 15min 分析 1 次重碱盐分，不正常状态要随时分析。

④ 注意煅烧烧工序来的洗水温度及压力情况，应及时联系，保证洗水合格。

⑤ 按时倒换设备，如遇特殊情况，随时倒换。

二、重碱煅烧

1. 重碱煅烧的原理

过滤出来的重碱 $NaHCO_3$ 需经加热煅烧后方能成为纯碱。煅烧过程要求保证产品纯碱含盐量少，分解出来的 CO_2 气体纯度高，损失少，生产过程中能耗低。

重碱是一种不稳定的化合物，在常温常压下即能自行分解，随着温度的升高而分解速度加快，化学反应为：

$$2NaHCO_3(s) \Longleftrightarrow Na_2CO_3(s) + CO_2(g) + H_2O(g) \quad \Delta H = 128.5 kJ/mol \tag{13-34}$$

其平衡常数为：

$$K = p(CO_2)p(H_2O) \tag{13-35}$$

式中 $p(CO_2)$、$p(H_2O)$——CO_2 和水蒸气的分压。

煅烧过程除了上述主反应外，杂质也会发生如下反应：

$$(NH_4)_2CO_3(s) \Longleftrightarrow 2NH_3(g) + CO_2(g) + H_2O(g) \tag{13-36}$$

$$NH_4HCO_3(s) \Longleftrightarrow NH_3(g) + CO_2(g) + H_2O(g) \tag{13-37}$$

$$NH_4Cl + NaHCO_3 \Longleftrightarrow NH_3 + CO_2 + NaCl(s) + H_2O(g) \tag{13-38}$$

以上各种副反应不仅消耗了热能，而且使系统氨循环量增大，氨耗增加，同时在产品中留下的 $NaCl$ 影响了质量。因此，重碱的碳化、结晶、过滤、洗涤均是保证最终产品质量的源头和环节。在煅烧炉尾气中除了有 CO_2 和水蒸气外，也有少量的 NH_3。

纯净 $NaHCO_3$ 煅烧分解时，$p(CO_2)$ 和 $p(H_2O)$ 相等。两者之和称之为分解压，表 13-1 列出了不同温度下的分解压力。

表 13-1　$NaHCO_3$ 在不同温度下的分解压力

温度/℃	分解压力/kPa	温度/℃	分解压力/kPa
30	0.8	100	97
50	4.0	110	167
70	16.0	115	170
90	55.0	120	263

由表 13-1 可见，分解压力的值随温度升高而急剧上升，并且当温度 100～101℃时，分解压力已达到 101.325kPa，即可使 $NaHCO_3$ 完全分解，但此时的分解速度仍很慢。当温度达到 190℃时，煅烧炉内的 $NaHCO_3$ 在 0.5h 内即可分解完全，因此生产中一般控制煅烧温度为 160～190℃。

重碱煅烧炉出来的尾气称为炉气，其中 CO_2 的浓度可达到 90% 以上。重碱经煅烧以后所得的纯碱量与原重碱的比值称为烧成率，理论烧成率为：

$$\frac{NaCO_3}{2NaHCO_3} \times 100\% = \frac{106}{168} \times 100\% = 63\% \tag{13-39}$$

实际生产中，一般烧成率为 50%～60%。

2. 重碱煅烧工艺流程的组织及操作控制

（1）重碱煅烧的工艺流程 如图 13-17，重碱由皮带输送机运来，进入圆盘加料器控制加碱量，再经返碱螺旋输送机与返碱混合，并与炉气分离器来的粉尘混合进炉，经中压蒸汽间接加热分解约 20min，即由出碱螺旋机自炉内卸出，一部分作返碱送至入口，一部分经冷却后送圆筒筛筛分入仓。煅烧炉分解出的 CO_2、H_2O 和少量的 NH_3，一并从炉尾排出。经除尘、冷却、洗涤，CO_2 浓度可达 90% 以上的炉气由压缩机抽送至碳化塔使用。

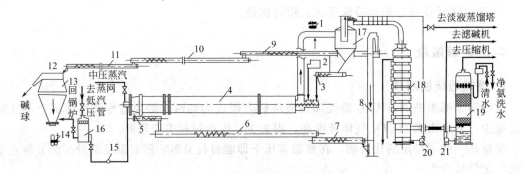

图 13-17 重碱煅烧炉工艺流程

1—皮带输送机；2—圆盘加料器；3—返碱螺旋输送机；4—煅烧炉；5—出碱螺旋输送机；6—地下螺旋
输送机；7—喂碱螺旋输送机；8—斗式提升机；9—分配螺旋输送机；10—成品螺旋输送机；
11—筛上螺旋输送机；12—圆筒筛；13—碱仓；14—磅秤；15—疏水器；16—扩容器；
17—分离器；18—冷凝塔；19—洗涤塔；20—冷凝泵；21—洗水泵

（2）煅烧炉的结构与操作控制 目前使用的内热式蒸汽煅烧炉为卧式圆筒形，其结构见图 13-18。筒体上有两个滚圈，炉体与物料的重量通过滚圈传给支承托轮，托轮因荷重大而采用流动轴承，后端支座装有防止炉体轴向串动的挡轮，靠近托轮与挡轮的炉体上装有传动

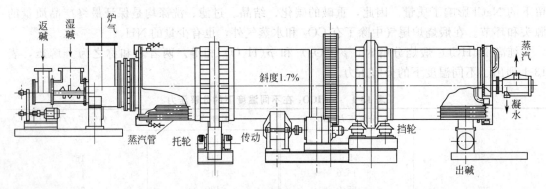

图 13-18 内热式蒸汽煅烧炉结构

齿轮圈，由电动齿轮带动筒体齿轮使筒体回转。炉内设有三层蒸汽加热管，用管架支承于炉体内，管外焊有螺旋导热片以增加传热面积。气室设在炉尾，接通高压蒸汽，冷凝水仍由原管回气室，并流入外圈的冷凝水室，由疏水器送往扩容器，闪蒸一部分蒸汽后，凝水返回锅炉。内热式蒸汽煅烧炉具有生产能力大、维修较少、劳动条件和环境好、热效率高等优点。

内热式蒸汽煅烧炉操作条件如下。

① 温度　为了使 $NaHCO_3$ 分解完全，炉内温度一般应控制在 $160\sim190℃$，不得低于 $150℃$。为了避免损坏包装袋，出炉热碱应冷却至包装袋材料允许的温度后再行包装，一般包装温度在 $50\sim100℃$。为了避免炉气中水蒸气冷凝，炉气出口至旋风除尘器应保温，保证炉气温度在 $108\sim115℃$ 为宜。

② 蒸汽　根据锅炉过热能力来确定蒸汽压力，一般蒸汽压力应大于 $25kg/cm^2$ 为宜，过热温度应达到 $25\sim50℃$，以保障操作温度和避免蒸汽在总管中冷凝。

③ 返碱量　煅烧过程还包括返碱，原因是炉内水分含量高时，煅烧时容易结疤。所以牺牲一些产品碱，将一部热成品碱返回与重碱混合，使其水分降至 $6\%\sim8\%$ 为宜，以保证分解过程顺利进行。

④ 存灰量　在稳定运行时，炉内所具有的物料量即为存灰量。存灰量的多少，标志着物料在炉内的停留时间的长短。其值与炉子的大小和炉内温度有关，确定存灰量的多少以物料分解完全为依据。

任务五　氨　回　收

一、氨回收的基本原理

氨碱法生产过程中，氨是循环使用的。每生产 1t 纯碱约需循环 $0.4\sim0.5t$ 氨，氨的价格较纯碱高几倍。在纯碱生产中，如何减少氨的逸散、滴漏和其他机械损失，是一个极为重要的问题。氨的回收方法是将各种含氨的溶液集中进行加热蒸馏回收，并用石灰乳对溶液进行中和后再蒸馏回收。

含氨溶液主要是指过滤母液和淡液。过滤母液中含有游离氨和结合氨，及少量 CO_2 和 HCO_3^-。为了节约石灰乳，以免生成 $CaCO_3$ 沉淀，氨回收在工艺上采用两步进行。首先将母液中的游离 NH_3 和 CO_2 用加热的方法逐出液相，然后再加石灰乳与结合氨作用，使其变成游离氨而蒸出。淡液是指炉气洗涤液、冷凝液及其他含氨杂水，其中只含有游离氨，回收也较为简单，可以与过滤母液一起或分开回收。分开回收时可节约能耗，减轻蒸氨塔的负荷，但需单设一台淡液蒸氨回收设备。

由于母液组成较为复杂，其蒸氨回收过程中的化学反应亦很复杂。首先在加热段发生下列反应：

$$NH_4OH \Longrightarrow NH_3 + H_2O \tag{13-40}$$

$$NH_4HCO_3 \Longrightarrow NH_3 + CO_2 + H_2O \tag{13-41}$$

$$(NH_4)_2CO_3(s) \Longrightarrow 2NH_3 + CO_2 + H_2O \tag{13-42}$$

溶解于母液中的 $NaHCO_3$ 和 Na_2CO_3 反生如下反应：

$$NaHCO_3 + NH_4Cl \Longrightarrow NH_3 + CO_2 + H_2O + NaCl \tag{13-43}$$

$$Na_2CO_3 + 2NH_4Cl \Longrightarrow 2NH_3 + CO_2 + H_2O + 2NaCl \tag{13-44}$$

灰乳蒸馏段发生下列反应：

$$2NH_4Cl + Ca(OH)_2 \rightleftharpoons 2NH_3 + H_2O + CaCl_2 \qquad (13\text{-}45)$$

$$Ca(OH)_2 + CO_2 \rightleftharpoons CaCO_3 + H_2O \qquad (13\text{-}46)$$

二、氨回收的工艺条件的优化

1. 温度

蒸氨只需要热量即可,所以采用何种形式的热源并不重要,也不需要间接加热,因此工业上常采用普通蒸汽直接通入料液内加热,以节省加热设备。为了减少蒸汽用量,避免蒸汽在总管内冷凝被带入加热器内稀释液料,并增大氨的溶解与损失,加热设备必须保温。蒸汽用量要适当,过多则使蒸氨尾气中水蒸气量增加,带入吸氨工序对吸收不利并稀释氨盐水。温度越高,水蒸气分压越高,液体腐蚀性越强,一般塔底维持110~117℃,塔顶在80~85℃,并在气体出塔前进行一次冷凝,使温度降至55~60℃。

2. 压力

蒸氨过程中,塔上、下部压力不同。塔下部压力与所用蒸汽压力相同或接近;塔顶压力为负压,有利于氨的蒸发并避免氨的泄漏损失。同时也应保持系统密封,以防空气漏出而降低气体浓度。

3. 灰乳用量

用于蒸氨的石灰乳,一般含活性 CaO 浓度为 9~11mol/L,用量应比化学计量稍微过量,以保证蒸氨完全。调和液中 CaO 一般过量不超过 0.06mol/L,应根据母液流量及浓度、预热母液中含 CO_2 量以及石灰乳的浓度、操作温度等调节。

4. 废液中氨含量

一般控制在 0.0014mol/L 以下,废液中氨含量是蒸氨操作效果的重要标志。若废液中氨含量过高,说明氨回收效果不好,造成氨损失大;若废液中氨含量过低,则说明加入灰乳过量,易造成设备及管道堵塞。

三、蒸氨工艺流程的组织及操作控制

蒸氨过程的工艺流程如图 13-19。整个过程包括石灰乳蒸馏段、加热段、分液段、蒸馏和母液预热段。从过滤工序来的20~30℃的母液经泵打入蒸氨塔顶母液预热段的水箱内,被管外上升蒸汽加热,温度升至约70℃左右。从预热段最上层流入塔中部加热段,该段采用填料或设置托液槽,以扩大气液接触面。母液经分液槽加入,与下部上来的热气直接接触,蒸出液体中的游离 NH_3 和 CO_2。含结合氨的母液送入预灰桶,在搅拌作用下与石灰乳均匀混合,将结合氨转变成游离氨,再进入塔下部石灰乳蒸馏段的上部单菌帽泡罩板上,液体与底部上

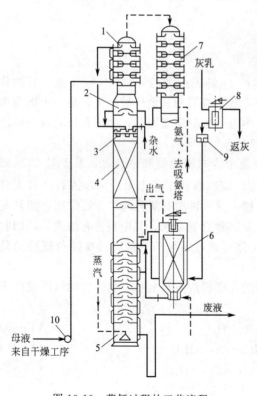

图 13-19 蒸氨过程的工艺流程

1—母液预热段;2—蒸馏段;3—分液槽;4—加热段;
5—石灰乳蒸馏段;6—预灰桶;7—冷凝器;
8—石灰乳流堰;9—加石灰乳罐;10—泵

升蒸汽直接逆流接触，使 99％以上的氨被蒸出，废液含 NH_3 0.0012mol/L 以下由塔底排放。

蒸氨塔各段蒸出的氨自下而上升至预热段预热母液后温度降至约 65～70℃进入冷凝器被冷却水冷却，大部分水蒸气经冷凝后氨气去吸氨塔。

四、淡液回收

淡液蒸馏过程是直接用蒸汽"汽提"的过程，热量和质量同时作用蒸出氨和 CO_2，并回收到生产系统中。在有纯碱的淡液中含有的结合氨量较少，可看成为不含 NaCl 和 NH_4Cl 的 NH_3-CO_2-H_2O 系统，其蒸馏过程的主要反应与前述过程的加热段相同。

淡液蒸馏塔上部设有冷却水箱，分为两段，下段是淡液，上段是冷却水。淡液在下段被预热，气体在上段被冷却，使部分蒸汽冷凝分离，其余气体浓度提高，便于吸收。

思考与练习

1. 氨碱法制纯碱的主要步骤有哪些？
2. 简述比较氨碱法的优点和缺点。
3. 写出氨盐水碳酸化的反应机理，其控速步是什么？
4. 盐水吸氨的目的是什么？怎样控制吸氨的工艺条件？
5. 简述氨回收的原理，写出反应方程式。
6. 某石灰石中含 92％（质量）的 $CaCO_3$ 和 2％的 $MgCO_3$，燃料中含固定炭 84％，配焦率为 6.8％，试计算所得窑气中 CO_2 的百分含量。
7. 在 15℃时，1mol 干盐的 P_1 点溶液中含 Na^+ 0.186 mol、NH_4^+ 0.814mol、HCO_3^- 0.120mol、Cl^- 0.880mol、H_2O 7.20mol。求以 1mol 干盐为基准时，P_1 点的钠利用率及所对应的氨盐水组成（不计氨损失）。
8. 理论上制造 1t 含 Na_2CO_3 99.3％的纯碱，如果不回收 $NaHCO_3$ 分解出的 CO_2，求需要 CO_2 多少千克？多少标准立方米？

项目 十四

联合法生产纯碱与氯化铵

项目导言

氨碱法产品质量优良，能够连续化大规模生产。但突出缺点表现在食盐利用率低，废液、废渣污染环境难以处理。联碱法在生产纯碱的同时联产氯化铵，该工艺路线原盐利用率高，环境污染少，纯碱生产成本低，尤其在中西部内陆地区具有优势。本项目从联合法生纯碱与氯化铵的基本原理、制碱与制铵过程工艺条件的优化、联合制碱法工艺流程的组织三个方面介绍了联合法生产纯碱技术。

能力目标

1. 能够利用联合制碱法相图分析确定合适的工艺条件；
2. 能够合理组织联合制碱法的工艺流程，并绘制工艺流程图；
3. 能够运用冷析结晶和盐析结晶的原理解决工程问题；
4. 能够处理联合制碱法生产过程中的常见故障。

我国著名化学家侯德榜 1938 年即对联碱法开展了研究，1942 年提出了联合制取纯碱和氯化铵的方法，并实现了工业推广，即所谓侯氏制碱法或联碱法（又称联碱工艺），现在已经成为制碱工业的主要技术支柱和方法之一。联合制碱法是将氨厂和碱厂建在一起联合生产，由氨厂提供碱厂需要的氨和二氧化碳，向母液加入食盐使氯化铵结晶出来，作为化工产品或化肥，食盐溶液循环使用。联合制碱法使食盐利用率提高到 96%，联产氯化铵化肥，解决了氯化钙占地毁田、污染环境的难题。该法将世界制碱技术水平推向了一个新高度，赢得了国际化工界的极高评价。

自从 20 世纪 40 年代后，联碱法生产技术在中国取得了快速发展，尤其是内陆地区由于环境容量低，不适于大规模采用氨碱法生产工艺，联碱法生产的纯碱已接近我国纯碱总产量的一半。但受工艺所限，联碱法纯碱产品的盐份、硫酸根等杂质含量要高于氨碱法。提高产品质量、找到氯化铵更好的市场用途将是联碱法未来重点研究和发展的方向。

任务一　联合制碱法工艺条件分析与选择

一、联合制碱法生产过程

联合制碱法的基本出发点是为了消除氨碱法废液的排放，杜绝污染，将碳化过滤的母液不加石灰乳蒸馏回收氨，而是将其再吸收氨，使溶解度小的 HCO_3^- 盐反应成溶解度大的 CO_3^{2-} 盐，然后冷却并加入洗盐或洁净盐，使 NH_4Cl 先冷却析出、然后再用盐析法析出。联合制碱法的要点是利用同离子效应，配合以冷却或冷冻，降低氯化铵在母液中的溶解度，使氯化铵从母液中结晶析出，析出氯化铵结晶后的母液循环利用。过滤 NH_4Cl 的母液再吸收氨，然后进行碳化，这时析出重碱，经分离、煅烧而得到纯碱；过滤的母液循环使用，其过程示意如图 14-1。

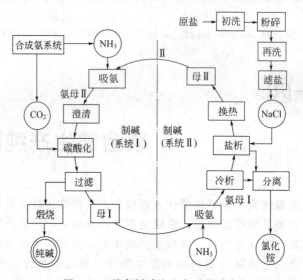

图 14-1　联合制碱法生产过程示意

联合制碱法的生产过程中不产生大量废弃物，产品是纯碱和氯化铵。生产过程要同合成氨厂联合，利用氨厂的 NH_3 生产 NH_4Cl，利用副产的 CO_2 来制纯碱，在过程中只需加入盐，生产可分为两个过程。

Ⅰ过程：离心分离 NH_4Cl 后的母液称为母Ⅰ与第Ⅱ过程的氨母Ⅱ进行热交换，使母Ⅱ升温，再进入吸氨器中吸氨制成氨母Ⅱ，经澄清除去杂质后，送到碳化清洗塔溶解塔内的碱疤，并吸收少量 CO_2 后，送入碳化塔中与 CO_2 逆流反应生成重碱，送煅烧炉分解成纯碱，炉内排出的高浓度 CO_2 气体，经冷凝塔、洗涤塔降温和洗涤，再经压缩机将 CO_2 送入碳化塔制碱。

Ⅱ过程：过滤重碱后的母液称母Ⅰ，经吸氨后制成氨母Ⅰ，用以清洗结晶器内的结疤，然后与Ⅰ过程的母Ⅱ进行热交换，使氨母Ⅰ降温后进入冷析结晶器，通过外冷器冷却析出一部分 NH_4Cl，结晶器上清液溢流到盐析结晶器，加入洗盐或洁净盐，使剩余的 NH_4Cl 从溶液中析出，经离心机分离后，送到沸腾干铵炉内干燥而得成品；产品经造粒后便于施肥。本方法每生产 1t 纯碱产品同时联产约 1t NH_4Cl，因此原盐的利用率可达到 95% 以上。

联合制碱法根据加入原料和吸氨、加盐、碳酸化等操作条件以及析铵温度的不同而有多种工艺。我国的联碱法采用两次吸氨、一次加盐、一次碳酸化的方法，冷析氯化铵用浅冷法，冷析温度为 8～10℃，盐析温度为 13～15℃。

氨碱法中的氨循环利用，仅需补充过程的少量损耗，联碱法则将氨用于生产产品，需量极大，宜于将氨厂和碱厂联合生产。氨厂和碱厂联产后，两厂的原料利用率都显著提高。氨厂的氢氮原料气用煤、石油或天然气制造，其中氢常由一氧化碳转化得到，转化时生成的二氧化碳量比制得的氨要多，小氨厂用来生产碳酸氢铵，大氨厂用于生产尿素。联碱法生产时，1t 纯碱的消耗定额为 NH_3 330kg，CO_2 300～320m^3；而生产 1t NH_3 需要用变换气 4000～4400m^3，只要采用适当的回收方法使得 CO_2 的利用率达到 85% 以上，就足以供给制碱的需要，碱厂就不需要石灰石和焦炭，可以节省石灰窑和制石灰乳的设备，也不需要氨回收装置，氨厂还可以省掉回收二氧化碳的附属设备，节约投资，并且免除废渣、废液造成的公害。

二、联合制碱法相图分析与氯化铵的结晶技术

联合制碱法制碱的吸氨和碳酸化原理与氨碱法基本相同，制铵过程要点是尽量使氯化铵从母液中析出。联合制碱法中，用冷析和盐析从母液中分出氯化铵，主要利用不同温度下氯化钠和氯化铵的互溶度关系。氨母液是复杂的 Na^+、NH_4^+ // CO_3^{2-}、Cl^- + H_2O 体系。为便于阐明析铵的原理，现将体系简化为 Na^+、NH_4^+ // Cl^- + H_2O 进行讨论。

1. 联碱法析铵的相图及过程分析

氯化钠与氯化铵的互溶度关系如图 14-2 所示。图 14-2(a) 是纯 NaCl-NH_4Cl 体系，图中的 M_1 点是氨碱法中碳酸化后，经过析碱的清液（母液Ⅰ）成分，因坐标限制只表示出其氯化钠和氯化铵的含量，不包括碳酸氢盐。在图 14-2(a) 中，M_1 点处于 0℃ 的不饱和区内，理论上不会有结晶析出。实际上，母液所含的碳酸氢盐和碳酸盐对体系有影响。图 14-2(b) 是含碳酸铵 0.12kg/kg（水）的 NaCl-NH_4Cl 的互溶关系。同一 M_1 点在图 14-2(b) 中位于 NH_4Cl 饱和区中。从图 14-2(b) 中可看出，冷却到 10℃ 时，溶液的组成从 M_1 移到 R，过程中析出氯化铵。R 位于氯化铵饱和线上，溶液对氯化铵饱和而并不对氯化钠饱和。当氯化钠固体粉末加入 R 溶液时，氯化钠溶解而氯化铵将析出，进行到溶液成分变化至共析点 E 为止。过程中，从 M_1 点到 R 属于冷析，从 R 到 E 则属于盐析。从图中读出，从 M_1 点到 E，析出的氯化铵约为溶液原含氯化铵的一半，这与从实际母液成分计算的结果基本相符。

析铵过程的温度影响如图 14-3 所示。M_1 点接近于 30℃ 的氯化铵饱和线，即析铵过程必须低于 30℃。冷却和盐析温度越低，析出氯化铵越多，盐析的终点是 E_0 和 E_{10}。在 0℃ 析铵比 10℃ 时多，但增加并不显著，而冷冻耗能却显著增大。另外，制铵和制碱两过程的温度差不宜过大，因为循环母液的量很大，温差大时加热和冷却都耗能多，一般温差为 20～

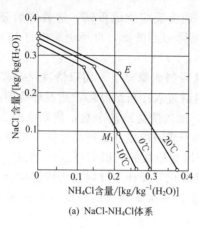

(a) NaCl-NH₄Cl体系

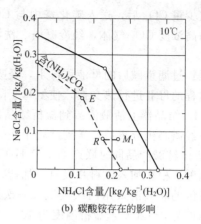

(b) 碳酸铵存在的影响

图 14-2　NaCl-NH₄Cl-H₂O体系与碳化母液的关系

50℃。此外，温度过低时，母液黏度增大，也使氯化铵分离困难。工业上冷析温度一半不低于 5~10℃。盐析时因结晶热的搅拌动力及添加食盐所带入的热使温度比冷析温度略高，一般为 5℃左右。

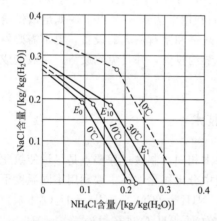

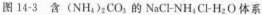

图 14-3　含 $(NH_4)_2CO_3$ 的 NaCl-NH₄Cl-H₂O体系

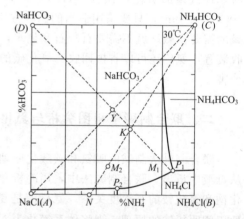

图 14-4　联合制碱法的制碱过程相图分析

2. 制碱过程分析

制碱过程是使母液Ⅱ吸氨及碳酸化，与氨碱法相同，需要考察 Na^+、NH_4^+ ∥ Cl^-、$HCO_3^- + H_2O$ 体系。在 30℃时的 Na^+、NH_4^+ ∥ Cl^-、$HCO_3^- + H_2O$ 干盐图（图 14-4）中，氨碱法的基本过程是 NaCl(A) 与 NH_4HCO_3(C) 作用，物系总组成为 Y，反应生成 P_1 母液和析出 $NaHCO_3$ 结晶。从图中读出，进料 NH_3 对 NaCl 的配比为 $AY:YC$ 接近于 1。对生成物来说，$NaHCO_3:P_1$ 母液＝$P_1Y:YD$，其值约为 0.72。

联合制碱时，循环母液Ⅱ中含有相当数量的 NH₄Cl，其总量约占总 Cl^- 量的 1/3 以上。母液Ⅱ中的 NaCl 对 NH₄Cl 量的关系在干盐图中近似地用 N 点表示。当混合盐 N 在溶液中与 NH_4HCO_3(C) 作用时，反应生成母液 P_1 和 $NaHCO_3$ 结晶。对进料来说，NH_3 量对混合盐 N 量之比为 $NK:KC$，其值约为 0.6~0.7，即母液Ⅱ所需的吸氨量比氨盐水少得多。对生成物来说，$NaHCO_3:P_1$ 母液＝$P_1K:KD$，其值约为 0.41。氨碱法生产 1t 纯碱约耗用 6m³ 的氨盐水，联合制碱法则用到 10m³ 左右的氨母液Ⅱ。生产中母液Ⅰ的组成约在图 14-4 中的 M_1 点，母液Ⅱ的组成约在 M_2 点，与上述分析是较吻合的。

在氨碱法中，理论上对平衡体系来说，随着温度提高，P_1 溶液的 [Cl^-] 含量显著增大，[Na$^+$]含量变化不大，使钠利用率提高，这关系对联合制碱法的制碱过程也是符合的。但实际的母液Ⅱ溶解氯化钠的量是受限的，若温度过高，溶液的二氧化碳和氨的分压增大，使损失增大，碳酸氢钠溶于母液的数量也增大，反而使利用率下降。为此，联碱的碳酸化塔悬浮液出口温度常控制在 32～38℃。

3. 联合制碱法的相图图解

联合制碱法在详图中的简化图解可用图 14-5 所示，其过程如下。

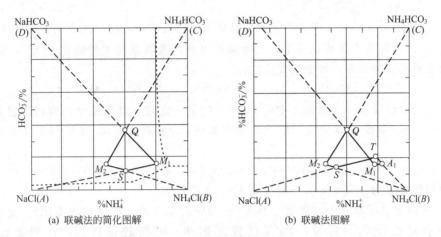

(a) 联碱法的简化图解　　　　(b) 联碱法图解

图 14-5　联合制碱法的相图图解

（1）析铵过程用 M_1S-SM_2 表示　M_1 是析碱后母液Ⅰ。M_1SA 是冷冻后的加工过程，在 M_1 溶液中加入固体氯化钠 A，使体系总组成达到 S 点。BSM_2 是析铵过程，由 S 点的物系分出母液 M_2 和析出固体氯化铵 B。

（2）制碱过程用 M_2Q-QM_1 表示　M_2 是析铵后的母液Ⅱ，M_2QC 是吸氨和碳酸化过程，DQM 是析碱过程。从图中可以看出，与氨碱法对比，联合制碱法的析碱量和吸氨量都比氨碱法少得多。联合制碱法的一次碳酸化、两次吸氨、冷析-盐析过程的相图如图 14-5(b) 所示，其关系为：

析铵过程如下。

M_1A_1 为一次吸氨，吸氨前后母液中的 Cl$^-$：CO$_2$ 基本保持不变。

A_1T 为冷析过程，析出 NH$_4$Cl 晶体。

TS 为加盐过程，固体 NaCl 溶解。

SM_2 为盐析，固体 NaCl 溶解。

析碱过程：

M_2Q 为二次吸氨及碳酸化。

QM_1 为析碱，析出 NaHCO$_3$，夹杂少量 NH$_4$HCO$_3$。

三、温度、压力、母液成分的分析与选择

制碱过程工艺条件的选择如下。

（1）压力　一般来说，制碱过程可在常压下进行，但氨盐水碳酸化过程应提高压力以强化吸收效果，因而在流程上对氨厂的各种含二氧化碳的气体出现了不同压力的碳化制碱。除碳酸化以外的其他工序均可在常压下进行，制铵过程是析出结晶的过程，更不必加压操作，故可在常压下进行。

（2）温度　氨盐水的碳酸化反应系放热反应，降低温度，平衡向生成 $NaHCO_3$ 和 NH_4Cl 的方向移动，可以提高产率。但温度降低，反应速度减慢，影响生产能力。在碳化塔的实际操作中，当碳化度较小时，温度可稍高；碳化度较大时，温度可稍低。碳化塔中部温度略高，这是因为氨母液Ⅱ中会有一定量的结合氨，以免在碳化塔底部同时析出 $NaHCO_3$ 和 NH_4Cl 结晶。工业生产上，一般控制碳化塔的取出温度在 32～38℃。

（3）母液成分　母液在循环过程中要严格控制三个浓度作为工艺指标：α 值、β 值和 γ 值。

α 值：α 值是指氨母液Ⅰ中游离氨对二氧化碳的物质的量之比（或游离氨对的 HCO_3^- 摩尔浓度之比）。氨母液Ⅰ是析碱后第一次吸氨的母液，吸氨是为了使转化 CO_3^{2-}，而 HCO_3^- 不多，吸氨量不需要很多，吸氨的反应为：

$$2NaHCO_3 + 2NH_3 \longrightarrow Na_2CO_3 + (NH_4)_2CO_3 + Q$$

该反应为放热反应，当母液Ⅰ中的 HCO_3^- 的量一定时，降低温度，有较少过量的氨就可以使反应完成，α 值可以较低。但无论温度如何，α 值总大于 2。α 值与温度关系的经验值为：

析铵温度 20℃：$\alpha=2.35$；10℃：$\alpha=2.22$；0℃：$\alpha=2.09$；－10℃：$\alpha=2.02$。

常用析铵温度为 10℃，α 值控制在 2.1～2.4 的范围。

β 值：β 值是氨母液Ⅱ中游离氨与 NaCl 的物质的量之比（或摩尔浓度比）。氨母液Ⅱ是吸氨后准备送去碳化的母液，NaCl 已接近饱和。吸氨的量适当，有利于碳酸化时 NH_4HCO_3 的生成，促进 $NaHCO_3$ 的析出。

β 值可根据物料衡算求得。举例而言，若碳酸化后得到的母液Ⅰ是相图 30℃时的 P_1 点的成分，则母液中干盐的摩尔分率为：$[Na^+]=0.144$，$[NH_4^+]=0.856$，$[Cl^-]=0.865$，$[HCO_3^-]=0.135$。以母液中 1kmol 总盐为基准，要生成这些盐，氨母液中应有 NaCl 量为 $x$mol，氨量为 $y$mol，忽略生成 NH_4HCO_3 所需的水量，可列反应式如下：

$$x NaCl + y NH_4HCO_3 \longrightarrow m NaHCO_3 + 0.144[Na^+] + 0.856[NH_4^+] + 0.865[Cl^-] + 0.135[HCO_3^-]$$

对 Na^+ 的衡算：$x=m+0.144$

NH_4^+ 的衡算：$y=0.856$

Cl^- 的衡算：$x=0.865$

HCO_3^- 的衡算：$y=m+0.135$

求得：$\beta=y/x=0.856/0.865=0.99$

150℃时，P_1 溶液的 β 值为 1.01。

考虑到碳酸化时部分氨被尾气带走及其他损失，通常将氨母液Ⅱ中的 β 值控制在 1.04～1.12 的范围。当 β 值到达 1.15～1.20 时，碳酸化时会析出大量碳酸氢铵结晶。

γ 值：γ 值是母液Ⅱ中钠离子对结合氨的物质的量之比或摩尔浓度比。母液Ⅱ是经过盐析析铵后的母液，准备送去吸氨和碳酸化。γ 值越大，表示析铵过程中 NaCl 溶入多，NH_4Cl 析出多，残留的 NH_4Cl 少；也表示吸氨和碳酸化时会生成较多的 $NaHCO_3$。但为了避免过多 NaCl 混杂于产品 NH_4Cl 中，当盐析温度为 10～15℃时，γ 值控制在 1.5～1.8 左右。盐析温度和母液Ⅱ中氯化钠饱和浓度的关系如下。

盐析温度/℃	10	12	14
母液Ⅱ中氯化钠饱和浓度/(mol/L)	3.87	3.81	3.75

联合制碱法正常生产时，各母液的组成如表 14-1 所示。

表 14-1 联碱母液组成成分表

母液	游离氨 /(mol/L)	结合氨 /(mol/L)	[Cl⁻] /(mol/L)	[CO₂] /(mol/L)	折算成盐含量/(kg/m³)	
					NaCl	NH₄Cl
碳化母液	1.52	4.34	5.74	1.15	82	232
母液Ⅰ	1.47	4.17	5.52	1.11	79	223
氨母液Ⅰ	2.17	4.07	5.43	1.09	80	218
母液Ⅱ	2.21	2.15	5.64	1.11	201	115
氨母液Ⅱ	3.70	2.07	5.49	1.07	200	111

任务二 联合制碱法生产技术

一、联合制碱法工艺流程的组织与操作控制要点

联合制碱法工艺流程如下。

联合制碱法的析碱流程基本上与氨碱法相近，析铵则有多种流程，以外冷流程为例（图 14-6）。

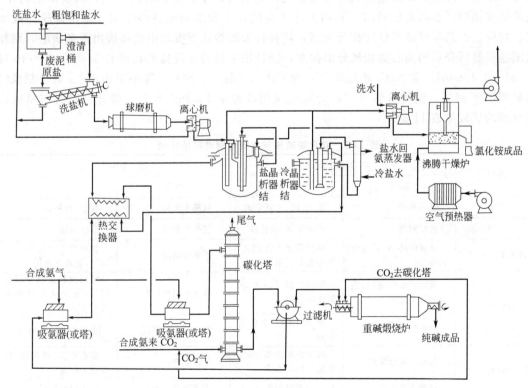

图 14-6 联合制碱法工艺流程

制碱系统送来的氨母液Ⅰ经换热器与母液Ⅱ换热，母液Ⅱ是盐析出氯化铵后的母液。换热后的氨母液Ⅰ送入冷析结晶器。在冷析结晶器中，利用冷析轴流泵将氨母液Ⅰ送到外部冷却器冷却并在结晶器中循环。因温度降低，氯化铵在母液中呈过饱和状态，生成结晶析出。大致说来，适当加强搅拌、降低冷却速率、晶浆中存在一定量晶核和延长停留时间都有利于促进结晶生长和析出。冷析结晶器的晶浆溢流至盐析结晶器，同时加入粉碎的洗盐，并用轴流泵在结晶器中循环。过程中洗盐逐渐溶解，氯化铵因同离子效应而析出，其结晶不断长大。盐析结晶器底部

沉积的晶浆送往滤铵机。盐析结晶器溢流出来的清母液II与氨母液I换热后送去制碱。

滤铵机常用自动卸料离心机，滤渣含水分 6%～8%。之后氯化铵经过转筒干燥或流态化干燥，使含水量降至 1% 以下，以作为产品。结晶器是析铵过程中的主要设备。分为冷析结晶器和盐析结晶器，构造有差别，但原理相似。对结晶器的要求为：有足够的容积——使母液在容器内平均停留时间大于 8h，以稳定结晶质量。盐析结晶器的析铵负荷大于冷析结晶器，相应的容积也较大。要能起分级作用：结晶器的中下段是悬浮段，保持晶体悬浮在母液中并不断成长；上段是清液段，溢流的液体以低流速溢流，这区域的流速一般为 0.015～0.02m/s；悬浮段的流速则为 0.025～0.05m/s。为了使晶体能有足够时间长大，悬浮段一般高 3m 左右。例如年产 1 万吨氯化铵的冷析结晶器，悬浮段直径 2.5m，清液段直径 5.0m，总高 7.7m 左右。能起搅拌和循环作用：如盐析结晶器中有中央循环管，利用轴流泵使晶浆在结晶器中循环。冷析结晶器也有轴流泵抽送晶浆循环通过外冷器。结晶器一般由钢板卷焊而成，因物料有强烈的腐蚀性，设备受蚀比较严重，要内衬塑料板或涂层防腐蚀层。

食盐用于析铵前要进行精制。常用的预处理工艺是洗涤-粉碎法。原盐经振动筛分离出夹带的草屑和石块等杂物，通过给料器进入螺旋推进式洗盐机，采用饱和食盐水逆流洗涤。原盐夹带的细草和粉泥浮在洗涤液面上飘走，原盐所含可溶性杂质（氯化镁、硫酸镁和硫酸钙等）溶解。洗盐由螺旋输送机送入球磨机，球磨机的主体是回转的圆筒，衬有耐磨衬里，筒内装有钢球。在圆筒旋转时，利用钢球下落的冲击和滑动起研磨作用，将粗盐粉碎成细粒。粉碎后的盐浆经盐浆桶送往分级器，颗粒较大的盐粒下沉，由底部排出重新研磨，细粒盐随盐浆经沉降后用离心滤盐机分出盐水，洗盐送去盐析。洗盐的粒度有 85% 在 20～40 目（0.84～0.42mm），含 NaCl 超过 98%，含 Ca^{2+}、Mg^{2+}、SO_4^{2-} 等小于 0.3%。联合制碱法的氨利用率 91%，钠利用率 89%，每吨纯碱用母液量 10.4m³ 左右。联合制碱法与氨碱法制纯碱的比较见表 14-2。

表 14-2 联合制碱法与氨碱法制纯碱的比较

项目	联合制碱法		氨碱法	
	原理	结果	原理	结果
原料	氨不循环	氨、食盐、二氧化碳	氨循环使用	食盐、石灰石
产品	氯根利用	碳酸氢钠、氯化铵	氯根不利用	碳酸氢钠
原料利用程度	母液循环、原料综合利用	钠利用率达到 96%，氯也充分利用	受平衡限制	钠利用率只有 70%～73%，氯没有利用
原料要求	氯化钠既作原料，也起同离子效应	用固体研细的洗盐，氯化钠含量为 98%	氯化钠用作原料	可用饱和盐卤或粗盐制备，氯化钠含量要求大于 85%
	母液循环	硫酸根对过程有影响	氯化钠一次利用	盐水中杂质影响较小
设备	与氨厂联合生产	减少附属设备，添加氯化铵结晶系统	单独生产	需石灰窑、蒸氨塔、化灰器等设备
	母液含氯化铵	对设备腐蚀严重	主要处理盐水	设备腐蚀较轻
操作	母液含大量结合氨 各过程要避免其他盐析出	10m³ 循环母液 按工序控制指标	氨盐水较纯 只要求析出重碱	6m³ 氨盐水 氨盐水浓度高较好
	析铵	增设冷析、盐析等工序	氨循环，氯没利用	母液送蒸氨塔回收
环境	基本无废弃物	无污染	有废弃物	污染环境
其他 能源	盐析会夹杂 消耗冷量	纯碱含量 93%～95% 电耗大	条件易控制 生产石灰	纯碱含量 98%～99% 燃料消耗大

二、联碱法生产过程常见故障及其排除方法

1. 联碱法纯碱生产中母Ⅱ除杂净化技术

联合制碱法生产纯减产品中的杂质 Ca^{2+}、Mg^{2+} 和水不溶物均由原料盐带入，其含量多少取决于制碱母液的精制方法和净化程度。

联合制碱法工艺中原料盐直接加入副产品氯化铵的盐析结晶器中，在其中溶解和发生同离子效应析出氯化结晶的同时。由于母液中的 NH_3 和 CO_2 的存在，因此容易生成 $CaCO_3$、$MgCO_3$ 沉淀以及少量钙和镁的其他化合物。约占原料盐带入总量 $30\%\sim50\%$ 的钙镁杂质被氯化铵结晶产品带出系统，其余部分随同母液B溢流至母液Ⅱ桶，再经母液换热器和吸氨器成为氨母液Ⅱ后进入氨母液Ⅱ澄清桶沉降分离。只进行一级净化（澄清），一般情况下，澄清后氨母液B的浊度 $\leqslant200\times10^{-6}$，$Ca^{2+}$ 的澄清效率 $80\%\sim90\%$，Mg^{2+} 的澄清效率不到 50%。这样，大量的 Ca^{2+}、Mg^{2+} 杂质随氨母液Ⅱ进入碳化塔。在碳化过程中，$CaCO_3$ 和 $MgCO_3$ 被进一步碳化，生成可溶性的酸式碳酸盐，并由于氧的存在，极易被氧化成钙和镁的碱式碳酸盐沉淀，与部分 $CaCO_3$ 和 $MgCO_3$ 一起夹杂于重碱晶体之中并进入纯碱产品。研究结果表明，联碱法生产过程中原料盐所带入的杂质中 Mg^{2+} 进入纯碱产品的比例竟高达总量的 30%。

联碱法制碱过程中，母液Ⅱ中 NH_3 和 CO_2 浓度相对较高，足以与原料盐带入的 Ca^{2+}、Mg^{2+} 杂质生成碳酸盐沉淀，根据 Mg^{2+} 在母液Ⅱ中的溶解度特性，利用现行联碱法生产氯化铵时的低温条件，在母液Ⅱ中将溶解度较低的 Mg^{2+} 的碳酸盐分离出去。这样便在可靠的碳酸铵法除钙的基础上，配之以溶解度降低法除镁，构成了比较完整和经济合理的联碱法精制母液Ⅱ的除钙除镁方案。与氨碱法制碱母液的制备与精制比较，就流程与设备、投资与运行费用而言简而又简，省之又省。这种净化方案，变原来氨母液Ⅱ制备的"不干净"流程为"干净"流程，可以大大减轻母液换热器结垢和阻塞，减轻工人的劳动强度，并为采用高效的板式换热器奠定基础。此外，在氨母Ⅱ澄清作业后再增加一道净化工序，将使氨母Ⅱ的澄清度更加有保障，完全杜绝杂质在制碱工艺中的恶性循环和对产品质量造成的不良影响。

2 纯碱中氯化钠含量偏高

纯碱产品中的氯化钠来源于过滤工序，过滤是将碳化完成液中的重碱与母液进行分离，由于重碱中固-液相分离不彻底，使固相中夹带有残留母液，含氯化钠。纯碱制造企业过滤设备一般采用转鼓真空过滤机，若因洗涤滤饼的洗水温度和用量控制不当，容易致使纯碱中盐分偏高。

针对工业纯碱盐分偏高问题，常见预防及处理措施如下。

① 控制好洗涤滤饼的洗水。例如，过滤工序采用自动控制系统，实现碱槽液面、碱层厚度、滤鼓转数、重碱盐分及洗水用量等工艺参数自动检测和连锁控制，还可以在洗水中添加表面活性剂，使重碱中盐分和水分降低。

② 在转鼓真空过滤机后面增设离心机进行二次分离，使重碱含湿量降低至 10% 左右。

③ 采用新型过滤设备，提高固液分离效果。

3. 联合制碱法洗盐工艺的问题及对策

洗涤盐法是一种物理分离杂质的方法，它是利用不同物质在同种溶剂中具有不同的溶解度的特性来分离杂质。对于原盐中的可溶性杂质氯化镁、硫酸镁、微溶性杂质硫酸钙等，它们在饱和氯化钠溶液中仍然具有一定的可溶性，而氯化钠在其饱和溶液中是不可再溶的，这样，在洗涤原盐时采用饱和氯化钠溶液作洗涤剂，从而使氯化钠与氯化镁、硫酸镁等杂质分开。部分泥砂和杂草等水不溶物，轻者漂流或悬浮在洗涤液里，随洗涤液与盐分开，重者混入盐中，待后续流程分离。

在联碱生产系统中，洗盐工序的洗涤卤水是连续封闭使用的，随着不断地对原盐进行洗涤，洗涤液中的氯化镁、硫酸镁等可溶性杂质含量也会逐渐增多，直至饱和。此时的洗涤卤水就失去了对可溶性杂质的洗涤作用；另外洗涤卤水在洗涤一段时间后，其中的成分就会发生变化。而当溶剂中存在几种物质时，由于同离子效应的影响，溶解度会发生变化。例如，氯化钠在纯水中溶解度是 361.3g/L，而在饱和氯化镁水溶液中溶解度只有 8g/L。针对以上两种情况，生产中就必须不断地排除部分可溶性杂质，使其处在一个动态平衡里。洗涤卤水中可溶性杂质越少，它的洗涤效果也就越好。

如果成品洗盐中水不溶物比较多，部分泥砂与钙、镁离子一起在容器内部结疤。同时，排出的氨母液Ⅱ废泥量也增大，加重了氨的损耗。原盐在洗盐机内初次洗涤后，部分小颗粒泥砂随洗涤卤水进入脏卤池，与原盐分离。剩余较大颗粒的石子和砂子随原盐一起进入球磨机粉碎研磨，与盐浆混合进入盐浆罐，有少量相对大一些的砂子会被球磨机出口筛网除去，其余的砂子随盐浆被送到分级器。在分级器内，由于砂子的密度和颗粒较大，绝大多数沙子都随大粒盐沉降到分级器底部，放到大粒盐罐里，加入海水和蒸汽溶解大粒盐，溶解的卤水放到洗盐机洗盐，砂子沉降在大粒盐罐底部放出，大粒盐罐是除掉水不溶物的主要设备。

思考与练习

1. 联合制碱法与氨碱法相比具有哪些优点？
2. 简要叙述联合制碱法的Ⅰ过程和Ⅱ过程。
3. 影响氯化铵结晶的主要因素有哪些？
4. 如何制备大颗粒的氯化铵结晶？有何意义？
5. 绘制联合制碱法生产工艺流程图，并简要叙述其控制要点。
6. 纯碱中盐分偏高的原因是什么？如何预防？
7. 某纯碱样品中混有少量的碳酸氢钠，为了测定样品的纯度，某分析工准确称取样品 10.0g 放入试管中，加热充分反应至无气体放出，共产生 CO_2 气体 224mL（该条件下气体的密度为 1.964g/L）。试计算纯碱样品中 Na_2CO_3 的质量分数。
8. 联合制碱法生产过程中母液腐蚀性均较强，采用复合结构设备较多。试设计一个复合设备防腐蚀施工工艺方案。

拓展知识之十二

氨碱法与联碱法在中国的发展

一、我国纯碱行业的概况

我国是世界纯碱大国，纯碱产量多年来一直稳居世界首位，纯碱工业的发展对于促进国民经济发展发挥了重要作用。氨碱法和联碱法是我国纯碱生产工艺的两朵奇葩，在中华大地竞相绽放。截至 2011 年底，我国纯碱装置生产能力 2560 万吨，约占世界总产能的 41%，实际产量为 2047 万吨，约占世界总产量的 42%，生产企业 45 家，纯碱行业平均规模 57 万吨，百万吨以上企业 10 家，占全行业总产能的 57%，其中产能最大的为山东海化达到 300 万吨，其次为唐山三友产能为 200 万吨。"十二五"期间，我国纯碱行业产能仍将保持快速增长态势，前 3 年内每年都将有 200 万吨以上新增纯碱生产能力投入市场，到 2012 年，纯碱生产能力达到了 3000 万吨。

生产布局上，氨碱法产能主要集中在渤海湾周边靠近大型盐场及青海地区，联碱法产能主要集中在西南、华南等地区，天然碱主要集中在河南等地的天然碱资源区，国内除江西、吉林、西藏、海南、贵州外，其他省自治区都有纯碱企业。

二、我国纯碱行业与世界先进水平的差距

我国氨碱法工厂与国际先进水平相比仍有较大差距，主要原因如下。 ①我国氨碱法工厂采用的原料和燃料质量太差，石灰石、原盐、白煤、焦碳的杂质多，而且粒度不合要求，夹带大量细粉，使动力设备的无用功增加。 ②我国小型企业较多，设备能力小，效率低下，缺乏严格、有效的控制手段。 ③不注意总图布置与节能的关系，没有充分利用位差来节约能源，造成工厂先天不足。 ④节能技术只在部分工厂使用，尚未配套推广。 我国氨碱法与国际先进水平的苏尔维制碱法相比，能耗差距大致在20%，节能潜力较大。

我国大型联碱法生产装置的能耗比世界先进水平高 $1554MJ/t$ 纯碱，合标准煤 $53kg/t$ 纯碱，节能潜力低于氨碱法装置。 近年来，我国采取的节能技术措施有以下几个方面。 ①淘汰了一批高能耗设备，包括外热式纯碱煅烧炉、铸铁排管冷却器、二氧化碳单缸压缩机等。 ②一批企业实现了热、电结合，蒸汽多级利用。 ③开发成功一批节能工艺技术，包括过滤机洗水添加剂技术、蒸氨废液闪发回收蒸汽技术、氯化铵外冷器液氨致冷技术、氯化铵结晶器逆料取出技术等。 ④设计并铸造出一批大型高效设备，提高了效率。 包括 $\phi3400/\phi43000$ 异径碳化塔、$20m^2$ 过滤机、送气量 $2\times10^4 m^3/h$ 的离心压缩机、内冷式吸收塔、自身返碱蒸气煅烧炉、大型回转式凉碱炉等。 ⑤引进一批国外成熟的单项节能技术，如真空蒸馏技术、干法加灰技术、重碱二次过滤技术等。 联碱法大型工厂的能耗已接近世界先进水平 $8000MJ/t$。 DCS操作系统在行业中逐渐普及，新工艺、新技术和新设备在纯碱企业老装置改造、搬迁和新装置建设过程中得到应用，取得了良好的节能、提效效果。 联碱法设备规模水平已达到百万吨级，自行开发的联合制碱、变换气制碱、优质原盐制碱工艺均达到世界领先水平。 我国已独立设计与制造了自然循环外冷式碳化塔、自身返碱煅烧炉、固相水合法及液相水合法重质纯碱设备，原来引进技术装备转变为出口技术设备。

氨碱生产环保矛盾的焦点主要是废液废渣。 氨碱法生产纯碱每吨碱约排 $10m^3$ 废液，其中固体渣约 $300\sim350kg$。 由于产生量大，很难大幅度综合利用，这也是困扰世界纯碱工业的难题。 由于氨碱法废液废渣难以治理，新建、扩建项目多以联碱为主，随着联碱法生产纯碱的比例呈上升趋势，氯化铵产品的产能也上升很快，氯化铵市场的竞争也日益加剧。 现阶段，90%以上的氯化铵都是用来生产复混肥料。

三、纯碱行业的发展方向

① 坚持总量控制，严格新上项目。 坚持总量控制，支持技术水平高、对产业升级有重大作用的大型企业，通过技改、重组等方式做大做强；对新建项目要严格控制，氨碱法设计能力不小 120 万吨，联碱法不小于 60 万吨；且必须经省级投资管理部门核准并由国家有关部门组织中国纯碱工业协会等有关方面认定之后才能实施。 产能扩张方面，一是主要集中湖盐丰富的青海地区和井矿盐丰富的江苏、河南等地区，海盐主要产区产能无增长；二是新增产能重点以行业内原有生产企业新建、技改扩建为主；三是联碱法产能增速要高于氨碱法产能增速。

② 鼓励自主创新，推广应用"节能减排"新技术。 纯碱行业大力推进科技创新和技术进步，促进产业技术的系统化和集成化，加强关键和前沿技术研发，进一步深化"节能减排"，走可持续发展道路。 "十二五"期间，鼓励纯碱生产采用先进自动化控制技术及大型和高效节能设备；推广重碱二次过滤技术和带式滤碱机，以降低能耗；对于蒸汽的多级利用更有效，更细化。 氨碱法推广干法加灰技术和真空蒸馏技术；推广废渣用于烟道气脱硫技术及其他废渣综合利用技术。 联碱法推广氯化铵造粒技术，以增加氯化铵单独施肥量；进一步完善不冷式碳化工艺、热法联碱工艺及三聚氰胺与联碱联产新工艺。

③ 提高纯碱产品质量，增加重质纯碱和干燥氯化铵比例。

项目 **十五**

电解法生产烧碱

项目导言

电解法生产烧碱有隔膜法和离子交换膜法。隔膜法生产强度较小、产品纯度较低、环境污染也较大，也正处在逐步淘汰之中。离子交换膜法所得烧碱纯度高，投资小，对环境污染小，是电解法生产烧碱的发展方向。本项目介绍了隔膜法和离子膜法生产烧碱的生产技术。

能力目标

1. 能够合理选择生产烧碱的工艺路线；
2. 能够合理组织纯碱生产工艺流程；
3. 能够合理优化纯碱生产工艺条件；
4. 能了解岗位操作、开停车操作及异常现象和故障的排除等。

任务一　隔膜法电解制烧碱

电解法生产烧碱的同时还副产氯气和氢气，所以电解法生产烧碱行业也称氯碱工业。氯碱工业在国民经济中占有重要地位，其产品广泛用于纺织工业、轻工业、冶金和有色冶金工业、化学工业和石油化学工业等部门。电解法生产烧碱具有以下特点。

（1）能耗高　电解法生产烧碱的主要能耗是电能，其耗电量仅次于电解铝。所以如何提高电解槽的电解效率和碱液热能蒸发利用率具有重要意义。

（2）氯与碱的平衡　电解法制烧碱所得到的烧碱与氯气的产品的质量比恒定为 1∶0.88，但一个国家或地区对烧碱和氯气的需求量，是随着其他化工产品生产的变化而变化的。若氯气用量较小时，通常以氯气需求量来决定烧碱产量，以解决氯气的储存和运输困难的问题。对于石油化工和基本有机化工发展较快的国家，会因氯气的使用量过大，而出现烧碱过剩的矛盾。烧碱和氯气的平衡，始终是氯碱工业发展中的矛盾问题。

（3）腐蚀和污染严重　烧碱、盐酸、氯气等分别是强碱、强酸、强氧化剂，均具有强腐蚀性，生产过程中的含氯废气和废液等都可能对环境造成污染。因此，防止腐蚀、保护环境一直是氯碱工业努力改进的方向。

一、隔膜法制烧碱的基本原理

食盐水溶液中主要存在 4 种离子：Na^+、Cl^-、H^+、OH^-。电解槽的阳极通常使用石墨电极或金属涂层电极；阴极用铁丝网或冲孔铁板；中间的隔膜由一种多孔渗透件材料构成，多采用石棉，将电解槽分隔成阴极室和阳极室两部分，使阳极产物与阴极产物分离隔开，可使电解液通过，并以一定的速度流向阴极。目前，工业上较多使用的是立式隔膜电解槽，工作原理如图 15-1 所示。

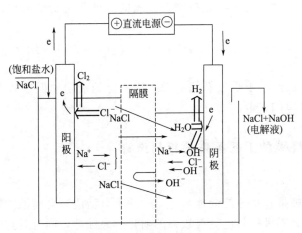

图 15-1　立式隔膜电解槽示意

饱和食盐水由阳极室注入，使阳极室的液面高于阴极室的液面，阳极液以一定流速通过隔膜流入阴极室以阻止 OH^- 的返迁移。得到产品氢气、氯气分别从阴极室和阳极室上方的导出管导出，氢氧化钠则从阴极室下方导出。

当通入直流电时，Na^+、H^+ 向阴极移动，Cl^-、OH^- 向阳极移动。电极反应为：

阳极反应　　　　　　　　　　$2Cl^- \longrightarrow Cl_2 + 2e$

阴极反应　　　　　　　　　　$2H^+ + 2e \longrightarrow H_2$

总反应　　　　　$2NaCl + 2H_2O \longrightarrow 2NaOH + Cl_2\uparrow + H_2\uparrow$

阴极的 Na^+ 不参加反应与留在溶液中的 OH^- 形成 NaOH，并聚集在阴极附近，使阴极附近的碱浓度不断增大。所以，阴极室的溶液又称为电解碱液，简称为电解液。与此同时，阳极附近随着 Na^+ 的迁移、Cl^- 反应生成 Cl_2，NaCl 浓度不断降低。

在电解过程中，随着阴极产物、阳极产物浓度的升高、迁移扩散等原因，在电解槽内还会有一系列副反应发生。电槽内的副反应主要是发生在阳极室，阳极上产生的 Cl_2 部分溶于阳极液中，与水反应生成次氯酸和盐酸：

$$Cl_2 + H_2O \longrightarrow HClO + HCl$$

在阴极室内，阴极液中随着 NaOH 浓度的增加，由于渗透、扩散作用会通过隔膜进入阳极室，与次氯酸、氯气发生反应：

$$HClO + NaOH \longrightarrow NaClO + H_2O$$
$$Cl_2 + 2NaOH \longrightarrow NaClO + NaCl + H_2O$$

生成的 NaClO 在酸性条件下很快变成 $NaClO_3$：

$$NaClO + 2HClO \longrightarrow NaClO_3 + 2HCl$$

当 ClO^- 离子聚积到一定量后，由于 ClO^- 的放电电位比 Cl^- 低，因此在阳极上也会发生电极反应生成 O_2：

$$12ClO^- + 6H_2O \longrightarrow 4HClO_3 + 8HCl + 3O_2\uparrow + 12e$$

另外，在阳极室内，阳极液中随着 NaClO 和 $NaClO_3$ 浓度的增加，由于渗透、扩散作用会通过隔膜进入阴极室，被阴极上产生的新生态氢原子还原成 NaCl：

$$NaClO + 2[H] \longrightarrow NaCl + H_2O$$
$$NaClO_3 + 6[H] \longrightarrow NaCl + 3H_2O$$

这些副反应的发生，不但会降低碱和氯的产量，而且还会降低电流效率。如果采用石墨作阳极则生成的氧气还会腐蚀石墨，使极间距离增大，从而使槽电压升高。为了减少这些副反应，在生产中采取的主要措施如下。

① 采用精制的饱和食盐水溶液并控制在较高的温度下进行电解，以减少氯气在阳极液中的溶解度。

② 保持隔膜的多孔型和良好的渗透率，使能阳极液正常均匀地透过隔膜，阻止两极产物的混合和反应。

③ 保持阳极室的液面高于阴极室的液面，用一定的液位差促进盐水的定向流动而阻止 OH^- 由阴极室向阳极室的扩散。

二、隔膜法制烧碱的工艺条件分析与选择

1. 阳极材料

由于电解槽的阳极是直接地持续地与化学性质十分活泼，且腐蚀性较强的湿氯气、盐酸和次氯酸等接触，因此阳极材料应具有较强的耐化学腐蚀性，同时具有对氯的过电压低、导电性能良好、机械强度高而且易于加工、来源广泛和使用寿命长等特点。

在氯碱工业发展过程中，曾试用过铂、磁铁矿、碳、人造石墨、金属阳极等各种阳极材料。其中人造石墨由于导电性能良好，价格便宜又具有一定的耐腐蚀性，在国内外氯碱工业中曾普遍采用。但金属阳极出现后，逐渐取代石墨阳极。目前应用最广泛的是钌钛金属阳极。

石墨阳极是由石油焦、沥青焦、无烟煤、沥青等压制成型，经高温石墨化而形成。主要成分是碳，灰分约占 0.5%。而金属阳极是以金属钛为基体，在基体上涂一层其他金属氧化物（如二氧化钌和二氧化钛）的活化层而构成。与石墨阳极相比具有以下优点。

① 金属阳极耐碱和氯的腐蚀，并可更换涂层，使用寿命达 10 年以上；且因两极间距离不变，槽电压低而稳定。而石墨出于电化学腐蚀及机械强度低等原因，使用寿命一般在 7～8 个月。

② 在金属阳极上氯的放电电位比在相同条件下石墨阳极上约低 200mV，即每生产 1t 100% 的 NaOH 可以节电 140～150kW·h。

③ 产品氯气纯度高，碱液无色透明、浓度高，使浓缩碱液的蒸汽用量大为降低。

④ 金属阳极能耐高电流密度，一般情况下可达 $15～17A/dm^2$，为石墨阳极电解槽电流密度的两倍，大幅度提高了单槽的生产能力。

⑤ 电解槽运行周期长，检修次数少，因而减少了维修工作量和维修费用。

⑥ 由于电解槽不采用沥青和铅，故可避免沥青和铅对操作环境的污染。

2. 阴极材料

阴极材料要具有耐氯化钠、氢氧化钠的腐蚀，导电性能良好，且氢在电极上的过电位要低等特点。隔膜电解槽常见的阴极材料有铁、铜、镍等。由于铁的耐氯化钠、氢氧化钠等的腐蚀性好且具有导电性能好、氢的过电压低的优点，是一种质优价廉的阴极材料。使用寿命可长达 40 年。为了便于吸附隔膜及易于使氢气和电解液流出，立式隔膜电解槽的阴极一般采用铁丝编成网状，也有用冲孔铁板。

3. 隔膜材料

隔膜是整个电解槽中最重要的组成部分。它是隔膜电解槽中直接吸附在阴极上的多孔型材料层，用它将阳极室和阴极室隔开。对隔膜材料的要求如下。

① 应具有较强的化学稳定性，既耐酸又耐碱的腐蚀，并应具有相当的机械强度，长期使用不宜损坏。

② 必须保持多孔及良好的渗透性，能使阳极液维持一定的流速且均匀地透过隔膜，并防止阳极液与阴极液的机械混合。

③ 应具有较小的电阻，以降低电压损失。

④ 材料易得，制造成本低。

石棉是一种硅酸盐纤维状矿物质，具有耐酸耐碱的特性，能够比较全面地满足上述要求，所以自 20 世纪 20 年代以来一直使用石棉作为隔膜材料。

根据组成不同，石棉可以分为温石棉（镁的含水硅酸盐）和青石棉（钠和铁的硅酸盐）两种。氯碱工业用石棉一般为温石棉，它的柔软性、抗张性、劈分性和绝缘性都比较好。但石棉隔膜在长期使用后，出于各种杂质及悬浮物的沉积，会堵塞隔膜的孔隙，使隔膜的渗透性恶化，阳极液流量下降，造成电解液温度升高，槽电压升高。因此，隔膜要定期更换。一般石墨阳极电解槽中的石棉隔膜的使用寿命为 4～6 个月，金属阳极电解槽的石棉隔膜由于没有石墨粉末的堵塞现象，寿命可达 1 年。为进一步延长石棉隔膜的使用寿命，在石棉隔膜的制造中加入一定比例的聚四氟乙烯和聚多氟偏二氯乙烯纤维以增加机械强度及溶胀性，使用寿命可达 1～2 年。

4. 隔膜电解槽

隔膜电解槽是隔膜电解法生产的主要设备。早期的隔膜电解槽是水平安装的，但电流密度小，占地面积大，相对成本高，后来逐渐被立式隔膜电解槽取代。各种隔膜电解槽的结构虽然不尽相同，但基本构件中都包括槽盖、阳极组合件和阴极组合件。图 15-2 为 C_{30}-Ⅲ型金属阳极隔膜电解槽的结构示意。

（1）槽盖 由玻璃钢（FRP）制成，上下之间用法兰连接。盖顶有氯气出口、氯气压力表接口及防爆膜，侧面有盐水进口、阳极液位计接口。

（2）阳极组合件 由金属阳极和底板组成。金属阳极由阳极片和复合棒焊接而成，固定在下部底板上，并与导电铜排连接。这种阳极不仅机械强度高、导电性能好、形状稳定，而且还可以减少气泡效应，促进电解液的循环，有效地降低阳极超电压及溶液的电压降。

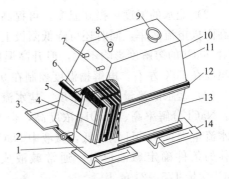

图 15-2 C_{30}-Ⅲ型金属阳极隔膜电解槽
1—阳极组合件；2—电解液出口；3—阴极连接铜排；
4—阴极网袋；5—阳极片；6—阴极水位表接口；
7—盐水喷嘴插口；8—氯气压力表接口；9—氯气
出口；10—氢气出口；11—槽盖；12—橡皮垫床；
13—阴极组合件；14—阳极连接铜排

（3）阴极组合件 由阴极箱体、阴极网袋、隔膜和导电铜板组成。阴极箱体是用钢板焊成的无底无盖的长方形框，在箱体侧面有氢气出口和电解液流出口，外侧有导电铜排，使电流均匀分布在阴极网袋上。阴极网袋由低碳钢的软铁网编制而成，网上吸附石棉隔膜。

我国金属阳极电解槽的常用槽型及主要部件的规格见表 15-1。

表 15-1　我国金属阳极电解槽常用槽型及主要部件一览

项目 \ 槽型	3-Ⅰ		30-Ⅱ	30-Ⅲ	47	
	A	B			—ⅠB	—ⅡB
阳极片规格/mm	2×240×800	32×320×800	34×330×800	36×400×809	33.4×280×750	37×560×750
阳极片数量/片	80	60	66	48	112	56
复合棒规格/mm	$\phi24×24$	$\phi27×27$	$\phi29×29$	$\phi32×33$	$\phi27×27$	$\phi33×33$
复合棒重量/kg	330	366	370	365	640	436
铁网重量/kg	133	130	130	130	208	201
阴阳极间距/mm	10.5	9.5	9	8.5	10	7.5
钛法兰垫圈	聚四氟	天然胶	天然胶	天然胶	天然胶	聚四氟

5. 操作条件

（1）盐水的浓度　电解质溶液的导电是依靠溶液中正负离子的迁移并在电极上放电而引起的。所以，电导率随电解质溶液浓度的升高而升高，一直到溶液饱和为止。生产上电解液采用的是 NaCl 饱和溶液，其质量浓度为（315±5）g/L。

普通工业食盐中常含有钙盐、镁盐、硫酸盐等杂质，对电解操作极其有害。Ca^{2+}、Mg^{2+} 将在阴极与电解产物 NaOH 发生反应，生成难溶解的沉淀，不仅消耗 NaOH，还会堵塞隔膜孔隙，降低隔膜的渗透性，使电流效率下降，槽电压上升。SO_4^{2-} 的存在，会促使 OH^- 在阳极上放电产生氧气。所以，工业用原盐制备的粗盐水必须加以精制。在生产中，一般采用添加过量的 $NaCO_3$ 和 NaOH 除去 Ca^{2+}、Mg^{2+} 杂质；为了控制 SO_4^{2-} 的含量，采用加入氯化钡的方法。精盐水的质量应达到以下指标：

NaCl 含量	Ca^{2+}、Mg^{2+} 总量	SO_4^{2-} 含量	NaOH 过碱量	NaCO₃ 过碱量
≥315g/L	<10mg/L	<5g/L	0.07～0.6g/L	0.25～0.6g/L

（2）盐水的温度　提高温度，可提高电解质的电导率，降低氯气在阳极液中的溶解度，提高阳极电流效率，同时还可降低阳极上析出氯气和阴极上析出氢气的过电位。虽然升高温度对 NaCl 的溶解度影响不大，但升高温度可提高 NaCl 的溶解速度。一般入电解槽前的盐水温度在 70℃左右，电解槽温度控制在 95℃左右。

（3）盐水的流量与碱液浓度　盐水流量的大小会对电解过程带来较大的影响。盐水流量小，NaCl 分解率高、NaOH 浓度高，但 OH^- 的反迁移严重，副反应多，电流效率低。但盐水流量大，NaOH 浓度低，碱液中 NaCl 含量高，碱液蒸发的能耗高。为此，各厂应根据具体的条件确定碱液成分。通常碱液成分控制在如下范围：NaOH 含量 130～145g/L；NaCl 含量 175～210g/L。

（4）氯气的纯度及压力　氯气是有毒气体，不允许泄露，要保证电解槽、管道等连接处的密封，氯气总管的压力采用微负压 -98～-49Pa 下操作。为避免在电解槽内 Cl_2 和 H_2 混合爆炸，必须防止 H_2 漏到 Cl_2 中，应控制阳极室液面高于隔膜顶端，同时密切注意隔膜的完好情况。控制总管氯气中含 H_2≤0.4%，当含 H_2≥1% 就应立即采取紧急措施；含 H_2≥2% 就应立即停电处理；个别单槽中含 H_2≥2.5% 时也应立即停电处理。电解槽出来湿氯气经冷却干燥后的干基气体组成为 Cl_2 96.5%～98%，H_2 0.1%～0.4%，O_2 1.0%～3.0%。

（5）氢气的纯度及压力　电解槽产生的氢气纯度是很高的，其体积分数一般在 99%（干基）以上。为防止空气与氢气混合发生爆炸，一般电解槽的氢气系统都是保持微正压 49～98Pa 下操作。

（6）电流效率　电流效率为实际产量与理论产量的比值。电解食盐水时，根据氢氧化钠产量计算得出的电流效率称为阴极效率；根据氯气产量计算出来的电流效率称为阳极效率。电流效率是电解槽的一项重要的技术经济指标，与电能消耗、产品质量以及电解操作过程关系十分密切。较先进的隔膜电解槽的电流效率为 95%～97%。提高电流效率的措施如下。

① 优化操作条件，减少副反应的发生。提高精盐水的纯度，进一步降低 Ca^{2+}、Mg^{2+}、SO_4^{2-} 的含量；提高精盐水的浓度，使之接近饱和；预热盐水，提高电解槽温度，从而降低 Cl_2 在阳极液中的溶解度。

② 防止 OH^- 进入阳极室而消耗碱。保证隔膜有良好的性能，并适当控制阳极室和阴极室有一定的液面差，控制电解槽送出的碱液浓度不超过 140g/L。

③ 适当提高电流密度。电流密度的提高，加快了盐水透过隔膜的流速，减缓了 OH^- 的

反迁移从而提高电流效率。一般电流密度每增加 $100A/m^2$，电流效率约提高 0.1%。

④ 生产中还应保证供电稳定，防止电流波动，并保证电解槽良好的绝缘，防止漏电。

三、隔膜法制烧碱工艺流程组织

1. 盐水精制工艺流程

（1）溶化原盐　原盐的溶解在溶盐桶中进行，化盐用水来自于清洗盐泥的淡盐水和蒸发工段的含碱盐水。

（2）粗盐水的精制　在反应桶内加入精制剂除去盐水中的 Ca^{2+}、Mg^{2+} 和 SO_4^{2-}。

（3）浑盐水的澄清和过滤　在反应桶精制后出来的盐水含有碳酸钙、氢氧化镁等悬浮物，经过加入凝聚剂预处理后，在重力沉降槽或浮上澄清器中分离大部分悬浮物，最后经过滤成为电解用的精盐水。

隔膜法盐水精制的工艺流程如图 15-3。

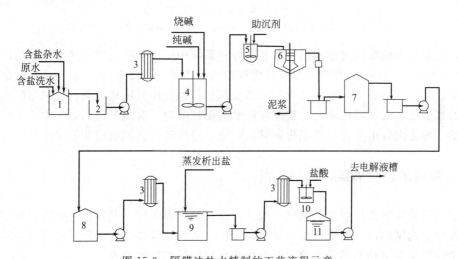

图 15-3　隔膜法盐水精制的工艺流程示意

1—溶盐桶；2—粗盐水槽；3—蒸汽加热器；4—反应槽；5—混合槽；6—澄清桶；
7—过滤器；8—精盐水贮槽；9—重饱和器；10—pH 调节槽；11—进料盐水槽

原盐经皮带运输机送入溶盐桶，用各种含盐杂水、洗水及冷凝液进行溶解。饱和粗盐水经蒸汽加热器加热后流入反应槽，在此加入精制剂烧碱、纯碱、氯化钡以除去 Ca^{2+}、Mg^{2+} 和 SO_4^{2-}。然后进入混合槽加入助沉淀剂（苛化淀粉或聚丙烯酸钠）聚沉，并自动流入澄清桶中分离已沉降的物质。从澄清桶溢流出来的精盐水经盐水过滤器（自动反洗式砂滤器）过滤后送入到精盐水槽。出来的精盐水经加热器加热到 $70\sim80℃$，送入重饱和器中，在此蒸发析出精盐使盐水浓度达到 $320\sim325g/L$ 的饱和浓度。饱和精盐水经进一步加热后送入 pH 调节槽，加入盐酸调节 pH 为 $3\sim5$，送入进料盐水槽，再用泵经盐水流量计分别送入各台电解槽的阳极室。

2. 隔膜法制碱工艺流程

隔膜法制碱工艺流程如图 15-4 所示。

自盐水工序送来的精盐水进入高位槽，使进入电解槽的盐水流量稳定。从高位槽底部送出的盐水经盐水预热器预热至 $70℃$ 左右，送入电解槽。电解生成的氯气由电解槽顶部的支管导入氯气总管，送到氯气处理工序。氯气总管大多由陶瓷和塑料制成，氯气导管安装应略

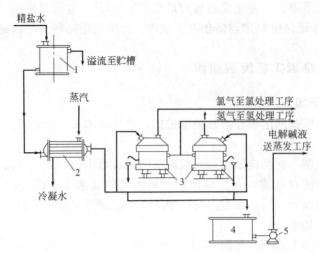

图 15-4 隔膜法制碱工艺流程示意

1—盐水高位槽；2—盐水预热器；3—电解槽；4—碱液贮槽；5—碱液泵

为倾斜，以便水汽的凝液可以流出。在氯气导管系统中应安装鼓风机抽送氯气，使阳极室内维持约 29.42~40.04Pa 的真空。氢气从电解槽阴极箱的上部支管导入氢气总管，送到氢气处理工序。氢气导出管（一般用铁管）安装要倾斜，也要用鼓风机或蒸汽喷射器吸出，且使阴极室的真空度略大于阳极室，以避免在盐水液面较低时，有氢气混到氯气中。生成的碱液从电解槽下侧流出，由导入总管汇集到碱液贮槽，经碱液泵达到碱液蒸发工序。

四、隔膜法制烧碱操作控制要点

电解工段是电解食盐水生产氯气、氢气、烧碱的主要工序，其岗位主要有金属阳极电解槽看槽岗位、送碱岗位、干燥岗位、氯气泵岗位、氢气泵岗位。金属阳极电解槽看槽岗位又是这几个岗位中反应核心部分，故主要介绍该岗位的操作控制要点。

1. 岗位任务及工作范围

（1）岗位任务 确保电解槽安全运行，生产出合格的氯气、氢气和电解液。

（2）工作范围 所属的金属阳极电解槽及附属的盐水分配台，氯气、氢气、电解液、盐水、生产水的管道、阀门，仪表等均由本岗位操作工负责开停、维护、检查、处理事故及保持清洁。并按时、准确、整洁地认真填写所测的槽温、电压等记录。

2. 开、停车的操作

（1）开车前的准备工作

① 送电前与总调度室联系，确认盐水供应及其他公用系统没有问题，方可进行下一步操作。

② 仔细检查电解槽槽尾、氯气压力计、氢气压力计、氯气取样管、氢气取样管是否齐全好用，检查氯、氢水封等处是否处于正确状态，检查单槽氯、氢压力计是否齐全好用。

③ 检查槽间铜导板是否连接好，检查电解槽周围是否有金属棒或其他物件搭接。

④ 检查盐水总阀门、支管阀门、充氮阀门及盐水卡子是否齐全好用。

⑤ 检查检测仪表是否齐全、好用。

⑥ 检查管道、设备有无泄漏或其他故障。

⑦ 检查断槽开关是否准备就绪。

⑧ 送电前 2h，通知盐水工段送饱和盐水，注满高位槽保持溢流。

⑨ 送电前 1.5h，打开盐水总阀门、支管阀门、单槽盐水卡子，往电解槽注盐水，当液面升至阴极箱法兰以上工艺设定值以后，关闭盐水支管阀门。新槽盐水的注入必须通过从槽盖往阴极箱循环通道插入底部的专用套管，不得直接从槽盖的盐水注入口加入，以防冲破隔膜。待液面计出现液面后，盐水注入可改在槽盖盐水注入口的玻璃弯管上，新槽通电前，通知有关人员安装好氯、氢支管及仪器。

⑩ 送电前 0.5h，通知氢气泵岗位启动氢气泵，同时开始充氮。先开氢气支管尾部充氮阀门，后开氢气总管尾部充氮阀门，保持氢气系统正压在工艺控制指标内。

⑪ 通知氯气泵岗位开启氯气泵，维持槽尾氯气管压力在工艺控制指标内。

⑫ 一切检查完毕，向班长汇报具备开车条件。

（2）开车及开车后的检查工作

① 接到送电指令后，立即打开盐水支管阀门。继续往电解槽注盐水，关闭充氮阀门，迅速拔掉封槽胶塞，在全部电解槽列充满液体且碱液管都有阴极液流出后，立即报告厂总调度室可以送电。

② 根据阴极液流量调节入槽盐水量，维持电解槽液面正常。

③ 送电后，迅速检查电槽情况，检查电槽液面、碱液流量、盐水注入情况、总槽电压及对地电压等是否正常，铜导板温升是否正常。

④ 送电后，通知分析工分析各支管、总管氯气纯度、氯气中含氢量及氢气纯度，并随时掌握变化情况。

⑤ 控制室内必须设专人负责仪表监视，与氯氢处理岗位密切联系，调节氯氢压力。

⑥ 刚通电时，必须关闭氢气总管至氢气冷却塔的入口阀门，氢气管道的压力通过氢气水封槽维持，亦即氢气水封槽上放空管放空，同时必须保证槽尾氢气管压力符合工艺控制指标。

⑦ 分析槽列氢气纯度大于 96％ 时，氢气水封槽加水封，打开氢气总管至冷却塔的入口阀门，通知氢气泵抽送氢气至用户。

⑧ 当总口氯气内含氢量小于 0.5％ 时可继续升电流，当总口氯气内含氢量大于 0.5％ 时，应立即分析槽列含氢量并进行处理。处理后含氢量继续高于 1.5％ 或第一次分析高达 4％ 的槽应立即除槽。

⑨ 如第一次送电不成功，必须待所有条件具备送电要求时，方可进行第二次送电。

（3）正常运行操作

① 严格控制电槽液面。液位严格按红线控制，随时保持液面距标线误差不大于 10mm。

② 随时掌握单槽运行情况，注意槽电压、氯气纯度、氢气纯度，氯气中含氢、氯气中含氧量及总槽碱液浓度等是否控制在工艺指标范围内。

③ 巡回检查时，注意槽体零部件是否结盐结碱，特别注意上下压口处不可有结盐结碱；同时注意铜导板是否变暗发热，联结螺栓、氢系统是否有虚连短路打火；还应注意检查氯、氢水封是否有水，各仪器、仪表运转是否良好，出现问题应及时联系解决。

④ 巡回检查时，注意"四断"情况（即断盐水、断碱液、断氢气、断氯气）及槽体对地绝缘良好，发现故障及时处理，断电器不得结盐、结碱，组装平稳且不与桶漏斗壁靠接。

⑤ 与有关岗位勤联系，要求做到：供电稳，氯、氢压力稳，液面稳，盐水温度稳。从而使电解槽处于良好的运行状态。

⑥ 随时了解主原料（精盐水）的质量及供应情况，发现问题及时与总调度室联系处理。

⑦ 做好电槽、设备、阀门及管道的保养工作，搞好周围环境卫生，杜绝跑冒滴漏，创造出无泄漏区并加以保持。

⑧ 掌握电解槽运行情况，要求每日进行一次电压测量。

⑨ 认真参加新电解槽的验收工作。

⑩ 每班将各个电解槽的氢气胶管挤压一次以防止管内形成盐桥产生电弧，导致胶管氢气着火。

⑪ 新槽氯气中含氢量的分析方法及合格标准如下。

a. 新槽氯气中含氢量由当班分析工进行分析。

b. 新槽开上 0.5h 后进行分析，以后每小时分析 1 次，连续 3 次。待 24h 后，含氢量小于 0.5% 以下，氢气可接上总管，隔 1h 后再分析 1 次，如果仍在 0.5% 以下作为合格处理。

c. 新槽开工 24h 以内，分析四次过后，氯气中含氢量仍在 0.5%～1%，每隔 4h 分析 1 次。

（4）停车操作　短时间停电，停电时间在 2h 以内可以继续注盐水，严格控制液面不得低于控制指标。防止氢气窜入氯气中，并维持液面等待送电。

① 氢气由氢气室放空、氯气送往废气厂处理系统，此时严格控制氯、氢压力以防氢气纯度低爆炸。

② 槽列的电槽按正常运行，如流量大进行封格保存。

（5）计划停电检修

① 停电前的准备工作

a. 检查充氮阀门是否好用，氮气管是否接好。

b. 与盐水工段联系，看淡盐水是否配好。

c. 检查氢气放空是否畅通。

d. 封槽胶塞准备好。

② 停电

a. 与总调度室联系，在逐次降电流过程中，要与氯氢处理岗位密切联系，保持氯、氢压力平稳。

b. 当电流降至零后，专人负责立即从氢气支管、总管尾部充氮，控制压力 0.1～0.2kPa，待检测分析含氢量达到动火条件时，方可停止充氮。

c. 停电后，待阴极液含碱≤50g/L 用淡盐水（浓度为 280～300g/L）置换。开始封槽，为防止液面降低，应切实注意封槽质量。全部停车期间应设专人负责维持补充液面。

d. 待盐水液面都在标线上后，关闭盐水总管、支管阀门，盐水高位槽升至高位指标后，停送盐水，关闭蒸汽阀门，停止盐水预热。

e. 停电降电流时首先降低压系统，然后降高压系统。

五、隔膜法制烧碱生产过程常见故障及排除

见表 15-2。

表 15-2　隔膜法制烧碱生产过程常见故障及排除

序号	问题	原因	处理方法
1	氯气纯度偏低	a. 总管有渗漏 b. 单槽支管或槽盖有漏洞	a. 微正压用氨水引漏修补 b. 引漏修补，严重时更换支管或槽盖
2	含氧量过高	a. 隔膜吸附不均匀或过厚 b. 膜干燥时间过长或温度控制过高 c. 盐水过碱量过高 d. 浓度过高或液位过低	a. 调整配方，使吸附均匀 b. 调整干燥的时间与温度 c. 降低盐水过碱量 d. 调整合适液位

序号	问题	原因	处理方法
3	总管氯气中含氢量过高	a. 单槽氯气含氢量过高 b. 氯气负压过大或氢气正压过大 c. 电流波动过于频繁	a. 检查各排支管氯气内含氢量；普查电解槽，必要时要求降低电流、提高液位、单槽氢气放空、压低电解液导出管；必要时加石棉绒，上述措施无效，氯气中含氢量大于 2.5% 必须除槽，检查吸附工艺 b. 检查氯氢气自控装置 c. 稳定电流
4	氢气着火	a. 查清着火原因 b. 单槽氢断电器不清洁 c. 明火引起单槽或总管着火 d. 铁件摩擦起火	a. 处理时绝不能停电或下降电流 b. 必须使氢气保持正压 c. 清洁单槽氢断电器 d. 用石棉布使氢气与空气隔绝，用氮气或水蒸气或泡沫灭火
5	槽电压突然升高	a. 盐水带入大量杂质 b. 钌层使用已到期	a. 严格控制盐水质量 b. 重新涂钌层
6	阳极效率不佳	a. 隔膜吸附质量差 b. 浓度控制过高或含氧量过高 c. 隔膜已到更换期 d. 盐水质量出问题 e. 电流波动较大，液位调整不及时	a. 严格控制吸附工艺，提高隔膜质量 b. 控制最佳浓度，降低氯气中的含氧量 c. 及时调换隔膜 d. 提高盐水质量 e. 稳定电流并及时调整液位
7	单槽流量过大	a. 隔膜损坏 b. 氢气出口管堵塞 c. 氢气正压过大	a. 加石棉浆或泥浆处理无效且氯气含量＞2.5% 时除槽 b. 去除堵塞物 c. 严格控制好氢气压力

任务二 离子交换膜法电解制烧碱

离子交换膜法电解食盐水的研究始于 20 世纪 50 年代，由于所选择的材料的耐腐蚀性能差，一直未能获得实用性的成果，直到 1966 年美国杜邦（Du Pont）公司开发了化学稳定性较好，用于宇宙燃料电池的全氟磺酸阳离子交换膜，即 Nafion 膜后，离子交换膜法电解食盐水才有了实质性进展。并于 1972 年以后大量生产转为民用。

离子交换膜法制烧碱与传统的隔膜法相比，有如下优点。

① 投资省　离子膜法比隔膜法投资节省约 15%～25%。

② 出槽碱液 NaOH 浓度高　出槽的 NaOH 浓度质量分数为 40%～50%。

③ 能耗低　目前离子膜法吨碱直流电耗 2200～2300kW·h，比隔膜法可节约 150～250kW·h。总能耗同隔膜电解法制碱相比，可节约 20%～25%。

④ 碱液质量好　离子膜法电解制碱出槽碱液中一般含 NaCl 为 20～35mg/L，质量分数为 50% 的 NaOH 中含 NaCl 一般为 45～75mg/L，质量分数为 99% 的 NaOH 含 NaCl＜100mg/kg，可用于合成纤维、医药、水处理及石油化工等方面。

⑤ 氯气及氢气纯度高　离子膜法电解所得氯气纯度高达 98.5%～99%，含氧 0.8%～1.5%，含氢 0.1% 以下，能够满足聚氯乙烯生产的需要，也有利于液氯的生产；氢气纯度高达 99.99%，对合成盐酸和 PVC 生产提高氯化氢纯度极为有利，对压缩氢及多晶硅的生产也有莫大益处。

⑥ 无污染 离子膜法电解可以避免石棉等物质对环境的污染。而且离子膜具有较稳定的化学性能，几乎无污染和毒害。

离子膜法电解制碱也存在如下不足。

① 离子膜法制碱对盐水质量的要求远远高于隔膜法，因此要增加盐水的二次精制。

② 离子膜本身的造价也非常昂贵，容易损坏。

一、离子交换膜法制烧碱原理

离子交换膜是一种耐腐蚀的磺酸型阳离子交换膜，它的膜体中有活性基团，活性基团是由带负电荷的固定离子（—COO⁻ 等）和一个带正电荷的对离子（如 Na⁺）组成。磺酸性阳离子交换膜的化学结构式为：$R—SO_3^{2-}—H^+$（Na^+）。由于磺酸基团具有亲水性能，使膜在溶液中溶胀。膜体结构变松，从而造成许多微细弯曲的通道，使其活性基团的对离子（Na^+）可以与水溶液中同电荷的 Na^+ 进行交换并透过膜，而活性基团的固定离子（SO_3^{2-}）具有排斥 Cl^- 和 OH^- 的能力，从而获得高纯度的氢氧化钠溶液。图 15-5 为离子交换膜示意。

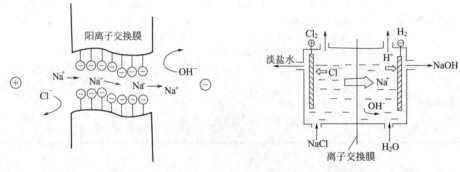

图 15-5　离子交换膜示意　　　　　图 15-6　离子膜法电解制碱原理示意

离子膜法电解制碱原理如图 15-6 所示：饱和精盐水进入阳极室，去离子纯水进入阴极室。由于离子膜的选择渗透性仅允许阳离子 Na^+ 透过膜进入阴极室，而阴离子 Cl^- 却不能透过。所以，通电时，H_2O 在阴极表面放电生成氢气，Na^+ 与 H_2O 放电生成的 OH^- 生成 $NaOH$；Cl^- 则在阳极表面放电生成氯气排出。电解时由于 $NaCl$ 被消耗，食盐水浓度降低为淡盐水排出，$NaOH$ 的浓度可通过调节进入电解槽的去离子纯水量来控制。

二、离子交换膜法制烧碱工艺条件分析与选择

1. 离子交换膜

离子膜法氯碱生产工艺对离子膜性能的要求如下。

① 能始终保持良好的电化学性能和较好的机械强度和柔韧性。电解时，阳极侧是强氧化剂氯气、次氯酸根及酸性溶液。阴极侧是高浓度 $NaOH$，电解温度为 $85\sim90$℃。在这样的条件下，离子膜不应被腐蚀和氧化。

② 具有较低的膜阻，以降低电解能耗。

③ 具有较高的离子选择透过性。离子膜只允许阳离子通过，不允许阴离子通过，否则会影响碱液的质量及氯气的纯度。

离子交换膜的性能由离子交换容量（IEC）、含水率、膜电阻这三个主要特性参数决定。

离子交换容量（IEC）以膜中每克干树脂所含交换基团的摩尔数表示。含水率是指每克干树脂中的含水量，以百分率表示。膜电阻以单位面积的电阻表示，单位是 Ω/m^2。

上述各种特性相互联系又相互制约。如为了降低膜电阻，应提高膜的离子交换容量和含水率。但为了改善膜的选择透过性，却要提高离子交换容量而降低含水率。

根据离子交换基团的不同，可分为全氟磺酸膜、全氟羧酸膜以及全氟羧酸磺酸复合膜。三种膜的特点分别如下。

（1）全氟磺酸膜　该膜酸性强，亲水性好，含水率高，电阻小，化学稳定性好。由于其固定离子浓度低，对 OH^- 的排斥能力小，使 OH^- 的反迁移数量大，电流效率<80%，且产品的 NaOH 浓度<20%。因此可以在阳极液内添加适量盐酸中和 OH^-，以保证良好的氯气质量。

（2）全氟羧酸膜　这是一种弱酸性和亲水性小的膜，含水率低，且膜内的固定离子浓度较高，因此，产品 NaOH 浓度可达 35% 左右，电流效率可达 96% 以上。缺点是膜的电阻较大。

（3）全氟羧酸磺酸复合膜　这是一种性能比较优良的离子膜。使用时较薄的羧酸层面向阴极，较厚的磺酸层面向阳极，因此兼有羧酸膜和磺酸膜的优点。同时由于 $R_f\text{-COOH}$ 的存在，可阻止 OH^- 返迁移到阳极室，确保了高的电流效率，电流效率时达 96%，NaOH 浓度可达 33%～35%。又因 $R_f\text{-COOH}$ 层的电阻低，能在高电流密度下运行，且阳极液可用盐酸中和，产品氯气中含氧量低。

2. 离子交换膜电解槽

目前，工业生产中使用的离子膜电解槽形式很多，不管是哪一种槽型，每台电解槽都是由若干电解单元组成，每个电解单元均包括阳极、离子交换膜和阴极三个部分。根据供电方式的不同，离子膜电解槽分为单极式和复极式两大类，如图 15-7 所示。

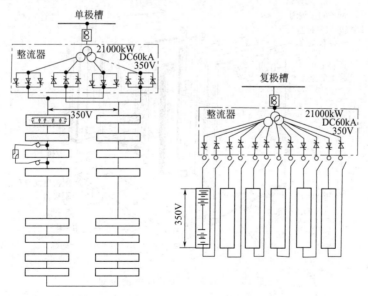

图 15-7　一组单极槽与复极槽的直流电供电方式示意

单极式电解槽内的直流电路是并联的。因此，通过各个电解单元的电流之和就是通过这台单极电解槽的总电流，各个电解单元的电压是相等的。而复极式电解槽则相反，槽内各单元的直流电路都是串联的。各个单元的电流相等，电解槽的总电压是各个电解单元的电压之和，所以每台复极式电解槽都是低电流高电压运转的。单极槽与复极槽的优缺点见表 15-3。

表 15-3 单极槽与复极槽的性能比较

单极槽	复极槽
单元槽并联,连接点多,安装较复杂	单元槽串联,配件少,安装方便
供电是低电压,高电流,电流效率低,电压效率低;电流是径向输入,内部设置金属导电体,可使电流分布均匀	供电是高电压,低电流,电流效率高,电压效率高;电流是轴向输入,电流分布均匀
电解槽之间用铜排连接,铜消耗量多,且槽间电压损失大约为 30～50mV	电解槽之间不用铜排连接,一般用复合板或其他方式,槽间电压损失小约为 3～20mV
膜的有效利用率较低,只有 72%～77%	膜的有效利用率较高,可达 92%
电解液循环方式一般为自然循环,极个别为强制循环	电解液循环方式为自然循环和强制循环
一台电解槽发生故障,可以单独停车检查,其余可继续运转,开工率高,但电解槽检修拆装比较繁琐	一台电解槽发生故障,需停下全部电解槽才能检修,影响生产,但电解槽检修拆装比较容易
电解槽占地面积大,数量多,维修量大,费用高	电解槽占地面积小,数量少,维修简单方便,费用低
一般适用于小规模生产,单台生产能力小,可根据不同需求自由选择电解单元槽的数量	一般适用于大规模生产,单台生产能力大,电解单元槽的数量不能随意变动

目前世界上的离子膜电解槽类型很多,较为典型的是美国的 MGC 单极式电解槽和日本的旭化成复极式电解槽。

(1) MGC 单极式电解槽 MGC 单极式电解槽由 6 个部件组成,端板和拉杆、带有导管的阳极组件、带有导管的阴极组件、铜电流分布器、密封垫圈组件及槽间联接铜排。其装配图如图 15-8 所示。该电解槽的阴极液和阳极液的进出口比较简单,阴极液为强制循环,阳极液为自然循环。在阳极与弹性阴极之间安放离子膜。阳极盘与阴极盘的背面有铜电流分布器,将串联铜排连接在钢电流分布器和连接铜排上。整台电解槽由连接铜排支撑。连接铜排下面是绝缘垫和支座。每台电解槽的阳极和阴极不超过 30 对。

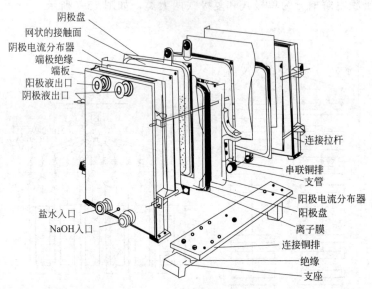

图 15-8 MGC 单极式电解槽装配

(2) 旭化成复极式电解槽 旭化成复极式电解槽是我国最早引进、使用较为广泛的一种离子膜电解槽。该电解槽由单元槽、总管、挤压机、油压装置四大部分组成,其外形构造及组装见图 15-9 所示。

单元槽两边的托架架在挤压机的侧杆上,依靠油压装置供给油压力推动挤压机的活动端头,将全部单元槽进行紧固密封。两侧上下的四根总管与单元槽用聚四氟乙烯软管连接,并

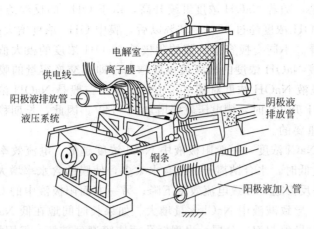

图 15-9 旭化成复极式电解槽

用阴、阳极液泵进行强制循环。这种电解槽结构紧凑，占地面积小，操作灵活方便，维修费用低，膜利用率高，电流效率高，槽间电压降小，也比较适合于万吨级装置的小规模的整流配套。它的缺点是：因靠油压进行紧固密封，开停车及运转时对油压装置的稳定性要求很高，稍有不稳定就可能出现事故。

3. 操作条件

离子膜电解槽的操作关键是使离子膜能够长期稳定地保持较高的电流效率和较低的槽电压，进而稳定直流电耗，延长离子膜的使用寿命，不因误操作而使膜受到严重损害，同时也能提高成品质量。

（1）盐水质量　离子膜法制碱技术中，进入电解槽的盐水质量是这项技术的关键，其对离子膜的寿命、槽电压、电流效率及产品质量有着重要的影响（表 15-4）。

表 15-4　盐水中杂质含量及其对膜的影响

离子种类	容许量	对膜的影响
Ti、V、Cr Mo、W、Co	<11mg/L	在膜上形成杂质层
Fe	44~55μg	在膜上形成杂质层，含量低只影响槽电压，含量高也影响电流效率
Ni	22~550μg/L	在膜上形成杂质层，主要影响槽电压
Ca、Mg	<22~33μg/L	在膜内形成沉淀，使槽电压升高，电流效率下降。钙主要使电流效率下降，槽电压略有升高；镁主要使槽电压升高，电流效率略有下降
Sr	<55~550μg/L	在膜内形成结晶沉淀，使槽电压升高，电流效率下降
Ba	110~1100μg/L	在膜内形成结晶沉淀，使槽电压略有升高，电流效率略有下降
Al	<55~110μg/L	在膜内形成结晶沉淀，使电流效率下降
SiO_2	5.5~11mg/L	在膜内形成结晶沉淀，使电流效率下降
SO_4^{2-}	3.3~5.5g/L	在膜内形成结晶沉淀，使电流效率下降
ClO_3^-	<16g/L	在盐水系统中积累

对膜的影响最为明显的还是 Ca^{2+}、Mg^{2+}，它们微量的存在就会使电流效率下降，使槽电压上升。

（2）阴极液 NaOH 浓度　阴极液 NaOH 浓度与电流效率之间存在一个极大值。随着阴极液 NaOH 浓度的升高，阴极侧膜的含水率就降低，膜内固定离子浓度随之上升，因此电流效率就上升。但是，随着 NaOH 浓度继续升高，由于 OH^- 的反渗透作用，膜中 OH^- 的浓度也增大，当 NaOH 浓度超过 35%～36% 以后，膜中 OH^- 浓度增大的影响起决定作用，使电流效率明显下降。不同交换容量的膜的阴极液 NaOH 浓度的极大值是不同的。膜的交换容量越大，阴极液 NaOH 浓度的极大值也就越高，即高交换容量的膜适宜于制取高浓度 NaOH。同时，阴极液 NaOH 浓度对槽电压也有影响。一般是 NaOH 浓度越高，槽电压越高。当 NaOH 浓度上升 1% 时，槽电压就要增加 0.014V。因此，长期稳定地控制阴极液中 NaOH 浓度是非常重要的。

（3）阳极液中 NaCl 浓度　一般阳极液中 NaCl 浓度越低，电流效率也随之降低。主要是由于 NaCl 浓度过低时，水合钠离子中结合水太多，使膜的含水率增大。这样一方面由于阴极室的 OH^- 容易反渗透，导致电流效率下降；另一方面阳极液中的 Cl^- 离子也容易通过扩散迁移到阴极室，导致碱液中 NaCl 含量增大。如果长时间地在低 NaCl 浓度下运行，还会使膜膨胀，严重时导致起泡、分层，出现针孔而使膜遭到破坏。但阳极液中 NaCl 浓度也不宜太高，否则会引起槽电压上升。

一般离子膜电解槽出口阳极液 NaCl 浓度，强制循环控制在 190～200g/L，自然循环控制在 200～220g/L。

（4）电流密度　离子膜电解时存在极限电流密度即电流密度的上限。电流密度在较大的范围内变化时对电流效率的影响很小，但对槽电压和产品碱中 NaCl 的含量有明显的影响。随着电流密度的升高，膜电阻、膜电位及槽电压也随之升高，电场对 Cl^- 离子的吸引力也会随之增强。这样增大了 Cl^- 向阴极一侧的移动阻力，降低了阳极液中 NaCl 的浓度。

在工业生产中，为了在高的电流效率下获得高纯度的 NaOH，运转时的电流密度都接近极限电流密度。

（5）电解液温度　每一种离子膜都有一个最佳操作温度范围，在这个范围内，温度的上升会使离子膜阴极一侧的空隙增大，使钠离子的迁移数增多，有助于电流效率的提高。同时，也有利于提高膜的导电度，降低槽电压。每一种电流密度下也都有一个取得最佳电流效率的温度点。例如：Nafion 膜的操作温度范围较宽，从 70～90℃，温度每上升 1℃，槽电压下降 5～10mV，常用的电解槽操作温度在 80～90℃，往往随电流密度而变化。

（6）阳极液 pH　阴极液中的 OH^- 通过离子膜向阳极室反渗透不仅直接降低阴极电流效率，而且反渗透进入到阳极室的 OH^- 还会与溶解于盐水中的氯发生一系列副反应降低阳极电流效率。

可采用向阳极液中添加盐酸的方法，可以将反渗透过来的 OH^- 中和除去，从而提高电流效率。一般离子膜电解槽对出槽阳极液 pH 进行控制，电解槽加酸 pH 在 2～3，电解槽不加酸 pH 在 3～5。

（7）电解液流量　在一般离子膜电解槽中，气泡效应对槽电压的影响是明显的。当电解液循环量少时，电解液浓度分布不均匀，槽内液体中气体率将增加，气泡在膜上及电极上的附着量也将增加，从而导致槽电压上升。因此，无论是单极槽还是复极槽、自然循环还是强制循环，进槽电解液流量都很小，但电解液的循环量还是很大的，这样可以使槽内电解液浓度分布均匀。另外，电解过程中产生的热量主要还是靠电解液带走，因此必须保持电解液有充分的流动，除去多余的热量将电解液温度控制在一定的水平。

三、离子交换膜法制烧碱工艺流程组织

离子交换膜法制烧碱工艺流程如图 15-10。

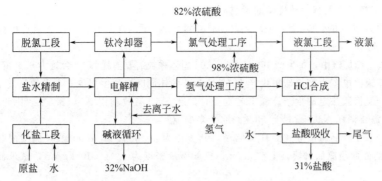

图 15-10　离子交换膜法制烧碱工艺流程示意

原盐首先送至化盐工段，在化盐工段首先除硫酸根，再通过干盐饱和，加入氢氧化钠、碳酸钠、氯化钡，经过预处理器及膜过滤器，用盐酸中和变成一次精盐水后送入盐水精制工段。通过微孔烧结碳素管过滤器过滤，螯合树脂吸附与离子交换进行二次精制，可使 Ca^{2+}、Mg^{2+} 可降到 $20\sim30\mu g/L$ 以下。精制出的二次精盐水调配后送到离子膜电解槽。电解出两股物料，阳极液经过分离，氯气送至氯氢处理总管，淡盐水通过消除游离氯后送至盐水工段；阴极液经过分离，湿氢气送至氢气处理工序，碱液至碱液循环缸，一部分 32% 液碱冷却后送至酸碱站，另一部分进电解槽参加循环。

湿氯气用泵抽入氯氢处理工序，经过洗涤、冷却干燥后送至液氯工段，一部分氯气送至氯气用户，一部分氯气冷却后变成液氯，液氯用于包装或气化后送至成品氯用户，未被液化的尾氯送至盐酸工段做盐酸。湿氢气用泵抽入氯氢处理工序，经过洗涤、冷却送至氢气用户。液氯工段产生的尾酸与氯氢处理工序送来的氢气在盐酸工段合成生产高纯盐酸或合成工业盐酸。高纯盐酸返送至离子膜电解工序。

四、离子交换膜法制烧碱的技术经济指标

以某厂离子交换膜法为例，生产 1t NaOH（100%）其消耗定额见表 15-5。

表 15-5　离子膜法生产 1t NaOH（100%）消耗定额

项目	消耗定额	项目	消耗定额
原盐（100%NaCl）	1480kg	动力电	50.17kW·h
离子膜	0.01m²	高纯度盐酸（31%）	135.5kg
直流电	2100kW·h	蒸汽	665kg

思考与练习

1. 氯碱工业的特点有哪些？
2. 简述隔膜法电解生产烧碱的基本原理。
3. 简述隔膜法电解生产烧碱的工艺流程。
4. 分析隔膜法电解生产烧碱的盐水浓度、盐水温度、盐水流量等工艺条件的选择？
5. 离子交换膜法电解与隔膜法相比有什么特点？
6. 简述离子交换膜法电解生产烧碱的基本原理。
7. 离子交换膜法电解生产烧碱，为什么要对盐水进行二次精制？
8. 离子交换膜法电解生产烧碱工艺中，对离子膜的性能有哪些要求？

9. 简述离子交换膜法电解生产烧碱的工艺流程。

10. 质量分数为 30% 的烧碱溶液的密度是 $1.358 \times 10^3 \, \text{kg/m}^3$（20℃时），问 1L 这样的烧碱溶液中含有多少千克的 NaOH？

11. 在电解法生产烧碱中，每生产 100kg 的 NaOH 固体颗粒需要消耗 NaCl 含量为 95% 的原盐多少千克？

12. 离子交换膜法电解生产烧碱每生产 1t 的 NaOH 固体同时会产生多少立方米的氯气（标准条件）？

13. 采用离子交换膜法电解生产烧碱工艺流程时，设 NaCl 有效利用率为 98.5%，则年产 30 万吨质量分数为 50% 碱液需要消耗 NaCl 含量为 98% 的原盐多少吨？

14. 某烧碱厂一个产品碱液立式圆柱形储槽，其直径为 800mm、高 1000mm，储槽内装有一定量产品碱液，产品碱液的液面距离储槽罐顶上空 2.5m。已知碱液密度为 $1.41 \times 10^3 \, \text{kg/m}^3$，试求储槽内产品碱液的质量为多少吨？

兴旺发达的氯碱行业家族成员

氯碱工业直接产品为烧碱、氢气、氯气，三者都是基础化工原料，其相关后续加工产品形成了氯碱行业家族庞大的产业链。下面以三者为主线分别介绍氯碱化工行业中产量较大、应用较广的主要家族成员。

1. 氯气

氯气可经过加压液化变成液氯存储和销售，更多的是作为原材料进一步加工成高附加值的氯产品。

（1）聚氯乙烯（简称 PVC）　是氯碱化工的通用型高端配套产品也是氯气的主要使用消耗产业，所以氯碱企业的发展规模建设多是以聚氯乙烯的生产规模来确定的，即以氯定碱。目前，我国的聚氯乙烯产能和消费量均已跃居世界第一，国内使用较多的生产方法是乙炔法和乙烯法制备聚氯乙烯。

（2）盐酸　可用于制造各种氯化物（如氯乙烯、氯乙烷、氯代甲烷等）、染料及医药中间体、氯丁橡胶、无机盐化合物、增塑剂等化合物，也可用于湿法冶金，金属表面处理、制糖和制革工艺、半导体的精制、发光二极管、激光器和光导纤维的生产等。

（3）三氯乙烯　重要化工原料，是溶解能力极强的溶剂，在工业上用于清洗金属制品、电子元件，脱除纤维油脂。作为原料还可生产制冷剂及多种下游产品。

（4）四氯乙烯　重要的有机氯产品，主要用作有机溶剂、干洗剂、金属脱脂剂，也可用作驱肠虫药，还可用作脂肪类萃取剂及制冷剂的中间体。

（5）环氧氯丙烷（简称 ECH）　有机化工领域的重要原料及中间体，主要用于生产环氧树脂、硝化甘油炸药等，也可用于生产离子交换树脂、医药、农药、涂料、胶黏剂、氯醇橡胶、电绝缘制品及表面活性剂等精细化工产品。

（6）氯化橡胶（简称 CR）　具有良好的耐腐蚀性、耐水性、耐磨性、黏附性和阻燃性。依照其黏度的高低和分子量的大小应用于不同领域，低黏度的主要用于油墨添加剂和喷涂漆、中黏度的主要用于配制涂料、高黏度的产品主要作为胶黏剂使用。

（7）聚偏二氯乙烯（简称 PVDC）　具有强韧性和高阻隔性和化学稳定性等优点，是非常理想的包装材料，主要用于烟膜包装以及少量的食品、药品包装。

（8）氯化聚乙烯（简称 CPE）　具有稳定的化学性能，经加工后即可作为塑料制品又可作为橡胶制品使用，用于 PVC 的抗冲击改性材料、ABS 的抗冲击和阻燃改性剂。

（9）氯化聚丙烯（简称 CPP 或 PP-C）　高氯化聚丙烯（氯化度 63%～67%）可用作粘合剂和易燃物的添加剂、低氯化聚丙烯（氯化度 20%～40%）主要用于胶黏剂。

（10）光气（又称碳酰氯）　是重要的耗氯产品。光气系列最主要的产品是异氰酸酯类（如 TDI 甲苯二异氰酸酯、MDI 二苯基甲烷二异氰酸酯），其次是聚碳酸酯，也可用于医药、农药等的生产。

（11）双光气　由甲醇与光气反应后，经氯化而得。主要用于农药和医药的合成，以及作为染料、胶黏剂中间体使用，在高分子聚合中是作为游离基引发剂使用的。

（12）三光气（又称固体光气）　可替代光气和双光气，用于合成氯甲酸酯、异氰酸酯、聚碳酸酯和酰氯等，主要应用于高分子材料、医药、农药等领域。

（13）甲烷氯化物（简称 CMS）　是一氯甲烷、二氯甲烷、三氯甲烷（氯仿）和四氯化碳的总称。一氯甲烷作为甲基氯硅烷的原料，85％以上用于有机硅生产、甲基纤维素；二氯甲烷主要用作医药、农药，以及致冷剂二氟甲烷（HFC-32）、聚氨酯发泡剂、替代苯和二甲苯用作黏结剂溶剂，也可用于金属清洗和电子清洗行业；三氯甲烷是优良的有机溶剂，大部分用作生产二氟一氯甲烷（HCFC-22，别名氟里昂-22）和聚四氟乙烯的原料；四氯化碳主要用于生产三氯氟甲烷、二氟二氯甲烷（CFC-12）和有机氯溶剂。

（14）含氯中间体　主要品种有氯苯、邻硝基氯苯、对硝基氯苯、氯乙酸、氯化苄、氯乙酰氯、氯化亚砜等，是医药、农药、染料、有机颜料、表面活性剂、日用化学品等行业的重要原料。

① 氯苯　氯苯系列产品（主要是一氯苯、二氯苯）是有机合成精细化工中间体的重要化工原料，广泛应用在医药、农药、溶剂、染料、颜料、防霉剂、表面活性剂、香料等领域，是耗氯量较大的产品。

② 对、邻硝基氯苯　硝基氯苯是重要的基础石油化工有机原料，广泛应用于染料、颜料、医药、农药、橡胶助剂、化工新材料等领域，国内外市场的需求在持续增加。

③ 氯乙酸　重要的有机酸，有机合成的原料和中间体，广泛应用于农药、医药、染料、油田化学品、造纸化学品、纺织助剂、表面活性剂、电镀、香料、香精等行业，已成为重要的有机氯产品。目前我国用于农药的氯乙酸，约占总量的50％以上，其中包括全球销售额最大的除草剂草甘膦。

④ 氯化苄　甲苯最主要的氯化物，也是重要的有机合成中间体。广泛用于医药、农药、染料、香料、表面活性剂、增塑剂、油墨等行业。在医药工业中可作为盐酸苯海明、苯扎溴铵、强筋松等药品的原料；农药行业生产福瘟净、杀虫剂；另外还可衍生开发苯甲醛、苄胺、苯甲酰氯、苯乙氰、苯乙酸等产品。

⑤ 氯乙酰氯　一种重要的有机中间体，广泛应用于农药、医药、染料、灭火剂、润滑油添加剂、萃取剂、制冷剂等行业。目前国内主要用于生产酰胺类除草剂和有机磷杀虫剂，占总消耗量的70％～80％。

⑥ 氯化亚砜　一种重要的精细化工中间体，具有很强的酰氯化能力，可显著地提高些昂贵原料的利用率，主要用于农药、医药、染料、颜料等行业。

2. 氢气

氯碱行业副产的氢气是国内氢气资源的主体，质量好、价格低、用途广泛。

（1）苯胺　一种重要的有机化工原料，生产方法采用硝基苯催化加氢法为主。广泛应用于生产 MDI、橡胶助剂、染料、农药、医药和特种纤维等行业。

（2）甲基异丁基酮　广泛用作选矿剂、油品脱蜡用溶剂、彩色影片成色剂、四环素、除虫菊酯类和 DDT 的溶剂、胶黏剂、橡胶胶水、飞机和模型的蒙布漆等，也可作一些无机盐的有效分离剂。

（3）异丙胺　主要用作溶剂和有机中间体，是一种用途十分广泛的精细化工原料。农药行业用于生产阿特拉律、扑草净、唑嗪酮等除草剂；医药行业用于生产心安得、肝乐、氯喘等药物；水处理行业用作硬水处理剂和去垢剂；橡胶行业用作硫化促进剂，用于合成洗涤剂、乳化剂、表面活性剂和纺织物助剂等。

（4）对氨基苯酚　一种用途广泛的有机合成中间体，生产方法主要有对硝基苯酚铁粉还原法、对硝基苯酚催化加氢还原法、硝基苯锌粉还原法、硝基苯催化氢化法和硝基苯电解还原法等。主要应用于染料、医药、橡胶等领域。

（5）环己胺　一种重要的有机化工原料和精细化工中间体，生产方法采用苯胺加氢还原法。可用于制取环己醇、环己酮、己内酰胺、醋酸纤维、尼龙 6、脱硫剂、促进剂、乳化剂、防腐剂、抗静电剂、胶乳凝固剂、石油添加剂、杀菌剂、杀虫剂及染料中间体等，广泛地应用于橡胶助剂、食品添加剂、防腐、造纸、塑料加工及纺织领域中。

（6）1,4-丁二醇（简称 BDO）　一种重要的有机和精细化工原料，可用于制取四氢呋喃（THF）、γ-丁内脂（GBL）、聚对苯二甲酸丁二醇酯（PBT）和聚氨酯树脂（PU Resin）、涂料和增塑剂等，也可作为溶剂和电镀行业的增亮剂，广泛应用于医药、化工、纺织、造纸、汽车和日用化工等领域。

（7）过氧化氢（俗称双氧水）　一种重要的强氧化剂，生产方法采用成熟的蒽醌法，生产过程需要消耗大量的氢气。主要用作氧化剂、漂白剂、消毒剂和脱氯剂，广泛使用于纺织、造纸、化工、军工、电子、医药环境保护等领域。

3. 烧碱

烧碱又称火碱或苛性钠，是一种具有高腐蚀性的强碱。主要用于生产染料、塑料、药剂及有机中间体，广泛使用于造纸、炼铝、炼钨、人造丝、人造棉和肥皂制造业，另外它还是许多有机反应的良好催化剂。

（1）水合肼 重要的精细化工产品，也是医药、农药、染料的重要中间体。主要用于生产发泡剂、杀虫剂和杀菌剂，也可用于制药、锅炉用水的除氧剂、制造火箭料和炸药等。

（2）漂粉精（学名次氯酸钙） 主要用于漂白棉织物、麻织物、纸浆，净化、消毒、杀菌饮用水、游泳池用水，制造化学毒气和放射性的消毒剂等。

（3）偶氮二甲酰胺（ADC） 常见的一种发泡剂，传统的耗碱产品。作为发泡剂主要用于聚氯乙烯、聚乙烯、聚丙烯、橡胶等生产中。

（4）偏硅酸钠 偏硅酸钠是一种新型硅酸盐精细化学品，具有较强的分散、浸透、去污和软化水能力，广泛应用于洗涤行业。

（5）双乙酸钠（SDA，又名双乙酸氢钠） 主要使用于食品工业中，是粮食、食物、米面制品的防毒剂、保鲜剂；是焙烧食品、膨化食品的酸味剂、防腐剂、营养剂等。

据统计，氯碱行业的家族成员达 200 多种。在此仅就产量和使用量比较大的部分产品列出以作了解，更多的家族成员还有待于在以后的学习、生活中接触发现了解。

主要无机盐生产

无机盐工业是化学工业的一个重要分支，产品范围极广，但不包括已形成独立部门的三酸、两碱、化学肥料、化学建材和无机非金属材料。目前，我国生产的无机盐种类已达750多种，是世界第一的无机盐生产大国和出口大国。我国的无机盐中轻质碳酸钙系列产品年产量达800万吨以上，属于最大的无机盐产品之一，其生产工艺包含了石灰煅烧、生石灰消化、石灰乳碳化等典型而常见的化学反应过程，也包含破碎、过筛、过滤、结晶、粉体干燥、粉碎、制冷、流体输送、粉体包装等单元操作，是非常典型的无机盐产品。限于篇幅本模块仅介绍轻质系列碳酸钙生产技术。

项目 十六

轻质系列碳酸钙的生产

项目导言

轻质系列碳酸钙包括普通轻钙、微细轻钙、活性轻钙和纳米轻钙等，在此主要介绍了普通轻钙的基本原理、主要设备、工艺流程和工艺条件。微细轻钙通常只是粒径比普通轻钙小一个档次，其生产过程与设备是相同的；而活性轻钙只是在普通轻钙或微细轻钙的基础之上增加了干法改性一个生产环节罢了；而纳米碳酸钙在生产工艺、添加剂种类、原料要求和生产设备等方面都与普通轻钙生产有较大的区别，生产成本也高得多，当然其价值也高得多。

能力目标

1. 能够了解碳酸钙工业生产概况；
2. 能够掌握轻质碳酸钙的生产原理、工艺流程、工艺条件及主要设备；
3. 能够理解普通轻质碳酸钙、改性碳酸钙、超细（纳米）碳酸钙在生产工艺、工艺条件、各种添加剂、及生产成本构成等方面的差别。

任务一 普通轻质碳酸钙生产

一、碳酸钙工业概述

1909 年，日本白石恒二发明了用石灰乳和二氧化碳反应生产出沉淀碳酸钙（轻质碳酸钙，PCC），廉价的石灰及其附产的二氧化碳为沉淀碳酸钙的生产和应用开辟了广阔的前景。据统计，日本现已研制出纺锤形、立方形、针形、链锁形、球形、柱状、棱形、菊花状、片状以及无定形等不同晶型、不同粒度、不同表面改性的碳酸钙产品达 50 种以上。

在沉淀碳酸钙生产技术和推广应用方面做得最好的是美国，美国矿物技术有限公司（MTI）的子公司——美国特种矿物有限公司（SMI）是全球最大的 PCC 生产商，2003 年 6 月，该公司在全世界拥有 60 多个卫星式工厂，其 PCC 年生产能力超过 2000kt，占全美国 PCC 总产量的 80% 以上。所谓卫星式工厂就是指 PCC 生产企业建在造纸厂内，或者说两者只是一墙之隔，这样生产的 PCC 无需过滤、干燥与包装，只需将 PCC 浆状产品用管道输送到造纸厂直接与纸浆掺混或进行涂敷，不仅将大大降低碳酸钙的生产成本和运输费用，一举解决了传统 PCC 生产厂区粉尘污染问题，也有利于碳酸钙与纸浆充分填充和涂敷均匀，降低了纸张成本。

20 世纪 80 年代我国的纳米碳酸钙产品还几乎是一项空白，我国每年都要高价从国外进口数万吨纳米碳酸钙产品。80 年代初，天津化工研究院、河北科技大学、华东理工大学等科研院所和大专院校开始研制超细碳酸钙生产技术，并于 80 年代中后期先后分别与北京化工建材厂和湖南省资江氮肥厂（现湖南宜化）合作建立工业装置，从此开创了中国纳米碳酸钙生产的新纪元。

二、碳酸钙的分类

1. 按制备方法来分

（1）轻质碳酸钙（简称轻钙，下同） 由石灰石煅烧、生石灰消化及氢氧化钙碳化等化学反应过程制得。轻钙的主要特点是：粒度小，一般平均粒径在数微米以下；粒度分布窄，可视为单分散粉体；粒子晶形多样化，应用于不同行业需要不同的晶形。根据粒子大小，轻钙又可分为：普通轻钙（$1\sim10\mu m$）、微细钙（$0.1\sim1\mu m$）、超细活性钙（$0.01\sim0.1\mu m$，俗称纳米碳酸钙）。

（2）重质碳酸钙（简称重钙，下同） 由天然矿物直接经机械粉碎所得产品，因其堆积密度大于轻钙，故名重钙（GCC）。产品分普通型，如双飞粉 200 目、三飞粉（325 目、$45\sim125\mu m$）、细粉（325~1250 目、$10\sim45\mu m$），超细型（>1250 目、$2\sim10\mu m$）和超细活性型（经活化处理）3 种。重钙的粉体特点是：粒子形状不规则；粒度分布比较宽，是多分散体。重钙还具有价格低廉、容易制取、投资仅为轻钙的 1/4~1/3 等特点。

2. 按照是否进行表面处理分类

普通轻钙和活性碳酸钙（简称活性钙），用亲水性和疏水性来判断是否活化。活性钙又称改性碳酸钙、表面处理碳酸钙、胶质碳酸钙或白艳华。活性钙具有吸油值低、分散性好、能补强等特点。

3. 按其专门的用途分类

橡胶专用钙、塑料专用钙、涂料专用钙、油墨专用钙（也称透明钙）、造纸专用钙、食品专用钙、药典专用钙、生物专用钙等。

4. 按照碳酸钙的不同晶形分类

无规则形碳酸钙、纺锤形碳酸钙、立方形碳酸钙、针状形碳酸钙、链锁形碳酸钙、球形碳酸钙、片状形碳酸钙、无定型体等。

三、普通轻钙的生产原理

普通轻钙的生产过程包括石灰石烧制、生石灰消化、消石灰碳化、离心脱水、干燥、粉碎、分级包装等工艺步骤。

1. 石灰石的煅烧

（1）石灰石煅烧的基本原理　轻钙的生产，首先是石灰石在高温下分解产生氧化钙（生石灰）和 CO_2，石灰石煅烧分解过程是一个强吸热反应，在常压下石灰石加热到 530℃ 时开始缓慢分解，900℃ 左右便快速分解为生石灰（CaO）和二氧化碳，其热化学方程式如下：

$$CaCO_3 \xrightleftharpoons{\geqslant 900℃} CaO + CO_2 - 178.29kJ$$

石灰石中的碳酸镁也有类似的反应，其分解温度为 540℃。

$$MgCO_3 \xrightleftharpoons{\geqslant 540℃} MgO + CO_2 - 100.59kJ$$

为了提高分解反应的推动力，实际分解温度应在 900℃ 以上，并需要将产生的 CO_2 及时地排出，使气体中 CO_2 分压小于该温度下的分解压力，使碳酸钙可继续分解，直到完全分解为止。

（2）石灰石煅烧的燃料　石灰石分解过程所需热能的供给全部来自于燃料，燃料燃烧的最终产物主要是二氧化碳，连同石灰石分解的气态产物二氧化碳，构成了制造轻钙的碳化气。在轻钙的生产中，煅烧石灰石的燃料以固体燃料为主，其中又以使用无烟煤和焦炭为主，其次是采用气体燃料，如天然气、煤气等，很少采用液体燃料。

（3）轻钙生产对石灰石原料的质量要求　轻钙生产对石灰石原料的质量有一定的要求。其中二氧化硅、三氧化铁、三氧化二铝等是有害杂质，在高温下能与氧化钙反应生产一系列低熔点物质，如：$xCaO \cdot SiO_2$、$yCaO \cdot Al_2O_3$、$zCaO \cdot Fe_2O_3$。如果这些有害杂质过多的存在，将影响煅烧所得的生石灰物理性能，如消化活性，以及产品的化学成分指标，使产品不合格；也将严重影响石灰窑的生产过程，发生严重的"结瘤"事故。"结瘤"事故会使立窑的煅烧紊乱，严重影响其各项工艺技术指标，生产出不合格的生石灰。当氧化铝（Al_2O_3）含量高时，在石灰消化过程中会形成一种黏性大的膏体，以致堵塞化灰机的筛网。因此，规定石灰石中 $SiO_2 + Al_2O_3 + Fe_2O_3 < 3\%$。

2. 生石灰的消化

消化反应的基本原理如下。

生石灰同水作用生成氢氧化钙悬浮液的过程，称为石灰的消化，俗称化灰，消化反应亦称化灰反应。生石灰中的氧化钙和氧化镁与水进行如下消化反应：

$$CaO + H_2O \longrightarrow Ca(OH)_2 + 65.31kJ$$

$$MgO + H_2O \longrightarrow Mg(OH)_2 + 36.97kJ$$

氢氧化镁的存在使浆液黏度增大，是一种有害杂质。由于钙、镁离子性质相似，且都难溶于水，因此不易将氢氧化镁除去。为了获得颗粒细腻、分散度高的石灰乳，最好采用新鲜生石灰和热水进行消化。

3. 窑气的降温净化

一般轻钙厂都是利用石灰窑副产的窑气来作为碳化气来生产 PCC。燃料中含有硫化物时，则所得窑气中也必定含有 SO_2，SO_2 的存在不仅腐蚀设备和管路，而且与石灰乳反应生成亚硫酸钙而影响产品质量，因此必须对窑气进行除尘和脱硫处理。

从石灰窑出来的窑气温度高达 $200 \sim 300℃$，经预热消化用水回收余热后，再经过水雾除尘、喷淋除尘冷却到常温，同时其中二氧化硫等有害成分也一并加以去除。对生产轻钙来说，窑气中 CO_2 含量越高越好，在石灰煅烧过程中，通过风量控制、系统气密性控制来保持窑气中 CO_2 浓度。

4. 消石灰的碳化

（1）碳化反应的基本原理 石灰乳与窑气在碳化塔内进行反应生成碳酸钙，其反应如下：
$$Ca(OH)_2 + CO_2 \longrightarrow CaCO_3 + H_2O + 71.18kJ$$

其中氢氧化镁也有类似的反应：
$$Mg(OH)_2 + CO_2 \longrightarrow MgCO_3 + H_2O + 63.59kJ$$

碳化反应看起来是非常简单的，这是控制轻钙产品粒径大小和晶体形状等重要指标的关键步骤。

（2）碳化反应的主要设备 主要间歇式鼓泡碳化塔、连续式鼓泡碳化塔、喷雾式碳化塔和超重力反应器等，轻钙生产中目前应用最多的还是间歇式鼓泡碳化塔。

（3）碳化反应后处理工序 碳化反应后得到碳酸钙熟浆，还需要经过脱水、干燥、粉碎、筛分、包装等环节，这些环节均属于单元操作。脱水过程通常采用离心机脱水，也可采用板框压滤脱水；干燥过程通常采用导热油、蒸汽或燃气为热源的回转干燥机，其中导热油干燥成本最低。

四、普通轻钙生产的工艺流程、工艺条件与主要设备

1. 普通轻钙生产的工艺流程

普通轻钙生产的过程如图 16-1 所示。

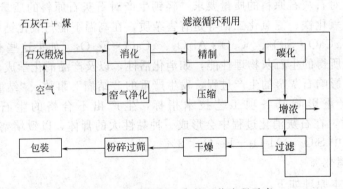

图 16-1 普通轻钙生产的工艺流程示意

2. 普通轻钙生产的主要设备与工艺条件

石灰石煅烧是在石灰窑中进行，有混烧立窑（亦称竖窑）、回转窑、双膛窑、双梁窑等。但用于轻钙生产普遍采用混烧立窑，新型花瓶式内胆石灰立窑的结构示意如图 16-2。将一定块度的石灰石和无烟煤、按一定比例混合从窑顶加入，空气从窑底通入，煅烧好的石灰从窑底卸出，出料时煤渣与石灰靠振动出灰机、并辅以人工进行分离。窑顶出来的窑气经回收余热、除尘降温和除去 SO_2 等有害杂质后用做碳化反应的原料气。

（1）石灰煅烧与窑气净化工艺条件

① 石灰石的块度 在石灰石和燃料质量一定的情况下，石灰石煅烧速度取决于石灰石

的块度与石灰石表面的温度。在温度一定时，石灰在高温区必要的停留时间取决于石灰石的块度。石灰煅烧过程，不仅要控制好窑内温度，还需要控制石灰石的块度范围，应尽可能做到块度大小均匀一致。石灰石的块度应控制在 80～120mm 内，并且小块应不小于大块的 1/5，从而尽可能避免小块石灰石的过烧或大块石灰石的轻烧现象的发生。

② 煅烧温度　尽管提高温度可以提高石灰石的分解速度，提高石灰窑产量，但煅烧温度愈高，石灰活性愈差，消化反应时间愈长。当煅烧温度过高时，石灰过烧使石灰坚实少孔、活性变差、消化困难，甚至不能消化，最终影响轻钙产品质量和产量。因此，实际生产中石灰窑的热点温度一般控制在 1050～1100℃。

③ 实际风量　石灰石煅烧过程质量好坏与风量的关系极大。风量过大，多余的空气将带走一些热量，耗煤增加，并造成

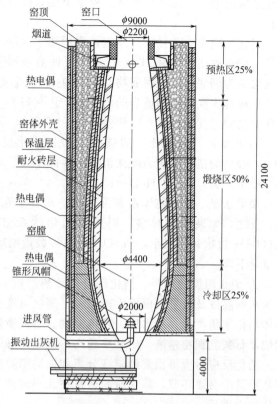

图 16-2　新型石灰立窑的结构

窑气浓度下降；反之，风量过小时，氧气不足，造成燃烧不充分，产生 CO，不仅浪费燃料，还容易造成石灰轻烧。石灰石煅烧时一般采用机械强制通风，理论上风量为 7.86m³/kg 燃料，实际上常采用过量鼓风，其过剩系数为 1.05～1.1，所以实际风量约为：7.86×1.1＝8.65m³/kg 燃料。

④ 抽气量与窑气浓度　石灰窑中煤燃烧所消耗的氧气将全部转化为等摩尔的二氧化碳，再加上碳酸钙分解产生的二氧化碳，使总的抽气量应多于进气量，而碳酸钙的分解速度主要与温度有关，但也与其表面的二氧化碳分压有关。只有不断将分解产生的二氧化碳抽走，才能使分解反应不断进行，这与轻钙生产中要求窑气浓度较高相矛盾，这也是轻钙生产所用同样大小的石灰窑的产量要少于单纯生产石灰的石灰窑的根源。

理论上，生产 1t 石灰需要石灰石约 1841kg，可产生 786kgCO₂，即约 400m³CO₂。分解 1t 石灰石实际需要标煤为 80kg 左右，生产 1t 氧化钙需要标准煤为 80×1841/1000＝147.3kg/t CaO。

生产 1t 氧化钙需要空气量为 8.65×147.3＝1274（m³）。

故生产 1t 氧化钙的总抽气量为 400＋1274＝1674（m³）。

生产 1t 石灰的窑气中 CO₂ 的总量为 400＋1274×21％/1.1＝643.2（m³/t CaO）。

故窑气中 CO₂ 浓度为 643.2/1674＝38.4％。

(2) 石灰消化与精制的主要设备与工艺条件　消化反应是在消化机（化灰机）中进行的，消化机主要有化灰罐、回转式消化机、笼式（箱式）消化机等。化灰罐是一种落后的间歇式消化设备，已被淘汰；轻钙生产中最常用的回转式消化机，箱式消化机主要用于干法氢氧化钙的生产。

消化的目的在于生产出品质细腻、活性优良、并且出浆率高的石灰乳（亦称生浆），未

去除杂质前的生浆也称为粗浆。粗浆不能直接拿来进行碳化反应，必须经旋液分离除渣后制得精浆。

消化反应是一个强放热反应，当用热水（50～70℃）进行消化反应时，反应尤其剧烈，可使反应温度达到100℃以上，从而可使溶液沸腾，产生大量蒸汽，使消化反应速度更快，反应也更为彻底，反应生成物$Ca(OH)_2$颗粒也更为细腻。除了生石灰的质量以外，消化技术的关键首先在于选择适当的消化机（化灰机），其次是正确选择灰水比和消化温度。石灰消化及精制过程流程示意图请参见图13-5所示。

① 灰水比（重量比）的选择　根据消化反应化学方程式，CaO与H_2O的摩尔比为1:1，轻钙的消化反应为湿法消化，实际上，CaO与H_2O的摩尔比为1:15左右、其灰水比（质量）为：$CaO:H_2O=1:4\sim6$。

如果水量不足会使体系非常黏稠，水分子在液固界面的扩散困难，使消化反应难以为继。反之，如果水量过多，则造成消化体系温度上不去，从而降低消化速度，使液相$Ca(OH)_2$过饱和度减小，$Ca(OH)_2$晶核数量剧减，导致灰乳粒子变粗，分散性不良，使灰乳质量下降。

② 消化温度的选择　消化反应是放热反应，但反应体系的温度首先取决于生石灰和消化用水的温度及数量。根据生产经验，消化温度一般在消化水温的基础上将升高20～40℃，具体与化灰机类型、灰水比、环境温度、石灰质量和温度等有关。消化温度越高，消化速度越快，石灰乳颗粒越细，出浆率越高，效果越好。

消化反应后所得粗浆经旋液分离和振动筛除渣后，还有一个精浆陈化过程。陈化是确保产品质量的必要环节，陈化时间通常在几小时到24h之间，陈化是在1000～3000m^3的大型陈化池中进行。

（3）碳化反应的主要设备与工艺条件　在轻质碳酸钙的生产工艺中，对产品质量影响的关键工序之一是碳化工艺。因为碳化是决定碳酸钙晶体形貌、粒径大小、沉降体积、总碱度等重要工艺指标的关键环节。碳化工艺主要有间歇鼓泡碳化法、连续喷雾碳化法、连续鼓泡碳化法和超重力结晶法等，最常用的间歇鼓泡碳化法的工艺流程如图16-3所示。

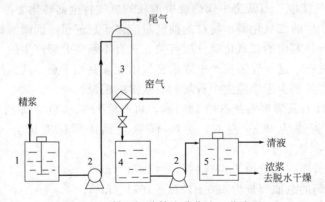

图 16-3　低温间歇鼓泡碳化法工艺流程
1—精浆槽；2—浆液泵；3—碳化塔；4—熟浆槽；5—增浓槽

一般情况下，间歇碳化反应装置的单套生产能力较小，都要通过设置数套平行装置来提高产量。该法具有投资少、操作简单，但生产不连续、自动化程度低、单套装置的生产规模较小等特点。浆液浓度一般为12%～18%，浆液进口温度为常温，碳化结束后温度可达60～70℃，碳化压力一般为常压，也可为加压操作。

（4）离心脱水、干燥过程主要设备与工艺条件　碳化反应后，熟浆并不立即进行离心脱水，而是进行增浓和熟浆的陈化。碳化塔出来的熟浆中碳酸钙的固相浓度一般仅为 $10\%\sim16\%$，如果直接进入离心机中，则分离时间长、设备效率低、能耗较大，且浓度较稀的料浆在离心分离过程中，设备易产生振动，滤布易穿孔泄漏。为此，料液进入离心机之前需进行增浓处理，使浆液浓度增加至 $18\%\sim20\%$。增浓方法有重力自然沉降法和机械过滤法，前者为间歇式，投资省，易操作，耗能低，应用较普遍；后者为连续式机械操作，效率高，但投资和能耗大，适用于规模较大的工厂。

陈化池也为容积达 $1000m^3$ 以上的大型容器。熟浆陈化使整个浆液温度降至常温，并使原来结构还不完整的晶体在结晶和溶解的动态平衡过程中得到成长和结构完整，使产品的晶形趋于一致。

熟浆通常采用若干台离心机结合变频调速进行脱水，其滤饼水分含量可降至 $25\%\sim30\%$，以降低干燥过程的能耗。

脱水后紧接着进行干燥，干燥设备种类很多，例如：烘房烘干、转筒干燥、喷雾烘干、闪蒸干燥、带式干燥等。普通轻钙的干燥基本上都采用回转干燥机，以煤为燃料、以烟道气（蒸汽、导热油）为干燥介质进行间接加热干燥。实践表明，以烟道气为加热介质投资最省，以导热油为加热介质时能耗最低。导热油进口温度在 $180\sim300℃$ 之间可调，出口温度约为 $160\sim250℃$，因其余热可充分回收利用，因此其干燥一吨轻钙的煤耗仅为 80kg 左右。其主要流程如图 16-4。

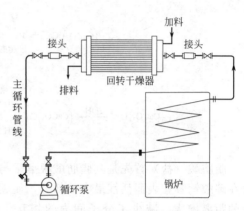

图 16-4　导热油-回转干燥流程工艺示意

该流程中，碳酸钙浆料自卧式旋转烘干筒的高端进入，借助重力、转筒旋转和操板的三重作用，边破碎边前移，由转筒高端流向低端；在筒内，热油自中心火管进入到达低端后，再通过均布支管由低端往高端逆向回流后被引出；这些列管散发的热能，将浆料烘干成粉状物料；成品粉料自转筒低端流出后再进行磨粉、筛分即得产品。该工艺具有如下优点：操作简单、连续生产、产量较高、能耗最低。因此，该装置符合高效、经济要求，广泛应用于轻钙生产。

任务二　活性轻质碳酸钙与纳米碳酸钙的生产

一、活性轻质碳酸钙的生产

1. 轻钙进行表面改性的重要意义

碳酸钙作为无机填料，其应用领域一般是塑料、橡胶、油墨、涂料等非极性或弱极性的油相物质，未经表面处理的碳酸钙粉末颗粒表面亲水疏油，呈强极性，不能与橡胶、塑料等高分子有机物发生化学交联，在有机介质中难于均匀分散，界面难于形成良好的黏结。只有改性后的碳酸钙才能与这些有机高聚物分子之间产生良好的兼容性。表面活性剂之所以能使碳酸钙发生改性，在于表面活性剂分子结构特点是由极性基团和非极性基团构成，具有不对称结构，具有既亲水又亲油的特性。大量的专用碳酸钙主要区别在于表面改性的不同，即活性剂不同，其活性碳酸钙用途不同。

2. 表面改性的机理

常见的表面活性剂有硬脂酸（盐）、磷酸酯、硅烷、钛酸酯偶联剂、铝酸酯偶联剂等。下面以最常见的表面活性剂——硬脂酸钠为例，简介其活化改性过程的化学反应机理：

$$CaCO_3(aq) + 2RCOO^- \rightleftharpoons Ca(RCOO)_2(s) + CO_3^{2-}$$

$$Ca(OH)_2(aq) + 2RCOO^- \rightleftharpoons Ca(RCOO)_2(s) + 2OH^-$$

$$Ca^{2+} + 2RCOO^- \rightleftharpoons Ca(RCOO)_2(s)$$

硬脂酸钠和各组分反应生成硬脂酸钙沉淀物，此沉淀物包覆在 $CaCO_3$ 粒子表面。硬脂酸钙在 $CaCO_3$ 粒子表面成核并生长，把 $CaCO_3$ 粒子包覆起来，形成结合状态。成核过程与粒子过饱和度有关，由于非均相成核位能低于均相成核，非均相成核更易发生。因此，控制过程的过饱和度，促使非均相成核、生长，以达到表面处理的目的。

脂肪酸（盐）属于阴离子表面活性剂，分子一端长链烷基的结构和高分子结构类似，以球状碳酸钙颗粒为例，脂肪酸和硬脂酸盐的改性反应模型可分别表示如下：

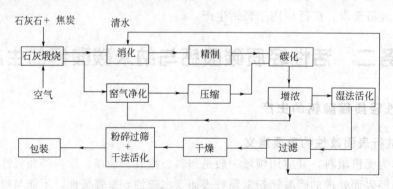

脂肪酸（盐）首先是其脂肪酸根离子与碳酸钙分子表面吸附的钙离子以离子键的形式吸附在碳酸钙颗粒表面活性最大的部分，使碳酸钙颗粒表面形成一层有机壳层，使碳酸钙颗粒间的距离增大、减少了分子间力的相互作用，颗粒团聚现象减少。因此，改性碳酸钙的"芯"是无机物，但其"外衣"却是有机物（脂肪酸），明显提高与有机高聚物基质的相容性。

3. 活性轻质碳酸钙生产的工艺流程

活性轻钙的生产工艺流程如图 16-5 所示。

图 16-5　活性轻钙的生产工艺流程示意

可见，活性轻钙的生产工艺流程与普通轻钙的生产工艺流程与工艺条件都是大同小异的，在此相同的部分不再与赘述，仅就活化改性部分进行阐述。活性轻钙的生产中只是增加了一步湿法活化或干法活化步骤而已，两种活化方法只要任选一种即可。一般对普通填料级的碳酸钙可采用干法处理，对超细级、纳米级专用型碳酸钙需要采用湿法处理。

干法处理，将碳酸钙成品放入高速捏和机内，高速搅拌、并预热到必要的温度后再投入表面处理剂进行表面包覆。干法表面改性工艺简单，适用于各种有机表面改性剂，特别是非水溶性表面改性剂。其主要工艺参数是改性温度、停留时间和搅拌速度等。干法工艺中表面改性剂的分散和表面包覆的均匀性在很大程度上取决于表面改性设备。碳酸钙的干法处理投资少，见效快，简单易行，可选用的处理剂也很多，只要方法得当，可以达到很好的处理效果和应用效果。

湿法表面处理就是直接把表面处理剂或分散剂加入到已经增浓处理的碳酸钙悬浮液中，加热并充分搅拌使表面处理剂均匀地涂覆于碳酸钙表面。由于在水中表面处理剂或分散剂直接和碳酸钙作用，其明显优势是：吸附均匀、粒径较细、表面性质呈现多样性等，具有很好的包覆效果。但湿法改性后浆液的脱水困难且滤膏含水量高达 45%～55%、干燥温度较低，因而干燥时间长、能耗高、综合成本高。

4. 改性过程的工艺条件

(1) 活化处理剂的选择　活化处理剂种类繁多，通常使用的有脂肪酸系列、树脂酸系列和抗水解的偶联剂系列。可以采用单种，也可以采用多种进行复合活化处理。活性剂选择的原则是应确保轻钙在应用体系中具有良好的分散性能、相容性能以及较好的综合力学性能和加工性能。

(2) 活性剂的用量　活性剂的添加量与被活化的碳酸钙颗粒的粒径大小直接相关，即与颗粒的比表面积成正比，即纳米碳酸钙颗粒越细，其所需表面活性剂越多。活化处理剂的用量如果过大，不仅生产成本高，同时也影响其加工性能；反之，如果用量过小，则活化率降低，活化处理效果差，直接影响到碳酸钙的分散性和相容性。总之，活性剂用量一般控制在1.2%～2.0%。

(3) 活化处理温度的选择　多数活化处理剂需要在加温条件下活化处理，因为活化过程中也是一个化学吸附过程，其所需的活化能是环境体系提供的热量，通过加热使活化反应快速进行；此外，提高活化温度也可提高有机物在液相中的溶解度，使之更好地分散在液相中。干法活化中活化温度必须高于活化剂的熔化温度。一般湿法活化控制在 50～80℃，干法活化控制在 100～120℃。

(4) 搅拌速度的选择　搅拌速度的高低直接影响活化过程的活化效果和速度，搅拌过程也是一个对碳酸钙二次粒子进行剪切分散的过程，搅拌速度越大，其剪切分散效果越好，表面活性剂在液相中均匀分散所需时间越短，其活化效果也越好。但搅拌机的转速受电机功率、减速机性能等多方面因素的制约，应根据设备及工艺条件适当地选择搅拌速度。一般湿法活化搅拌转速为 100～200r/min，干法活化控制 400～1000r/min。

(5) 活化时间的选择　活化时间与搅拌速度和活化温度密切相关，活化时间包括活性剂在液相中的分散时间和活性剂与碳酸钙晶体表面进行化学和物理吸附的时间。搅拌速度越快、活化温度越高，则活化时间越短，实际生产中具体的活化时间应根据活化工艺条件和活化产品的实验效果反复探索，才能确定最佳的活化时间。干法活化时间一般为 30min 左右，湿法活化时间一般控制在 30～60min。

二、纳米碳酸钙的生产

纳米碳酸钙的生产工艺流程如图 16-6 所示。

可见，从普通轻钙，到活性轻钙，再到活性纳米钙，其工艺流程的变化趋势是越来越复杂，普通轻钙和纳米钙的主要工艺过程比较如下。

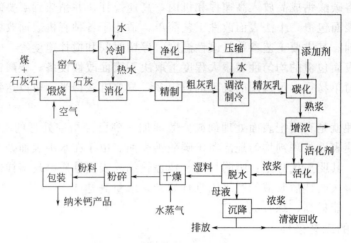

图 16-6　纳米碳酸钙生产工艺流程

1. 石灰煅烧

石灰煅烧方面主要是指在石灰质量与数量方面。普通轻钙对石灰质量的要求较低，不管石灰是轻烧、中烧还是过烧都符合要求，相对而言，中烧石灰比较理想，因为中烧石灰的消化速度不慢而产浆率又高；而活性纳米钙对石灰的要求为轻烧，要求所产石灰乳品质细腻、活性优良、出浆率高。由于轻烧石灰的含石核（胆石）达 3％左右，且过滤过程滤液（白水）夹带损失、干燥过程、包装过程损失等都要稍多于普通轻钙，因此，生产 1t 纳米钙所消耗石灰比生产 1t 普通轻钙要多消耗石灰 10％左右。

2. 消化过程

消化过程主要指工艺用水方面有一些特殊要求。普通轻钙对消化用水采用普通的工业用水即可，也可采用轻钙或纳米钙精制过程回收的洗渣水、熟浆滤液和增浓过程中分离回收的清液或白水，除了窑气净化过程中需要排放部分水外，这样轻钙的工艺用水的成本很低；而活性纳米钙生产过程对消化用水的质量要求较高，对铁、锰、镁等离子含量要求严格，而且过滤和增浓产生的"白水"是不能循环回收利用的，因为白水中含有很多微晶，微晶的存在将影响产品的晶型导向和粒径分布大小，因此，每吨纳米钙的工艺用水要比普通轻钙多 10t 以上。

3. 碳化过程

普通轻钙不必控制碳化反应的初始温度，也几乎不控制生浆的浓度和黏度以及 CO_2 的浓度，有时为了提高碳化反应速度，在碳化初期的生浆中添加少量熟浆，作为晶种以提高碳化速度。

纳米钙碳化过程中，夏季需要设置溴化锂制冷机，在精浆槽中通过制冷蛇管来控制碳化起始温度在 15～25℃，在反应器外设置冷水夹套等制冷措施来控制碳化过程温度 25～35℃，才能有效控制产品粒径；此外，还需要控制生浆浓度在 8％～12％范围内，生浆浓度太小将影响碳化初期液相中钙离子的过饱和度，不利于粒子的超细化，也将影响设备的生产强度；生浆浓度太大，液相体积减小，钙离子浓度反而可能减小，使浆液黏度增大粒子运动减缓，使碳化过程难以达到终点。可见，活性纳米钙的碳化过程要复杂得多，这是后者生产成本远高于前者的主要原因。

4. 脱水过程

碳化反应和增浓后所得纳米碳酸钙熟浆是不能采用离心机脱水，目前普遍采用板框压滤进行脱水。而板框压滤脱水不仅属于间歇操作、效率较低，且其物料含水量也高达 $50\%\sim55\%$，相当于普通轻钙含水量的两倍，大大增加了其干燥过程的能耗成本。

5. 各种添加剂

普通轻钙产品一般无需进行晶型导向处理，只进行简单而廉价的分散处理，也无需进行表面改性活化处理，这是普通轻钙十分廉价的重要原因。而纳米碳酸钙必须添加晶型导向剂、分散剂和表面改性剂，这些添加剂其用量虽然不多，但大多价格昂贵，在纳米碳酸钙总成本中占三成以上，且也使其生产工艺复杂得多，投资成本显著增加。

6. 干燥过程

普通轻钙产品一般只要控制其白度、水分、筛余物和 pH 值等指标达到要求即可，因此对干燥温度控制要求不高，只要不超过碳酸钙的分解温度，在 $300\sim500℃$ 之间均可。由于干燥温度高，干燥效率也较高。

纳米钙干燥时其温度不宜过高，因为纳米钙都经过湿法活性处理，如果干燥温度过高易引起表面活性剂焦化，导致产品变黄、白度下降。一般纳米钙的干燥温度仅为 $150\sim200℃$ 之间，其物料表面温度应低于 $120℃$，为了保证干燥质量和干燥能力，充分利用不同干燥设备的性能特点，通常采用两级组合式干燥工艺。如桨叶-微粉二级组合式干燥工艺、带式与旋转闪蒸组合式干燥工艺等，使其干燥设备结构复杂、流程较长、造价较高、耗能较多，使纳米钙生产成本较高。

桨叶式干燥＋盘式干燥是目前一种比较理想的组合干燥方式，桨叶式干燥和盘式干燥都属于热传导干燥，干燥介质为饱和蒸汽或导热油，温度易于控制，该干燥组合既可以保证物料适速干燥，又能确保产品的干燥质量，且热损失小、热效率高，设备的运行费用也低，是纳米碳酸钙的理想干燥设备。

7. 纳米碳酸钙与普通轻钙的性能比较

见表 16-1。

表 16-1　纳米碳酸钙与普通轻钙的性能比较

项目	普通轻钙	纳米碳酸钙
一次粒径	$>1\mu m$	$<0.1\mu m$
晶型	纺锤体	晶型可控
$CaCO_3$ 含量	$>98\%$	$>90\%$
表面改性与否	否	是
分散性	较差	分散难度大，对应用分散设备要求高
吸油值	较高	较低且可调控
流动性	较差	较好
疏水性	较差	较好
作用	填充剂	填充剂、补强剂、活性剂等功能填充剂

可见，纳米碳酸钙与普通轻钙不仅表现在碳酸钙粒子大小的差别，还表现在是否进行表面改性、晶形是否可控、$CaCO_3$ 含量高低、分散性优劣、吸油值高低、流动性和疏水性的优劣等；两者在应用方面的差别主要表现为所起的宏观作用不同，普通轻钙只能起填充剂作用，而纳米碳酸钙还具有补强和改性作用。

三、轻钙生产过程常见质量问题及解决措施

轻钙生产过程常见质量问题及解决措施见表 16-2。

表 16-2　轻钙生产过程常见质量问题及解决措施

问题	原因	处理方法
石灰窑结瘤	石灰石中 SiO_2、Fe_2O_3、Al_2O_3 等杂质超标；偏窑；原料配比等煅烧工艺参数不妥	严格控制石灰石中倍半氧化物含量在规定范围之内，并调整煅烧工艺参数；若局部结瘤，可用装料冲击使其脱落；若结瘤严重，需停机、空窑，趁热用高压水枪冲洗使之崩裂脱落
石灰过烧	石灰石块度不均，且在煅烧区停留时间过长；燃料比过大，窑温过高	石灰石块度应合适，且较均匀；合适的燃料比、出灰速度和风量，以控制窑温和在煅烧区停留时间
消化出浆率低	石灰过烧；水灰比过小，消化水温低	调整石灰煅烧工艺避免石灰过烧，调整石灰消化工艺的水灰比和消化水温等参数
窑气浓度较低	风量过大；密封不佳；出灰方式不科学	严格风量过剩系数在 1.05～1.1 之间；采用密封性能良好的进料装置和分散器；间歇式出料时要采用"快出、勤出、少出"的出灰原则，或者采用自动连续出灰机
石灰窑煅烧区上移	窑顶温度控制过高；风压、风量偏大；石灰石粒度偏大，通风顺畅	减小风压、风量，使火层下移；加大卸灰量，暂时适当增加燃料比，以补充煅烧区偏高造成的热损失；适当增大燃料粒度
石灰窑煅烧区下移	风量小、上石量多，卸灰量大，使混料下移速度快，空气未得到足够预热，使燃料燃烧不充分、石灰石分解不完全	减少上石量和卸灰量，适当增加风量，此时若顶压过大，可适当降低
石灰窑偏窑	混料、布料不均，或卸灰不均；窑内局部结瘤	改变混料、布料、卸灰不均的状况
碳化沉体偏高	生浆浓度偏低、黏度偏大、温度偏低；采用高浓度碳化气时 CO_2 浓度过高	适当提高生浆浓度、控制生浆黏度、冬季时生浆温度不能过低；采用预留适量熟浆作为碳化晶种；采用高浓度 CO_2 必要时要配入适量空气稀释
吸油值过高	沉降体积过高、粒度过细；没有进行表面改性处理	控制产品沉降体积和粒度在合适的范围内；对碳酸钙进行表面改性处理
制品中出现黑点	原料或生产过程带入杂质	加强对生产原料和生产过程的质量管理；改善生产环境，多采用密闭容器和设备；各工序要设置不合格物料返工工艺副线
产品白度偏低	石灰石中氧化铁、氧化锰杂质超标；煤灰杂质、铁锈等进入产品；窑气净化不彻底；消化用水含有色杂质	优选矿源和燃料，必要时可添加漂白剂；改进工艺和管理，避免铁锈和煤灰等进入产品；窑气净化需采用旋风除尘、水洗除尘和吸附除焦油等综合措施；采用去铁清水消化
产品 pH 值偏高或返碱	碳化终点检测出现提前偏差；石灰活性差在碳化过程中发生包裹现象；滤液回水未定时排放，使碳酸镁含量超标	若采用酸碱指示剂，须规范操作，提高技术水平；若采用酸度计需定期清洗电极；避免石灰过烧、进行适度的过度碳化相结合；滤液定量排放，以控制碳酸镁含量

四、轻钙生产过程的节能降耗措施

轻钙生产主要能耗有三部分，一是石灰煅烧的动力煤耗；二是干燥过程的干燥煤耗；三是电耗。

1. 严格控制石灰燃烧工艺参数和原料燃料的性能指标

石灰煅烧过程吨灰能耗高低是轻钙生产过程最重要的能耗。以石灰立窑为例，首先要求石灰窑本身状况良好，保温系数（0.7～0.8）较高；其次，在保证石灰质量的前提下要严格控制石灰煅烧过程工艺参数，如石灰石块度、燃煤块度和湿度、通风量、煅烧温度等。石灰窑的动力煤通常采用无烟块煤，无烟煤的燃烧热通常要在 6000kcal/kg 以上，燃煤块度在 1～3cm，石灰石块度在 4～8cm，空气过剩系数为 1.05～1.1 时，燃煤量一般为石灰石的 10% 左右，或吨石灰的耗煤量约为 178kg 左右。

2. 充分回收窑气和石灰余热

窑气余热和石灰余热是轻钙生产过程最大的余热，其中石灰余热常用来预热石灰窑进口空气，一般规定生石灰离开窑口的温度要低于 80℃；窑气离开窑顶的温度通常为 200～

300℃，属于中温余热，可通过一个换热装置来预热消化反应用水，再经过水洗除尘、脱硫，降温成为碳化气。

3. 尽量降低脱水环节滤饼的含水量

脱水环节所得滤饼的含水量高低直接影响到干燥煤耗的大小。脱水设备主要离心机和板框压滤机，生产普通轻钙主要是离心机，滤饼含水量在25%～30%之间；生产纳米轻钙主要采用板框压滤机，滤饼含水量在40%～50%之间。离心机又有不同型号和功率大小之分，不同离心机所得滤饼的含水量是有所不同的，要尽量选择滤饼含水量较低的型号。

4. 干燥设备的选择降低干燥煤耗的重要手段

在滤饼含水量一定的情况下，选择干燥设备成为降低干燥煤耗的关键手段。轻钙干燥通常采用回转干燥机，以煤为燃料、以烟道气（蒸汽、导热油）为干燥介质进行间接加热干燥。以5000kcal/kg燃煤为基准，以烟道气为加热介质投资最省，但煤耗需要130～150kg；当以蒸汽为加热介质时，需要建设高压设备锅炉，投资大，且煤耗也较高（120～140kg之间）；以导热油为加热介质时能耗最低，导热油锅炉为常压锅炉，其投资介于燃气干燥和蒸汽干燥之间，导热油进干燥器的温度在180～300℃之间可调，出干燥器温度约为160～250℃，因其余热可充分循环回收利用，因此其吨轻钙的干燥煤耗仅为80kg左右，不足之处是导热油五年时间左右需要进行更换。

5. 应用常温碳化结合常温湿法改性技术制备纳米碳酸钙

传统的纳米钙碳化过程需要通过制冷将碳化反应温度控制在25～40℃，这是控制碳酸钙粒径的重要手段，而制冷是一个耗能很大的单元操作。其实碳化温度只是决定碳酸钙粒径大小的因素之一，影响粒径大小的因素还有碳化塔的结构、石灰乳浓度、窑气中二氧化碳浓度、是否有搅拌装置等，理论上完全可以无需采用制冷，而通过改变这些工工艺参数来控制碳酸钙粒径大小。

纳米钙通常需要将熟浆加热到80℃左右再进行湿法改性，当然需要消耗能量。所谓的常温湿法改性就是充分利用常温碳化后熟浆温度本身就有80℃左右，直接加入表面活性剂进行湿法改性。

6. 变频调速是降低电耗的重要手段

轻钙生产过程的动力设备主要各种浆液泵、压缩机或鼓风机、离心机或板框压滤机、物料提升机和电动机减速机等，采用变频调速是降低电耗的重要手段。通常电耗高低还与工艺装备水平有关，机械化、自动化程度越高，电耗越大，但人工成本也越低，生产总成本也越低。因此，在人工成本越来越高的今天，电耗一般不再是轻钙生产过程能耗控制的主要方面。

思考与练习

1. 对纳米碳酸钙进行表面改性处理有何重要意义？
2. 为什么要采用热水进行消化？如何判断消化反应和碳化反应终点？
3. 湿法表面改性处理与干法表面改性处理在改性质量有何不同？
4. 如何控制轻质碳酸钙产品的粒径大小？
5. 哪些因素影响轻质碳酸钙产品的沉降体积？
6. 试进行年产一万吨纳米碳酸钙的工艺设计。
7. 2013年某轻质碳酸钙厂共耗无烟煤1.5万吨，其热值为6000kcal/kg；消耗烟煤1.0万吨，其热值为5000kcal/kg，该厂还消耗电力100万kWh。试计算该厂2013年消耗的总能源折算为多少吨标煤？其碳排放总量为多少？

参 考 文 献

[1] 颜鑫，舒均杰，孔渝华编著．新型联醇工艺与节能 [M]．北京：化学工业出版社，2009．

[2] 颜鑫，卢云峰编著．轻质及纳米碳酸钙关键技术 [M]．北京：化学工业出版社，2012．

[3] 沈浚 主编，朱世勇，冯孝庭 副主编．合成氨 [M]．北京：化学工业出版社，2001．

[4] 侯文顺，陈炳和编著．高分子材料分析、选择与改性课程项目化教学实施案例 [M]．北京：化学工业出版社，2009．

[5] 王树仁 编．合成氨生产工 [M]．北京：化学工业出版社，2005．

[6] 杨春升主编．中小型合成氨厂生产操作问答 [M]．北京：化学工业出版社，2010．

[7] 王小宝 主编．无机化学工艺学 [M]．北京：化学工业出版社，2000．

[8] 池永庆主编．尿素生产技术 [M]．北京：化学工业出版社，2006．

[9] 杨春升主编．小型尿素装置生产工艺与操作 [M]．北京：化学工业出版社，1999．

[10] 钱镜清，朱俊彪，陈英明编著．尿素生产工艺与操作问答 [M]．北京：化学工业出版社，1998．

[11] 陈留拴主编．氨汽提尿素生产工艺培训教材 [M]．北京：化学工业出版社，2005．

[12] 陈五平主编．无机化工工艺学上册．第3版 [M]．北京：化学工业出版社，2002．

[13] 大连化工研究设计院主编．纯碱工学 [M]．北京：化学工业出版社，2004．

[14] 谭世语、薛荣书主编．化工工艺学 [M]．北京：化学工业出版社，2009．

[15] 陈五平主编．无机化工工艺学下册．第3版 [M]．北京：化学工业出版社，2001．

[16] 大连化工研究设计院主编．纯碱工学 [M]．北京：化学工业出版社，2004．

[17] 徐肇骏，颜海主编．纯碱生产操作工 [M]．北京：化学工业出版社，2003．

[18] 王全编著．纯碱制造技术 [M]．北京：化学工业出版社，2010．

[19] 王楚主编．纯碱生产工艺与设备计算 [M]．北京：化学工业出版社，1995．

[20] 《化肥工业大全》编辑委员会编．化学肥料大全 [M]．北京：化学工业出版社，1988．

[21] 陈 C. 杰克逊，K. 沃尔主编．现代氯碱技术（第二卷）[M]．北京：化学工业出版社，1990．

[22] 江善襄主编．化肥工学丛书——磷酸．磷肥和复混肥料 [M]．北京：化学工业出版社，2005．

[23] 汤桂华主编．化肥工学丛书——硫酸 [M]．北京：化学工业出版社，2005．

[24] 程殿彬主编．离子膜制碱生产技术 [M]．北京：化学工业出版社，2001．

[25] 方度，蒋兰荪，吴正德主编．氯碱工艺学 [M]．北京：化学工业出版社，1990．

[26] 中国化工安全卫生技术协会组织编写．氯碱生产安全操作与事故 [M]．北京：化学工业出版社，1996．

[27] 危险化学品生产企业从业人员安全技术培训教材编委会编写．氯碱生产安全操作技术 [M]．北京：气象出版社，2006．

[28] 陆忠兴，周元培主编．氯碱化工生产工艺——氯碱分册 [M]．北京：化学工业出版社，1995．

[29] 王全编著．纯碱制造技术 [M]．北京：化学工业出版社，2010．

[30] 颜鑫，卢云峰．气化型煤制备关键技术 [J]．化工文摘，2009，8．

[31] 颜鑫．合成氨节能降耗新思路 [J]．中氮肥，2001，3．

[32] 颜鑫，舒均杰．联醇工艺中影响醇氨比调整的关键因素探讨 [J]．化肥设计，2007，3．

[33] 颜鑫．我国合成氨的回顾与展望——纪念世界合成氨工业化一百周年 [J]．化肥设计，2013，5．

[34] 颜鑫．小型氮肥企业联产轻质碳酸钙新工艺研究 [J]．化肥设计，2013，5．